新型城镇化与新型城乡空间研究丛书
主编　王兴平

开发区与城市的互动整合
——基于长三角的实证分析

[国家自然科学基金(编号 50508009 和 51078071)]
[东南大学科技出版基金资助]

王兴平等　著

东南大学出版社
SOUTHEAST UNIVERSITY PRESS
·南京·

内容提要

开发区是承载我国改革开放事业的重要载体，也是推进当代中国特色城市化和工业化的重要手段。长三角核心区是我国开发区发展最活跃、分布最密集、发育最成熟的地区，开发区之间、开发区与城市之间相互影响、密切互动，开发区的整合发展问题日显重要。本书立足于长三角核心区开发区发展、建设与规划实践的系统调研，按照比较—互动—整合—优化的逻辑线索，从开发区与城市空间利用、空间效益的比较入手，明确开发区空间与城市空间的异同，在此基础上，遵循开发区作为经济空间的基本属性，从企业视角切入调研，对开发区与城市在生产功能、生活功能方面的互动机制与模式进行研究；以公共服务体系为纽带，探讨开发区与城市、开发区内部整合的基本机制；从区域层面，对长三角开发区群的发展与整合、开发区群与城市群的关系进行研究；最后基于对开发区整合发展趋势的判断，从优化发展质量入手对开发区的再开发模式与策略进行了研究。本书还对开发区特定的用地指标体系、公共服务配置体系等提出了规划引导建议。

本书可供城乡规划、经济学、地理学、管理学等领域的科学研究、规划设计、行政管理和高等教育等专业人员和高校学生参考，也可供各级各类开发区的管理者及政府经济管理、土地管理、城乡规划管理人员使用。

图书在版编目(CIP)数据

开发区与城市的互动整合：基于长三角的实证分析/王兴平等著. —南京：东南大学出版社，2013.3
(新型城镇化与新型城乡空间研究丛书/王兴平主编)
ISBN 978-7-5641-4061-8

Ⅰ.①开… Ⅱ.①王… Ⅲ.①长江三角洲—城市规划—研究 Ⅳ.①F299.275②TU984.25

中国版本图书馆 CIP 数据核字(2012)第 319894 号

书　　名：开发区与城市的互动整合
著　　者：王兴平等
责任编辑：孙惠玉　　　　编辑邮箱：894456253@qq.com
文字编辑：子雪莲

出版发行：东南大学出版社
社　　址：南京市四牌楼 2 号　　　　邮　　编：210096
网　　址：http://www.seupress.com
出 版 人：江建中

印　　刷：江苏兴化印刷有限责任公司
排　　版：江苏凤凰制版有限公司
开　　本：700 mm×1000 mm　1/16　　印张：24.75　字数：482 千
版　　次：2013 年 4 月第 1 版　　2013 年 4 月第 1 次印刷
书　　号：ISBN 978-7-5641-4061-8
定　　价：49.00 元

经　　销：全国各地新华书店
发行热线：025-83790519　83791830

总序

在人类社会漫长而无限的时空演进场景中，城镇的出现虽然历史悠久，但是它主导、引导人类社会的发展进程和城镇化成为人类社会演进的主旋律和主推力，却是最近两三百年的事情。然而，在这数百年波澜壮阔的城镇化发展进程中，人类社会发展变化的节奏、速度和程度，远远超过了此前数千年。一方面，城镇化的发展推动了人类社会的快速发展，另一方面则是人类社会迭次涌现的新技术、新制度、新观念等不断改变着城镇化的模式和方向，新型城镇化模式也由此而阶段性地出现，并随之改变着城乡空间的类型、功能、图景和关系。

在全球层面来看当下的世界新型城镇化模式，其中既包括全球新技术革命带来的城镇化方式的创新，也包括由于中国快速崛起、中国城镇化迅猛推进带来的全球城镇化重心的转移，也就是中国特色城镇化模式。从演进历程来看中国城镇化正在迈入的新型城镇化阶段，我们看到的是中国最近30多年快速城镇化所达到的城镇化水平超过50%的现实基础、所累积的复杂的资源环境与社会问题，以及所面临的老龄化、机动化和国际环境变化带来的挑战。这与30多年前中国城镇化水平在20%以下时的处境大不相同，也与10多年前中国城镇化水平跨越30%门槛时面临的形势有本质区别。如果说，中国在达到城镇化水平50%以前，还可以借鉴、甚至照搬与模仿西方工业化、城市化高峰时期的理论、模式、经验来指导中国城镇化发展的话，现在我们面临的许多问题，是西方既往城镇化"教材"所没有的，我们只能依靠对自身特点、经验、教训的深刻解读和对未来的超前预判和分析，来设计出适合中国发展的新型城镇化路径，这是我们面临的重要理论问题，也是中国学术界的历史责任，需要极大的创新勇气和艰苦的探索才可能找到答案。

和新型城镇化相对应，世界和中国城乡空间的变革也日新月异，这其中既包括新的城乡关系，也包括新的城乡空间类型、功能、景观，以至于新的城乡空间需求和理念，以及新的城乡空间研究视角和规划模式。仅就中国而言，计划经济、传统产业时期的城乡空间规划与建设理念和模式，与改革开放以来的市场经济、外向型产业和观念多元化变革时期的城乡空间规划与建设理念和模式截然不同，物质空间为本时期与以人为本时代的城乡空间建设与规划模式也不同，加上新技术带来的空间变革，一个新型城乡空间关系、空间类型、空间建设与规划模式涌现的新时代正在来临，需要我们见微知著、详加研判。

城镇化模式与城乡空间类型的创新既有阶段性的质变，也有连续性的渐变，学术研究要遵循事物发展客观具有的“承前启后”的因果链条。因此，本丛书所指的“新”，其历史起点定格在20世纪70年代全球化和新技术革命开启的新阶段以后，特别是中国改革开放以来，既包括对已经走过的30多年所积累的与传统阶段相比有所不同的“新型”的既往式总结，也包括当下即将进入新世纪第二个10年、中国城镇化进入加速发展后期以及迈向成熟期之时，对即将面临的“新”时期的预见性展望。希望通过对已经走过的30年新实践诸如开发区建设、新城开发、都市圈与城市群等培育进行系统总结和提炼，构筑当代“中国特色城镇化模式”的科学起点，通过对正在成为共识的“以人为本”新阶段所蕴含的新型城镇化的新趋势、新型城乡空间的新类型等进行基于国情现实的预判，改变长期的“拿来主义”倾向和重新确立基于发展自信的文化自信，在面向未来、寻求新路的同时更加对准中国历史原点，逐步建立起未来真正意义上“中国特色城镇化模式”的科学内涵与理论构架。

本丛书是一个动态扩展的开放式学术专著集成平台，围绕“新型城镇化和新型城乡空间”这一总的方向，立足时代前沿、扎根中国实践、进行理论探索。丛书既包括新世纪以来对中国城镇发展与规划进行探索的中青年学术骨干的著作，也包括不断涌现的“80后”年轻学人的学术专著，预计“90后”新学人的专著也为时不远。欢迎学术同仁、社会各界对丛书进行指导和支持，也欢迎对本丛书有兴趣的高水平学术新作不断充实进来，汇集涓涓细流，形成推动中国城乡空间与规划研究的新力量。

王兴平　东南大学建筑学院教授、博士生导师
东南大学区域与城市发展研究所所长
2013年于东南大学建筑学院

前言

毫无疑问,开发区模式是中国特色社会主义道路的重要创举,是改革开放和社会主义市场经济体制下推进中国特色工业化和城市化的重要手段。经过30年的发展探索,以开发区为载体形成的新的城市空间,不仅成为聚集我国外向型经济的主要空间,也是承载我国体制机制和技术创新的重要空间,并且正在成为吸纳城市人口的新型城市区,是中国改革开放以来发展成就的集中展现之区。中国开发区发展、规划和建设实践探索形成的开发区模式,不仅具有鲜明的中国特色,也具有显著的时代特点,其中蕴涵着丰富的理论内涵。从这个意义上讲,开发区研究是构建当代中国特色城市化和城市空间理论体系不可或缺的重要内容,具有独特的理论价值。

我国的开发区从举办之初就独立于原有的城市空间之外,无论是空间区位还是体制机制,开发区与传统城市空间都泾渭分明。在我国城市化速度慢、水平低、对外开放度小的阶段,开发区与所在城市保持二元发展、互动而不冲突的状态。但是上世纪90年代后期以来,随着我国城市化的骤然加速、对外开放程度的加深,以及区域一体化程度的提高,城市自身的迅猛扩张与开发区的不断扩区,导致开发区与所在城市在空间上开始"短兵相接",开发区不再是空间"孤岛",而形成区城相互穿插甚至融合的态势。另一方面,随着全方位改革开放的推进和社会主义市场经济体制的全面确立,开发区与城市在体制机制上的二元状态和新旧落差也逐渐消解,开发区不再是唯一的政策"特区",区城逐渐在大致类似的政策平台上发展。此外,随着开发区内房地产开发和服务配套的逐步完善,开发区不再是单一的产业区,而是向综合的城市型功能区提升,区城之间的功能差异也逐步减小。这种区城之间在空间、政策和功能上的逐渐一体化和趋同化,一方面大大加速了区城之间的良性互动与整合,同时也加剧了区城之间的恶性冲突与竞争,如果再考虑到由于开发区数量和布局的扩展带来的开发区相互之间的冲突,这种矛盾的复杂程度更加严重。因此,从促进开发区与城市、开发区之间整合的角度研究开发区,具有现实的迫切性和实践应用价值。

基于上述思考,在我本人撰写的学术专著《中国城市新产业空间:发展机制与空间组织》中对开发区空间整合有关研究基础上,在国家自然科学青年基金(题目:开发区与城市的空间整合及规划调控研究,编号50508009)资助下,我和研究团队有关成员以长三角地区为主要研究对象,对开发区与城市的空间整合问题从不同方面进行了比较系统的调查和研究,对基于整合引导的开发区再开发和优化提升问题进行了延伸探讨,并结合国家自然科学基金(题目:新型城市化阶段长三角城市区域就业空间演化与重组研究,编号:51078071)的前期调研,从就业角度对开发区与城市的互动进行了初步研究。

与最初的设想相比,本研究成果在开发区与所在边缘区乡村空间的冲突与协调、开发区与所在社区,特别是与城市边缘区原有乡镇和农业地区的整合研究方面未及开展,对于实践探索形成的“园区带乡镇”等模式没有进行理论总结,在开发区与城市的体制机制整合研究方面也没有来得及深入展开,在国际类似新开发地区与原有城区的整合协调理论与经验方面研究不足。加上研究资料的制约以及对于开发区理解程度不足的限制等因素,已经完成的有关研究存在深度不够等问题,导致本书研究成果存在明显缺憾,这也正是我们下一步需要弥补的。

本书初稿撰稿人员及分工如下:

第 1 章,王兴平、谢晖、许景;

第 2 章,胡幸、王兴平;

第 3 章,刘伟奇、王兴平;

第 4 章,章建豪、王兴平;

第 5 章,谢晖、王兴平;

第 6 章,许景、王兴平;

第 7 章,袁新国、王兴平、朱凯。

全书由王兴平拟定提纲和统稿。东南大学硕士研究生李迎成、朱秋诗、张一凡和博士研究生朱凯协助进行了书稿的校订、补充和整理工作。

感谢国家自然科学基金对本研究的资助和东南大学科技出版基金对本书出版的支持,并热切希望能够得到有关专家学者、业界同行和社会各界同仁的指导、批评和斧正。本研究团队将在此成果基础上,进一步开展开发区研究,期望对这一中国当代特色的新城市空间的实践进一步总结提升,对中国特色城市空间理论的构建做出力所能及的贡献!

王兴平

2013 年 2 月

目录

1　概论

无论是与国外开发区相比，还是纵观中国的城市化进程，开发区都可以说是当代中国特色城市发展模式的典型代表。本章从分析这一研究背景出发，介绍了长三角核心区开发区发展的基本情况，提出开发区与城市互动整合的一般规律，并对国内外相关研究进行梳理。最后，对本书涉及的基本概念、研究框架与内容、研究对象与范围以及主要的研究方法进行了介绍。

1.1　开发区：中国特色城市发展模式

20 世纪 80 年代以来，开发区作为一种新的产业空间形态在中国城市出现，不仅加速了城市的功能转型，而且带动了城市的空间扩张和结构更新。在一定意义上，开发区的发展和建设是中国城市近 30 年发展和变化的主导因素，以“区”建“城”的开发区模式是具有典型中国当代特色的城市发展模式，不仅因为开发区的发展和建设占据了中国当代经济发展和城市扩张的主体份额，而且因为无论从横向的国际比较还是纵向的历史比较而言，这一模式的当代国情特色均具有不可替代的地位和特征。

长三角地区是我国开发区分布最密集、开发水平最高的地区之一，是我国开发区建设的先行区和当前城市化推进的先行区，也是以“区”建“城”这一中国当代城市发展模式的典型实践区。依据《中国开发区审核公告目录(2006 年版)》，江浙沪三省市拥有国家审核通过的开发区 293 家，其中国家级开发区 55 家，省级开发区 238 家；国家核定开发面积达到 1 748.8 km^2。国家级开发区数量约占到全国总量的 1/4，由此显示了长三角开发区在国家中的地位。就效益及分布而言，根据商务部 2008 年全国 54 个国家级经济技术开发区投资环境排行，在综合效益前 18 名的开发区中，长三角地区有 7 区入选，不仅数量上多于环渤海(5 区)、珠三角(1 区)地区，且空间分布上也更为密集。

1.1.1　横向比较：鲜明的中国国情特色

与国外开发区以及新城相比较，开发区模式具有极其鲜明的中国国情特色，主要体现在以下三个方面：

1) 制造型和劳动力密集型的中国特色产业链模式

就全球产业分工而言，与发达国家或者地区的开发区相比较，长三角开发区的产业环节还处在整个产业链条的中下游。长三角开发区基本形成了以下四大产业集群：电子信息产业、化工行业、机械制造行业、纺织及服装业①②，而国外发达国家或者地区的开发区其企业数量多以中小型为主，且多处在全球产业链条的上端，以研发、管理等职能为主。其次，中国巨大的劳动力资源也使得目前长三角开发区的企业从业人员规模远大于国外。据统计，2007 年宁波市每个开发区从业人员数约为 2.67 万人，2008 年上海市每个开发区从业人员数约为 4.45 万人，而美国的桑蒂亚哥科技园的从业人员至 2006 年仅为 1 453 人。

2）大空间粗放型的中国特色空间利用模式

经过多年开发，当前长三角地区的城市开发区建设多受用地资源约束，为了达到空间与效益协调的目的，许多开发区在空间布局上采取一园多区的模式；加之经过 2003—2006 年期间的开发区清理整顿，有些效益较好但面积较小的园区通过与核定开发区托管、合并等方式进行积极整合，也将这些空间上并不相邻的园区整合成为一区多园的模式。以宁波市为例，至 2009 年底有 10 个开发区（园区）有 2 个或 2 个以上的园区，在总共 26 个开发区中，平均每个开发区（园区）约有 2.1 个园区（表 1-1）。此外，上海的漕河泾、苏州工业园区还突破行政界线，实现了异地共建开发区的“一区多园”模式。与长三角地区相比，国外的开发区其空间较为集中，多为一区一园。

开发区的快速扩张在带来经济胜利的同时，也带来了一系列的负面后果，如产业的恶性竞争、环境的污染、土地的浪费等③。以土地利用的低效为例，1996 年至 2004 年长三角的耕地面积净减少了 34.03 万 hm^2，相当于长三角现有耕地总面积的 1/20。而在产出上，数据显示，整个长三角工业用地平均产出率仅约 2 亿元/km^2，只相当于国际工业用地平均产出率的 1/80④。

表 1-1　宁波市开发区（园区）个体空间分布模式

一区一园的开发区（园区）	一区多园的开发区（园区）
高新技术产业园区、大榭开发区（园区）、梅山保税港区、余姚工业园区、鄞州工业园区、望春工业园区、镇海化学工业园区、宁海临港工业园区、鄞州投资创业中心、鄞州滨海投资创业中心、慈东工业区、宁波江北城市工业功能区	宁波经济技术开发区（10）、宁波保税区（4）、慈溪经济开发区（2）、余姚经济开发区（5）、镇海经济开发区（2）、奉化经济开发区（2）、宁海经济开发区（3）、象山经济开发区（3）、江北投资创业中心（2）、象山产业区（3）

就占地面积而言，经 2006 年年底清理整顿后，长三角开发区平均面积为

① 许景，王兴平. 长三角开发区群的空间结构及产业分工初探[J]. 城市规划学刊，2010(4)：28-35

② 周向红，谢守红. 长江三角洲开发区的产业结构分析与评价[J]. 上海经济研究，2002(3)：60-65，71

③ 详见东南大学长三角开发区调研报告，2008

④ 江浙沪两省一市社科院. 长三角经济社会发展蓝皮书，2006

$5.97km^2$。其中以高新区为例，长三角地区每个国家级高新区核准面积平均 1 593.1 hm^2。而根据国际科学园区协会资料统计，其成员中 95%的园区面积小于 500 $hm^2$①。由此看来，长三角高新区的面积多为国际科技园区的 3 倍以上，特别是上海高新区面积达到 4 211.7 hm^2，为大多数国际科技园区面积的 8.4 倍以上。

3）政府和行政体制主导的中国特色园区管理模式

长三角地区的开发区已经形成了政企合作联合开发的开发模式，目前大多数开发区都有自己的开发建设公司，负责融资运作，在有些开发区中还形成了企业主导型的开发模式，如上海的漕河泾经济开发区、宁波大榭开发区，等等（表 1-2）。然而在具体的管理操作上，开发区当前的主体还是政府机构。以经济开发区为例，在中央一级，对开发区从政策和规划进行宏观的导向管理；在地方上，省市两级政府共管，以市为主，政府通过人事任命、权限授予、土地区划和资源配置，对开发区实施直接管理。

表 1-2 长三角地区企业主导开发型开发区举例列表

园区名称	政府机构	开发公司
上海漕河泾经济技术开发区	上海市政府	上海虹桥经济技术开发区联合发展有限公司
宁波市大榭开发区	宁波市政府	中国中信集团公司
苏州工业园区	苏州市政府	苏州工业园区开发有限公司

而在发达国家或地区的开发区中，政府在产业园区管理中的作用多在于规则制定和管理，为开发区内部企业互动提供畅通途径。例如在奥地利产业园区的发展中，政府为促进企业互动在信息通信平台、资助合作项目、发展营销和公共关系等方面提供了相关公共服务。此外，还促进集群的国际交流合作（与欧洲的区域合作、欧盟项目、全球市场开发）②。

1.1.2 纵向比较：突出的中国当代特色

纵观新中国成立以来的工业开发历程，可以看出开发区模式具有鲜明的中国当代特色。中国全面的工业化进程真正起步于新中国成立以后，在计划经济框架下，借鉴前苏联的工业组织模式，对事关国民经济命脉的战略性、基础性产业采取了工业基地的空间模式以及政府全面直接管理企业的组织模式，工业基地的开发建设是在政府既有行政体系的管理之下开展，而企业本身也具有类政府的全面管理职能，不仅负责产业而且承担社会管理职责。在建设资金和产品市场方面，这些工业基地基本立足国内，利用国家资本、面向国内发展的需要，不同工业基地之间按照“全国一盘棋”模式相互之间具有较强的协作关系，基地内部企业之间也具有高度的产业协作分工关系。在发展前景方面，这些计划经

① 王兴平，崔功豪. 中国城市开发区的空间规模与效益研究[J]. 城市规划，2003(9)：6-12

② 王缉慈，等. 超越集群[M]. 北京：科学出版社，2010

济时期的工业基地随后发展成为工业卫星城或者企业城。

而改革开放以来，随着对外开放型经济作为主导经济模式的确立，各级各类开发区作为不同性质的"经济特区"被普遍采用，开发区的建设采取政府授权管理和提供基本服务并给予特定的经济政策，企业自主开发建设的模式，开发区的管理采取独立于现有行政管理体系之外的相对独立的管委会模式，企业资本来源多样化，特别是国际资本和民营资本成为主体，其产品也面向国际市场。由于在市场化环境下运行，开发区之间竞争关系远远大于合作，而园区内企业之间也缺乏内在关联性，空间集聚的动力主要在于优惠政策的吸引而非产业协作。而开发区的建设正值中国城市化加速发展的特定阶段，所以开发区逐步由工业化载体演变为城市化的载体成为普遍的导向。可以说与计划经济时期比较，开发区模式是典型的中国当代特色的工业化与城市化模式（表 1-3）。

表 1-3　计划经济时代工业基地与当前开发区建设特征比较

	计划经济时代的工业基地	市场经济时代的开发区
布局模式	均衡布局	区位引导
推动方式	计划命令	招商引资
经济结构	公有制经济	混合经济
产业发展	工业为主	综合发展
集聚方式	行政并迁	市场引导

1.2　长三角开发区发展历程

1.2.1　长三角开发区基本概况

参考《长江三角洲地区区域规划（2009—2020）》的地域范围界定，本书所指的长江三角洲核心区（简称"长三角"）包括上海市，江苏省的南京、苏州、无锡、常州、扬州、镇江、南通、泰州市，浙江省的杭州、宁波、湖州、嘉兴、绍兴、舟山、台州市，共 16 个市，国土面积 11.0 万 km^2。2010 年，16 市共实现地区生产总值（GDP）69 871.9 亿元，占全国经济总量的 17.4%①。长三角核心区 16 市是我国经济最发达、人口和产业最密集、发展最具活力的地区之一，正在成长为具有重要国际影响的世界级城市群②，同时也是我国开发区空间最密集、群体发育

① 根据上海市统计局网站 http://www.stats－sh.gov.cn/fxbg/201105/217563.html 公布数据整理而得

② 国家发展和改革委员会.长江三角洲地区区域规划（2009—2020）

最成熟的区域，对这一区域的开发区进行研究，具有相当的代表意义。本书的研究主体“长三角开发区”即包括这16个城市的国、省两级开发区（图1-1）。

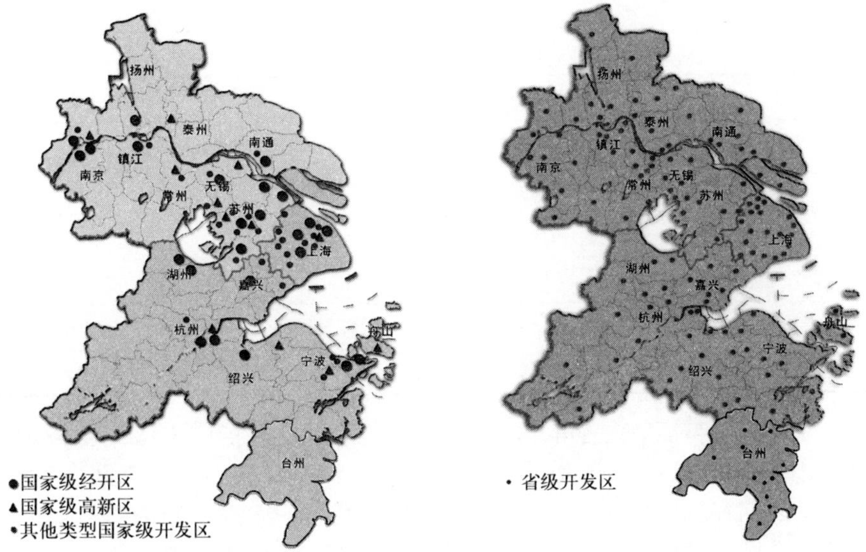

(a)国家级　　(b)省级

图1-1　长三角国、省两级开发区分布情况（2012年）

截至2012年，长三角地区共有各类国家级开发区66个、省级开发区135个，约占全国国家级开发区的20%、省级开发区的10%，国、省两级开发区总数的12%。其中，江苏开发区较浙江开发区更为密集。同时，开发区最为密集的地区为上海及其两翼周边地区（苏锡、宁波）（表1-4）。

表1-4　长三角16市开发区数目统计　（个）

城市名称	国家级开发区数	省级开发区数	城市开发区合计
上海	15	25	40
南京	5	9	14
苏州	13	5	18
无锡	5	7	12
常州	3	7	10
南通	2	9	11
泰州	2	8	10
扬州	2	9	11
镇江	2	4	6
江苏8市小计	34	58	92

续表 1-4

城市名称	国家级开发区数	省级开发区数	城市开发区合计
杭州	4	8	12
宁波	6	9	15
舟山	1	3	4
嘉兴	2	7	9
湖州	2	5	7
绍兴	2	9	11
台州	0	11	11
浙江 7 市小计	17	52	69
合计	66	135	201
占全国开发区的比重	20%	10%	12%

从开发区类型看，长三角开发区类型多样，主要包括国家级高新技术产业开发区、国家级经济技术开发区、国家级工业园、国家级出口加工区（基本依托已有开发区存在）、国家级保税区、国家级保税港区、国家级旅游度假区、省级高新经济技术产业园区、省级工业园区这九种类型，尤以国、省两级的高新技术产业开发区及经济技术开发区为主（表 1-5）。除边境经济合作区外，基本涵盖了我国现有开发区的各种类型。同时，需要指出的是，除去国、省两级国家法定认可的开发区外，长三角地区还普遍存在市级及以下工业集中园区的现象，尤其在工业起步较早、发展较成熟的苏南地区，几乎达到了镇镇均有颇具规模的工业集中区的地步①。

表 1-5　按政策类型划分的长三角国家级开发区名录（2012 年）

开发区类型	国家级开发区名称
经济技术开发区	宁波、大榭、南通、虹桥、闵行、漕河泾、南京、昆山、杭州、萧山、苏州、温州
高新技术产业开发区	上海、南京、杭州、苏州、常州、无锡新区、宁波、绍兴、昆山
保税区、保税港区	上海洋山（保税港区）、宁波梅山（保税港区）、浦东外高桥、张家港、宁波
出口加工区	上海金桥、漕河泾、闵行、青浦、松江、南京、苏州（包含苏州高新区出口加工区与苏州工业园出口加工区）、无锡、镇江、昆山、南通、杭州、宁波、嘉兴、扬州
旅游度假区	横沙岛、太湖、杭州之江、佘山

① 市级及以下工业集中区不纳入本书研究范围，仅作为现象在此说明。

从产业类别看，电子与信息、生物医药、光机电一体化、新材料、纺织服装、机械、化工等产业是长三角开发区产业当前发展的主要门类。

1.2.2 长三角开发区的发展阶段

参考开发区生命周期的相关研究①，根据长三角地区开发区发展的实际历程，将长三角开发区发展分为以下三个阶段(图 1 - 2)：

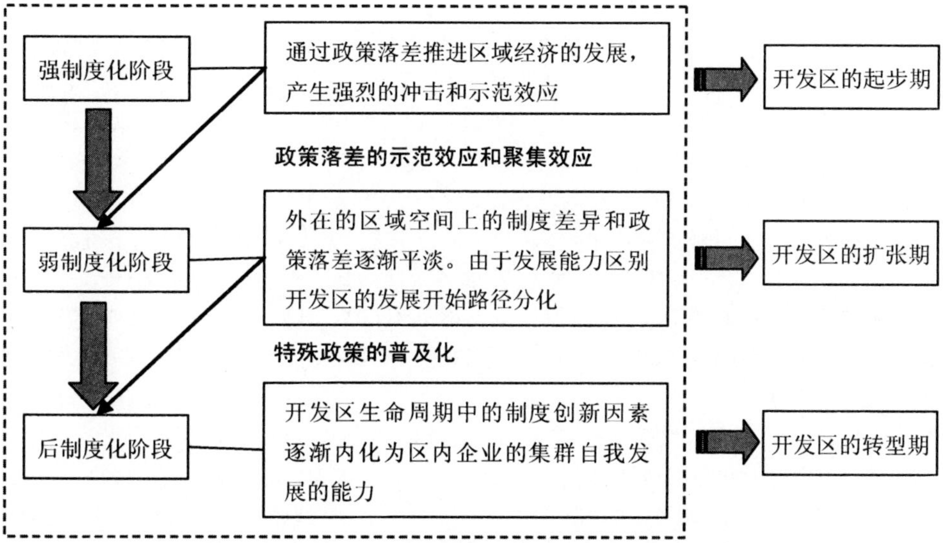

图 1 - 2 基于生命周期理论的长三角开发区发展阶段

1) 第一阶段：起步期——窗口示范、龙头崛起(1984—1992 年)

(1) 开发区的兴办(1984—1989 年)

这一阶段与全国其他区域类似，即设想在特区的基础上形成“接力式”发展，提出兴办开发区的宗旨是“四窗口”——技术的窗口、管理的窗口、知识的窗口和对外政策的窗口。

1984 年 10 月 18 日，国务院批准宁波市兴办国家级经济技术开发区，面积为 3.9 km^2。这是继大连之后全国第二个开发区，也是长三角第一个开发区。此后的四年中，南通国家级经济技术开发区，上海闵行、虹桥、漕河泾新兴经济技术开发区相继成立。

(2) 浦东的崛起(1990—1992 年)

1990 年，中央政府宣布浦东地区对外开放，成立了浦东新区，实行经济技术开发区的政策，浦东新区作为综合性的开发区，包括陆家嘴金融贸易区、金桥出口加工区、外高桥保税区、张江高科技园区。1992 年，上海“一个龙头、三个

① 洪燕. 开发区生命周期的研究——从制度演进的视角[D]. [博士学位论文]. 上海：复旦大学，2006

中心”的国家战略地位得以确立，即“以浦东开发开放为龙头，把上海建设成为经济、金融、贸易中心，从而带动长江经济带实现跨越式发展”①。自此，上海的位置从“后卫”跃升为“前锋”，不仅保证了自身的稳定发展，同时也带动昆山、苏州等周边，以及整个长江三角洲乃至安徽、江西等地区每年两位数的经济增长。作为长三角地区共同的龙头，浦东的崛起是长三角开发区在下一阶段大力扩张、吸引外资、发展工业的关键背景所在。

2）第二阶段：扩张期——开疆引擎、引资高地（1992—2003 年）

1992 年是一个重要的分水岭，标志着长江三角洲开发区参与全球化后第一次产业循环的结束和第二次产业循环的开始，也意味着参与层次的提高②。自 1992 年到 2003 年国务院对开发区整顿的这段时期，可以总结为以要素聚集和数量扩张为特征的长三角开发区“第一次创业”③。

1992 年邓小平南巡讲话发表，开发区代表的新的发展模式得到认可④，内外因作用下，长三角的各级开发区以雨后春笋之势出现，成为地区新的经济增长点、主要的出口创汇基地、高科技发展基地和城市土地扩张的“引擎”。2003 年，拥有 12 个国家级开发区的长三角 16 市 GDP 总量达到 23 766.6 亿元，实际利用外资总额达到 258 亿美元，占全国的 48.2%，也就是有将近一半的外资流向了长三角地区。

3）第三阶段：转型期——二次创业、求新求变（2003 年至今）

与我国其他地区的开发区相似，2003 年对于长三角开发区而言，是一个关键年份，继 2003 年国家有关部门对各类开发区的清理整顿以来，一系列外因内因推动下，长三角开发区面临转型。以长三角的整体发展作为外在表征，自从 2005 年起，长三角地区生产总值的平均增速就开始回落，工业生产增长速度有所减慢，投资增速一改多年来高于全国平均增速的局面，开始减速，同时，居高不下的资源价格使得企业成本不断上升，影响企业盈利水平。2007 年以来，全球金融危机也影响了长三角开发区的资金来源，同时国家政策的发布也在推动长三角开发区的转型（表 1 - 6）。长三角的开发区转型主要体现在三个方面：

（1）从引资到选资，长三角开发区门槛的提高

对外，提高项目在投资额和环保等方面的准入门槛；对内，淘汰高能耗、低产出的企业，坚决收回闲置土地。江苏省自昆山市提出项目用地的“5432”供地定额标准，即规定每亩土地的投资额，国家级出口加工区不低于 50 万美元，国家经济开发区不低于 40 万美元，省级开发区不低于 30 万美元，其他各类工业

---

① 可参见 1992 年中共十四大报告：《加快改革开放和现代化建设步伐，夺取有中国特色的社会主义事业的更大胜利》。

② 熊军，胡涛. 开发区“二次创业”的全球化视角[J]. 决策借鉴，2001(6)：55 - 59

③ 吴正懿. 长三角“内忧外患”催生变局之年[N]. 东方早报，2008 - 11 - 12

④ 王兴平. 开发区这二十年[J]. 凤凰周刊城市，2012(4)：10 - 11

配套区不低于 20 万美元。浙江则提出适度提高建设用地投资强度和容积率的“双控”指标标准，对其中调节系数普遍提高 0.2。

（2）从制造业到服务业，长三角开发区的升级

2008 年 8 月末，江苏省副省长张卫国在全省开发区协会会议上表示，要推动产业转移，提升开发区整体水平，使开发区成为制造业、服务业引进载体。同年 10 月，浙江《关于加快转变经济发展方式、推进经济转型升级的决定》指出，要积极整合提升各类开发区，大力引进对产业升级具有重大带动作用的大项目，不断提高利用外资的质量。开发区异地联办的模式被国务院、省级政府许可，形成了长三角企业“迁徙潮”现象，以苏南地区为例，截至 2007 年底，已向苏北地区转移 500 万元以上项目 2 026 个、总投资 993.8 亿元。

（3）从制造到创造，长三角开发区的创新转型

近年来，创新发展作为国家战略的重要组成部分，也促进了长三角开发区从制造向创造的创新转型。以江苏省为例，2010 年江苏省发布全国首个科技创新评价指标体系，其中对创新型园区提出了具体的考核指标，江苏省科技厅也专文制定了《江苏省创新型园区管理办法（试行）》（表 1－6）。长三角一些发展基础较好的开发区如苏州工业园区、无锡高新区等纷纷提出实施自主创新战略、率先打造创新型园区的目标，并取得了显著的成绩。以苏州工业园区为例，2009 年，园区专利申请达 4 056 件，同比增长 30％，其中发明专利申请约占总申请量的 50％，在江苏省乃至全国的开发区中都名列前茅①。

表 1－6　长三角开发区部分转型标志事件

时间	事件名称	颁布单位	主要内容	体现开发区转型的方向
2002	昆山市工业项目用地协议出让价格方案（昆山市“5432”集约用地新机制）	昆山市国土资源局和财政局	进入国家级出口加工区的企业，平均每亩土地投资额不得低于 50 万美元；国家级经济技术开发区企业不得低于 40 万美元；省级开发区企业不得低于 30 万美元；工业配套区企业不得低于 20 万美元。目前，“5432”的标准已提高为“6543”	提高工业项目的准入门槛
2003	异地兴办开发区	地方政府自发	江苏江阴—靖江工业园区	长三角开发区项目的转移、开发区间的合作

① 资料来源：苏州工业园区网站 http://xh.xhby.net/mp2/html/2010－03/12/content_193110.htm

续表 1-6

时间	事件名称	颁布单位	主要内容	体现开发区转型的方向
2004	“零土地技改”	浙江省诸暨市	或压缩办公用地，或购买闲置厂房，或建设、改造高容积率标准厂房，或盘活现有厂房、仓库引进新设备	突破开发区的土地利用瓶颈，提高开发区土地利用效率
2005	《上海市进一步提高外资质量发展纲要》、《上海进一步提高外资质量统计指标体系》、《上海市外商投资重点产业目录》以及《上海吸引跨国地区总部的行动方案》	上海市发改委、统计局、经委、外经贸委	在保持适度规模的前提下，将更注重提高外资质量、强化功能、优化结构、拓宽领域	提高外资准入门槛
2006	《浙江省开发区考评办法》	浙江省外经贸厅	设定了经济实力、发展质量、综合效益、增长潜力等四大目标，在保留引进外资、发展工业、扩大出口、高新技术、增加税收等主要统计考核指标的基础上，新增自主创新、集约用地、保护环境、节约资源、集聚产业以及扩大就业等导向性指标	开发区考核指标的更新，从单一经济效益走向多元综合评价
2006	《关于支持南北挂钩共建苏北开发区政策措施的通知》	江苏省政府	南北挂钩共建苏北开发区	从地方政府层面促进长三角开发区项目的转移、开发区间的合作
2008	《国务院关于进一步推进长江三角洲地区改革开放和经济社会发展的指导意见》	国务院	第一，“有序推动异地联合兴办开发区”作为其有关“继续推进重大改革试验”的众多表述之一； 第二，长三角规范招商引资行为，实行相对统一的土地、税收政策，营造公平、开放的投资环境	从国家层面促进长三角开发区项目的转移、开发区间的合作
2010	《江苏省创新型城市、创新型乡镇、创新型园区建设评价考核指标体系(试行)》	江苏省科技厅、江苏省统计局	制定江苏省创新型城市、创新型乡镇和创新型园区的评价考核指标体系	推动开发区创新型园区的建设

1.2.3 长三角开发区的发展特征

1）外部促动：宏观政策的战略调整

20 世纪 90 年代初，中国的改革开放进入新的历史阶段，由 80 年代的分散探索阶段转入 90 年代的全面推进阶段。1989 年后，党中央作出重大的战略决策——以开放发展浦东来推动中国的改革，以此为标志，中国逐渐形成了以长江三角洲为核心的开放地区新格局，并陆续出台了关于长三角开发的一系列相关政策（表 1－7）。

表 1－7 长三角开发区相关政策文件一览表

序号	名称	时间	颁布部门
1	国务院关于宁波市进一步对外开放规划的批复	1984－10	国务院
2	闵行、虹桥经济技术开发区外商投资优惠规定	1987－03	上海市政府
3	上海市经济技术开发区条例	1988－06	上海市人大常委会
4	中共中央、国务院关于开放浦东问题的批复	1990－02	中共中央、国务院
5	就浙江省宁波市大榭岛土地成片开发建设问题的批复（国函〔1993〕27 号文）	1993－03	国务院
6	中华人民共和国政府和新加坡共和国政府关于合作开发建设苏州工业园区的协议	1994－02	中华人民共和国政府、新加坡共和国政府
7	昆山市工业项目用地协议出让价格方案（昆山市“5432”集约用地新机制）	2002－04	昆山市国土资源局和财政局
8	清理整顿各类开发区的具体标准和政策界限	2003－12	国家发改委、国土资源部、建设部、商务部
9	工业项目建设用地控制指标	2004－11	国土资源部
10	上海产业能效指南	2004－06	上海经济委员会
11	上海产业用地指南	2004－09	市统计局、市房地资源局、市规划局
12	上海先进制造业技术指南	2005－03	上海经济委员会
13	国务院批准上海浦东新区进行综合配套改革试点	2005－06	国务院
14	上海市进一步提高外资质量发展纲要、上海进一步提高外资质量统计指标体系、上海市外商投资重点产业目录以及上海吸引跨国地区总部的行动方案	2005－06	上海市发改委、统计局、经委、外经贸委
15	上海市工业区循环经济建设指南	2005－09	上海市委、发改委、环保局

续表 1-7

序号	名称	时间	颁布部门
16	浙江省人民政府办公厅关于加快工业循环经济发展的意见	2006-02	浙江省人民政府办公厅
17	关于支持南北挂钩共建苏北开发区政策措施的通知	2006-05	江苏省政府
18	浙江省开发区考评办法	2006-07	浙江省外经贸厅
19	洋山保税港区管理办法	2006-10	上海市人民政府
20	江苏省政府办公厅关于加强南北挂钩共建苏北开发区用地管理的通知	2007-02	江苏省政府
21	江苏省建设用地指标(2006 年版)	2007-03	江苏省国土资源厅
22	浙江省工业建设项目用地控制指标(修订)	2007-03	浙江省国土资源厅
24	实施虚拟口岸直通放行合作备忘录	2008-08	江苏检验检疫局、上海检验检疫局
23	国务院关于进一步推进长江三角洲地区改革开放和经济社会发展的指导意见	2008-11	国务院

从战略意图来看,以浦东为龙头的长江三角洲开发区标志着中国对外开放从主要利用深圳等地近香港和东南亚地区的地缘优势吸引海外华侨投资,向主要利用大城市雄厚的基础和综合优势吸引西方发达国家的投资转变;中国对外开放的地域战略重点从以经济特区为中心的东南沿海地区转向以上海为中心的长三角地区,从战略的角度将这一地区建设为中国发展外向型经济最为集中的重点基地,长江三角洲的经济开发区成为吸引外资、学习外国先进技术与管理经验的"龙头",作为国内众多领域体制改革与创新的前沿阵地①。

2) 内在机制:政府引导、市场驱动、联动发展的发展模式

长江三角洲开发区的发展模式基本上是以规划管理型的政府操作模式主导经济发展。20 世纪 90 年代初,中央政府对中国市场经济的路径选择已经有了成熟的认识,新加坡"强政府型"市场经济模式得到了更多的认可。以中央政府制定浦东开发政策为开端,长三角地区开始了自上而下的经济革新之路②。其中,以苏州新加坡工业园最具示范作用。

苏州工业园区紧邻上海,位于苏州古城东郊金鸡湖畔,于 1994 年正式启动建设,行政辖区面积 260 km^2。目前,园区已经成为中国发展速度最快、开发水

① 张弘. 长江三角洲开发区的城市化进程及其城市规划作用机制[D]. [博士学位论文]. 上海:同济大学,2001

② 朱文晖. 走向竞合——珠三角与长三角经济发展比较[M]. 北京:清华大学出版社,2003

平最高、吸引外资最多的开发区之一，形成了以技术密集型的大型制造业和加工业为主体的产业体系。园区管委会作为苏州市政府的派出机构在行政辖区范围内全面行使主权和行政管理职能。苏州高新区是行政区和政策区合一的区域，管委会是政府机构。工业园区管委会虽然不是一级政府，但具有与高新区类似的准政府职能。作为中国和新加坡两国合作开发的项目，得到了中新两国政府的高度重视和全力推动，特别是在项目审批、海关物流、公积金制度、外事管理等方面被授予了国内独一无二的管理权限，形成了“不特有特、特中有特”的政策优势，拥有上不封顶的执行审批特权、灵活高效的外事管理权、中国唯一的区域性公积金制度、快速的物流通关优势①。园区管理架构示意如图 1－3 所示，园区的管理机构在全国开发区中属于最高级别的配置和授权，同时也是最开放和参与面最广的管理体制，市政府首长同时也是园区的领导者；此外还通过股份制方式，运用经济机制把社会力量整合，这样就保证了园区的发展得到上至中央、下到当地政府的有力支持，可以针对不同层次的矛盾在不同层面上及时解决。

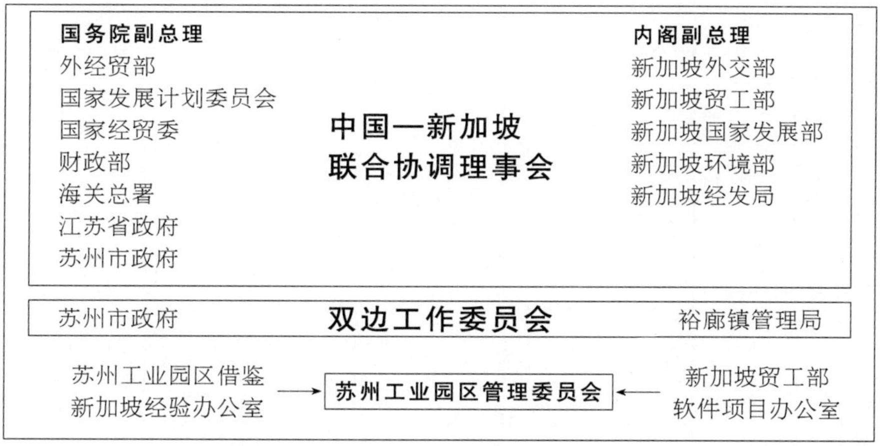

图 1－3　苏州工业园区管理架构示意图

3）产业基础：基础雄厚的区域经济依托

长江三角洲地区是我国经济最发达、人口与城镇分布最密集、城市化水平最高、对外开放度最大的区域之一。改革开放以来，这一地区城市经济高速发展，工业技术基础日渐雄厚，产业门类配套趋于齐全，资源转移能力渐强，人员素质、技术水平、管理水平和综合经济效益均处于全国领先水平。可以说，长三角开发区的发展从一开始就站在一个高水平的起点上。如表 1－8 所示，“十一五”期末，与珠三角地区和京津冀地区相比，长三角地区无论是在经济总量、地方财政收入，还是在固定资产投资、实际利用外资等方面均领先于其他两个经济圈。

① 王兴平. 中国城市新产业空间——发展机制与空间组织[M]. 北京：科学出版社，2005

表 1-8 “十一五”期末三大经济圈主要社会经济数据比较

	长三角	珠三角	京津冀	共计
年末常住人口(万人)	7 500	5 616.4	8 392.8	21 509.2
国土面积(km^2)	33 858.6	18 116.7	18 336.6	70 311.9
GDP(亿元)	69 871.9	37 673.3	39 376.8	146 922
GDP 增长率	15.6%	15.8%	16.5%	* 15.9%
GDP 占全国比重	17.4%	9.4%	9.8%	36.6%
单位面积产出(万元/km^2)	6 375.2	6 883.1	2 106.8	* 4 183.1
三次产业结构	3.3∶51.3∶45.3	2.1∶48.6∶49.3	5.5∶42∶52.5	* 3.6∶48.1∶48.3
地方财政收入(亿元)	7 748.8	3 138.6	4 754.6	15 641.9
地方财政收入增长率	19.4%	20.8%	23.7%	* 20.9%
占全国比重	19.1%	7.7%	11.7%	38.5%
固定资产投资(亿元)	31 452.2	11 355.8	26 764.5	69 572.5
固定资产投资增长率	18%	17.2%	28.3%	* 21.2%
占全国比重	11.3%	4.1%	9.6%	25%
消费品零售总额(亿元)	23 825.1	17 414.7	14 457.9	55 697.6
消费品零售总额增长率	17.3%	25.1%	17.7%	* 19.5%
消费品零售总额占全国比重	15.2%	11.1%	9.2%	35.5%
实际利用外资(亿美元)	455.5	202.6	202	860.1
实际利用外资增长率	11.6%	11.8%	17.4%	* 12.9%
占全国比重	41.9%	18.6%	18.6%	79%
进出口(亿美元)	10 378.6	7 513	4 257.9	22 149.5
进出口增长率	15.6%	12.8%	17.2%	* 14.9%
占全国比重	34.9%	25.3%	14.3%	74.5%

注:1. 本表中的长三角指上文提到的长三角核心区范围;珠三角指广州、深圳、珠海、佛山、江门、东莞、中山、惠州、肇庆九市;京津冀指北京、天津和河北省的石家庄、唐山、承德、张家口、保定、廊坊、秦皇岛、沧州等八市。

2. 长三角数据根据上海市统计局网站公布数据整理而得,珠三角数据根据《广东省统计年鉴 2011》整理而得,京津冀数据根据《中国统计年鉴 2011》和《河北省统计年鉴 2011》整理而得。

3. 表中打“ * ”号数据为平均数。

4) 空间分布:集群分布,一城多区的空间格局

作为当今中国最有经济活力的地区,长三角地区是全国开发区最为密集的区域之一。从空间分布规律来看,开发区主要依托有一定经济基础的城市进行

建设，因此，开发区的空间格局明显沿城乡交通线、并围绕主要城市分布，省级以上开发区呈现“沿沪宁线”“沿江岸线”“沿海岸线”密集分布的特征，目前，形成以沪、宁、杭、甬为核心的“之”字状开发区群，并以沪宁高速和沿江沿海一带最为密集（图 1－4）。

而在城市内部，一个城市拥有多级多类多个开分区的所谓“一城多区”的现象非常普遍。南京作为长三角核心城市之一，也是开发区密集的主要区域和中国最早建设高新产业技术开发区的城市之一：各种开发区遍布行政区的各个空间载体，涵盖了中国开发区的几乎所有类型，在全国具有较强的典型性和代表性（图 1－5）。

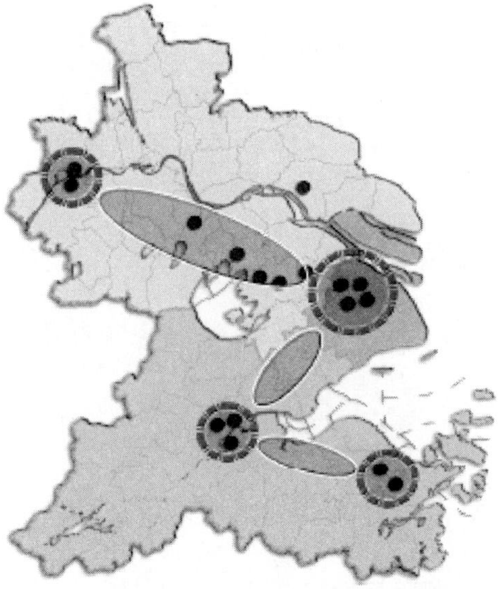

图1－4　长江三角洲国家级开发区分布示意图

图 1－5　南京市省级以上开发区分布图

2004 年，全市 56 个开发园区经清理整顿后，除国务院和省政府批准的 5 个开发区外，拟整合保留园区 14 个，其余 37 个开发园区（占总数的 66%）分别被整合和撤销，目前南京市主要开发区如表 1－9 所示。

表 1－9　南京市省级以上开发区概况（2012 年）

开发区名称	级别	设立时间	规划面积（km^2）	已开发面积（km^2）	未来功能定位	主导产业
南京高新技术开发区	国家级	1988	16.5	10.88	科技工业园	电子信息，车辆制造，生物医药，新材料新能源，软件及系统集成

续表 1-9

开发区名称	级别	设立时间	规划面积（km^2）	已开发面积（km^2）	未来功能定位	主导产业
南京经济技术开发区	国家级	1992	22.97	13.26	科技工业园	电子信息，生物医药，新材料，轻工机械生产
南京江宁经济开发区	国家级	1992	38.47	21.58	城市新城	汽车制造及零部件，智能电网与电力自动化，电子信息，软件研发
南京海峡两岸科技工业园	国家级	1995	18.65	—	科工园	电子信息、新能源、新材料
浦口经济技术开发区	省级	1993	36.5	8.63	城市新城	生物医药、电子电器、轨道交通、装备制造、新能源、新材料
六合经济开发区	省级	1993	远期 28	16	城市新城	泵及水处理设备、汽车及零部件、机械电子、新材料、新能源
溧水经济技术开发区	省级	1995	60	32	城市新城	车辆及零配件制造、电子机械、食品医药、轻工服装
雨花经济开发区	省级	2000	28	5.04	产业服务基地	电力、电子信息、软件
白下高新技术产业园区	省级	2001	3.14	1.14	科技工业园区	电子信息、光机电一体化、环保节能新材料
南京化学工业园	省级	2001	45	11.4	产业基地	石油化工、精细化工、新材料
江宁滨江经济技术开发区	省级	2003	远期 51.12	6	城市新城	机械装备制造、电子信息、港口物流、轻工纺织、新材料
高淳经济开发区	省级	2001	90	21.77	—	装备制造、电子信息、新型材料、绿色食品、软件和现代服务业
栖霞经济开发区	省级	2002	13.77 远期 30	5.7	产业基地	针织品、电子机械、物流仓储、生物医药

5）产业布局：以上海为龙头的全球加工制造业中心

长三角开发区产业门类齐全，轻重工业发达，是中国最大的综合性工业区。20世纪90年代以来，长三角开发区的产业主要集中于技术、资金密集型产业，其纺织、服装、机械、电子、钢铁、汽车、石化等工业在全国占有重要地位，并使长三角逐步成为全球装备工业加工制造中心，而在长三角内部，这些新兴产业主要集中在上海周边，包括上海漕河泾、苏州、无锡等地。截至2007年底，长三角地区国家级开发区的主导产业类型如表1-10所示。

表1-10　长三角地区国家级开发区基本情况一览表（2007年）

名称	批准时间	核准面积（hm^2）	主导产业
南通经济技术开发区	1984-12	2 429	精细化工、纺织纤维、新材料、造纸
闵行经济技术开发区	1986-01	308	机电、医药、食品饮料
虹桥经济技术开发区	1986-08	65.2	信息咨询、商业服务、会展服务、外贸
漕河泾新兴技术开发区	1988-06	1 330	信息技术、新材料、生物医药
上海高新技术产业开发区	1991-03	4 212	电子与信息、生物医药、光机电一体化
南京高新技术产业开发区	1991-03	1 650	电子信息业、光机电、化工新材料、生物医药
杭州高新技术产业开发区	1991-03	1 212	电子与信息、光机电一体化、生物、医药技术
昆山经济技术开发区	1992-08	1 000	信息技术、精密机械、生物科技
无锡高新技术产业开发区	1992-11	945	电子与信息、光机电一体化、新能源、高效节能
苏州高新技术产业开发区	1992-11	680	电子与信息、光机电一体化、医药精细化工
常州高新技术产业开发区	1992-11	563	光机电一体化、电子与信息、生物、医药
宁波经济技术开发区	1992-10	2 960	化工、不锈钢、修造船、汽车、现代纸业、机电、轻纺
宁波大榭开发区	1993-03	1 613	物流、临港石油化工、能源中转
杭州经济技术开发区	1993-04	1 000	机械电子、生物医药、纺织化纤、食品
萧山经济技术开发区	1993-09	920	电子信息、机械制造、精细化工、建筑建材
苏州工业园区	1994-02	7 000	电子、通讯设备、精密机械、医药
南京经济技术开发区	2002-03	1 137	电子信息、生物医药、机械、新材料
宁波高新技术产业开发区	2007-01	—	微电子、光机电一体化、新材料、生物医药

同时，由于外商直接投资的先行效应，长三角产业集聚的高科技化比较明显。长三角开发区逐步从依靠优惠政策的土地经营战略转向依靠创新的科技发展战略。目前，长三角已经成为中国电子通信、生物医药、新材料等诸多高新产业重要基地。近年来，电子信息制造业的增幅始终保持在30%以上。上海、无锡和杭州已被确定为国家级IC设计产业化基地。2010年上海高新技术产业工业总产值6 958.01亿元，比上年增长33.7%，增幅高出全市工业10.6%。近期投资高科技产业的台商，也开始向长三角开发区转移和集中。

而在区域分工上，上海重新确立了长三角真正龙头城市的功能，并且，上海的产业结构调整一直主导着整个长三角的产业升级。上海作为长江三角洲城市群的龙头城市，其发展的方向性、外向度、服务业发展程度等指标，远远超过了邻近地区，并对苏南和浙北地区形成了强大的辐射效应和拉动作用。到了20世纪90年代后期，这种经济作用已经冲破了行政区域的限制，在市场机制和资源流动的促进下，区域整合的步伐加快。随着上海产业结构升级步伐的加快，临近的苏州等地也获得跨越式发展，进而形成合理分工，达到双赢局面。随着人流、资金流、货物流、信息流的流动与促进，各地区之间的分工与协作关系也逐步成型。可以说，经过近20年的发展，长三角开发区基本摆脱了对优惠政策的依赖，初步形成了内部和外部市场资源集聚的良性循环，市场力量逐步主导这些地区的经济发展，区域集聚效应越来越明显。

1.2.4 长三角开发区当前存在的核心问题

1) 土地瓶颈：工业用地难以为继

历经十多年高强度的开发和招商引资，土地总量性稀缺，在长三角开发区已是无法绕避的难题。1996—2004年长三角16市耕地面积减少了38.65万hm^2，平均年减少量为4.83万hm^2，年均递减率为1.22%，而这一期间全国耕地面积年均减少率为0.78%，远高于全国平均水平(表1-11)①。其中，建设占用是长三角耕地减少的主要流向，很大一部分即流入了开发区(表1-12)。土地底牌造成了长三角沿袭多年的“招商引资，土地先行”态势，也带来了土地利用的低效与浪费。然而，万物皆有穷尽时，多年的开发后，长三角耕地已逼近底线，开发区在土地供应量的回旋余地已经很小，不少地方遭遇“发展极限”的问题，面临“发展无限，空间有限”的困境。

长三角各开发区已普遍存在企业排队等地的现象，如常熟各经济开发区、杭州各开发区、绍兴各开发区等。在工业用地供给难以为继的瓶颈压力下，长三角开发区被逼转型：通过增资扩股、增资技改、互惠整合等盘活存量土地，严抓土地利用效率、回收低效利用的土地、传统制造业的区域外转移、促进开发区自身的产业升级都成为当前长三角开发区突破“土地瓶颈”、保持发展势头的重要策略。

① 赵言文，施毅超，肖新. 长江三角洲地区耕地现状分析[J]. 江苏农业科学，2007(4)：245-249

表 1-11　长三角地区 1996—2004 年耕地数量变化

地区	耕地面积(万 hm^2)			减少量占区域比重(%)	2004 年比 1996 年减少百分率(%)	年均减幅(%)
	1996 年	2004 年	2004 年比 1996 年减少量			
上海市	31.51	27.86	3.65	9.44	11.58	1.45
江苏 8 市	233.71	208.15	25.56	66.13	10.94	1.37
浙江 7 市	132.29	122.86	9.43	24.4	7.13	0.89
长三角地区	397.52	358.87	38.65	100	9.72	1.22

表 1-12　2004 年上海市及浙江 7 市耕地减少去向

耕地减少去向	项目	上海	浙江 7 市	杭州	宁波	嘉兴	湖州	绍兴	舟山	台州
小计	面积(hm^2)	10 447	57 202	11 000	12 068	5 961	16 500	7 293	400	3 980
其中建设占用	面积(hm^2)	6 247	19 494	3 400	4 147	2 507	3 660	3 973	287	1 520
	比例(%)	59.8	34.1	30.9	34.4	42.1	22.2	54.5	71.7	38.2

2）投资减速：开发区转型的阵痛加剧

2005 年以来，长三角开发区即已出现外资投入减速的现象。2007 年以来，作为外资在中国的主要集聚区块，长三角各开发区受全球性金融危机冲击明显，外资退出、内资中小企业的倒闭现象有所显现。根据江苏省工商局发布的《上半年长三角地区外商投资企业发展情况与分析》显示①，2008 年 1—6 月，江浙沪共 4 119 家外企退出市场，同比增长 68.7%；三地新设外资企业 4 275 家，同比减少 1 780 家，降幅 29.4%；三地的外资投资总额 3 462 亿美元，同比减少 1 883 亿美元，降幅达 35.2%。以宁波市为例，如表 1-13 所示，2008 年各开发区利用外资项目数、合同外资、实际外资均有不同程度的下降。而当前长三角各开发区正处在从“引资”到“选资”、从粗放到集约的转型期，资本的突然短缺加剧了开发区转型的阵痛，但也更催生了开发区的转型。

表 1-13　2008 年宁波市各级开发区利用外资情况

开发区名称	项目数(个)		合同外资(亿美元)		实际外资(亿美元)	
	本年数	同比(%)	本年数	同比(%)	本年数	同比(%)
宁波开发区	52	−53.2	97 555	−1.7	60 860	1.1
宁波保税区	13	−18.8	12 045	−40.9	12 723	−23

① 本书的长三角指的是江浙沪两省一市，见：http://www.jiangsu.gov.cn/qiye/scdt/200809/t20080910_261522.htm

续表 1-13

开发区名称	项目数(个)		合同外资(亿美元)		实际外资(亿美元)	
	本年数	同比(%)	本年数	同比(%)	本年数	同比(%)
大榭开发区	5	0	4 339	−7.1	3 100	−33.8
高新区	7	−46.2	3 440	−16.5	3 203	−30.8
“三区一岛”开发区合计	77	−46.9	117 379	−8.6	79 886	−7.1
慈溪开发区	25	−7.4	43 220	5.5	12 084	−40.2
余姚开发区	12	−50	19 727	−9.9	12 778	−22.9
余姚工业园区	6	−71.4	13 815	−11.5	7 341	−0.3
镇海开发区	13	−43.5	4 428	−52.4	4 049	−66.5
奉化开发区	2	−85.7	3 710	856.2	2 520	262.6
宁海开发区	7	−68.2	2 928	−72.2	2 926	−51.3
象山开发区	3	−82.4	5 567	−53.1	5 113	3.9
鄞州投资创业中心	14	−22.2	12 636	24.4	8 025	−20
江北投资创业中心	6	−33.3	1 823	−40.8	2 042	26.8
江东城市工业功能区	0	−100	0	−100	0	−100
省、市级开发区合计	88	−50	107 854	−12.9	56 878	−28.7
各级开发区合计	165	−48.6	225 233	−10.7	136 764	−17.5

3）产业制约：产业同构严重、产业集群培育不足

由于地域相连，资源条件禀赋相似，发展时机相近，作为最早经历“开发区热”的地区，长三角开发区存在产业集群培育不足、产业同构明显等显著问题，在降低了自身抵抗外界风险能力的同时，由于恶性竞争也造成了资源的浪费。

（1）产业整体同构

以上海、杭州、苏州、南京、宁波 5 市国家级高新区与经开区（为经济开发区的缩写名）为例，如表 1-14 所示，这 5 个城市的国家级高新技术开发区产业结构几乎没有任何区别，均是电子与信息、光机电一体化、生物医药、新材料。同时这 5 个城市的高新区与经开区的产业结构也有较多雷同之处，相似的产业结构导致开发区间招商引资的竞争无法避免。

表 1-14　长三角地区同城市国家级高新区与经开区的主导产业比较

城市	国家级高新技术产业开发区	国家级经济技术开发区
上海	电子与信息、生物医药、光机电一体化	信息技术、新材料、生物医药、食品饮料

续表 1-14

城市	国家级高新技术产业开发区	国家级经济技术开发区
南京	电子信息业、光机电一体化、化工新材料、生物医药	电子信息、生物医药、机械、新材料
苏州	电子与信息、光机电一体化、医药精细化工	电子、通讯设备、精密机械、医药
杭州	通信设备制造、软件、光机电一体化、生物医药、新材料	机械电子、生物医药、纺织化纤、轻工食品和高科技化工
宁波	微电子、光机电一体化、新材料、生物医药	化工、不锈钢、修造船、汽车、现代纸业、机电、轻纺

（2）禀赋相似地区产业同构

以江苏沿江地区省级以上开发区为例，在江苏沿江 13 个开发区主导产业调查中，有 69%的开发区以化工产业为主导产业，各开发区纷纷以化工作为主导产业，一定程度上形成了遍地开花的局面，导致沿江地区化工码头较多，岸线、港口等资源利用不集约①。

（3）同城开发区产业同构

以南京省级以上开发区为例②，除南京市化学工业园明确走石油化工基地路线外，受相似区位因素和相似产业基础影响，其他开发区的产业选择雷同比较明显，电子信息、新材料、汽车及其零配件制造、生物医药等均为大多数开发区的支柱产业。开发区之间产品和产业结构雷同，必然导致相互之间的无序竞争大于有序合作。

（4）产业集群培育不足

以嘉兴经济开发区③、镇江开发区④为例，嘉兴经济开发区在招商引资时虽编制过规划，如 1998 年规划了食品工业园、轻工工业园，2002 年规划了机械工业园，但迫于招商引资的压力，这些规划的园区已名存实亡。由于只要是外资都招，进区企业关联度并不高，有些企业对优惠政策的依赖性较强，根植性较弱；该开发区虽然初步形成了汽车配件、化纤纺织和电子信息三大产业，但这些企业之间的相互支援、相互依存的专业化分工协作的产业网络尚未形成，企业间只是地理上的集中而没有形成具有高度关联性的新产业区。同样的情况也发生在镇江开发区，导入产业的行业属性、规模、质量、布局与规划目标产生较大偏离，导致多数开发区行业覆盖面过宽，区内企业之间的协作关联度很低，整体布局较为松散和无序，功能分区作用相当微弱，既难以形成同类企业的空间

① 李娜，陈雯，禚振坤．江苏省沿江开发区制造业空间分工初探[J]．中国科学院研究生院学报，2007(1)：51-57

② 王兴平，许景．中国城市开发区群的发展与演化——以南京为例[J]．城市规划，2008(3)：25-32

③ 俞红政．嘉兴经济开发区转型问题研究[D]．[硕士学位论文]．上海：上海交通大学，2008

④ 镇江市发展和改革委员会．镇江市开发区发展总体规划(2006—2010 年)

集聚效应，更难组织起有效的产业链。

4）人气缺失：职住分离现象凸显

长三角开发区与主城区均有一段的空间距离，部分开发区与主城区距离和空间关系如表 1-15 所示。

表 1-15 长三角部分国家级开发区与主城距离

开发区名称	与主城距离(km)	开发区名称	与主城距离(km)
南京高新区	13.5	泰州医药高新技术产业开发区	8
南京经济技术开发区	5	南通经济技术开发区	15
江宁经济技术开发区	7	长兴经济技术开发区	3
无锡高新区	6	湖州经济技术开发区	2
江苏锡山经济技术开发区	6	嘉兴经济技术开发区	3
苏州工业园区	5	嘉善经济技术开发区	2
苏州高新区	5	萧山经济技术开发区	12
吴江经济技术开发区	10	杭州高新区	6
扬州经济技术开发区	4.5	绍兴袍江工业园区	11
虹桥经济技术开发区	6.5	绍兴高新区	3
上海张江高科技园区	13	宁波石化经济技术开发区	14
漕河泾新兴技术开发区	12	宁波高新区	4

长三角大多数开发区都规划了配套居住用地，但这些配套居住用地并没有起到应有的配套功能，反而形成严重的职住分离现象，开发区非但没能起到疏解主城压力的作用，反而带来了自身的空心化并加剧了其与主城之间的交通矛盾。究其原因有三：首先，开发区的各类公共服务配套设施缺位（包括就医、就学、交通等），导致了居民从行为选择上依赖主城；其次，开发区配套居住用地规划一般具有低容积率、高环境质量和高基础设施水平的特点，在此条件下，房地产开发商一般倾向于开发中高档项目来获得更多利润①，住房开发的目标人群与实际需要在开发区居住生活的人群存在分异；第三，部分开发区与主城之间的距离较近，客观上为居民选择职住分离提供了条件。

以南京市开发区为例，2007 年通过对南京四个主要开发区（南京高新技术产业园、南京经济技术开发区、南京化工园、江宁经济开发区）进行问卷调查，如图 1-6 所示，在开发区居住的人群中，有超过 1/3 不在开发区工作；在开发区工作的人群中，有超过半数的不在开发区居住，而在主城区居住；选择在开发区居住的人群，要么是低薪阶层的职工，为了工作的方便，要么是高薪阶层的高档别墅居住区，作为周末假期的去处。这种开发区居民和职工相互交叉的居住和就业方式，使得居民和职工每天浪费大量时间往返于工作地和居住地之间，这

① 郑国.开发区职住分离问题及解决措施——以北京经济技术开发区为例[J].城市问题，2007(3):12-15

不仅引发城市大量的交通压力，还造成各种资源不必要的浪费。

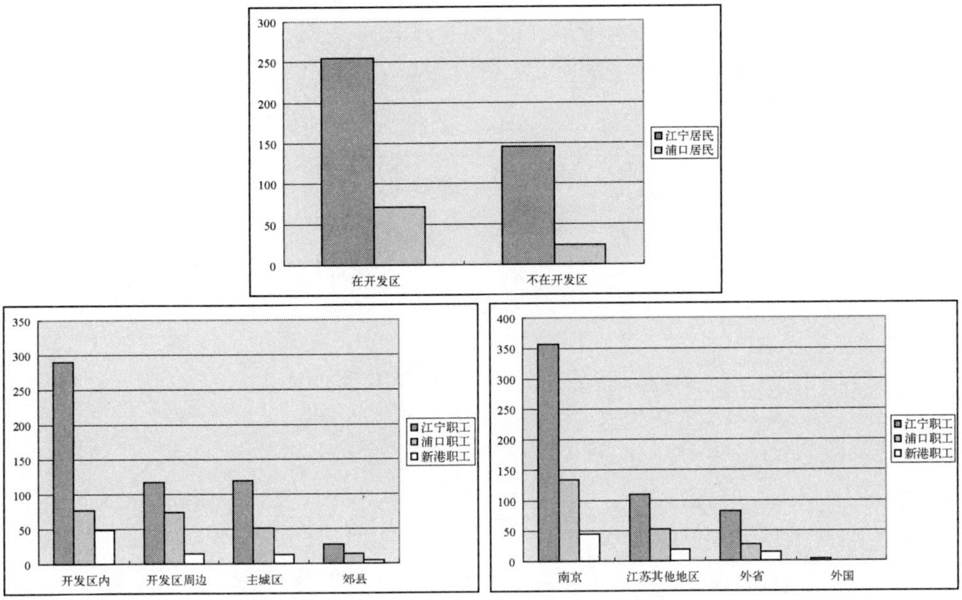

图 1－6　开发区居民是否在开发区工作及职工工作前后居住地统计

1.3　非整合发展：中国开发区面临的困境

中国城市开发区的发展过程中，长期以来存在着总体数量过多、空间布局过散、空间规模过大、地价水平过低等问题。上述“四过”不可避免地导致城市开发区之间以及开发区与城市本身之间的恶性竞争和冲突，即非整合发展。中国城市开发区的非整合发展主要表现在以下几个方面：

（1）开发区过滥导致相互之间的恶性竞争。各地开发区为吸引外资，竞相压价，突破国家土地、税收法规及国家相关政策，在地价、税收等方面推出了一系列地方性优惠政策，此类恶性竞争现象在长江三角洲诸多城市的台资争夺战中表现突出①。而苏州工业园区发展过程中由于激烈的开发区竞争，导致园区开发公司高额投入难以收回，形成巨大的亏空，进而导致了新加坡方面放弃对开发公司的控股地位，这已经成为哈佛大学等国际知名大学的教学案例②。

（2）开发区恶性竞争促进的“圈地竞赛”，造成许多社会问题，背离了和谐社会的目标。许多开发区滥用土地优惠策略，忽视我国人多地少、土地资源严重紧缺的基本国情，把本来极其宝贵和有限的城市土地资源当做“不计成本”的

① 艾芳，李小北．成长的烦恼困扰开发区[N]．经济日报，2001－11－06

② 鲍克．中国开发区研究[M]．北京：人民出版社，2002：116－126

廉价的招商引资“招牌”,造成开发区的“圈地运动”热潮一浪高过一浪,并导致开发区管理者、开发商和企业超前征用和储备大量土地,多占少用或者占而不用,土地抛荒、闲置严重,大大降低了土地利用效益。与土地的随意圈占相伴的是土地利用的混乱、无序和粗放,开发密度过低、空间布局散乱、功能分区混杂,制约了开发区的可持续发展。此外,城市开发区基本位于城市的边缘和近郊地带,所征用的土地大多是优质高产农田和人口密度较大的城乡结合部居民点,本来人地关系就较为紧张,而开发区的土地优惠建立在通过行政手段人为压低征地成本上,导致大量失地农民失去生活保障,造成严重的社会问题。

(3) 从城市角度来看,开发区的泛滥造成城市总体结构的失序和混乱。突出表现在城市的扩展空间被开发区割裂和蚕食、城市的整体结构被开发区破坏、城市工业用地和房地产业用地扩展失控等,为城市的协调发展埋下了隐患。笔者对此曾经进行过调查。在我国城市开发区发展最快的长江三角洲地区,许多城市市区为各级各类开发区所分割包围,城市的扩展被开发区所左右,城市边缘的开敞空间被开发区蚕食。珠江三角洲更是有过之而无不及,作为华南中心城市的广州市,其周围曾经一度被各种开发区包围,仅在其东南部地区就有23个各类开发区,总面积达 136.13 $km^2$①。提出“昆山就是开发区、开发区就是昆山”口号的昆山市,不仅市区被开发区包围,市域范围也成了各层次开发区的海洋,在其中心地带的昆嘉高速公路沿线,各种开发区已经把昆山市区与上海市连接了起来。只有零星可数的几块农田镶嵌其间,开敞空地成了星星点点被开发区割裂的空间孤岛。如此众多的开发区,不仅严重干扰了城市空间的有序拓展,而且相互之间恶性竞争,导致城市整体空间利用效益的下降。某市老城区周围各级各类开发区的分布如图 1-7 所示。

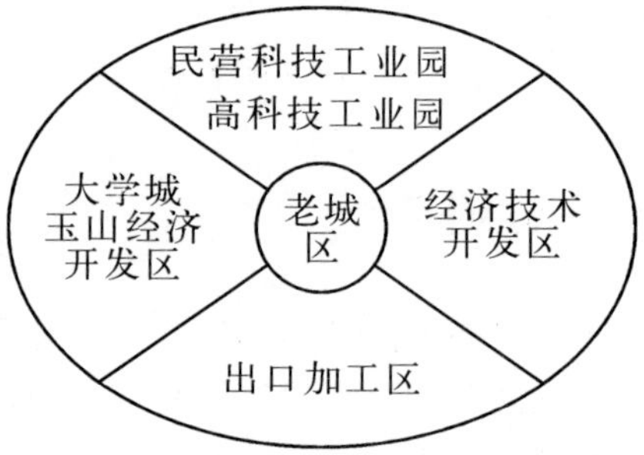

图 1-7　某市老城区周边各类开发区分布示意图

(4) 许多城市开发区成为游离于城市规划之外的独立“规划特区”甚至盲区,影响城市规划的权威性和统一性。作为城市经济性特区的开发区,在地方利益驱动下逐步演变为行政特区,特别是通过地方政府的授权成为规划特区,打乱了城市的总体规划,影响城市规划的权威性,也有悖于城市规划法的基本原则。安徽省建设厅通过调研就发现,在该省开发区的发展中,有的工业园区选址与城市总体规划不符,导致全省有近 40% 的设市城市和县城调整了城市总体规划,破坏了城市规划的严肃性。部分市、县人民政府为加快产业园区的工作进展,往往对产业园区采取特殊的行政管理体系,园区管理机构拥有多项

① 郑静.城市开发区发展的生命周期——兼论广州开发区现状及其持续发展策略[J].城市发展研究,1999(1):25-30

行政管理权限，其中包括独立的规划管理权①。

随着改革开放逐步进入新的发展阶段，科学发展观逐步深入人心、“五个统筹”日益成为指导城市和区域发展的政策纲领，循环经济的发展理念正在成为化解我国人多地少、资源紧缺的现实矛盾的必然选择。因此，探寻建立适应科学发展观和“五个统筹”要求的开发区与城市整合发展的新模式，不仅对于促进开发区“二次创业”、塑造其新的核心竞争优势、保持开发区的可持续发展意义重大，而且对于促进中国城市的健康发展至关重要。本书的研究就是要探索在资源节约型城市发展模式下，如何充分发挥开发区的独特作用，克服目前开发区发展的弊端，提高开发区与城市整体的协调程度，实现开发区与城市的整合发展。

1.4 开发区与城市的互动与整合

作为现代城市总体结构的重要组成部分，开发区与城市之间既保持一定的独立性，也在功能、空间等各方面具有千丝万缕的密切联系，双方的互动发展提出了区城整合的必要性，也为区城整合提供了重要的前提和基础。

1.4.1 开发区与城市互动的主要内容

开发区与城市互动，就其内容上来讲，主要包括以下几个方面：

(1) 空间互动，包括空间区位关系、空间拓展方向与轨迹、空间结构功能等，这是开发区与城市互动的空间表现；(2) 功能互动，主要包括经济功能互动和社会功能互动，这是开发区与城市互动的内在表现；(3) 设施互动，包括公共服务设施和基础设施互动，这是开发区与城市互动的支撑平台(图 1-8)。

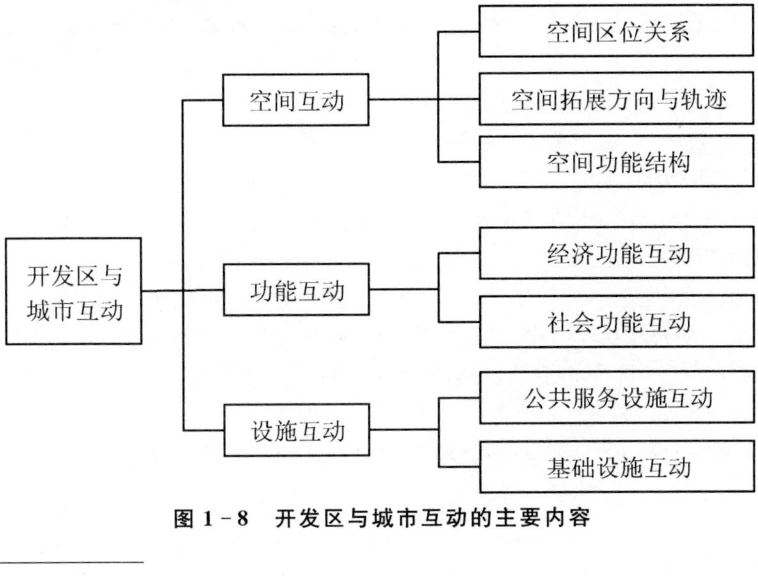

图 1-8 开发区与城市互动的主要内容

① 安徽省建设厅. 开发区与工业园区规划及其与城市总体规划衔接问题的调研报告，2003-06

1.4.2 开发区与城市互动整合的一般进程

开发区是城市的有机组成部分，是在城市功能转型的客观需要下出现的，是在城市空间的分化机制作用下产生和独立发展的①。

一般而言，在开发区形成之前，主城区内已经存在着大量的工业空间，它们为开发区的形成与发展提供了一定基础。随着人口与企业的不断集聚，城市的产业规模与门类不断扩大，城市自身的规模也随着产业与人口的壮大而不断扩大，而在城市功能空间开始产生分化的同时，郊区也开始出现人口与产业用地的集聚趋势。

进入 1990 年代，中国城市进入更新再开发的发展阶段，兴建于上个世纪初和中期的传统产业逐渐衰退。随着生产技术、运输方式和生活、工作方式的转变，城市局部地区的建筑、环境以及基础设施条件相对滞后与老化，出现功能性的衰退，长三角工业城市开始了老城更新改造的“运动”。同时，城市社会经济也正处在产业布局、类型、结构的重构和转型阶段，“退二进三”“退二优三”成为许多城市的建设、特别是旧城更新改造过程中的主题。大量的工业用地开始从主城搬迁至郊区的开发区内，由此也带来了郊区产业空间的不断壮大与集聚，开发区与城市空间的互动开始发源。城市开发区必须以城市为依托，尤其在开发区的发育初期，开发区需要依赖母城提供的资金、人员、技术、基础设施来启动运转。开发区与城市主要体现的是单向的从属关系。

开发区在承接主城生产功能外溢的同时，自身发展规模不断壮大，也不断在完善其社会功能。同时，随着开发区的逐步成长壮大，其自我发展能力越来越强，开发区逐渐演化成其母城的一部分，甚至崛起成为新城。开发区对其母城的离心力不断增强。开发区已经不再单纯依靠主城区的补给，而是开始了“反哺”主城的现象。这种主城与开发区之间的互动最终导致了两者之间在产业空间与产业功能上的互动。

可见，开发区与城市互动具有从“老城产业空间的产生、集聚—郊区产业空间的产生兴起—老城产业空间的迁移(更新)—郊区产业空间的发展壮大—老城与郊区产业功能、空间的互动”的发展轨迹(图 1－9)。

根据长三角开发区与城市动态整合的调研实践，可以将开发区与城市动态整合归纳为“四阶段三层次”的演进机制。其中，四阶段指的是开发区与城市之间外溢、带动、反哺、整合四个互动整合阶段。三层次②指的是开发区与母城、开发区与其所依托的城市边缘区、母城与由开发区所发育而成的城市新区，这三个层次在开发区与城市互动整合的四个阶段中有所交叉，并在不同的发展阶段中有所侧重。

1）第一阶段：外溢

开发区在其建设初期体现出明显的投资导向特征，其功能空间往往作为单

① 王兴平. 中国城市新产业空间——发展机制与空间组织[M]. 北京：科学出版社，2005

② 第一、二层次的开发区指的是狭义的开发区，即开发区管委会所辖的区域。第三层次的开发区指的是广义的开发区，既包括开发区管委会所辖的区域，又包括依托开发区发育起来的城市新区。

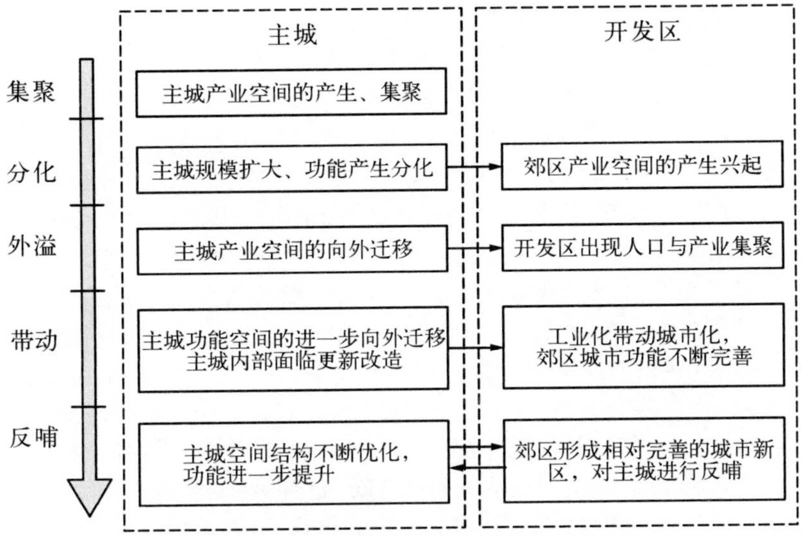

图 1-9　开发区与城市发展互动的一般进程

一的工业空间进行布局，而没有过多的考虑到疏解人口的作用。这一阶段开发区与城市互动发展的核心机制为城市功能的分化和外溢。

从公共服务的需求来看，在开发区建成初期，可建性成为开发区建设的首要考虑，基础性设施（如道路、供水、供电等）的完善程度，直接影响甚至决定着搬迁落户企业的存活率，也是吸引人口集聚的重要因素。长江三角洲开发区在建设初期普遍实行了预征制度，分期实施，滚动开发，通过土地的一级开发①将"生地"转化为"熟地"（表 1-16）。在开发主体上，以政府机构或政府与企业共同承担的方式进行开发。而就居住服务而言，由于这一时期开发区的主要人口为拆迁安置的农民和部分早期进驻的企业职工，对居住服务性公共产品需求并不迫切。

表 1-16　土地一级开发内涵

	具体内涵
三通一平	通电、通路、通水、土地平整
五通一平	通电、通路、通水、通信、排污、土地平整
七通一平	通电、通路、通水、通信、排水、排污、有线电视、土地平整
九通一平	道路、自来水、排雨水、排污水、供电、供气、通信、供热、有线电视、场地平整，简称"三水"（水、排雨水、排污水）、"四电"（强电、弱电、热电、电视）、"一路、一气"

① 一级开发是指由政府或其授权委托的企业，对一定区域范围内的城市国有土地（毛地）或乡村集体土地（生地）进行统一的征地、拆迁、安置、补偿，并进行适当的市政配套设施建设，使该区域范围内的土地达到"三通一平""五通一平""七通一平"或"九通一平"的建设条件（熟地），再对熟地进行有偿出让或转让的过程。

2）第二阶段：带动

这一阶段的开发区相对于主城仍处于从属地位，由主城带动开发区发展。但由于开发区一般位于城市边缘区或城市远郊区，开发区缺乏与主城的密切联系，往往形成“孤岛”。产业空间的集聚也带动了人口的集聚，但人口主要由外来务工人员和通勤人口构成，常住人口所占比例较小。就功能空间布局来看，开发区内往往以单一的工业用地为主，居住用地和公共服务设施尤其是生活性服务设施相对缺乏，缺乏足够的吸引力，无法形成居住人口集聚。虽然开发区出现了一些房地产开发现象，但由于公共服务设施的缺乏，住房空置率较高。例如杭州经济技术开发区在自 1993 年建立以后较长一段时期，其人口密度均维持在较低水平，直到 1996 年底仅有 348 人/km^2。

一方面，公共服务设施的缺乏使得就业人口不愿在开发区居住，就业空间和居住空间严重分离，职住分离导致的开发区潮汐现象明显，造成开发区与主城之间钟摆式通勤交通压力过大；另一方面，常住人口的缺乏使得开发区无法达到公共服务设施配置的基本门槛，出于经济效益的考虑，开发区也不愿在公共服务设施上进行过多投资。在这种状况下，企业职工的居住和服务需求基本通过主城解决：部分企业（尤其是由主城搬迁的企业）职工居住在主城，每日通过企业班车往返于主城和开发区之间，居住和服务需求由主城解决；也有部分企业在开发区内配置了职工宿舍或在开发区周边租用农民房作为职工宿舍，由开发区周边的乡镇提供简单的公共服务功能，主要的公共服务需求仍依托于主城。可达性成为制约开发区发展的关键问题，因此，提高开发区与主城之间的通达能力，成为这一阶段开发区建设的重点。

3）第三阶段：提升

在工业化带动城市化的过程中，以开发区建设为契机发展的城市边缘区已成为城市化推进的前沿地区。开发区的功能逐步由单一的产业空间和就业人口集聚向城市综合功能转型和提升，其开发模式也由外延式扩张转向内涵式提升，由主城外溢带动的外生整合逐步转变为开发区综合功能的内生提升。主要有两个方面原因：一方面，由于城市化的迅速推进，主城有限的空间在人口的爆炸式集聚下已不堪负荷；居住空间的主城集聚和就业空间的郊区分散所导致的职住分离、交通拥堵等问题日益严重，城市功能空间的有机疏散和职住空间的合理配比成为这一阶段城市功能空间整合的现实诉求。另一方面，开发区的逐步成长壮大也为进一步承接城市综合服务功能和人口外溢奠定了基础。可以说，开发区由单一的产业功能区向综合城市功能区的转型和提升，既是承接主城生活、服务功能外溢的外在需求，也是开发区内涵提升的内在需求。依托主城加快开发区城市化步伐，从工业园区的模式向科、工、贸、商、住等多功能复合发展转化，实现开发区综合功能的内涵式提升成为开发区的主要任务。

在这一阶段，伴随着房地产开发项目建设和公共交通的拓展，开发区客观上已开始承担起疏解城市人口和截流新增人口的功能，并成为区域城市化的主战场，甚至崛起成为城市新区（城）。然而，随着常住人口的不断增加，原本依托城市边缘的乡镇公共服务设施的过渡模式已无法满足开发区日益增长的需求，主要表现在公共服务设施配置不足、设施总体布局不成体系、服务水平与主城存在较大差距等问题的矛盾突出，尤其是教育、医疗等基本公共服务设施的短缺成为制约开发区功能提升的主要瓶颈，公共服务设施的均等化配置成为开发区进一步提升的关键。

4）第四阶段：整合

以开发区建设和新区（城）开发为契机，开发区逐步建立起相对完善的区域交通网络、区域基础设施体系和公共服务设施体系，以其良好的环境、优于主城的公共服务形成新的城市人口和空间增长点，形成人口—空间—服务三位一体、具有高度开放性和独立性的综合城市功能空间。开发区不再是单纯为母城提供生产支撑的依附地，而是实现了城市多种功能要素和信息要素的相互组合流动。开发区开始成为承接主城功能外溢，并具有自身发展动力的空间主体，引导都市区由单中心结构趋向多中心开放组团式发展，区域空间呈现出都市区化的典型特征。主城与开发区的区域基质空间不再单向被动地承接主城的资源消耗和经济、社会的引导，而是越来越表现为依赖与制约并存、合作与竞争同进的格局。主城和开发区所形成的新城（区）是一个在发展中存在整体关联性的区域整体，是一个有机结合的区域综合体。

1.4.3 开发区与城市动态整合的演化趋势

1）开发区与城市动态整合总体演化趋势

综上所述，开发区与城市动态整合演进过程可以概括为从“老城产业空间的分化外溢—开发区产业空间的产生兴起—开发区功能的转型提升—都市区化—体化整合”（表 1－17）。可以看出，我国开发区与城市动态整合是典型的工业化带动城市化的发展路径。

表 1－17 开发区与城市动态整合演化过程分析

发展阶段		外溢	带动	提升	整合
功能机制		城市功能产生分化，生产功能向城市外围扩散，形成开发区	开发区产业功能集聚，工业化带动开发区的城市化发展，主城与开发区互动频繁	开发区进入“后开发区”时期，向城市综合功能空间转型提升，出现居住人口集聚	形成城市新区，与主城实现一体化发展，实现人口—空间—服务三位一体的综合功能区
整合主体	母城与开发区	√（主导）	√（主导）	√	√（弱化）
	开发区与城市边缘区	—	√（增强）	√（主导）	√（弱化）
	母城与新区	—	—	—	√（主导）

续表 1-17

发展阶段	外溢	带动	提升	整合
公共产品配给类别	基础性设施	交通设施，尤其是公共交通的完善	教育设施、医疗设施等设施的完善	提升能级，配置高水平公共产品
配置重点	可建性	可达性	均等化	一体化
人口集聚	以拆迁安置农民为主	侧重于吸引就业人口	侧重于吸引居住人口	人口构成多元化

从互动整合的主体来看，在开发区建设初期，呈现出明显的主城带动开发区发展的态势；随着开发区产业功能的集聚，开发区作为带动城市周边发展的增长极作用逐步显现，开发区与周边乡镇的互动整合作用不断增强，开发区开始向城市综合功能空间转型提升，逐步形成城市新区；随着城市空间都市区的不断发展和新区自我功能的不断完善，新区和主城逐步实现一体化发展。

2）外延整合趋势——都市区的一体化发展

开发区作为城市功能空间分化的产物，在其发展过程中，受到主城功能辐射和结构外拓的直接影响。快速城市化而带来的城市都市区一体化发展是推动我国城市空间重构的直接动力。交通设施的建设和完善，使得都市区域范围内形成有机互动、协调发展的多组团复合系统成为可能。在此状态下，以工业的郊区化为先导，居住和服务配套外溢为推进，是城市功能空间在都市区范围整合发展的直接结果，是大都市区功能空间重构连续谱系中的一个环节。

从南京城市空间拓展的历史演变趋势可以看出，南京城市空间扩展已经跳出了老城范围，呈现出外延式蔓延与跳跃式组团发展并存、都市区一体化发展趋势明显等特征。根据数据显示，2000—2007 年间，南京城市建设用地年均增长达到 40 km^2，是南京历史上增长最快的时期①。南京高新技术开发区、江宁经济技术开发区、南京经济技术开发区和河西新城等组团建设引导下的"一城三区"成为南京市建设开发的热土，新市区规模迅速增大，南京都市区的框架已经逐步显现。

随着地域空间的不断融合，城市与开发区的公共产品体系存在统筹规划、整体供给的必要性和可能性。随着城市与开发区互动的不断深化，开发区与城市在实现区域公共产品一体化共享的同时，形成公共产品—功能—空间三位一体的互动整合机制。通过对开发区和主城之间功能定位的整体把控、发展机制的互动协调，弥合不同主体之间的非合作博弈，促进主城与开发区形成系统有机的一体化发展格局，以实现开发区与城市的"外延整合"。

3）内构整合趋势——开发区功能空间的综合化转型

中国的开发区建设在其设立之初，具有强烈的工业导向和政府导向特征，

① 资料来源：《南京市城市总体规划(2007—2020)》。

是典型的由工业化带动城市化过程。这也使得开发区在建设初期体现出明显的趋利特征，存在空间无序扩张、生活功能相对滞后的现象，就业空间和居住空间在一段时期内存在一定程度的分离，而公共产品的配置亦存在滞后性。随着开发区的发展壮大，开发区的功能空间顺应其自身发展需求，不断完善提升。新型的居住与工作空间关系使"功能混合"的趋势进一步增大，"复合型功能"用地出现，未来经济的发展中便捷的通讯网络使传统意义的居住地和工作地点之间的联系变得松散，生产工作环境的生活化与多元化使工作与居住环境的联系更为密切。居住与其他职能的土地混合利用程度加大，新的城市用地类型也将不断出现，打破当前城市各类用地的结构平衡关系。开发区将由单一的产业空间逐步向新城市空间转型提升，即开发区与城市的"内构整合"。开发区与城市整合，其本质是都市区范围内的城市功能空间重构，是外延整合和内构整合相互糅合作用的产物。可以说，内构整合是在外延整合的前提下都市区空间重构的内生机制；而外延整合则是内构整合基础上城市与开发区一体化发展的外在表现。

尽管一些学者认为，开发区应避免综合化趋势，保持其相对纯粹的经济功能，维持开发区高效运作的机制。然而就现实发展而言，绝大多数开发区的新区（城）化趋势几乎是不可避免的。在城市空间迅速扩容和城市土地资源紧缺的双重制约下，依托开发区建设城市新区，疏解主城的人口和产业，几乎是城市发展唯一且最佳的选择。可以说，无论开发区创设的初衷是什么，由开发区建设走向综合新城（区）发展，以工业化带动城市化，实际上已成为具有中国特色极具代表性的城市化模式之一。

从上海新城（区）发展的路径来看，依托开发区建设带动新城（区）发展，是上海发展网络化大都市，实现都市区空间拓展重构的主要模式。如《上海市城市总体规划（1999—2020 年）》中所提及的 11 个新城几乎都是依托开发区发展起来的（表 1 - 18）。

表 1 - 18　上海市新城建设与其所依托的开发区

新城	所依托的开发区	新城	所依托的开发区
宝山新城	上海宝山工业园区	青浦新城	青浦出口加工区、青浦工业园区
嘉定新城	嘉定出口加工区、嘉定工业园区、嘉定汽车产业园区	南桥新城	奉贤经济开发区
松江新城	松江出口加工区、松江工业园区、松江经济开发区	城桥新城	崇明工业园区
金山新城	金山工业园区	空港新城	浦东空港工业园
闵行新城	上海闵行经济技术开发区、紫竹高新技术产业园区、莘庄工业园区	临港新城	洋山保税港区
惠南新城	—	—	—

4）基于区域整合的开发区空间重组

伴随着区城互动关系的变化，部分开发区在进入发展成熟期以后，经历着由单纯的工业区向城市综合新区的转型过程，还有一些省级以下开发区在整改过程中被撤并，也需要通过功能的调整来实现自身的进化。对于这类开发区应予以规划引导，使其与城市空间和功能协调、持续地发展。

城市边缘区的开发区如图 1－10 模式一所示，在一般情况下，随着城市与开发区的空间扩展，母城与子城之间通常迅速连为一体。开发区与城市交接的部分在市场机制作用下不断由工业区转换为城市生活区，工业用地则再次置换到外围。城市远郊地区的开发区可以发展成为类似“都市村落”模式①（如图 1－10模式二），即在主城区与开发区之间建立公共交通走廊，确保开发区内居民 10 min 之内可到达公交站点。开发区内提倡功能的混合，生活、工作、娱乐休闲等居民日常活动可以在区内解决，开发区与主城区之间以生态廊道相隔，生态廊道内鼓励发展如水果、鲜花等高效益的都市型农业，这样一来，既为城市提供了新鲜的农产品，又使绿色生态空间渗透到开发区中，营造出城市与自然和谐共生的人居空间。

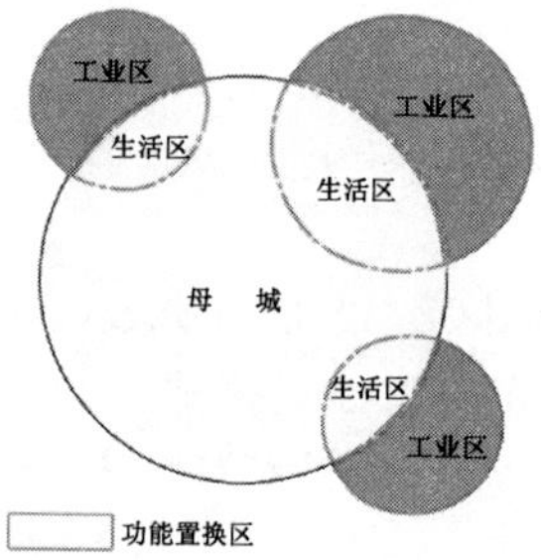

模式一：“无限蔓延”模式

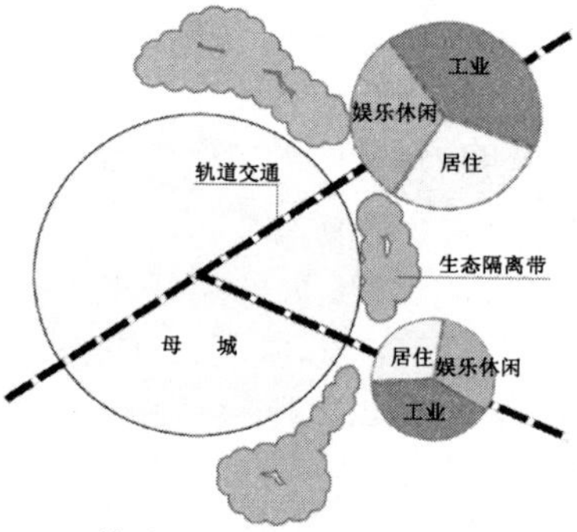

模式二：“都市村落”模式

图 1－10　城市与开发区发展前景模式图

“都市村落”实际是一种综合产业新城，相对独立地分担了部分城市功能，缓解了中心城区的空间压力，开发区内的企业解决了部分人口的就业问题，具有人们日常生活必需的活动场所，轨道交通使居民可以方便地到达主城区进行高层次的活动。对于城市来说，在开发区的基础之上建立新城镇显然比在完全未开发土地上建立新城来疏散人口要容易得多，首先，开发区具有大量的就业岗位，使开发区对从业人员具有很强的吸引力；其次，开发区有一定的建成基础，如果在此基础上将开发区的自然环境进行整治，便可形成不同于主城的优美的城郊环境，使其成为中老年人或者“有车一族”理想的住所，这刚好顺应了我国居住郊区化的趋势；再次，开发区内部的居住工作功能的混合还有利于解

① 荆其敏，张丽安. 城市母语：漫谈城市建筑与环境[M]. 天津：百花文艺出版社，2004：360

决钟摆式交通的问题。由此可见，在原开发区的基础上建立“都市村落”可以为我国大城市的空间扩张提供一种疏散方式。

1.4.4 开发区与城市动态整合的动力机制

整合由其发生机制可分为自组织的整合（系统内部通过互动实现）和调控的整合（通过政策、规划的干预）。开发区作为政府职能部门强效政策引导下的产物，而城市更是政府各项调控政策的承接主体，两者之间的整合过程必然是自组织整合与调控整合相互交织糅合的过程。

1）开发区与城市动态整合的外在动力

（1）国际产业分工背景下的制度变迁

开发区建设是我国在计划经济向市场经济体制转轨过程中，为扩大改革开放、促进经济快速发展以及应对世界范围新技术革命而采取的重要战略举措①。外部环境作用力包括两个方面：一是经济全球化与国际产业转移的外力供给。经济结构的“柔性化”使得发达国家逐步将劳动密集型的生产制造模块，外包给劳动力价格低廉的发展中国家的企业，而将技术和知识密集的研发设计“模块”和高利润的营销服务“模块”保留着，以充分利用世界各地不同要素的突出比较优势，重新组合和塑造产品的增值链，获取最大的利润。这也是开发区诞生的重要背景。二是在开发区发展初期，依靠制度安排所带来的创新利润推动了区域经济的高速增长。然而，随着外在区域空间上的制度和政策落差趋缓，开发区发展需要有一种内生的新机制和新动力来延续其生命周期。

（2）城市空间的都市区化重构

1990 年代以来，经济的快速发展及其带来的城市人口的爆炸式增长，原有的城市空间已无法承载快速城市化所带来的空间压力，城市功能空间的外围拓展已不可避免。高速城市化与居住、产业空间的外溢或郊区化发展并存，快速公交与轨道交通共同组成的双快交通网络构架，进一步促进这一空间态势的发展②。交通设施的建设和完善，使得都市区域范围内形成有机互动、协调发展的多组团复合系统成为可能。在此状态下，以工业的郊区化为先导，居住和服务配套外溢为推进，是城市功能空间在都市区范围整合发展的直接结果，是大都市区功能空间重构连续谱系中的一个环节。

2）开发区与城市动态整合的内在机制

开发区与城市动态整合的内在机制归结起来有以下三个方面：产业空间的分化与集聚作用、居住空间和就业空间的黏合作用、公共服务空间的引导作用。在开发区与城市动态整合的过程中，这三种机制相互交织作用，并促使城市空间不断趋于优化完善。其中，产业功能空间的分化与集聚，是开发区形成的本质原因；而城市各功能空间尤其是居住空间和就业空间的黏合作用，及其所导

---

① 张艳. 超越规模之争——论开发区的空间发展与转型[J]. 城市规划，2009(11)：51－57

② 张京祥，等. 体制转型与中国城市空间重构[M]. 南京：东南大学出版社，2007

致的城市功能空间的综合化趋向，是促使开发区功能提升，并实现都市区空间重构的推动力；而在此过程中，公共服务空间的引导作用贯穿始终，是实现城市与开发区自组织整合和调控整合的有效手段。

（1）产业空间的分化与集聚作用——开发区形成的原动力

开发区的形成，其本质即是城市功能空间的分化与集聚。社会经济的发展，新产业空间的形成及其在的区位择优现象。这一过程的驱动力，不仅仅是郊区对主城工业空间"退二进三"式的被动疏解，还包括了对全球制造业转移的主动承接。

城市空间的分化效应是城市空间适应城市功能的而发生的解构过程，该过程通过对城市新功能在空间上的重新分布，达到城市功能与空间的协调发展。在这一过程中，产业空间在城市空间中居于主导地位，是城市空间演化的"自变量"。空间扩散形成的新的产业集聚点，通过其他要素的催化和孵化作用，如政策机制的作用、产业扩张与吸聚的作用等，推动新产业要素的集聚，发育成为具有独立空间要素特征的新产业空间，从而产生了开发区。

（2）居住空间和就业空间的黏合作用——开发区功能提升的驱动力

产业空间的分化与集聚仅仅是区域空间功能整合提升的前奏，而居住功能由主城的外溢则是提升开发区功能、推动开发区功能空间综合化的又一动力。开发区由单一的产业空间向城市综合功能空间转型的趋势几乎是不可避免的。开发区功能空间的综合化趋向归结起来有以下两个原因：

① 开发区滚动开发的需要。在对长三角地区开发区的访谈过程中，不少开发区管委会工作人员表示，开发区功能空间综合化的隐形驱动力在于资金链的平衡。借由商住等经营性用地的开发平衡工业用地出让的资金洼地，是不少开发区解决资金短缺问题的救命稻草。

② 空间利用主体——人的多元化需求。在开发区空间要素集聚、经济功能提升的过程中，必然伴随着人口的集聚。居住、工作、休憩和交通作为人类活动的四大需求，是一个相互交织、密切互动的复合动态整体。而作为承载人类活动的城市空间，也必然是一个"流动的、连续的空间"。《马丘比丘宪章》中提出，"必须创造一个综合的、多功能的环境，将城市功能空间的相互依赖性和相互关联性，其活力和涵义的组成部分重新统一起来"①。在现代社会中，人类的需求日益多元化，而产业空间的生态化和智能化，也使得产业空间和生活空间有机结合成为可能。

（3）公共服务空间的引导作用——开发区功能整合的推动力

公共产品作为城乡空间发展的重要支撑系统，是现代城市发展重要的物质条件和物质基础。在工业化带动城市化的过程中，城市公共产品的作用类似于"触媒"，其在空间上的合理配置，会对城市空间发展起到积极有利的推动作用。由上文的分析可知，公共产品配置在推动开发区向综合城区转型的过程中起到

---

① 张京祥. 城市规划原理讲义. 南京大学城市与区域规划系内部资料，2009：50－52

关键作用，也往往是制约开发区功能跃升的门槛性要素，在不同阶段分别显现“可建性—可达性—均等化—一体化”配置需求（图1－11、图1－12）。随着城市与开发区互动的不断深化，开发区与城市在实现区域公共产品一体化共享的同时，形成公共产品—功能—空间三位一体的互动整合机制。

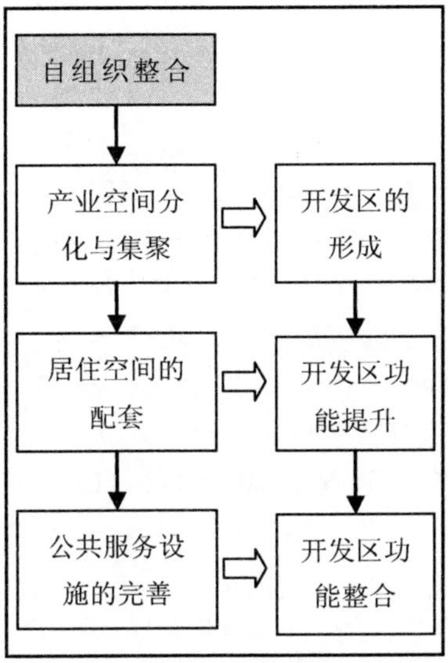

图1－11　自组织整合作用下的开发区空间发展机制

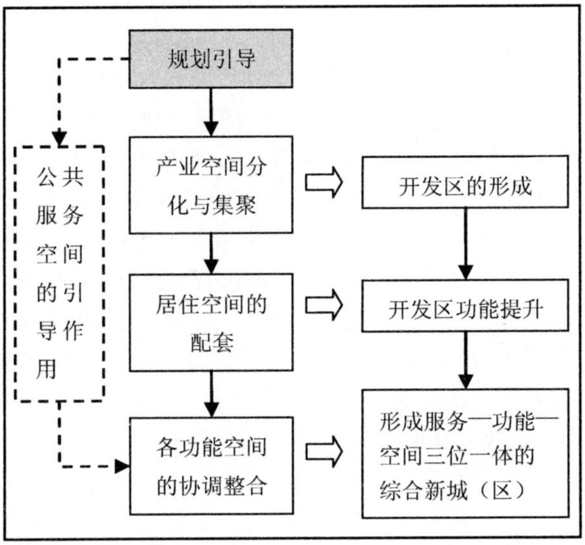

图1－12　调控整合作用下的开发区空间发展机制

1.5　相关研究综述

1.5.1　国际研究

国际上对开发区的相关研究发端于1960年代对科学园区的研究。1980年代末，一批西方学者讨论了科学园区的概念，如Monck①、D Massey②等。对此，Hans Löfsten和Peter Lindelöf有比较完善的综述③。进入1990年代，随着高新技术产业的蓬勃发展，对科学园区的研究才得到重视和深入，并提出了“三元参与理论”等④。Castells M和Hall P从产业综合体角度较早对全世界

---

① Monck C S P, Porter R B, Quintas P, et al. Science Parks and the Growth of High Technology Firms[J]. London: Croom Helm, 1988(8):30－38

② Massey D, Wield D. Science Parks: a Concept in Science, Society, and ‘Space’ (a Realist Tale)[J]. Environment and Planning D, 1991 (10):411－422

③ Hans Löfsten, Peter Lindelöf. Science Parks and the Growth of New Technology-Basedfirms—Academic-Industry Links, Innovation and Markets[J]. Research Policy, 2002(31):859－876

④ 吴季松. 21世纪社会的新细胞——科技工业园[M]. 上海：上海科技教育出版社，1995:35

的著名高技术园区进行了研究①。随着科学园区基本概念的逐步建立,研究方式也随之逐步由经验观察向规范化研究发展,对科学园区的作用、发展机制等的研究逐步深入,如有的学者通过观察,认为科学园区的作用并不像规范的概念要求的那样以促进技术的转化为己任,而是偏向房地产开发②。Yiannis L. Bakouros③、Richard Shearmur 和 David Doloreux④、Albert N. Link 和 John T. Scott⑤ 等则通过对具体区域的实证研究来探讨科学园区的发展。Geetha Vaidyanathan 研究了印度科技园区自 1991 年以来的发展历程,认为科技园区在促进软件业的发展方面发挥了重要作用⑥。随着中国的快速发展,对中国开发区的研究也成为国外学者的关注焦点,如 Susan M. Walcott 以深圳和西安高新区、上海浦东新区以及苏州新加坡工业园区为例,研究了中国高新区发展的阶段、作用等⑦。Bennis Wai Yip So 以我国台湾省新竹科技园为例,对政府在高新技术产业和高新技术园区发展中的作用进行重新评价⑧。几乎与科学园区的研究同时,对于生态工业园区的研究也在西方逐步展开,如 Audra J. Potts Carr 研究了生态工业园区的概念及其在产业用地规划设计中的应用⑨。近年来,国外学者也开始逐渐关注中国生态工业园区的发展,如 Haiyan Zhang,Keishiro Hara,Helmut Yabar 等以包头、苏州和上海为例,对比分析了三个城市的生态工业园区的社会经济与生态绩效⑩。

总体来看,国际上对于开发区的研究主要在于探讨其产生、产业集聚的动力与规律,并且主要从生产的角度分析集聚的原因与动力机制,并取得了较为

---

① 卡斯特卡(Castells M),霍尔(Hall P). 世界高技术园区:21 世纪的产业综合体[M]. 李鹏飞,范琼英,等译;王缉慈,译审. 北京:北京理工大学出版社,1998

② Massey D, Quintas P, Wield D. High Tech Fantasies: Science Parks in Society[J]. Science and Space, 1992(5):21 - 28

③ Yiannis L B, Dimitri C M, Nikos C. Science Park, a High Tech Fantasy: an Analysis of the Science Parks of Greece[J]. Technovation, 2002(22):123 - 128

④ Richard S,David D. Science Parks: Actors or Reactors? Canadian Science Parks in Their Urban Context[J]. Environment and Planning A,2000(32):1065 - 1082

⑤ Albert N L, John T S. The Growth of Research Triangle Park[J]. Small Business Economics, 2002(20):167 - 175.

⑥ Geetha V. Technology Parks in a Developing Country: the Case of India[J]. Journal of Technology Transfer, 2008(33):285 - 299

⑦ Susan M W. Chinese Industrial and Science Parks: Bridging the Gap[J]. The Professional Geographer,2002,54(3):349 - 364

⑧ Bennis Wai Yip So. Reassessment of the State Rolein the Development of High-TechIndustry: A Case Study of Taiwan's Hsinchu Science Park[J]. East Asia, 2006, 23(2): 61 - 86.

⑨ Audra J. Potts C. Choctaw Eco-Industrial Park: an Ecological Approach to Industrial Land-use Planning and Design[J]. Landscape and Urban Planning, 1998(42):239 - 257

⑩ Haiyan Zhang, Keishiro H, Helmut Y. Comparative Analysis of Socio-economic and Environmental Performances for Chinese EIPs: Case Studies in Baotou,Suzhou and Shanghai[J]. Sustainability Science, 2009(4):263 - 279

系统的成果，但是就笔者目前已经检索到的相关文献而言，国外对于开发区等新产业空间的空间结构、空间规划等及其与城市的关系研究尚没有系统的可借鉴的成果。

1.5.2 国内研究

国内对开发区及其规划的研究始于 1984 年我国开始兴办经济技术开发区之后，对开发区与城市空间关系的研究主要集中在开发区与所依托的母城区的相互关系和相互影响方面，特别是对开发区在城市中的空间区位变化及其影响研究相对比较集中，主要的研究视角包括以下四个方面：

1）从城市规划学角度，对开发区在城市的空间区位和空间选址与其开发规模、空间效益与用地配置的关系的研究

周干峙探讨了沿海经济技术开发区的效益问题①；熊业强等提出了开发区规划的原则、选址要求以及开发区与老城区的关系，提出了三种不同的开发区类型以及其结构特点，并提出了开发区内部各项用地比例的建议等②；赵燕菁探讨了经济技术开发区的规模、选址与功能问题③；董鉴泓对开发区空间规划提出了相对系统和可操作的方法与模式④；王宁⑤和清华大学⑥分别对开发区规模进行了研究；徐巨洲研究了开发区依托城市的区位与规模等问题⑦；梁运斌等对 1990 年代初我国现有的城市开发区的类型进行了归纳，并从宏观、中观和微观三个层次分析了开发区的布局与发展⑧；王霞以中国东南沿海地区城市开发区为研究对象，分析了城市的生长与开发区之间的有机内在联系，探讨了开发区的规模、区位的优化选择，以及不同类型开发区的区位特征和空间结构特点⑨；王嘉漉对现代工业园区规划进行了研究⑩；刘敏研究了不同区位类型的软件园的规划建设⑪；张弘分析了城市规划机制对开发区城市化进程的作用等⑫；王兴平研究探讨了开发区空间区位与效益和空间结构特征的相关性，提

---

① 周干峙.关于经济特区和沿海经济技术开发区的规划问题[J].城市规划，1985(5)：3－6

② 熊业强，高世华，陈沧杰.经济技术开发区规划与建设的若干问题[J].城市规划汇刊，1986(3)：1－10

③ 赵燕菁.经济技术开发区的规模、选址和功能[J].城市规划，1987(5)：59－62

④ 董鉴泓.中国东部沿海城市发展规律及经济技术开发区的规划[M].上海：同济大学出版社，1991

⑤ 王宁.从宏观、中观、微观谈开发区规划的新思路[J].城市规划汇刊优秀论文集，1993

⑥ 吴唯佳，等.苏州新区经济社会、城市建设、环境保护综合评价[R].北京：清华大学建筑学院，2000：2－13

⑦ 徐巨洲.开发区与城市发展的宏观评析[J].城市规划，1994(4)：9－14

⑧ 梁运斌，邹勇.关于我国开发区的初步研究[J].城市规划，1993(4)：27－30

⑨ 王霞.东南沿海城市开发区空间区位及形态构成研究[D].[博士学位论文].上海：同济大学，1997

⑩ 王嘉漉.现代工业园区规划的价值取向[J].规划师，1999(2)：42－45

⑪ 刘敏.论科技工业园区的新发展——软件园及其规划建设：兼论我国软件园规划建设实践[D].[博士学位论文].北京：清华大学，2000

⑫ 张弘.长江三角洲开发区的城市化进程及其城市规划作用机制[D].[博士学位论文].上海：同济大学，2002

出了中国城市开发区的微观区位—结构—功能相关律①；陈娟以张江高科技园区为例，分析了影响高科技园区发展的区位因子②；王兴平从中国城市新产业空间面临的非整合发展困境出发，研究了新产业空间与城市空间的空间整合与协调策略③；聂小艳以南京市为例，分析了其省级以上开发区的空间区位与经济效益的相关度，在此基础上提出了开发区空间整合的对策④。

2）从城市地理学角度，对开发区与城市关系和开发区对区域城市化的作用的研究

谈维颖等对经济技术开发区的分类以及与中心城市的关系等进行了研究⑤；魏心镇⑥、芦永梅⑦等研究了高新产业技术开发区的区位选择以及与城市边缘区的互动关系等；王慧研究了开发区与城市相互关系的内在机理及空间效应⑧；吴煜对开发区发展与城市空间演化的关系进行了研究⑨；张艳以苏州工业园、无锡新区和常州新北区为实证研究对象，分析了开发区空间拓展的特征及其影响下的城市空间重构⑩；张弘研究了长江三角洲地区开发区发展与城市化的关系⑪；王宏伟等认为以开发区带动整个地区城市化的方式可称为“开发区模式”⑫；汪德根等以苏州工业园区为例，构建了以旅游业提升城市化质量的“空间协调—产业升级—功能强化”的互动模式⑬；仉培宏等以大连市为例，探讨了开发区城市化效应的作用机制，并在此基础上总结了开发区城市化的3种空间模式⑭。

---

① 王兴平. 中国城市新产业空间：发展机制与空间组织规律研究[D].［博士学位论文］. 南京：南京大学，2003

② 陈娟. 上海张江高科技园区区位环境及产业发展研究[D].［硕士学位论文］. 上海：上海师范大学，2004

③ 王兴平. 中国城市新产业空间：发展机制与空间组织[M]. 北京：科学出版社，2006

④ 聂小艳. 城市开发区的空间整合研究——以南京市为例[D].［硕士学位论文］. 南京：中共江苏省委党校，2008

⑤ 谈维颖，董鉴泓. 我国经济技术开发区选址、规模、界线划分及与中心城的关系研究[J]. 城市规划汇刊，1988(1)：14-30

⑥ 魏心镇，史永辉. 我国高新技术产业开发区的区位比较及推进机制分析[J]. 地理学报，1992(2)：108-117

⑦ 芦咏梅. 高新技术产业开发区的规划建设[J]. 城市规划，1993(4)：31-34

⑧ 王慧. 开发区与城市相互关系的内在机理及空间效应[J]. 城市规划，2003(3)：20-25

⑨ 吴煜. 开发区发展与城市空间演化研究[D].［硕士学位论文］. 南京：南京大学，2003

⑩ 张艳. 开发区空间拓展和城市空间重构——苏锡常的实证分析与讨论[J]. 城市规划学刊，2007(1)：49-54

⑪ 张弘. 长江三角洲开发区的城市化进程及其城市规划作用机制[D].［博士学位论文］. 上海：同济大学，2002

⑫ 王宏伟，袁中金，侯爱敏. 城市化的开发区模式研究[J]. 地域研究与开发，2004(2)：9-12

⑬ 汪德根，陈田，王昊. 旅游业提升开发区城市化质量的路径及机理分析——以苏州工业园区为例[J]. 人文地理，2011(1)：123-128

⑭ 仉培宏，韩增林. 开发区城市化效应的作用机制与空间模式——以大连市为例[J]. 资源开发与市场，2012(5)：446-448

3）从区域协调角度，对城市开发区群体协调发展的研究

张荣等以成都市为例的研究[①]；周国华等通过对长株潭区域开发区群体的研究[②]；冯晓星通过对苏锡常三市开发区的研究，发现三市的各开发区之间存在着同位竞争现象，这种竞争导致开发区的土地价值流失、土地资源迅速消耗，也造成了城市空间布局的无序、城市用地比例的失调，使城市政府面临着让利过多和短期收支不平衡的问题[③]；王兴平等以南京市为例，分析了中国开发区群的时空特征与演化规律[④]；许景等研究了长三角地区开发区群的空间结构与产业分工关系[⑤]。

4）从土地经济学角度，部分学者对开发区土地优化机制进行了研究

陈建明从界定开发区的概念入手，探讨了我国开发区的区位选择、土地开发、投资环境、技术引进、优惠政策和管理体制等，并提出了推动中国开发区发展的建议[⑥]；蒙吉军分析了我国开发区土地利用的现状、土地利用的分类以及土地利用存在的主要问题，并从宏观、中观和微观三个层次研究了开发区土地利用优化配置的规划机制[⑦]；龙花楼等依据人类对开发区土地影响程度的强弱及其所导致的现状将开发区土地分为 4 大利用类型，分别研究了其特征[⑧]；阎川则从制度经济学角度研究了开发区蔓延的成因及相应的控制对策[⑨]；吴燕从开发区项目和企业等微观角度研究了高科技园区的土地利用规模和效益问题[⑩]；翟文侠等以江苏省为例，运用层次分析对城市开发区的土地集约利用进行了研究[⑪]；石忆邵等以上海市为例，对 30 个市级以上开发区的土地利用集约程度进行研究，并提出了推进上海开发区土地集约利用的主要措施[⑫]。

此外，随着生态工业园区理念的引入，罗红等对生态工业园区的理论进行

---

① 张荣，傅绥宁. 试论城市开发区群体的合理布局与协调管理——以成都市为例[J]. 城市规划，1997(3)：56－58

② 周国华，朱翔，罗文章. 论长株潭城市群开发区群体一体化发展[J]. 城市规划汇刊，2001(3)：47－50

③ 冯晓星. 应对经济全球化的挑战——苏州、无锡、常州经济技术开发区的比较研究[D]. [硕士学位论文]. 上海：同济大学，2002

④ 王兴平，许景. 中国城市开发区群的发展与演化——以南京市为例[J]. 城市规划，2008(3)：25－32

⑤ 许景，王兴平. 长三角开发区群的空间结构及产业分工[J]. 城市规划学刊，2010(4)：28－35

⑥ 陈建明. 中国开发区建设：理论与实践[D]. [博士学位论文]. 上海：复旦大学，1998

⑦ 蒙吉军. 中国开发区土地利用优化配置的机制[D]. [博士学位论文]. 北京：北京大学，1999

⑧ 龙花楼，蔡运龙，万军. 开发区土地利用的可持续性评价[J]. 地理学报，2000(6)：719－728

⑨ 阎川. 开发区蔓延：成因与控制[D]. [博士学位论文]. 南京：南京大学，2004

⑩ 吴燕. 高科技园区规模和空间效益研究[D]. [硕士学位论文]. 上海：同济大学，2005

⑪ 翟文侠，黄贤金，张强，等. 基于层次分析的城市开发区土地集约利用研究——以江苏省为例[J]. 南京大学学报(自然科学版)，2006(1)：96－102

⑫ 石忆邵，黄银池. 开发区土地集约利用研究——以上海开发区为例[J]. 现代城市研究，2011(5)：13－19

了系统译介，并结合中国实际进行了应用研究①；田野等以天津子牙循环经济产业区规划为例，探讨了生态工业园区的规划方法与技术②；戴仁健研究了公路建设对沿线开发区规划的影响③；杨开忠等对中国的中关村科技园区的空间布局进行了研究④等。

总体来看，国内在开发区的空间规划研究中，对空间区位与规划模式的探讨较多，而对于开发区与城市的空间整合问题及相应的规划对策研究并没有引起相应的重视，这与长期以来习惯于将开发区作为城市中的“特区”的定位有关。由于传统的开发区规划和研究过于强调开发区作为“特区”的属性，因此就相对忽视了开发区与其他空间的高度互动和影响关系，而关注到开发区之间、开发区与城市协调发展的相关研究则缺乏具体、明确的分析评判标准，宏观的、定性的和主观的分析较多，而具体的、可操作的开发区整合发展标准没有，而且关注空间区位关系及其对开发区单向影响的较多，而综合因素影响分析、双向互动分析较少。本书的研究，既可以借鉴上述国内外研究的已有成果，又可以与这些成果形成互补。

1.6 基本概念与技术框架

1.6.1 基本概念

开发区的空间整合就是开发区和都市区其他空间的一体化协调发展，通过空间整合实现都市区空间系统的整体优化。正如白瑾在研究总结台湾科学园区规划的经验时指出，园区开发建设之成果不只追求产业之发展，同时与地方及区域产业、经济发展及相关建设均息息相关，因此科学园区之空间发展与社会改造之整合乃为必然之趋势。科学园区之选址及规划开发需在园区本身、园外社区及区域都市三个层次均有密切的配合⑤。因此，分层次的空间整合是优化都市区整体结构、提高中国城市开发区竞争力的关键。

与开发区发生互动影响的城市空间主要包括以下几个方面：(1) 开发区群体依存的区域城市体系、开发区所依托的母城区或中心市区；(2) 开发区直接生存的都市边缘区以及远郊卫星镇；(3) 与开发区具有密切产业联系的都市区传统产业空间。开发区的空间整合，就其内涵而言，应包括以下几个方面：(1) 产业和功能整合，只有形成有序的产业空间分工体系，其他方面的整合才具有坚实的基础；(2) 空间开发整合，它是功能整合的载体，空间开发的整合包

---

① 罗红，孟伟，冉圣宏. 生态工业园区——理论与实证[M]. 北京：化学工业出版社，2004

② 田野，肖煜，宫媛. 生态工业园区规划研究——以天津子牙循环经济产业区规划为例[J]. 城市规划，2009(增刊)：14-20

③ 戴仁健. 公路改建与沿线开发区规划的协同关系研究[J]. 城市规划汇刊，1994(3)：45-52

④ 杨开忠，邓静. 中关村科技园区空间布局研究[J]. 城市规划汇刊，2001(1)：26-30

⑤ 白瑾. 公园化、人性化、科技化：台湾科学园区规划经验[J]. 世界建筑. 2000(7)：28-30

括了空间开发方向与强度、空间区位与结构等方面，这是开发区空间整合的核心，其目的是达到城市土地的优化配置和合理利用；(3) 设施整合，包括了基础设施、社会服务设施等的开发利用，它为其他整合提供了一个共同的平台；(4) 体制整合，这是整合的关键所在，可以说体制带来的分割和矛盾最根本，体制整合的力量也就最大；(5) 环境整合，包括对共同生存的环境保育系统的开发、保护和利用、区域可持续发展能力的保护等。

1.6.2 研究框架与内容

基于以上理解，结合研究基础，本书对开发区的整合研究主要内容包括：(1) 进行基础研究，对相关研究进展进行梳理，并对研究对象的概况进行概述总结；(2) 明确开发区与城市的空间关系，通过比较，明确开发区与城市的差异和联系；(3) 探究开发区与城市基于差异性的空间互动模式和机制；(4) 基于不同层次的空间互动关系、对开发区的空间整合内容和模式进行明确，并在整合基础上对开发区的提升优化提出策略建议。作为面向应用的研究，本书在主要进行立足城市地理学方法的规律与特征、机制总结之外，也对面向规划的有关内容进行了延伸探讨，比如基于空间利用分析，提出了开发区用地分类和用地结构的建议，基于空间效益、空间互动机制研究、公共服务研究等等，提出了开发区相关领域优化发展的策略与政策建议等。

本书研究的整体框架如图 1－13 所示。

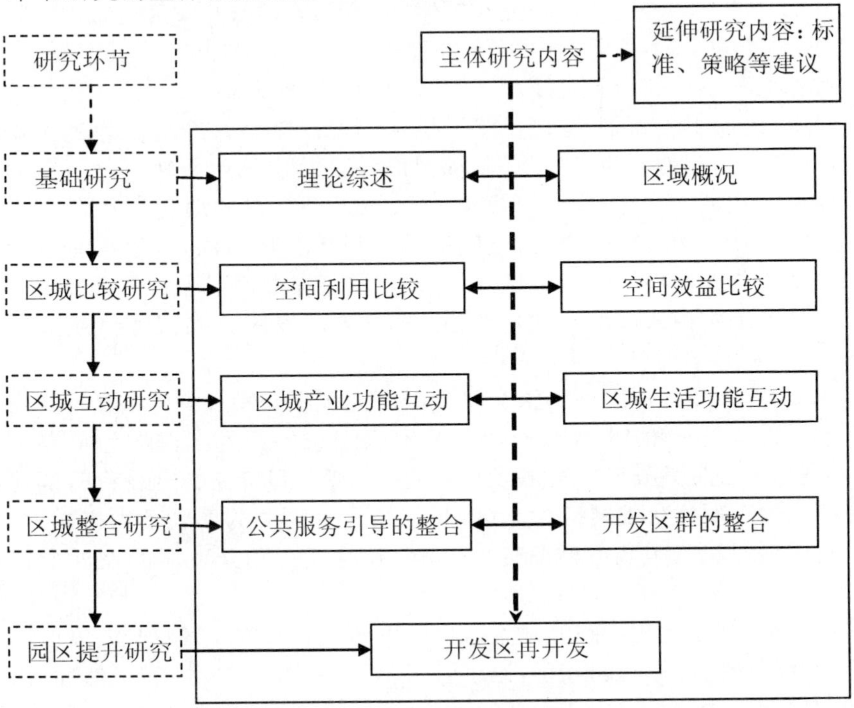

图 1－13　本书研究的整体框架图

在此研究框架基础上，本书共分为 7 章，各章节的内容安排如下：

第 1 章：研究概论，对研究背景与必要性、对长三角核心区开发区发展的基本情况进行了简介，并从一般机制角度，对开发区与城市的互动与整合规律进行了研究，同时对相关研究进行了梳理，对基本概念和研究框架、研究对象与范围等进行了明确。

第 2 章：基于比较分析的开发区空间利用特征研究。广泛搜集整理有关基础数据和典型案例进行梳理，对开发区土地利用特征进行了系统分析，总结了开发区土地利用结构的基本特点以及不同类型开发区之间、开发区与城市之间土地利用的差异性，在此基础上分析了开发区的功能特点和发展趋势，提出了开发区土地分类和各类用地控制的比例建议，并从区城比较角度，对开发区空间布局、空间机理与景观的特点进行了分析。

第 3 章：基于比较分析的开发区空间效益研究。以长三角国家级开发区为研究对象，通过构建开发区与城市空间效益比较的评价指标体系，客观评价开发区在发展过程中对城市的贡献作用，以及开发区与城市比较效益的影响因素，并以南京市开发区为例，进行了实证分析。最后，提出开发区与城市比较效益提升的策略。

第 4 章：企业视角的开发区与城市的功能互动研究。以南京主城区及不同类型开发区为例，以企业作为视角和切入点，以企业本身及企业职工作为载体，通过资料收集、实地调研、访谈以及问卷调查等形式，对不同类型的开发区和城市之间的功能互动进行实证研究和探索，分析不同类型开发区与城市之间的生产、生活功能的互动，最后提出不同类型开发区与城市功能互动的模式。并以南京高新区和南京江宁经济技术开发区为例进行深入解析。

第 5 章：公共产品视角的开发区整合研究。以公共产品作为视角和切入点，以长江三角洲地区为研究范围，探讨区域公共产品生长轨迹是否与城市开发区整合存在耦合规律，揭示开发区与城市互动整合的演化趋势及其动力机制；应用 AHP 分析、聚类分析、空间插值分析等分析方法，构建具有可操作性的指标体系与评价模型进行定量评价，提出基于公共产品配置的开发区与城市整合发展的基本模式和路径，并对整合视角下开发区公共服务体系建设提出建议。

第 6 章：开发区群发展与整合研究。研究提出开发区群的定义及其形成判定标准。选取长三角 16 市国省两级开发区组成的开发区群作为重点研究对象，系统梳理长三角开发区群的发展历程、宏观空间特征、产业特征，描述群内开发区的微观群体化发展行为、分析长三角开发区群的形成动力机制、探讨开发区群建设对长三角城市群演变的影响，并对长三角开发群的发展前景进行展望。

第 7 章：整合优化导向的开发区再开发研究。研究从长三角开发区的发展历程以及现状出现的问题入手，论证开发区再开发的必要性和必然性；以访谈法和实地调研法对长三角开发区的再开发模式进行归纳总结，分析开发区再开发的内在机理和规律，探索开发区再开发的影响因素、类型及其作用，通过开发区功能、产业发展趋势来判断开发区再开发的可选模式，并分析不同模式下的空间发展特征；并以南京江宁经济技术开发区作为具体案例进行深入研究。

1.6.3 研究对象与范围

本书依据问题不同，在研究对象选取上略有差异。整体研究层面各个部分均以长三角核心区为研究对象；案例研究层面，则依据研究需要和资料可得性，分别选取了长三角核心区内各不相同的案例对象，各部分案例对象如表 1－19 所示。

表 1－19 研究对象范围界定

<table>
<tr><th>研究环节</th><th>研究内容</th><th>整体层面研究对象</th><th>具体层面研究案例</th></tr>
<tr><td rowspan="2">空间利用研究</td><td>空间利用比较研究</td><td colspan="2">长三角核心区内多个可获得土地利用数据的随机案例</td></tr>
<tr><td>空间效益比较研究</td><td>长三角核心区 17 个国家级开发区(2007)</td><td>南京市和南京的国家级开发区</td></tr>
<tr><td rowspan="2">空间互动研究</td><td>区城产业功能互动研究</td><td rowspan="2">南京城市以及南京市 10 个省级以上开发区</td><td rowspan="2">南京江宁经济技术开发区、南京高新区</td></tr>
<tr><td>区城生活功能互动研究</td></tr>
<tr><td rowspan="2">空间整合研究</td><td>公共服务视角的开发区整合：外延整合</td><td>上海市 31 个开发区</td><td>江宁经济技术开发区</td></tr>
<tr><td>公共服务视角的开发区整合：内构整合</td><td>长三角 13 个典型开发区</td><td>苏州工业园区、上海闵行经济技术开发区</td></tr>
<tr><td rowspan="2">开发区群研究</td><td>开发区群整合发展</td><td rowspan="2">长三角地级以上城市和省级以上开发区</td><td>—</td></tr>
<tr><td>开发区群与城市群整合</td><td>—</td></tr>
<tr><td>再开发研究</td><td>开发区再开发</td><td>长三角多个典型开发区</td><td>江宁经济技术开发区</td></tr>
</table>

需要说明的是，本书主要调研成果都是在 2009 年开发区大范围升级之前形成，所以虽然“国省”两级开发区总体数量基本稳定，但是国家级和省级开发区的数目与目前有所不同，为了保持研究成果的可比性，除了在概论篇章按照最新开发区级别和数目进行介绍外，其他篇章遵循了研究成果完成当时的开发区设置状况，特此说明。

1.6.4 主要研究方法

1）实地调研与访谈

通过对长三角核心区主要城市和省级以上开发区进行实地调研，结合问卷调查和深入访谈，搜集第一手资料。主要调研对象包括：市规划局相关工作人员、开发区管委会相关管理人员、社区居委会主任、开发区居民、开发区职工等。

2）系统动态关联分析

从系统论观点出发，将开发区与城市空间作为一个整体，以及将区域范围的多个开发区作为一个集群，进行比较、关联分析，揭示不同类型开发区与城市互动整合机制及其演化。

3）基于 SPSS 平台的定量分析

应用 SPSS 软件平台，构建具有可操作性的指标体系和评价模型，通过应用 AHP 分析、聚类分析、空间插值分析等方法对长三角开发区及其与城市"外延整合"和"内构整合"程度分别进行评价。运用逐次评价模型探讨宏观调控整合手段介入对开发区与城市整合模式的修正，从而建立具有现实指导性的城市开发区空间整合规划机制。

4）基于 GIS 平台的空间数据分析

基于 ArcGIS 平台对海量空间数据的有效管理，将调研数据落实在空间上，建立图形数据库，将不同类型、不同尺度、不同标准的数据进行整合。运用缓冲区分析、费用距离分析、空间叠置分析等方法，通过典型案例研究，对相关研究内容进行定量分析和可视化表达。

2 基于比较分析的开发区空间利用特征研究

作为改革开放以后在新的发展背景下设立的特殊区域，独特的发展背景决定了开发区在空间利用方面与我国传统城市空间具有鲜明的差异，无论是土地利用结构还是空间布局结构与空间景观等，都具有鲜明的新体制、新景观、新区位特点，本章从开发区土地利用结构的比较入手，对开发区空间利用进行了全面分析，对开发区与城市空间利用进行了比较，并从开发区空间转型和空间功能特征要求出发，提出了“开发区版本”的用地指标建议。

2.1 开发区土地开发的阶段性特征分析

我国开发区在最初建立时以工业生产用地为主，随着进一步发展，开发区的土地开发方式出现了明显的阶段性、时序性变化。

2.1.1 开发区土地开发的一般过程

总体而言，从物质空间形态的演变来看，开发区的发展过程经历了有机生长与配套设施逐渐注入的过程，从社会与经济结构来看，开发区经历了人口不断增长，产业结构不断提升的过程。

以常州市天宁经济开发区为例，如图 2－1 所示，该区包括两种不同的空间特质，一种是紧邻城市中心区的部分，位于开发区西部的路网密集地带；另一种是位于城市边缘的部分，分别是省级开发区：青龙开发区与东南开发区。从开发区的用地形态与用地性质的演变中可以看出：1981 年，开发区所在地区几乎是一片空白，很少有建设用地；1995 年，一些工业用地依托主要交通干道向外延伸，随后其间间隙部分逐渐被更多的工业用地填充，最终连成片，这通常是我国城市郊区化的第一个阶段；2001 年，在靠近市区的地方，出现零星的居住用地，靠近市中心的一些工业在市场机制与政府引导的作用下逐步迁到外围地区；2004 年，在靠近主城区的位置出现了规模化聚居点与综合服务中心，并在集聚效益的进一步推动下，沿着开发区内主干道形成商业聚集带，这个阶段属于城市副中心的衍生阶段。可以看出，开发区的用地变化是从工业到居住再到服务功能的不断完善与补充过程。

1）物质形态有机生长的过程

我国开发区的建设过程是：首先由政府或通过其他渠道集资建设基础设施和道路网，然后由招商部门招来企业填充到各个地块中去，当地块都填充完，就需要另辟新区进行新一轮的开发，一期出让土地的收入部分用来继续扩区发展，循环累积、滚动开发。可见，开发区的发展伴随着土地的扩张与内部用地结

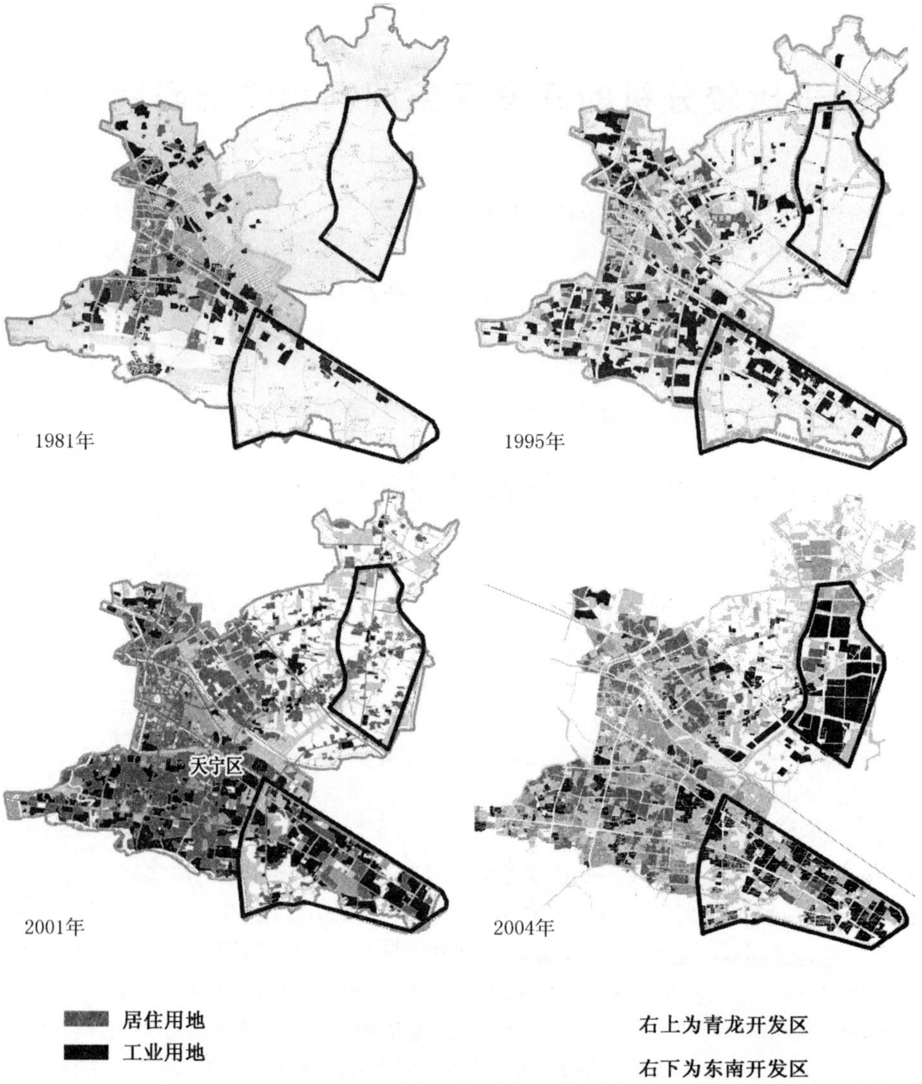

图 2－1　常州市天宁区用地演变图

构的调整，不同时期开发的土地在用地方式上也有着显著的区别，主要表现在建成率、道路网密度、用地类型结构上。

图 2－2 所示的是南京高新区不同时期土地开发的现状，开发区如同城市的缩版，都以某地段为中心向外不断地扩散扩展，当初期开发地段趋于饱和后，便向外围寻求发展空间。从土地利用方式来看，一般初期开发用地道路网密度较高，建筑密度也较高，用地性质向生活服务功能转变，而后期开发的地区道路网密度低，建成率低，呈现出粗放的用地特征。

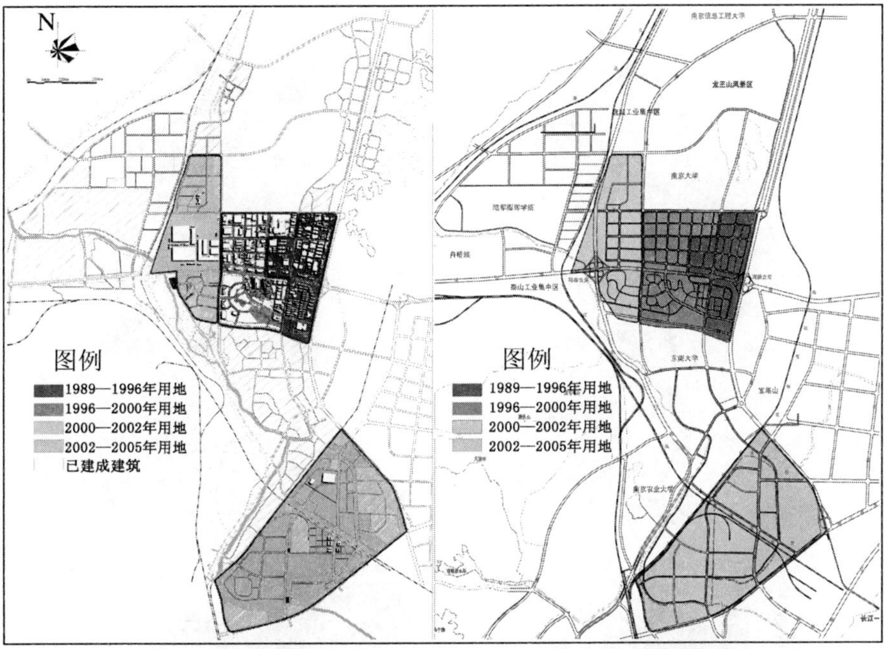

图 2－2　南京市高新区不同时期用地肌理的演变图

目前，我国开发区都存在用地紧缺的问题，尤其是早期设立的开发区，经过几轮的扩区建设，最先开发的用地完全建成并投入生产，可利用的土地资源趋于饱和，亟需扩区或者跳跃式另辟新区进行开发建设，而每年下达的用地指标已经远远不能满足发展的需求，并且，政策优惠区一般只限于初期开发的几平方千米，因此，开发区的空间资源紧缺问题将长期存在。

2）配套设施的逐渐注入过程

多数国家级开发区在编制起步区规划时，都将其定位为单纯的工业区，只有少量的生活配套用地。当发展到一定规模，单一的生产功能不能满足其持续发展的要求时，便在建成区中划出一块作为配套用地，以居住、商业用地为主，服务于全区，成为开发区的核心，典型的案例如南京高新区与无锡高新区。有些开发区甚至一期用地完全置换为城市生活用地，如江宁开发区和西安高新区。图 2－3 所示的是江宁开发区一期百家湖片区历年用地演变图，从 1992 年至 1999 年开发区的居住及商业用地逐渐增多，部分工业用地也转变为生活用地，在 2006 年用地现状中，生活用地甚至超出生产用地，在最新的规划中则通过“退二进三”逐渐改变百家湖周边的用地功能，向以居住和商业为主的功能定位转变，而工业区向位于开发区南部的九龙湖和科技园片区集中发展。

新城区配套设施是应不同成长阶段所产生的需求而逐渐注入的。在开发初期，没有人愿意居住在地广人稀的开发区，此时区内也没有形成对生活设施的需求群体，因而开发商也不愿意在城市远郊进行房地产投资，而此时发展需

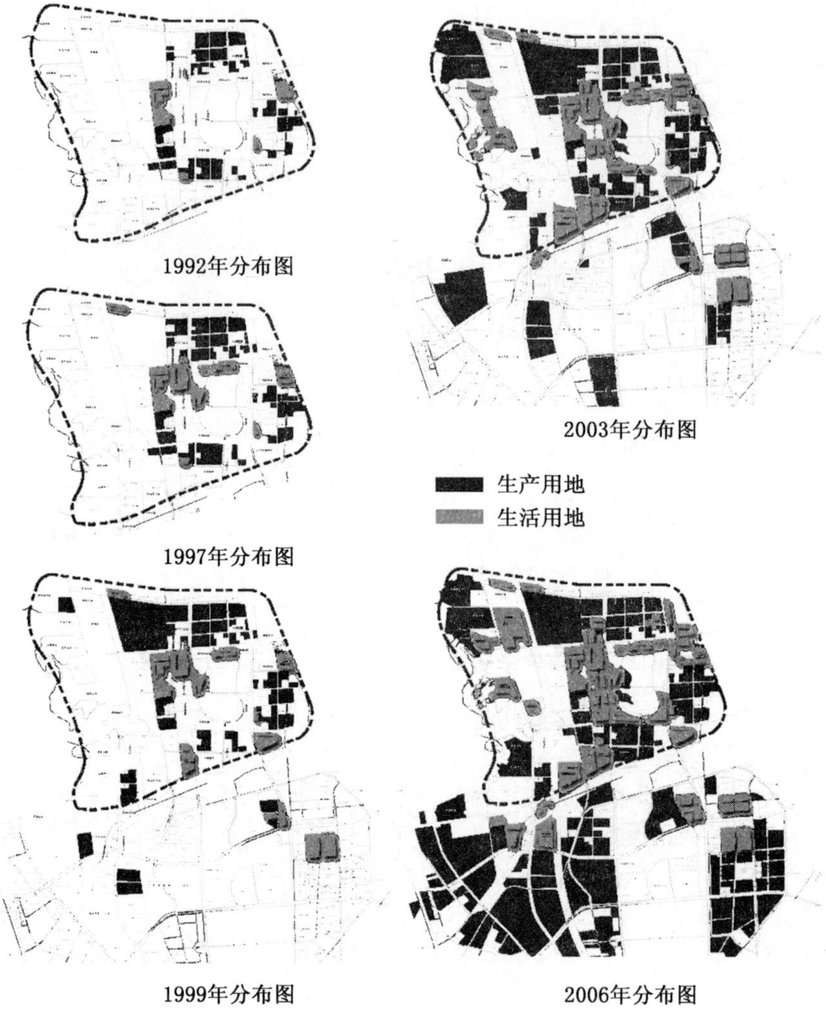

图 2－3　江宁开发区历年土地演变图

要以一定人口规模为基础的商业、娱乐业等第三产业也不具备经济性，因此，初期的开发区用地除了配置一些打工楼外，大多不配建其他生活服务设施。随着开发区基础设施不断完善，公交系统的延伸以及就业人员的增多，区位条件优越的开发区以其完善的基础设施及接近市区的地缘优势成为房地产等三产开发的热点地区。一方面，主城区居民也会选择风景优美、房价较低的开发区作为第二居所；另外，高新区的外籍人员携带家眷长期工作在开发区，也需要在接近岗位的地方选择住房，需求催生供应。除了外籍高档公寓的建造，一些生活配套如外国人学校、医院等公共设施也随之产生，如无锡新区就建立了日本人与韩国人学校、幼儿园等，专为外籍人士子女上学使用。另一方面，当工业生产所带来的经济效益达到一定规模时，没有配套城市化功能，会使开发区工业生产功能的发展缺乏后劲，此时如果仅仅停留在单一的工业用地上就无法进一步推动开发区的高速发展与质量提升。

3）人气累积的过程

大多数开发区在最初并不是很成功，在心理上塑造新城要比物质上建造新城困难得多，人气的累计通常需要很长的时间。我国的开发区建设一般远离城市，虽然在物质建设上很完善，但缺乏根植性，科研人员不愿意放弃长期以来在主城区形成的交流环境与地域归宿感，并且主城区集中了好学校，考虑到子女就学的问题也不愿意举家搬迁到新区中来。南京的江宁经济技术开发区开发初期，基本以工业为主，后期随着公交系统的完善、大学等机构的迁入和小区的不断成熟，入住人口才逐步增加，进而人气得以提升。李郇指出，国际上以开发为主体的新城区的形成需要经过一个较长时间，一般需要10～20年的时间，实施基础设施建设，合理安排生产厂房、生活住房和商业网用地，营造优美的区内环境，以吸引投资商的投资和高级管理人才、专业技术人员的到来，并通过产业的合理发展形成独特的社会结构。通常新城区十分注重总人口和就业人口的比例，每年人口的增加保持在5 000人左右，可见，国际上新开发地区非常注重通过改善配套设施条件与工作环境来集聚人气①。笔者在调研无锡惠山新城时，管理者也提到以产业发展带动新区开发需要15年左右的时间。可见，开发区要想集聚人气并不是朝夕可至的，需要长期的累积发展。

4）入驻门槛的提高与产业结构的优化过程

在开发初期，企业进驻的门槛较低，进驻园区的企业一般技术含量偏低或者环境影响大，如化工、食品之类；在开发中期，企业进驻的门槛稍高，企业类型变为技术含量稍高的机械制造类；在开发后期，随着开发区整体结构的优化调整，企业进驻的门槛变高，逐渐限制高污染企业进驻，企业类型也随之转变为医药、电子、精细化工、能源等高新技术类。如江宁开发区在创立期是以本地或原有产业为主（旺旺食品与熊猫电子）；在开发主导产业期，吸引一定规模的企业进驻，形成两大主导产业（电子信息和汽车）；在提升和扩张期，继续吸引一定规模的企业进驻，主导产业类型有所扩张，逐渐引进如动漫、生物制药等行业（支柱产业类型由5个扩张为7个）。由此可见，开发区行业的转变逐渐由基础加工制造业向高新技术产业置换，由劳动力密集型企业向资金、技术密集型企业转变，从制造业向服务业转变。

随着产业结构的升级和可利用土地的减少，开发区越来越看重入驻企业能产生的经济效益，因此逐步提高企业入驻门槛，引进高附加值企业来达到产业结构优化的目的。

---

① 李郇．新型城区——广州经济技术开发区与高新技术开发区建设探讨[J]．热带地理，2001(1)：11－16

2.1.2 开发区土地开发的阶段性特征

开发区的土地开发可以分为外延扩展型和内涵优化型，两种类型都是在现有土地出让完毕情况下寻求新扩展空间的方式。在不同的发展阶段土地开发利用方式呈现出不同的特征。一般在初期，开发区用地功能结构单一，开发方式较为粗放，随着不断的发展成熟，功能不断完善，土地开发方式也由外延扩张转为内涵优化，在内外因素不断调整作用过程中，部分开发区在发展成熟之后开始向城市功能区转型。

如图 2－4 所示，在发展初期，开发区主要依赖于母城的基础设施供给及信息服务，功能单一；在快速成长期，随着开发区与母城建设用地的扩张，母城与开发区逐渐靠近，并且相互之间的联系通过快速交通和经济纽带不断加强，开发区成为母城的经济增长点，开始对母城实行反哺，城市功能得以不断加强；达到成熟阶段后，城市逐渐将开发区包围在其中，开发区与城市的空间关系由分离到契合，功能上与母城协调，用地结构上和母城整合，实现开发区和城市的一体化发展。

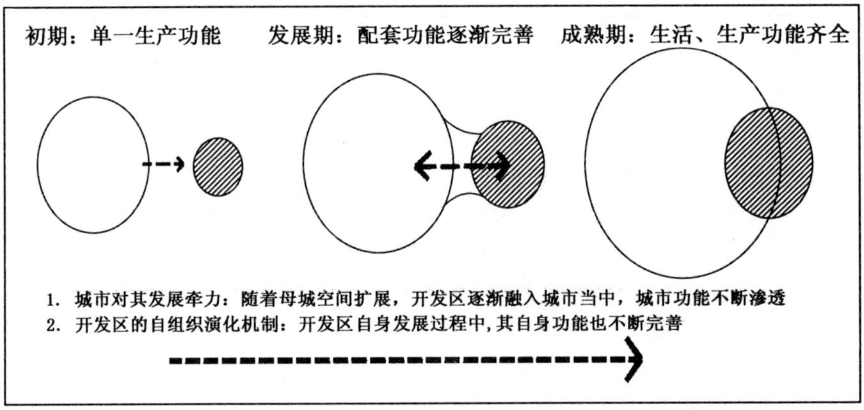

图 2－4　开发区功能演化模式图

大量案例显示，随着开发区功能上的成熟、人气的提升、配套设施的注入，开发区生活功能随之由已建成区承担，这就逐渐使一期开发建设用地的一部分或全部置换成为开发区的生活服务区，而工业用地则向外围寻求空间。我国开发区多数位于城市边缘，城市边缘区属于城乡结合部，因此在用地上表现出典型的二元特征，用地的演变过程也是城市功能不断向边缘扩散转移的过程。随着在城市边缘划定特定区域作为开发区，该地块的土地利用性质出现以下演进序列：农业生态区—工业生产区—生活居住区—商业服务区。同时，开发区逐步在空间上由内而外形成圈层状特征：中心是商业和行政用地，中间层是居住用地，外层是工业用地。如果和母城空间利用结构联系起来，就形成如图 2－5 所示的对偶式整体空间结构。

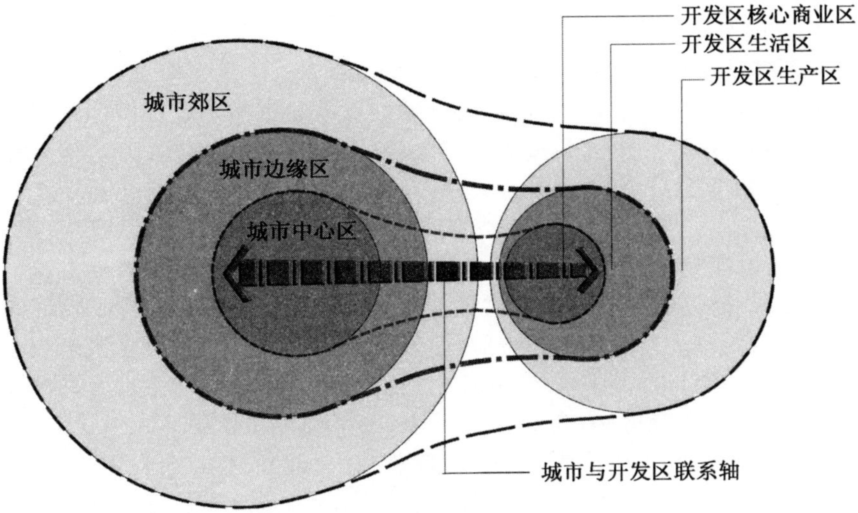

图 2－5　开发区土地利用模式图

2.2　开发区土地利用的比较分析

不同国家、地区和类型的开发区具有各不相同的土地利用结构，开发区的土地利用与一般城市空间也有所不同。通过选取国外和长三角典型开发区进行相互比较和与城市空间相比较，可以发现无论用地构成还是空间结构与景观，长三角开发区均具有自身独特性。

2.2.1　国内外开发区用地构成的比照分析

我国经济技术开发区建设的目的是以引进外资、兴办工业项目、加工出口产品为主，致力于发展高新技术产业。发达国家工业园区建设的最初目的是为了实现产业集群效应，通过产业的集结，凝聚产业竞争力，通过创造竞合的氛围来激发企业的创新能力。国内外开发区的建区宗旨与目的的差距导致了用地构成的不同。

国际上开发区的类型主要为科学园区和出口加工区，英联邦科学园区协会认为，科学园区是具有开创性特色的地域，它与一个大学或其他高等教育机构或研究中心具有正规和操作性联系，鼓励入区知识型产业和其他常设组织形成发展为宗旨，将技术诀窍向区内组织传递的职能①。我国几乎所有高新区都加入了科学园区协会，可见，中国高新区与国际科学园区具有一定的相似性。笔者借鉴 M. 卡斯特尔所著的《世界高技术园区》的分类，并根据不同的特质将世

① 王兴平. 中国城市新产业空间——发展机制与空间组织[M]. 北京：科学出版社，2005

界开发区划分为以下四类：

1）科学研究综合体

第一种是功能单纯的孵化器模式，是严格意义上的科学研究综合体，它们与制造业没有直接的联系，建立这些科学城的目的是通过它们在僻静的科学环境下产生的协同作用而达到高超的科研水平，如以色列孵化器、日本筑波和关西、韩国大德等园区。

表 2－1 列出了日本筑波科学城的用地构成情况，筑波科学城是根据日本政府 1963 年的决定开始建设的，是日本最重要的研究中心。当时建立该城的目的有两个：一是需要创造一个发展科学技术的良好环境，二是为了疏通东京过密的机构和人口。整个科学城分为“研究学园区”和“周围开发区”，研究学园区开发面积为 2 700 hm^2，其中科研和教育机构用地 1 500 hm^2，住宅用地 1 200 hm^2。国立试验、研究和教育机构、商业设施、住宅等都集中在这里。人口 4 万，其中有科研人员 6 500 人。为了保证科研教育事业的顺利进行，在科学城及其周围大规模地建立了市政公共设施。科学城的科研、教育设施和住宅、道路配套，中心市区建有商务、商业设施和住宅。筑波城有大量的职工宿舍和良好的研究环境，整个城市美丽、清洁，生活便利，文化、教育、娱乐设施齐备，90％的科研人员都住在筑波①。

表 2－1　日本筑波科学城用地构成情况

用地		面积（hm^2）	比例（％）	备　注
研究、教育设施		1 475	54.0	47 所国立研究机构、数十所民间研究及教育机构
公共用地	道路交通	337	12.5	规划道路、步行街、停车场、交通设施
	绿化	99	3.7	2 座城市公园、20 座街区公园、49 处儿童公园、23 处绿地
	水面	13	0.5	—
	小计	449	16.7	—
公共设施	行政管理	15	0.6	行政中心、文化中心、消防队、警察局等
	教育设施	69	2.6	4 所高中、6 所中学、11 所小学、12 所幼儿园
	福利设施	5	0.2	保育院、福利院等
	市政设施	3	0.1	—
	小计	92	3.5	—

① 喻志松．高技术开发区概论[M]．湖南：湖南科学技术出版社，1995：8

续表 2-1

用地		面积(hm²)	比例(%)	备　注
住宅区	商住混合	25	0.9	—
	规划居住区	160	5.9	—
	私人住宅区	513	19.0	—
	小计	698	25.8	—
合计		2 714	100.0	—

表 2-2 列出了韩国大德科技园区的用地构成情况，该科技园区总面积为 427.1 hm²，人口 33 000 人。用地按照产业设施、住房设施、商业设施、休闲设施、教育设施、公共及其他用地和接受捐赠用地等进行分配开发，人均建设用地 129 m²/人。大德是纯研究型的科学城，由中央政府及其下设地方机构修建，距离汉城 160 km，1974 年开始修建，大德内部没有制造业或农业生产活动，大德的服务由该城的多功能中心提供，大约 3 800 m²，包括医院、自助餐厅、邮局、银行、高尔夫球场、饭店等。

表 2-2　韩国大德科技园区用地构成情况

用地	面积(hm²)	比例(%)	备　注
产业设施	138.9	32.52	生产用地，R&D 用地
住房设施	65.4	15.31	公寓，Town-House，高级住宅用地
商业设施	20.1	4.71	支援设施，附近生活，商业/业务设施
休闲设施	35.9	8.41	修养，休闲/一般体育设施
教育设施	3.3	0.77	外国人学校
公共及其他	20.1	4.71	公共设施、学校，变电所，废物处理厂，停车场，大田税馆等
	143.4	33.58	公路网，公园，广场
合计	427.1	100.00	—

从上述两个园区的用地构成情况可以看出，这种政府主导建设的科学园区，内部基本没有制造业用地，科研教育用地占据一半以上，其次是生活居住用地占据 20%，其他用地在 15% 左右，我国基本上没有按这种模式开发的高新区。

2）技术园区

第二种是科学工业园模式，它的建设宗旨在于吸引高科技公司到一个特惠地区以增加就业机会，促进工业新增长，这与我国经开区“三为主，一致力”的建区宗旨有些类似。园区内部往往要求满足生产和生活的需要，有产业用地、研究开发用地、教育用地、居住用地、服务设施用地及绿地。典型园区如韩国光州、中国台湾的新竹、法国的索非亚-安蒂波里斯和英国的剑桥科技园。表 2-3 和表 2-4 分别列出了韩国光州技术城和德国柏林 Adlershof 高技术产业开发区规划用地构成情况。

表 2-3　韩国光州技术城用地构成情况

用地	面积(hm^2)	比例(%)	备　注
绿化	507	27.0	城市公园、街区公园、儿童公园、绿地
教育、研究设施	364	19.3	8 所公立研究机构，十几个私立研究所，1 所大学及其相应的研究和教学设施
工业	333	17.7	—
河流	282	15.0	—
居住	197	10.5	—
道路	148	7.8	规划道路、一般道路、步行街、停车场、交通设施
商业	50	2.7	—
合计	1 881	100.0	—

表 2-4　德国柏林 Adlershof 高技术产业开发区规划用地构成情况

用地名称		面积(hm^2)	占建设用地(%)
居住用地		40	9.3
科研和大学用地		95	22
其中	会议展览用地	30	7
	科研教育用地	65	15
工业		80	18.6
道路交通		86	20
社会辅助设施		15.05	3.5
公园娱乐		89.9	20.9
基础设施		20.2	4.7
合计		426.15	100

3）产学研综合体

第三种模式是分散的技术城与高科技产业带模式，致力于把研究开发和制造生产联系起来，推广高新技术并产业化生产，如美国的硅谷、波士顿 128 公路地区等，园区地域面积广，成为功能完善、规模庞大的独立城市组团。

上述三种类型科学园区中的科研和教育用地占据主导地位，平均达到29%。非常注重除研发、生产、居住这三大主导功能以外的配套设施建设，尤其是各类休闲娱乐、绿地公园等配套设施的建设，平均比重高达41.72%。可见，国际科技园的优势在于其优越的工作环境、完善的服务设施、高等教育机构的支撑，如英国科学院为园区内企业提供贵重实验设备、资料及各类共享交流空间，提供研究成果及专利，以促使科研技术产业化。而我国高新区有很大的不同，是以廉价的土地与劳动力吸引外资的，研发成分很少，我国高新区的配套设施比重一般占据35%，科研教育用地一般低于5%。并且国际科技园区的单位用地投资要远远高于我国，因此进驻门槛要高，单位面积产出也高。

4）加工制造产业区

与发达国家的科技园区相比，发展中国家建区的初期目标一般以吸引外资、增加就业、增加外汇收入为主，如巴西玛瑙斯自由贸易区。该经济区成立于1967年，占地面积221 km^2。玛瑙斯自由贸易区经过30多年的建设，取得了很大的成就，成为一个新兴的工业基地，在巴西经济发展中发挥着重要作用。如电视机产量，该区每年达700万～800万台，占全国产量的90%①。

加工制造产业区内的工业、仓储用地比重较高，居住和商业用地比重较低。从某种意义上说，我国的出口加工区、保税区就属于加工制造产业区的范畴。

2.2.2 长三角地区典型地区开发区用地构成的比较分析

为了解我国开发区用地现状的一般规律特征，以长三角地区为例，选取该地区八个典型开发区为研究对象，通过整理这些开发区规划文本中的用地平衡表，对选取的典型开发区的用地现状进行比较。

如表2-5所示，通过对不同开发区的用地结构比较发现，这八类用地中居住、公共设施、工业和绿化用地的变化波动性较大，而仓储、市政、对外交通、道路广场四类辅助用地比重相差不大，道路广场用地在15%左右，对外交通用地一般在1%左右，仓储用地在2%左右，市政用地在3%左右。

表2-5 长三角开发区现状用地构成对照表

年份	开发区名称	建设用地(hm^2)	居住(%)	商业服务(%)	工业(%)	仓储(%)	对外交通(%)	道路广场(%)	市政(%)	绿地(%)
2002	蠡园经开区	206	38.96	6.68	33.34	1.65	—	7.90	4.72	6.75
2003	启东经开区	373	41.6	6.3	29.5	2.0	1.2	16.8	2.2	0.4
2000	南京高新区	279	15.9	13.3	37.2	—	—	19.5	—	14.1
1998	江宁经开区	885	14.98	9.76	38.47	0.19	3.27	14.96	2.27	16.1
2005	常州东南开发区	752	19.07	7.60	52.96	2.09	0.18	14.00	3.56	0.54

① 资料来源：美洲商旅会展地接网 http://www.517meizhou.com/ShowDetail.asp? id=272

续表 2－5

年份	开发区名称	建设用地(hm^2)	居住(%)	商业服务(%)	工业(%)	仓储(%)	对外交通(%)	道路广场(%)	市政(%)	绿地(%)
2001	南通市开发区	1 225	14.86	8.82	50.33	8.33	0.65	14.98	1.22	0.81
2002	苏州中新合作区	1 635	12.06	2.87	47.06	0.23	0.65	26.21	3.34	8.23
1999	苏州新区	1 556	15.15	8.86	40.82	2.11	0.24	18.56	2.90	10.96
—	平均比例	868	21.45	8.02	41.21	2.37	1.03	16.60	2.89	7.16
—	国家建设用地标准	—	25～40	5～8(公共管理与服务)	15～30	—	10～25		—	10～15

注:部分数据来源于王兴平.中国城市新产业空间——发展机制与空间组织.北京:科学出版社,2005

可见,我国开发区用地构成的差异主要集中在居住、工业、公共设施和绿化用地的比重上。通过比较,可以发现以下特征:

(1) 距离城市越近,工业用地比重越高。如常州东南开发区规模不大,距离市中心 3 km 左右,而且用地和主城区基本相连,其工业用地比重最高。

(2) 位于城市边缘开发区用地相对混杂,且三、四类居住用地比重较高。如启东经济技术开发区和蠡园开发区。常州东南开发区均位于城乡结合部,居住用地多为村镇居民点。

(3) 绿地、道路广场的比重与母城距离呈正比,距离母城越近,公益性用地如广场、绿地的比重就越低,生产等赢利性用地比重就越高,如江宁开发区距离主城区 8 km 左右,其绿地面积达到 16%。反之绿地率则低,如常州东南开发区毗邻主城区,其绿地比重只有 0.54%。

(4) 高新技术开发区的绿地比重要高于其他类型开发区,如南京高新区。

(5) 各开发区的公共设施用地一般在 10%以下,当开发区离市区距离较远,需要新的公共服务中心时,公共设施用地急剧上升,如南京高新区和江宁开发区。

(6) 开发区规模越大,用地越均衡;开发区规模越小,用地越单一。将规模较大的苏州新区与规模较小的上海闵行经济技术开发区比较,前者的工业用地比例比后者低 15%,而其他生活服务类用地比例前者比后者高 20%。

如果与国家城市用地标准比较,也可以发现一些普遍的规律。将开发区的平均比例与国标进行比较,工业用地比例远远高于国家城市用地标准上限,居住和绿地比例处于国标的低标准水平。可见,长三角大部分开发区产业用地比重很高,居住和绿地用地水平较低,公共服务设施用地也比较缺乏。

由于开发区的用地构成受到多方面因素的影响，下文便分别通过对长三角地区不同区位、类别、开发模式、等级的开发区及与城市用地构成的比较来具体阐述其用地特征。

1）不同区位开发区用地构成的比较

我国开发区多数集中在具有良好区位条件和经济实力的大城市边缘，如同细胞分裂一般，一个城市周边依附有几个或十几个开发区，这些开发区既有一定的分工协作，更进行着激烈的竞争，与城市的空间关系和功能关系也有差异，分析这种具有相同区域和城市背景的开发区，有利于更好地揭示开发区用地结构的影响因素和变化规律。仅以常州市为例，分析同一个城市下微观区位不同的开发区用地结构有何差异。

常州市拥有 1 个国家级高新区和 9 个省级开发区，这里选取离市中心较近的 5 个开发区作为比较对象，如图 2－6 所示，可以看出开发区大多分布在城市的外环，形成了开发区用地包围城市中心区的局面。除武进开发区距离城市中心 8 km 以外，其余开发区距离市中心均不超过 3 km，可以认为，武进开发区位于城市的近郊，其余 4 个开发区均位于城市的边缘地带。

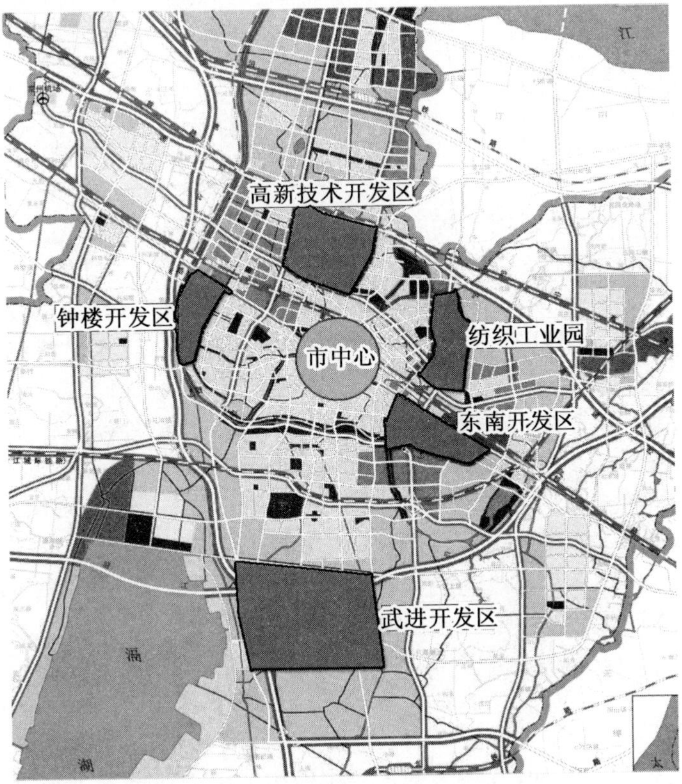

图 2－6　常州市各开发区微观区位图

如表 2 - 6 所示，除武进开发区外，其他 4 个开发区工业用地比重都达到50%以上，高新区甚至高达 60.42%，这种边缘型开发区可以依托母城良好的基础设施及生活设施，即开发区的生活服务功能可以在区外解决，区内所承担的功能也就相对单纯。武进高新区位于城市的近郊，对城市的依附性较弱，功能上相对独立，并担负着城市外围交通职能，因此交通和居住用地比重较高，而 2003 年其正处于发展初期阶段，因而区内的工业用地相对较少。对此，我们可以大致总结出一个结论：城市郊区开发区各类用地比例相对均衡，而城市边缘或内部开发区用地单一，以工业用地为主。

另一方面，由于城市内部或边缘型开发区受城市整体功能调整的影响较大，并在市场机制作用下引起城市功能的渗透，从而导致部分开发区的居住、公共设施等非生产性用地比重稍高，如东南开发区居住用地达到 19%。

表 2 - 6　常州市区各开发区用地构成对比表　（%）

年份	开发区名称	居住	公共设施	工业	仓储	对外交通	道路广场	市政设施	绿地
2006 年现状	常州高新区	7.86	7.45	65.42	0.30	—	16.33	2.64	—
2006 年现状	东南开发区	19.07	7.60	52.96	2.09	0.18	14.00	3.56	0.57
2005 年规划	钟楼开发区南区	—	—	65.24		4.33	13.05	2.63	14.75
2005 年规划	纺织工业园	7.95	2.13	56.43	3.36	—	13.35	2.31	14.47
2003 年现状	武进高新区	34.6	1.00	19.1	0.4	—	44.4	0.6	—

2）不同类型开发区用地构成的比较

我国开发区具有多种类型，除高新区和经开区外，还有出口加工区、保税区、边境经济合作区、国家级旅游度假区、特色工业园区等。

经开区具有吸引外资、发展外向型经济、引进先进技术的特点。高新区是国家投资建设的产学研综合体，主要任务是孵化、培育高新技术，侧重于发展内生型经济，因此包含较多的科研机构、大学等智力资源密集的科研用地。我国的高新区一般是国家级自上而下建立的，距离主城区较远，用地规模较大，因而包含功能比较复杂，各类用地比重均衡，并且高新区内一般不存在污染严重及与城市生活功能相冲突的企业，相反，相互联系与协作程度比传统产业要高得多，所以高新区内不需要因生产干扰而过度分区，生产生活功能可以有机地融为一体，它的生活、公建等生产配套设施要高于其他开发区。

如表 2 - 7 所示，分析国内部分经开区和高新区的用地构成情况，可以看出，高新区与经开区的区别主要表现在用地的类别与比例上：部分高新区包括科研、大学等教育研发类用地，而经开区侧重于引进高新技术企业，本身不具备研发功能，因而没有研发类用地；高新区的各类用地指标相对均衡，工业用地比重一般在35%左右，居住也在 20%，公共设施用地在 10%左右，而经开区工业用地比重很高，平均在 40%以上，居住、公共设施等生活类用地缺乏，低于高新区的水平。

表 2－7　经开区与高新区的用地构成比照表　　（%）

类型	开发区名称	总用地（km^2）	工业（含仓储）	科研大学	居住	公建	绿地
经开区	上海闵行经开区	3.5	50.4	—	—	17.2	32.4（含道路）
	青岛经开区	10	34.55	—	33.12	6.55	7.77
高新区	苏州新区	40	35.8	—	29.75	7.64	11.85
	深圳高新区	115	32.32	10.37	18.09	5.83	12.18
	郑州高新区	13	30.21	—	23	10.32	15
	西安高新区	2.72	49.9		18.7	11.2	10

此外，一些特色产业园区由于承载的主导功能不同导致其用地特征明显，这里主要以化工园区与保税区为例。

我国滨江而建的各类化工园区，由于产业类型的限制导致区内除少数职工宿舍外基本没有居住、商业等生活配套用地。如表 2－8 所示，南京新港与常州化工园均依港而建，并以石化、建材为其主导产业，开发区的工业及仓储用地比重很高，而基本没有生活用地。

表 2－8　南京新港开发区、常州滨江化工区主要用地现状构成表　　（%）

开发区名称	工业用地	配套设施用地	绿化	道路广场用地
2006 年南京新港开发区	43.2	10.9	20.7	9.7
2005 年常州滨江化工区	60.72（含仓储）	16.2（含港口）	6.18	16.9

保税区类似国际上的自由贸易区，区内主要发展包括保税仓储、转口贸易、技术密集型的出口加工和为这些功能服务的国际金融保险业、信息中介服务业等，因此用地上也以这两种类型为主。如表 2－9 所示，珠海保税区的用地构成中完全没有居住用地，而以工业及仓储用地为主。一般保税区内保税仓储占 25%～30%，出口加工业占 40%～50%，商贸、金融、海关等服务功能用地占 15%～20%。

表 2－9　珠海保税区规划用地构成表　　（%）

开发区名称	总建设用地	公共设施	保税仓储	出口加工区	道路广场	绿地	港口	市政设施	其他
珠海保税区	5.89 km^2	9.71	15.94	28.04	16.97	19.26	9.11	0.97	—

3）不同开发模式开发区用地构成的比较

园区开发模式可以分成两种：一种是国家拨款模式，另一种是自费开发模式。资金来源的不同导致了土地开发方式不同，同时也引起了不同资金来源的开发区用地结构的差异。对于国家自上而下确定的开发区，第一笔启动资金一般由银行贷款获得，因此开发的重点是工业和科研用地，随着规模的扩大，才得以不断完善其生活配套用地；而对于自生型开发区，它们的启动资金通过房地产开发获得，因此最初以居住和工业用地并重，随着资金滚动越来越多，其工业用地才得以不断开发。

全国首批的14个经开区都是由国家提供专项开发贷款，加上省、市给予一定的财政援助和优惠逐步建设起来的。因此，这些开发区在初创起步时期都有比较稳定的建设资金做保障。而昆山、江宁等经济技术开发区是市县自己筹措资金、负债开发建设的，必须运用市场机制经营园区，这就导致其商住开发用地比例相对高于连云港经开区（表2-10）。

表2-10　不同开发模式开发区的用地构成比照表　（%）

模式	开发区名称	居住	公共设施	工业	仓储	对外交通	道路广场	市政设施	绿地
自费模式	南京江宁经开区（2006年现状）	31.7	26.2	21.3	0.30	—	8.3	—	12.5
	昆山经开区	22.07	2.42	49.04	2.12	2.33	5.79	2.36	13.87
拨款模式	连云港经开区	16.68	8.97	30.06	1.68	13.12	1.54	2.08	20.81

4）不同等级开发区用地构成的比较

我国开发区等级繁多，除了国务院认可的国家级、省级开发区以外，还有市级、区级开发区以及大大小小的村镇工业园，一个中等城市的每个区都设有省级开发区，它们之间的同位竞争也使整体质量得不到提高，村镇工业园一般套用省级开发区的优惠政策，并且还附加了很多“土政策”，冲击了正规开发区的效益。

省级以下工业园一般经济效益差，入区企业少，土地闲置率高，效益稍好的也只是单纯的工业区，入区企业是从国家级开发区淘汰或主城区“退二进三”的企业，技术含量低，规模小，用地中基本没有科研用地，工业用地比重高。而国家级、省级开发区一般国家给予扶持较多，管理规范，规模较大，入区企业技术含量高，因此在用地构成上表现为科研教育类用地比重稍高。表2-11选取一些国家级、省级开发区用地进行比较。

表2-11　国家级、省级开发区用地构成规划对照表　（%）

等级	开发区名称	居住	公共设施	工业	市政	道路广场	仓储	对外交通	绿地
省级	东台市经开区	12.01	4.85	45.30	3.04	15.48	1.17	0.84	19.97
	高淳外向型农业开发区	4.70	—	56.85	2.90	19.02	2.82	—	11.44
	扬州经开区（一期）	13.93	13.68	30.51	2.16	10.96	2.07	—	26.68
国家级	连云港经开区	16.68	8.97	30.06	1.68	13.12	1.54	2.08	20.81
	苏州新加坡工业园区	18.51	6.31	40.37	3.63	15.25	0.01	0.29	15.66

由表 2－11 可见，省级开发区的居住、公共设施、绿地用地比重明显低于国家级开发区，而工业用地比重要比国家级偏高。可见省级开发区基本上是以工业生产为目的的片区，配套设施条件与生态环境不及国家级开发区。国家级开发区各类用地相对均衡，设施条件优越，绿化率高。

5）开发区与所在城市用地结构的比较

开发区的设立迅速扩大了城市建成区范围，随着主城区用地结构的调整，中心城区逐渐演变成为全市的政治、文化与商业中心，工业用地则置换到城郊，同时，由于开发区集中分布在城市的边缘与郊区，这就促成了“三、二、一”产业圈层的布局模式，工业用地的比重也由内至外逐层上升。

常州市在中国近代史上是著名的棉纺基地和轻工业城市，自 1992 年开始，陆续建设了 1 个国家级高新区与 9 个省级开发区，主要有武进高新区、戚墅堰经济技术开发区、常州沿江开发区、钟楼经开区、东南经开区和青龙经开区，高新区于 2002 年合并为新北区，2006 年在整改过程中东南与青龙合并为天宁开发区。如表 2－12 所示，开发区作为城市生产功能的主要承载空间，其主导职能也通过用地结构反映出来，工业用地普遍比城市用地高出 20%，而代表生活休闲功能的居住、公共设施用地及绿地则低于城市平均水平，与生活功能排斥的滨江化工园中甚至完全没有居住用地。其他辅助功能的用地如道路、对外交通、市政用地则与主城区大致相同。

表 2－12　常州主城区与各开发区用地结构对照表　（%）

用地名称	1980 年代主城区	2001 年主城区	2003 年主城区	2003 年东南经开区	2005 年高新区	2005 年滨江化工区
居住	34.92	26.5	28.72	21.74	7.29	—
公共设施用地		8.87	11.31	8.85	3.46	0.5
工业用地	30.14	40.7	36.67	56.57	65.42	56.12
仓储用地	5.40	1.67	1.60	1.75	0.28	4.6
对外交通用地	5.88	2.29	2.24	0.58	—	港口 15.6
道路广场用地	3.88	9.39	8.98	6.14	15.1	16.9
市政用地	—	2.71	2.54	4.37	2.44	0.1
绿地	1.89	7.30	7.79	—	10.72	—
其他用地	0.49	0.52	0.45	—	—	6.18

注：主城区指除金坛城区和溧阳城区的中心区范围。

图 2－7 中所示的是 2004 年南京市工业用地布局位置，可以看出，工业用地主要分布在主城外的市区范围内（规划二环路周边地区），主要沿长江束状交通走廊和宁高、机场高速公路呈带状分布，主城外工业用地合计占全市的 87% 左右。从区县分布来看，工业用地主要分布在五大郊区，即六合、浦口、栖霞、雨

花和江宁，共占全市工业用地的 77%左右；南部两县占全市的 10%左右；主城区工业用地比例很小。从工业的园区分布来看，工业用地分布在开发区的占全市工业用地的 80%左右。主城区作为历史文化、商业金融、购物休闲等为一体的综合型城区，承担南京市的主要功能。

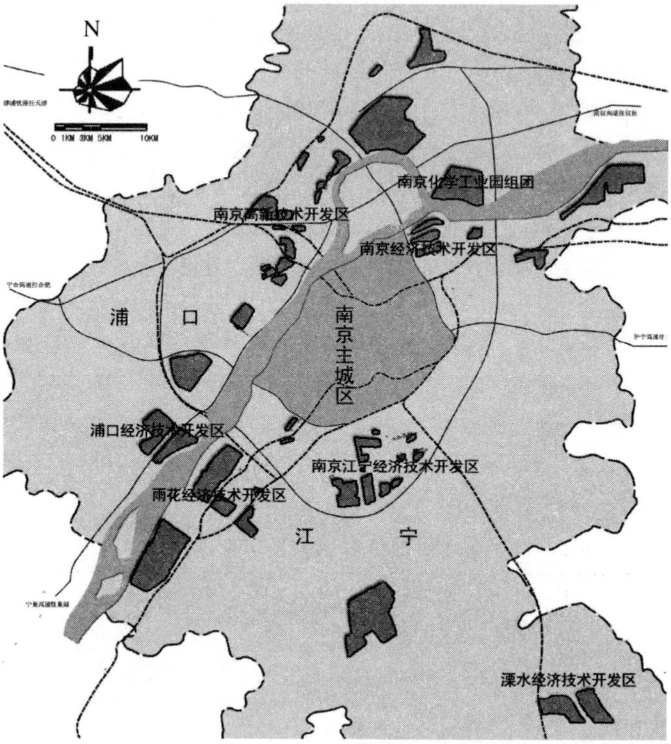

图 2-7 南京市 2004 年开发区分布图

可见，大城市中的工业用地多集中在城市郊区的各个开发区中，主城区内基本没有工业用地。开发区的设立促进了工业企业向园区集中，具有调整城市布局、合理分布产业、疏散中心城工业和人口的作用。而在一些中小城镇中，开发区的设立促使城市用地结构中工业用地比重大幅度提高，如苏南小城市江阴、昆山、张家港等，工业用地比重都超出了国标的上限。

2.2.3 开发区土地利用存在的突出问题

通过以上比较可以发现，长三角开发区的土地利用存在以下三大明显问题：

1）用地规模较大，用地构成单一

将我国国家级高新区与国际科学园的用地规模进行对比，如表 2-13 所示，我国开发区用地规模超出 500 hm^2 的占 60%，国际上超出 500 hm^2 的只占

5%，可见，我国的开发区用地规模远高于国际平均水平。实践证明，庞大的规模不利于集约开发，易于造成土地资源闲置、利用效率低等问题，王兴平通过对2001年国家级高新区的规模与效益关系的分析发现，开发区的面积与单位面积的效益呈现大致的负相关性①，规模越大，开发区的单位土地收益越低。

表 2-13 国际科学园区与中国国家级高新区规模分布比较表(2001年)

国际科学园区协会成员		中国国家级高新区	
面积分级(hm^2)	不同规模的数量比例(%)	面积分级(hm^2)	不同规模的数量比例(%)
<5	29	<100	1.89
5—30	22	100—500	32.08
30—100	20	500—1 000	39.62
100—500	24	1 000—2 000	15.09
>500	5	>2 000	11.32

开发区合理的用地规模并没有统一的标准，从比例上看目前大多数开发区规模是5～10 km^2，超过20 km^2的高新区也占据了11.32%，如北京高技术开发区、上海浦东、苏州工业园等，它们的规模都超出了30 km^2，相当于中等城市。王兴平认为开发区规模与其所在区域城市经济发展水平有关，城市实力一般的开发区面积应控制在3 km^2左右，城市实力较好的开发区面积应在6～7 km^2。

2006年江苏省国土厅对全省100家省级以上开发区进行调查后发现，生产性用地比例在99.56%～32.47%，平均水平为71.45%；第三产业用地比例在55.08%～0%，平均水平为13.17%；基础设施用地比例在38%～0.44%，平均水平为15.88%，这些开发区除苏州高新区由于已形成第三产业用地量大、生产性用地比例小的城市用地特征，其余开发区均呈现生产性用地比例过高、第三产业用地过低的用地结构②。表2-14对2004年我国国家开发区工业用地做了统计，工业用地的平均比重高达59%，最少也有30%，工业用地已成为开发区最主要的用地。

表 2-14 2004年国家开发区已建工业项目用地面积一览表

城市名称	历年累计已开发土地面积(km^2)	已建工业项目用地面积(km^2)	工业用地比例(%)	城市名称	历年累计已开发土地面积(km^2)	已建工业用地面积(km^2)	工业用地比例(%)
广州	32.58	22	68	连云港	12	7	58
天津	39	29.2	75	郑州	12	8	67

① 王兴平，崔功豪．中国城市开发区的空间规模与效益研究[J]．城市规划，2003(9)：11

② 江苏省国土资源厅．江苏省2005年开发区建设用地集约利用评价报告，2006年10月

续表 2-14

城市名称	历年累计已开发土地面积(km^2)	已建工业项目用地面积(km^2)	工业用地比例(%)	城市名称	历年累计已开发土地面积(km^2)	已建工业用地面积(km^2)	工业用地比例(%)
昆山	40	26.5	66	福州	10	9	90
大连	50	20	40	武汉	12.7	12.7	100
青岛	46	18	39	合肥	32	12.1	38
长春	30	13	43	长沙	14	7	50
烟台	38	16	42	芜湖	27.3	15.3	56
宁波	40.97	12.21	30	南昌	9.8	9.78	100
沈阳	34.5	20	58	南沙	47.62	17.92	38
杭州	34	19.78	58	哈尔滨	10	8.6	86
北京	27.41	9.76	36	福清融侨	9.8	9.6	98
南京	13.5	8.03	59	营口	36.46	11.22	31
重庆	9.6	6.1	64	西安	11	6	55
秦皇岛	20.06	7.51	37	威海	18	10	56
南通	22	11	50	温州	15	10	67
成都	10	8	80	呼和浩特	9	6	67
惠州大亚湾	40	18	45	湛江	9	4	44
昆明	7	5	71	平均	24	12	59

如前所述，我国开发区用地结构中工业用地比重远远高于其他各类用地，平均在40%以上，无锡新区甚至达到62%，而德国 Adlershof 高新区各类用地比例均衡，且绿地的比例较高，超出了工业用地。虽然经开区工业用地应当占据首位，但高新区应是生产与科研并重，实际上我国高新区的科研用地比重非常低，其用地构成与其他各类开发区的差别并不太明显。

一般来说，任何地区规模越大，其功能就越综合，用地类型就越复杂，用地比例也越均衡，而我国开发区用地构成单一，工业用地远远超出了国标中工业城镇用地的上限，庞大的规模与单一的用地结构容易诱发一些社会问题：比如单一的生产环境使开发区内除了工作者很少有其他外来人口；工作人员出行的一致性使上下班高峰时期交通严重堵塞；人口稀少造成公共设施如绿地广场的利用率较低。可见，单一的用地结构不仅不利于地区的长远发展，而且降低了开发区整体运作效率，不利于实现开发区的三大综合效益。

2）教育科研、配套设施用地比重偏低

国际上大部分科学园区属于严格意义上的科学综合体，它们与制造业没有地域上的联系，旨在通过协同作用达到高超的科研水平，例如日本筑波科学城科研用地占 54%，并没有工业生产用地，印度班加罗尔国际科技园占地 0.03 km^2，却进驻 94 家国际科技企业，英国剑桥科技园 0.52 km^2 集中了近千家高新技术企业。发达国家科技园区由于高技术的研发需要清洁的办公与研究环境，尤其注重绿化环境，许多就设在低密度、绿树成荫、类似于校园的郊区环境中，如光州技术城的绿地率都达到 40%左右，绿地比重相当高。

表 2-15 对比了部分国际科技园区与我国苏州工业园区的用地构成，可以看出，我国高新区虽然属于产、学、研结合的综合体，着重于科技产品的研试生产，但是大部分高新区自主研发能力较差，主要通过发展外向型经济来带动地方产业结构升级。在用地上也表现为研发用地、绿地比重非常较低，公共设施、高等教育机构匮乏，一些国家级高新区内部虽然规划一定的大学教育用地，但实际上教育机构与开发区的合作并不多，所谓智力密集区也只是低年级学生的集聚为主，并不具备科研创新能力，也没有形成类似美国硅谷那种以大学科技人员与企业联合发展的局面。

表 2-15　部分国际科技园区与我国苏州工业园用地构成对照表　（%）

开发区名称	居住	公共设施	工业	仓储	科研大学	市政设施	道路广场	绿地
德国柏林 Adlershof 高技术产业开发区	9.3	3.5	18.6		22	4.7	20	20.9
日本筑波科学城	25.9	3.3	—		54.0	0.1	12.5	4.2
韩国光州技术城	10.5	2.7	17.7		19.3	—	7.8	42.0
韩国大德科技园区	15.31	13.89	32.52			4.71	33.58	
苏州新加坡工业园区	12.06	2.08	47.06	0.23	0.75	3.34	26.21	8.23

教育科研、配套用地比例低也与我国企业类型与整体环境相关，国内开发区企业的技术含量低，年投入 R&D 资金少，企业以外向型居多，中小企业居多，生产制造业偏多，少量企业的研发部门也基本上不设置在开发区内，而结合公司总部布置在城市中心，并且研发部门适合布置在交通、信息流通快捷，综合环境优越的智力密集区，而我国开发区内生产加工制造业所营造的环境恰恰与其相冲突，可见，我国多数高新区不具备适合创新的氛围。

3）用地类型混杂，“区中村”问题突出

随着城市开发区的扩张，目前，我国大多数开发区位于城市边缘区。开发区的土地利用具有城市边缘区由农业用地向城市建成用地过渡的特征，村镇用地、村镇集体工业用地、水域、农田等不同性质、产权的用地交叉在一起，开发区作为城市边缘最主要的物质空间不可避免地受到“区中村”问题的困扰。这些村落由于最初没有成片开发，随着周边地价的上涨，拆迁费用越来越高，成为改造的重点和难点。在开发区的快速发展过程中，开发区工业建设用地迅速包围农村居民点，使其成为建设用地中的一个个“孤岛”，而开发区快速、密集的工业化也创造了大量就业机会，吸引了一批外来人口，对低成本的住宅产生巨大需求，因而，开发区与“城中村”相结合，促进了两者的功能配合，开发区中的“城中村”得以不断膨胀，“城中村”问题直接造成了城市边缘开发区内三四类居住用地比重的提高。如图 2－8 所示，常州东南与无锡蠡园开发区均位于城乡结合部，三四类村镇用地占据很大比重，其中东南开发区四类居住用地比重高达 15.8％，这些城中村散布在开发区各处。

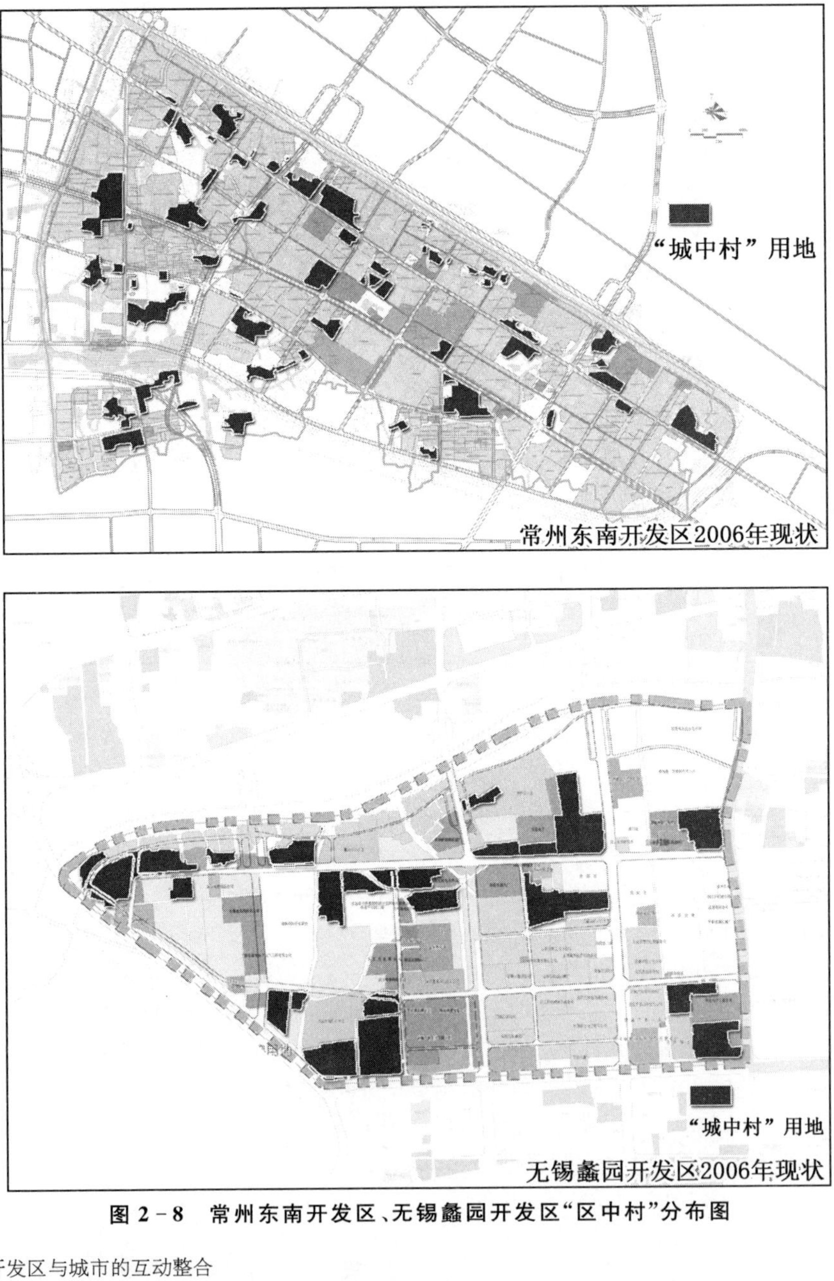

图 2－8　常州东南开发区、无锡蠡园开发区“区中村”分布图

2.3 开发区与城市空间结构比较

2.3.1 开发区与城市空间布局模式比较

1）三种典型的开发区空间布局模式

城市的布局结构一般可用四大经典模式来概括，这四大模式也可以看做是城市发展的四个阶段，其中同心圆模式代表城镇发展初期，扇形模式和多核心模式代表发展到一定阶段，城市不断外拓的过程，多中心布局模式代表大型城市。

由于开发区是实行优先鼓励工业建设的特殊政策地区，其空间发展与布局均不同于传统城市规律和特点，所以经典模式并不能充分解释或者表述开发区的布局模式。笔者通过对现有开发区的空间布局的分析整理和总结归纳，得到开发区的空间布局模式一般可以划分为以下三种类型：

（1）分层布局模式

如图 2-9(a)所示，我国绝大多数开发区都是这种布局模式，一般以道路或者自然边界为隔断，一侧为生活用地，另一侧为产业用地。这种方式将工业区和生活区分开，优势在于两侧功能相对独立，互不干扰，功能分区清晰明确，容易在各自区域内组织生产生活活动；劣势在于容易导致钟摆式交通，造成跨越交通联系轴的通勤交通，加大交通成本和时间成本，高等级交通的分割也限制开发区的未来发展。

（2）组团布局模式

如图 2-9(b)所示，组团布局模式中，开发区由若干个组团构成。每个组团既相对独立，又有交通联系，各个组团包含各自的主体功能和辅助功能。如新竹科学园，科技研发功能集中在中心，居住、商业等辅助功能围绕在周边，形成生活区包围科研区的布局方式。这种模式只存在于侧重科技研发的高新区，一般的经济开发区不存在生活组团围绕生产组团的布局模式。组团式布局多存在于地形复杂的区域，是一种受地形限制而形成的布局模式。

（3）圈层布局模式

如图 2-9(c)所示，圈层式布局方式指居住区和产业区呈圈层状围绕某一个中心布局的方式，典型的案例为苏州新加坡工业园区和江宁经济技术开发区，围绕着生态中心核布置生活用地，外侧再布局生产用地，其中苏州新加坡工业区围绕金鸡湖布局了一圈商业休闲及高档居住用地，外侧为一般居住用地，然后外围布置产业用地。江宁开发区围绕百家湖布置别墅区，外围才是产业区。采用圈层布局的开发区，通常与主城通过几条交通主干道联系，园区与主城区既有联系又相互分隔。这种圈层布局模式与城市同心圆布局模式相似，有利于产业区和生活区的功能联系，但其功能交界处会存在一定的相互干扰。

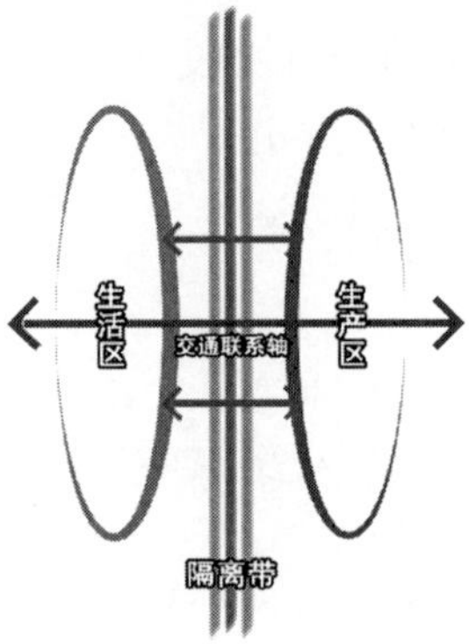

(a)分层布局模式

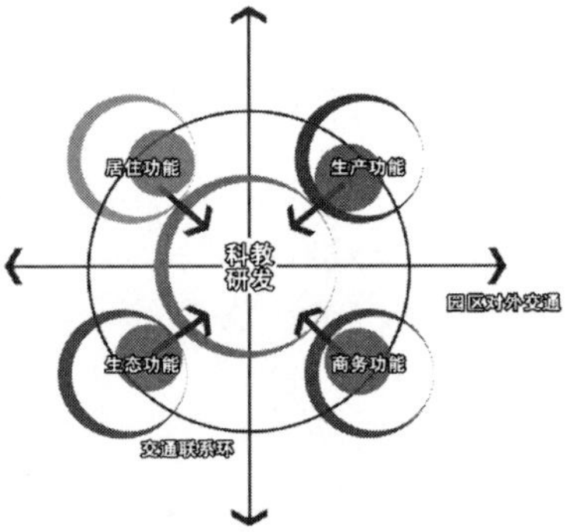

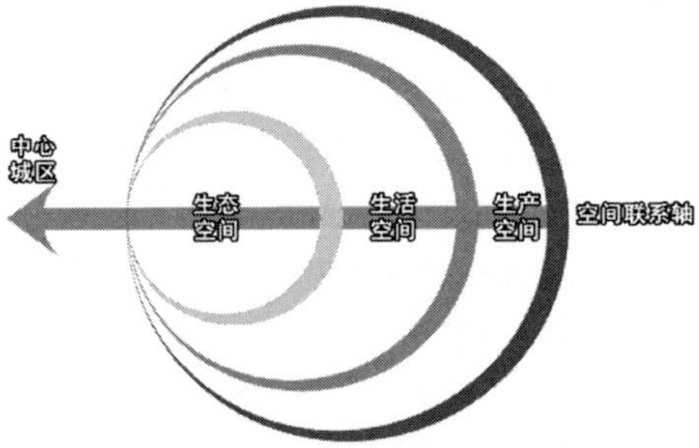

(b)组团布局模式　　(c)圈层布局模式

图 2－9　开发区空间布局的三种模式

无论采取哪种空间布局模式，开发区都与城市的整体空间布局相关，有的开发区与城市分隔成为一个独立工业组团，有的与城市连成一片成为一个片区，有的开发区被城市所包围最终融为一体，更有甚者逐渐扩大并将城市作为其配套组团。

2）区位对开发区布局模式的影响

这里的区位是指微观区位，即开发区在城市中所占据的空间位置，按照城市与开发区的空间距离可以划分为城市内部、城市边缘与城市远郊，城市内部开发区距离市区最近，如城市中各类科技园；城市远郊开发区又称为拓荒型开发区，距离城市较远，如依托港口而建的青岛、大连、天津经济开发区；城市边缘开发区位于城乡结合部，功能较为混杂，与城市联系紧密，随着城市的空间扩展不断从城市边缘纳入城市内部，是最常见的开发区类型。

按照母城与开发区功能的关联度可以划分为独立型、依存型和互补型，功能关联度是指开发区与母城的人流、物流、信息流的交换程度。独立型开发区自成系统，可以独立消化工作人员的生活及服务设施要求，与母城的关联度最低；互补型是分担城市部分专业化功能的片区，配套设施倚赖外部的供给，不具有城市功能，关联度最高；依存型开发区介于两者之间，既可以自给自足，也需要主城提供其部分的生活功能。最易于区分这三种类型的是居住与工作空间的分异情况，工作、居住都在区内消化的可以认为是独立型开发区，而工作在区内、居住却依赖母城或周边城镇设施的可以看做是依附型或互补型开发区。

大城市疏散理论中提出，发展中国家城市周围 50 km 范围内是主城的吸引范围，即小城镇所处的“发展阴影区”，而 50～100 km 的地道才能成为疏散及生长区，有希望成为新城，承担疏散人口，成为主城或中心城的反磁力中心，而我国这个数值在 15～30 km 处①。为了明确界定开发区在不同空间位置上与城市的功能关系，考虑到一般城市半径范围，笔者将距离市中心 5～10 km 范围内的开发区界定为包含型，承担城市的专业化区级中心职能；将 10～30 km 范围内的开发区界定为边缘型，具备部分城市功能，具有牵引城市空间拓展方向的作用；将大于 30 km 的开发区界定为独立型，具有城市新城作用，可以构成主城区的反磁力中心，独立承担新城的各项生活与生产功能。

从理论上讲，开发区距离母城越远，关联度则越低。然而现实情况却有例外，如南京高新区与江宁开发区从距离来看都可以认为是边缘型开发区，高新区由于长江天堑的阻隔更加削弱了它与主城的联系，可以看做是与母城关联度很低的园区，然而现实中高新区并没有独立地解决工作人员的生活问题，他们多数居住在主城区，高新区只是单纯的工业区，所以实际上它属于互补型开发区。江宁开发区早期就开发了大量的房地产项目，工作人员基本居住在区内或江宁县城内，因此成为独立型或依存型开发区。

因此，笔者认为不同的区位应该对应于不同的关联度，即互补型开发区与城市的关系应该是互补的，边缘型开发区与城市的关系应该是相互依存的，而远郊型开发区必须是分担母城部分城市功能的独立组团。尤其是距离母城较远、通达性差的开发区必须独立消化生产与生活功能。

1990 年代以前，由于开发区的制度差异和观念障碍，开发区一般选址在远离市区的城市远郊，成为地理上和政策上的“孤岛”。90 年代以后，在总结以往的经验教训后，区位选择发生变化，表现为向城市近郊或边缘地带转移。特定区位的选择在最初就决定了这种区位下的用地结构特征，远离母城的开发区类似于卫星城，需独立地解决职工居住、生活设施的问题，生活用地比例势必较高，如天津经济技术开发区，距离市区 50 km，这类独立型开发区的用地结构也偏向于小城镇用地结构。它的功能演变主要是在城镇化的推动下实现自身功能优化和提升。这类开发区与城市易于形成双核式结构。靠近母城的开发区

---

① 李冬生. 大城市老工业区工业用地的调整与更新——上海市杨浦区改造实例[M]. 上海：同济大学出版社，2005

则需要和城市其他功能空间相协调，在充分利用母城的基础设施和服务设施后，不必另行开发，也不再是孤立发展，只需发挥专业化生产功能。这类开发区的土地演化更加受到城市整体空间功能调整的影响，易于与城市形成连片或多级触角式的结构（表 2－16）。

表 2－16　开发区区位分类表

微观区位	与城市的关联度	距离市中心(km)	简　介	案　例	城市与开发区的结构
城市内部	互补性	5～10	最初位于城市边缘，由于扩张而被包围在内部	常州东南、鼓楼开发区	连片或多级触角
城市边缘	依存性	10～30	80 年代后期踊跃出现的一类开发区，毗邻于城市主城区	苏州高新区、重庆高新区、无锡新北区等	
城市远郊	独立性	＞30	第一批沿海依托港口而建的经济技术开发区，并以出口加工为导向	天津、大连、青岛、张家港等依托港口而建的国家级开发区	双核或多核
彼此包含	一体型	0～5	城市即是开发区，开发区就是城市	昆山经济技术开发区	彼此相融

表 2－16 中前三种类型开发区依旧是依托母体城市而建的，还有一类特殊开发区，不再依托城市的发展，而是与城市空间彼此相融，经济效益高于城市，规模上大于城市，成为城市的主体，这类多集中于开发区效益非常好的中小城镇中，昆山国家级经济开发区就是典型。开发区产出占到全市的 40%，财政收入占到全市的 50%。昆山市老城区原先只有 4.25 km^2，1986 年开发区面积达到 6.18 km^2，随着开发区的延伸发展，新区老城连成一片，建成区面积已扩展到 30 km^2 余，形成“开发区就是城市，城市就是开发区”的局面。昆山市 1998 年工业用地比重高达 45.56%，住宅只占 23.83%，商业则占 4.82%（图 2－10）。可见，在一些中小城镇中，开发区不再是城市的附属区块，而成为推动城市空间不断扩展的空间载体。国际上也有这种以小城镇为依托的园区，如 Microsoft Campus 的建设依托西雅图旁边的小镇 Redmond①，占地达 119 hm^2，园区内包括了许多必需的附属功能，如餐饮、娱乐休闲等设施，其发展已使 Redmond 成为园区的附属，22 384 名工作人员都居住在该城，该城镇原有20 000 人，在微软公司的带动下达到 4 万人，具备了完善的城市功能。Microsoft Campus 与 Redmond 已经紧密联系在一起，形成了一个完整的产业综合体。

① 刘敏，刘蓉. 科技工业园区的新发展：软件园及其规划建设[M]. 北京：中国建筑工业出版社，2003：135

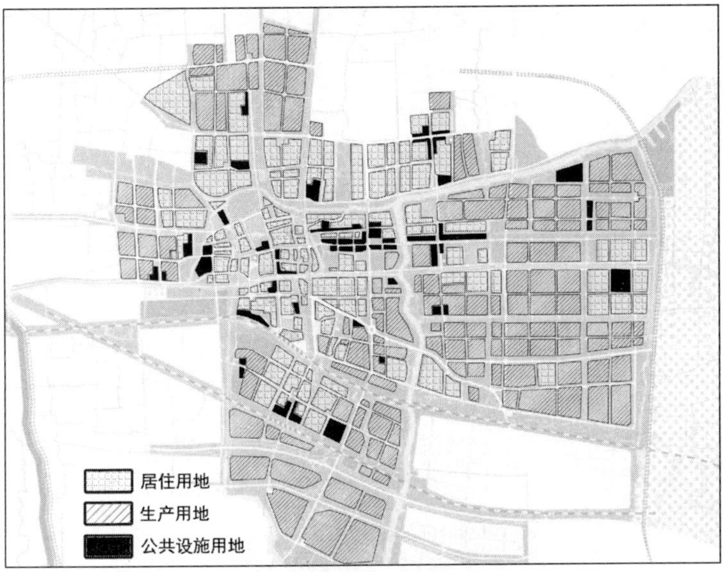

图 2-10　昆山市用地现状图(1998 年)

如上文所述,区位在一定程度上影响了开发区内部的用地结构和布局模式。对于不同区位的开发区应依照其自身不同特点和与城市的关系予以规划引导,使其与城市空间和功能协调、持续地发展。

2.3.2　开发区与城市空间开发强度比较

与城市相比,开发区的开发强度普遍偏低,仅在开发区核心区出现开发强度略高的现象。影响开发区开发强度的因素有很多种,其中区位和自身特质是最重要的,其区位和生产功能决定了其开发强度无法达到城市的程度。一般距离主城越近,开发强度越高,偏研究类的高新技术企业开发强度比生产制造类的要高,下面通过两个具体的案例进行分析。

1）南京软件园

南京软件园位于南京江宁区,远离城市,生态环境较好,但交通不便,入驻产业的门槛较高。软件园的开发强度与用地性质相关,一般商业、酒店金融类用地建筑高度在 35 m 左右,容积率在 1.5～3.0。一般的软件研究类建筑高度在 24 m 左右,容积率在 1.2 左右(图 2-11)。而居住、公共设施用地建筑高度偏低,在0.7左右,高度 12 m。

2）江苏灌云经济开发区

江苏灌云经济开发区成立于 2003 年 8 月,2006 年 4 月被批准为省级开发区。开发区现状整体建设强度较低,工业用地容积率以 0.3～0.6 为主,居住用地在 1.2 左右,规划进一步提高了土地利用集约度,将公共设施商业金融类用地提高至 50～100 m,容积率控制到 5.0,居住类用地 35 m,容积率控制在2.0,一般工业用地 24 m,容积率控制在 0.6～1.6(表 2-17)。

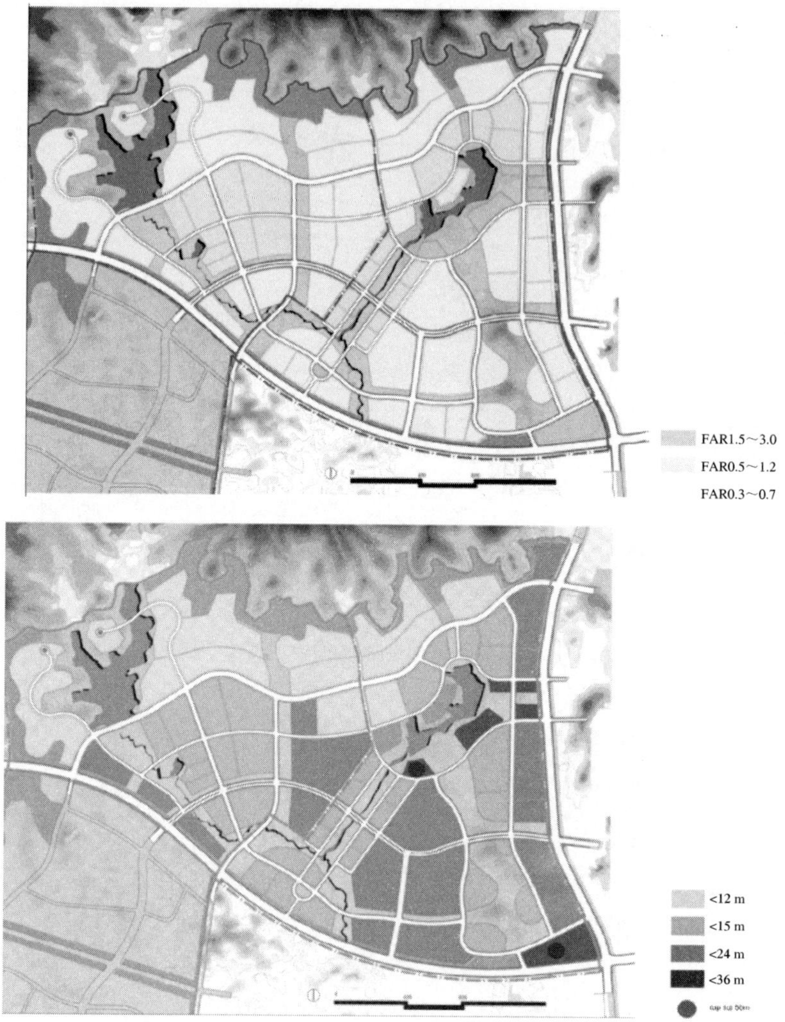

图 2-11　南京软件园容积率和建筑高度规划示意图

表 2-17　江苏灌云经开区规划用地开发强度控制一览表

用地类型	容积率		建筑密度(%)	绿地率(%)
	最大值	最小值		
一类工业用地	1.6	0.8	40	20
二类工业用地	1.4	0.6	35	20
生产研发用地	3.0	1.0	35	30
仓储物流用地	1.2	—	40	25
公共设施用地	5.0	—	40	30
居住用地	2.0	—	30	30
市政设施用地	1.5	—	30	25

2.3.3 开发区与城市空间肌理比较

就同一个城市而言，主城区与开发区的肌理通常是迥异的，这种差异性主要是用地性质、建筑类型、土地经济效益导致的，最终带来建筑体量、建筑密度、道路网密度和开敞空间等构成肌理的要素的不同，下文还是通过两个具体案例进行分析。

1）苏州高新技术开发区

苏州高新区位于苏州古城西侧，东临京杭大运河，于 1992 年被国务院批准为国家级高新技术开发区。就高新区与苏州老城区的空间肌理而言，如图 2－12 所示，苏州老城区的城市空间肌理呈现出建筑密集、开敞空间少的特征，而高新技术开发区则呈现出建筑稀疏、建筑体量大、开敞空间多的特征，甚至存在大片的空地。总结下来，主要有以下区别：主城区整体肌理均质，没有大的差异，而开发区由于所处的环境和功能复杂，差异性大，从密集的城中村到规整的居住区再到大规模的工业厂房，形态各异，营造的空间肌理也不同。从道路网密度来看，老城区道路网密度高，主次干道和支路网系统复杂，尤其是中心区，支路间距仅有 200 m，开发区用地经常被大单位及大型居住区占据，用地只被主次干道分割，缺乏支路网系统；从开敞空间来看，在经济效益的驱动下，中心城区寸土寸金，建筑见缝插针，造成绿地和开敞空间缺乏，相反，开发区的可利用地相对较多，街头绿地、广场、中心绿地等开敞空间也多；从建筑形态来看，主城区建筑以居住和公建为主，建筑体量小，建筑间距一致，开发区以工业厂房及办公用房为主，受产品类型和厂房规格的影响，建筑大小尺寸各不相同，并且建筑间距不受日照影响，间距也各不相同，缺乏统一性。

图 2－12　苏州老城区、苏州新区及新加坡工业园区的建筑肌理比较

2）台湾新竹科学园

新竹科学园共有 6 个卫星园区，总开发面积 1 342 hm^2，距离新竹市约 4.5 km，但由于十八尖山和高峰植物园的隔断，使新竹科学园成为一个相对独立的园区，受山体影响，园区主要道路蜿蜒曲折，并将园区分隔成 6 个组团，每个组团都有各自的中心。如图 2－13 所示，园区内的空间肌理是随着自然山体和道路而变化的，建筑的朝向也随着道路而转变，整个空间肌理与自然山体环境协调一致。在功能布局上，研发办公建筑在交通区位较好的中心位置，而居住建筑则置于外围的山体之中，功能与环境协调统一。

从开发区与城市空间肌理的比较出发，也可以看出，新竹科学园和新竹城区呈现出完全不同的肌理特征。如图 2 - 13 所示，新竹市的城市肌理细碎、建筑体量小、密度高、街坊尺度小，而科学园内建筑体量大、密度低、街坊尺度大。

图 2 - 13　新竹科学园与新竹市的空间肌理比较

2.3.4　开发区与城市空间形象与风貌比较

通过上述对开发区和城市之间用地结构、空间布局、开发强度和空间肌理的比较，可以清晰地发现开发区和城市之间存在的明显差异，这种差异在表象上的体现造成了二者空间形象和风貌的不同(图 2 - 14)。

开发区出现时间短、发展速度快、目的导向性强，因此其空间形象和风貌是和其职能定位高度一致的。开发区空间风貌相对单一纯净，通常表现为大规模、低密度、低强度的工业建筑景观，局部配套有与其相关的公共管理、生活服务设施。其风貌受到均质低密度的影响，天际线平缓，基本没有起伏波动变化；城市则是通过长时间的发展，由不同时期的时代特征积淀形成的，空间形象和风貌有城市中各个时期的影子。加上用地性质的复杂多样，城市内的建筑类型也更加复杂，出现更多的空间组合，各个时期各个类型的建筑拼接在一起，构成有机的城市风貌。同时受到地价的影响，存在着明显的高强度开发区域，天际线出现波峰波谷的节奏。

开发区和城市空间形象与风貌的巨大差异没有优劣之分，无论何种形象风貌，都是在追求效益最大化背景下，由于职能分工不同而产生的，只要进行科学的建设管理，都能够创造出良好的人居环境。

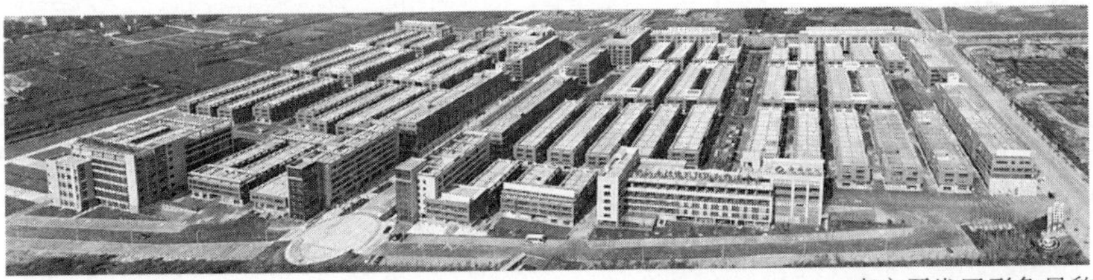

——南京开发区形象风貌

——南京市区形象风貌

——昆山市开发区局部形象风貌

——昆山市区局部形象风貌

图 2－14　开发区与城市形象风貌比较

2.4　开发区功能转型与土地利用结构变化

回顾开发区的发展历史，可以看出，开发区作为我国改革开放中的试点地区，推动了当地经济的腾飞和区域经济的发展。区、县级政府纷纷把开发区作为谋求地区城市化发展的手段和策略，一定程度上促使了经济要素的集聚，促进了地方经济的繁荣。而今，部分开发区在完成了它的历史使命后，正跨越简单意义上的生产载体概念，逐渐呈现并最终完成向生活区、综合新区以及新城的全新转型。在今后相当长的一段时间内，我国开发区将裂变成为两类：

第一类延续了其专业化生产科研职能，然而其中一部分以工业生产为导向，主要生产、加工高科技产品，发展外向型经济，成为技术加工型或生产制造型工业区；而另一部分以研究开发为导向，环境优美、设施完善，具备一定的自主创新能力，区内企业与大学科研机构联合，不断生产出科技含量高的产品，真正成为城市中的智力密集区，成为科技研发型园区。

第二类是因功能变异而转型为城市生活区或者尺度更大、功能更完善的城市新区，它们不含或只含有少量的工业用地，性质完全改变。由于我国开发区数量较多，因此这类开发区的转型有利于我国开发区整体水平的提高，开发效益较差或已被撤销的开发区应积极推进其自身功能的优化，完善基础设施与公共服务设施条件，特别是加强第三产业的发展，并通过“退二进三”置换出高污染企业，形成风景优美、自我循环的新区环境。

开发区上述两种功能转型在土地利用结构上也会得到反映，工业用地比例下降和生活服务用地比例提升，是其土地利用结构变化的总趋势。开发区向生活区或者新区的转型，是开发区与城市整合发展的重要类型，在长三角开发区发展中已经出现典型的一些案例。

2.4.1 由工业区向生活区的转型

城市边缘型开发区向城市生活区的转型是在市场机制的推动下进行的。随着城市建设用地的扩张，开发区由边缘纳入到城市内部，城市功能不断渗透到开发区中，需要开发区转换功能以缓解主城区的空间压力；对于开发区，当可开发土地枯竭时，也希望通过土地置换实现再开发，另一方面，开发区希望引进一些如房地产、商贸等经营性项目来补偿出让工业用地的亏损。当开发区与城市双方利益达成一致时即可通过房地产以及三产项目的开发来实现用地的置换，开发区向城市生活区的转型就成为必然，下面通过对无锡蠡园开发区、常州东南开发区和扬州经济技术开发区的案例进行具体分析。

1）无锡蠡园开发区

无锡蠡园开发区位于城乡结合部，用地现状呈现出典型的城市建成区边缘地带的风貌特征，居住、工业用地相互混杂，城中村问题突出。如表 2－18 所示，蠡园开发区 2002 年到 2006 年用地现状中工业用地从 33％下降到 9％，公共设施用地提高到 21％。在规划中，开发区的生活用地、绿地均大幅度提高，居住用地、公共设施和道路广场用地也都有不同幅度的提高，而工业、仓储用地则消失。

表 2-18　无锡蠡园开发区用地构成现状、规划对照一览表　(%)

开发区现状及规划	居住	公共设施	工业	仓储	对外交通	道路广场	市政	绿地	距离市中心
蠡园开发区现状(2002 年)	39.0	6.68	33.3	1.65	—	7.9	4.7	6.7	
蠡园开发区现状(2006 年)	37.6	21.2	9.1	—	—	17.0	1.7	10.6	5 km
蠡园开发区规划(2006 年)	41.5	28.4	—	—	—	15.2	1.4	13.5	

如图 2-15 所示，从蠡园开发区 2002 年、2006 年用地现状图的比较中可以看出，居住等生活配套用地明显增多，工业用地趋于下降，科研用地大幅度上升，在 2006 年规划图中，工业用地已经完全消失，取而代之的完全是居住与科研用地，这反映出该开发区正逐步向以研究开发为主导方向的综合新区转型。

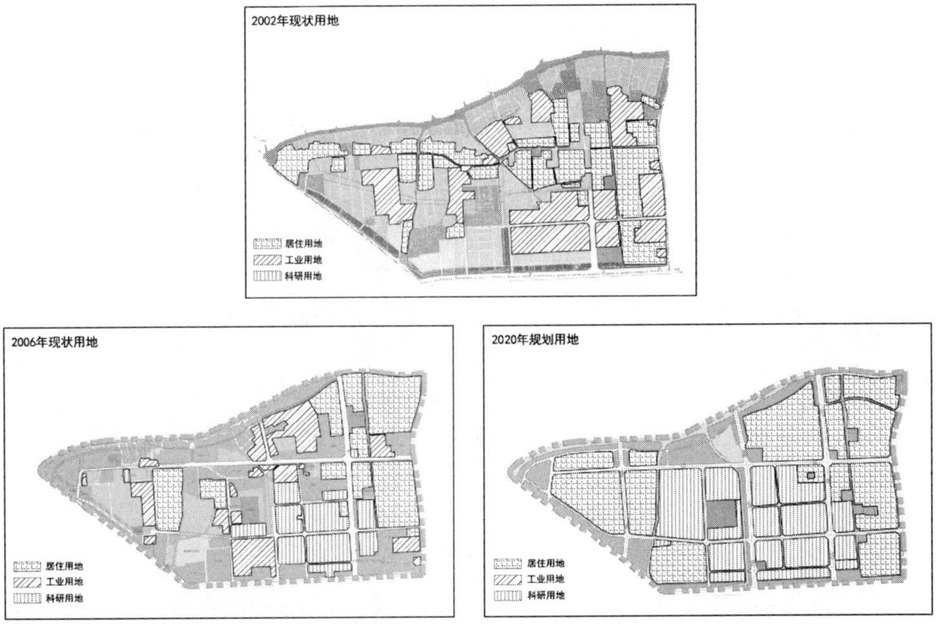

图 2-15　无锡蠡园开发区 2002 年用地现状、2006 年用地现状与规划图

2）常州东南开发区

东南开发区于 1991 年成立，与无锡蠡园开发区类似，均位于城乡结合部。经过 20 余年的发展，开发区内部已再无可出让的用地，靠近市区的区位条件使其无法再扩张用地，在市场机制的作用下，房地产用地开始渗透到开发区中，迫使其更换土地使用性质，成为城市生活功能片区。从表 2-19 和图 2-16 可以看出，开发区的居住和绿化用地也大幅度提高，而工业用地则下降至 30%。

表 2-19　常州东南开发区用地构成现状、规划对照一览表　（%）

开发区名称	居住	公共设施	工业	仓储	对外交通	道路广场	市政	绿地	距离市中心
东南开发区现状(2003 年)	21.74	8.85	56.57	1.75	0.58	6.14	4.37	—	
东南开发区现状(2006 年)	19.1	7.6	53.0	2.1	0.2	14.0	3.6	0.6	3 km
东南开发区规划(2006 年)	36.2	2.8	30.4	1.1	0.9	11.2	1.3	15.7	

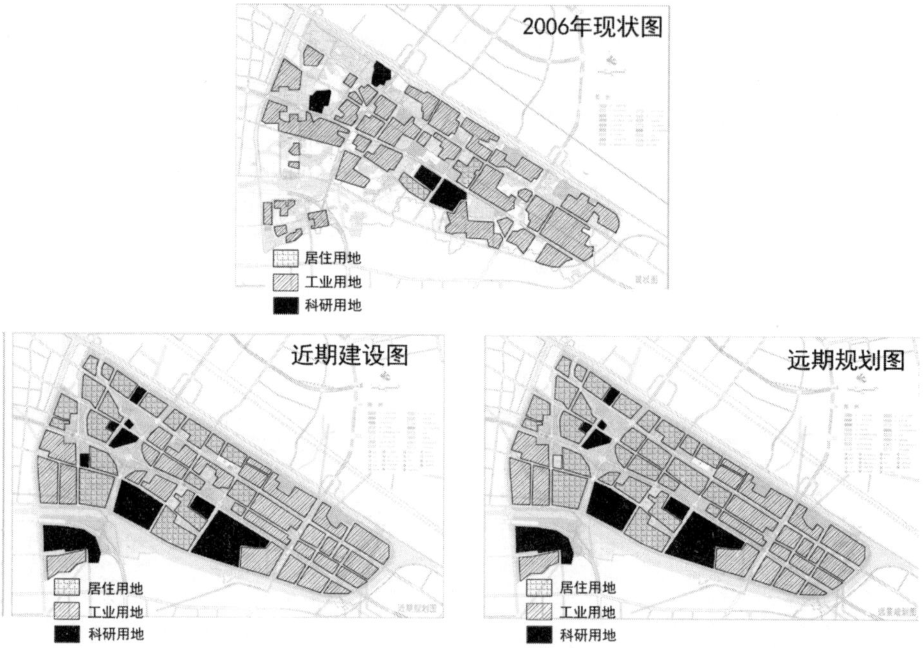

图 2-16　常州东南开发区 2006 年现状、近期、远期建设图

3）扬州经济开发区

1992 年成立的扬州经济开发区位于当时城市西南边缘距离市区 1.5 km 的城乡结合部，随着沿江大开发战略的实施，特别是随着扬州城市“主导向南”的空间发展格局的确立，开发区从城市发展的边缘成为前沿地带，2002 年扬州市实施了重大行政区划调整，将邗江区的施桥、八里两镇划归扬州经济开发区代管，经济开发区的面积从 16.52 km^2 拓展到 72 km^2，扩大了辖区范围，不再像以前那样游离于城市母体之外而成为封闭运作的“工业孤岛”，行政区划的调整使开发区必须发展成为中心城市有机整体不可分割的组成部分，向城市新区的角色转变。

通过上述三个案例用地演化趋势可以看出，城市边缘型开发区向城市生活片区转型是顺应市场趋势，也是城市功能得以疏散的解决途径，对于这类开发区，只能引导其合理发展，置换出污染企业，利用市场机制逐步提高居住和公共设施服务用地，从而改善地区人居环境，增强地区吸引力，促使边缘型开发区有机地融入城市。

2.4.2 由开发区向城市综合新区的转型

这类开发区多集中在城市近郊，发展到成熟阶段后，通过政府调控将开发区与周边县镇合并以形成地域更广的新区，从而将开发区纳入到城市的一体化发展当中。对于城市，这种方式拓展了开发区经济延伸范围，进一步带动了区域发展，对于开发区则提供了更好的服务平台，有利于招商引资。这类开发区的典型代表是无锡新区、苏州新加坡工业园区和天津经济开发区。

1）无锡新区

无锡新区位于无锡市锡南片区，是在高新区、新加坡工业园的基础上于1995年成立的，辖一区、一园、五镇和一街道。虽然是新区，其工业用地占据了一半左右，因此，可以将新区看做是工业综合体，或是广域开发区①。表2－20列出了无锡新区2002年、2005年的现状和2000年、2005年的规划用地平衡表，从中可以看出2002年至2005年期间实际建设用地分类增量情况，同时了解实际用地结构的演变和规划意图的差别。

表2－20　无锡新区用地构成演变一览表　（%）

时间	居住	工业	公共设施	仓储	市政	对外交通	道路广场	绿地	特殊用地
2000年现状	7.33	32.81	3.13	3.42	0.91	10.63	17.76	12.34	0.93
2002年规划	8.0	60.8	5.3	1.2	1.8	6.2	12.9	3.7	0.1
2005年现状	11.3	50.5	5.5	1.9	1.2	3.3	17.9	1.6	0.15
2005年规划	20.1	29.2	11.2	3.9	1.3	6.2	13.7	14.3	0.1
2002—2005年现状用地增量比例	18.32	43.90	6.83	3.29	0.27	负	28.83	负	0.38

如无锡新区2002—2005年现状用地增量比例所示，随着建设用地总量的翻番，增幅最高的工业用地达到1 400 hm^2，占建设用地总增量的43.9%，其次，道路广场用地占28.83%，再次是居住用地占18.32%。面积有所下降的是对外交通用地和绿地。再看其用地整体比例的变化趋势，工业用地下降了近10%，道路用地提高了5%，居住用地上升了3%。由此可见，工业用地发展趋势虽然有所下降，但仍然是建设用地增量中最多的一类用地。并且，由2000年无锡新城规划可见，虽然规划用地导向是向综合方向发展，但工业用地仍急剧增长，到2005年现状工业用地达到了50.5%。可见，从开发区到新城用地结

① 厉无畏，王振. 中国开发区的理论与实践[M]. 上海：上海财经大学出版社，2004：12

构的转变是个惯性的过程，最初开发区会延续作为生产功能的基本需求，随着自上而下的调控和引导，增长趋势又是个减速的过程，最终生产用地趋于下降。

在无锡新区 2005 年的规划中，非生产性用地大幅度提高，生产性（工业和仓储）用地不同程度地下调，公共设施用地的大幅度提高显示出规划者希望借此增强新区的凝聚力，进一步提升新区作为城市副中心的作用（图 2－17）。

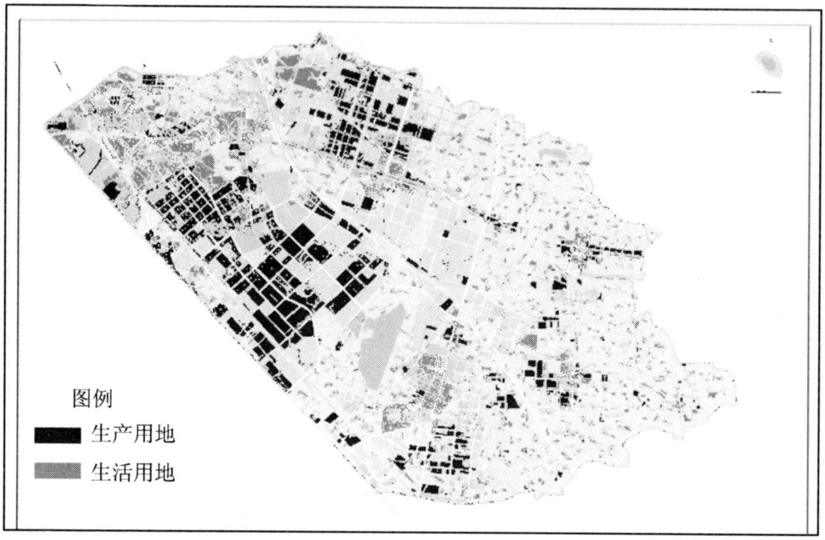

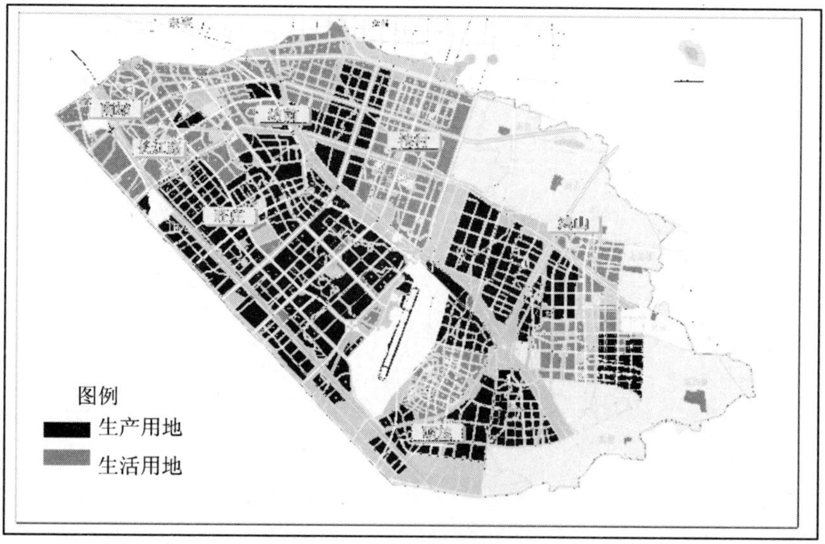

图 2－17　无锡新区 2006 年土地利用现状、规划对比图

2）苏州新加坡工业园区

苏州工业园区中新合作区是中新两国政府间的合作项目，1994 年成立，工业园区在两国政府的扶持下稳步发展，成为促进苏州经济腾飞的重要增长极，开发区的功能也步入发展成熟期。苏州工业园区的发展定位是高科技工业园区和现代化、园林化、国际化的新城区，园区的发展定位决定了其用地结构的变化，从 2002 年现状到近、远期规划的调整，园区居住、公共设施、道路和绿化用地比例逐渐和国际园区接轨，呈上升趋势，工业用地比例逐渐下降，园区逐渐向综合化新城方向转变（表 2－21，图 2－18）。

表 2－21　苏州工业园区用地构成演变一览表　（%）

开发区名称	时间	居住	工业	公共设施	仓储	市政	对外交通	道路广场	绿地	特殊用地
苏州新加坡工业园区	2002 年现状	12.06	47.06	2.87	0.23	3.34	0.65	26.21	8.23	—
	近期	18.51	40.34	6.31	0.01	3.63	0.29	15.25	15.66	—
	远期	21.38	34.49	8.09	0.99	4.13	1.16	11.71	18.05	—

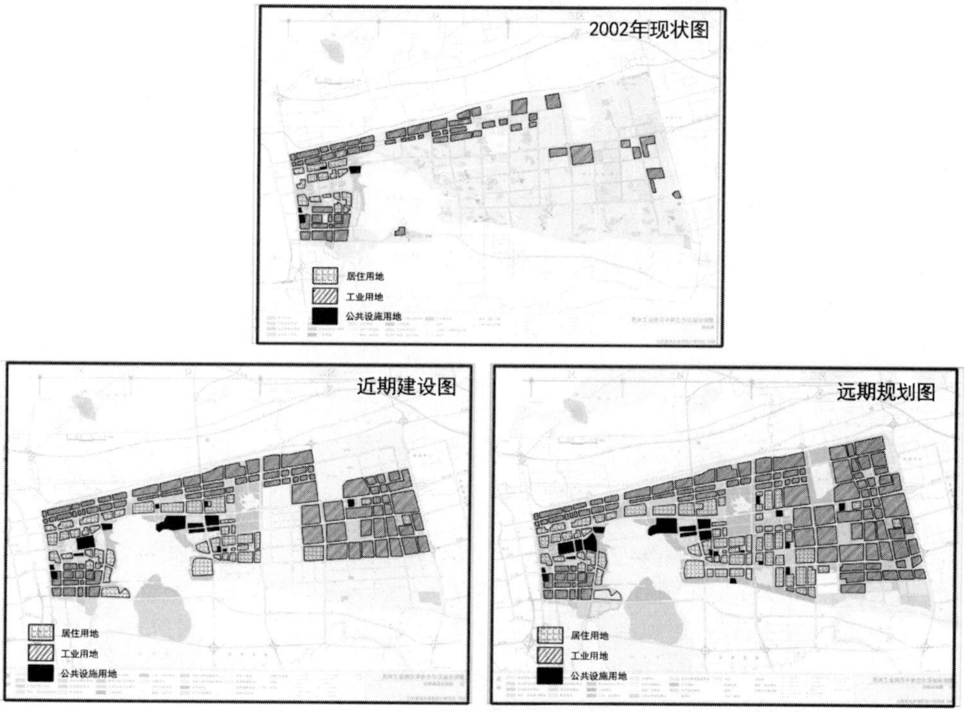

图 2－18　苏州新加坡工业园区 2002 年现状、近期建设、规划图

3）天津经济开发区

天津经开区的发展历程也证实了独立型开发区向新型城区转型的必然趋势，天津经济技术开发区距离市区 50 km，位于天津滨海新区东部，占地 41 km^2，与天津市区的联系程度较低。初期开发主要呈现以单一工业生产为主要功能的特征。自 1992 年起，开发区开始加强公共设施配套建设，房地产业也有所发展，但是居住及公建配套设施用地只达到建筑面积的 32.4%，低水平的公共服务设施成为制约投资环境与经济发展的瓶颈之一。1997 年后，开发区的建设由重点建设工业区转向工业区与生活区建设并重①，通过众多住宅小区开发，生活投资项目的建设，使生活区滞后于生产区的局面得到改观，据 2000 年资料统计，居住及公建设施建筑总量已超过厂房。2001 年，天津成立了滨海新区管委会，为开发区、保税区、塘沽新城的联合发展提供保障，天津开发区正迅速向综合功能的现代化城区转变。截至 2001 年底，全区累计开发土地面积 27 km^2，其中工业区 21 km^2，生活区 6 km^2。

2.5 基于功能转型的开发区用地类型分析

开发区的功能转型必然引起用地类型与结构的变化，其中以非生产用地的增加最为显著，对此存在两种意见。有学者认为大量开发居住商业用地违背了建立开发区的初衷，经营性土地的协议出让行为也有损国家利益，而且，“非产业用地”的过多集聚将可能抬高地价，对产业用地出让造成不良影响；另一方面，有的学者认为“非产业用地”如居住、公共服务设施等的建设，的确能够为开发区的健康、快速发展起到积极的作用，并且“非产业用地”出让的丰厚收入，实际上也被用来平衡产业用地出让造成的资金缺口。其实，这两种意见都有其合理性，而问题的关键在于是否能把握开发非生产用地的“度”。

2.5.1 关于开发区是否适宜开发居住功能的分析

必须寻求一种合适的用地结构，合理确定非生产与生产用地的比值，达到“产业用地”和“非产业用地”的互适状态，以获得“最佳效用”。对此，不同的利益群体有各自的衡量标准。2006 年 9 月东南大学开发区调研课题组对南京市四大国家级开发区进行了全面的社会调查，依据调研问卷和访谈，可以看出，不同群体带有明显的倾向性。

1）普通市民的角度

开发区内居民与工作者主要从开发区的社会、生态效益出发，以人居与工作环境的优劣作为评价标准。他们认为开发区设施不足，交通不便，而且单一的功能影响了开发区作为城市一部分的整体效益提升。他们期望开发区在功能上更加混合，在形象上更加繁荣，开发区内不仅有清一色的工厂，而且具备一定的公共服务设施，成为一个综合新城。

2）政府的角度

政府主要从开发区的经济效益出发，评价指标有 GDP、技工贸总收入、出口创汇等。国务院发布的《关于促进国家级经济技术开发区进一步提高发展水平若干意见的通知》中称，国家级经济技术开发区应努力改变经济增长方式，建

① 邢海峰，马玫. 城市开发区空间有机生长的规划研究——以天津经济技术开发区为例[J]. 城市开发，2003(6)：18－21

设用地要以现代制造业、高新技术产业和承接服务外包为主，不能用于大规模的商业零售和房地产开发。可见，这一政策的出台明确限制我国经济技术开发区居住用地比重的提高，禁止开发区出让经营性用地，希望经济技术开发区成为一个单纯的工业生产区。

在实践中，自苏州新加坡工业园区积极引入房地产项目、发展生活功能区以后，各地开发区都纷纷效仿，由政府牵头、规划部门论证，无论国家级还是省级开发区都向城市新区或者新城功能方向转型。如无锡新北区、常州新区等高新区已实现由高新区向综合新区方向的过渡，南京高新区的扩区规划调整中也积极引导高新区向新城方向发展，高新区内泰山园区已经定位为服务江北片区的公共设施配套核心区，这些案例都说明我国开发区在成熟阶段向城市化功能区转型成为不争的事实。

开发区内早期开发生活配套设施有利于开发区的健康、快速发展，而单纯发展工业似乎有碍于开发区的进一步发展。江宁开发区与南京高新区的对比就是典型例子，江宁开发区早期为筹集资金引入房地产项目，并吸引了一批配套设施的发展，而高新区最初以单纯的工业开发为主，发展到一定阶段后才逐步完善一些配套设施。虽然高新区比江宁开发区设立国家级的时间要早，但是发展状况却明显不如江宁开发区。此外还有无锡高新区在转型成为无锡综合新区后，配套功能有所发展，工业发展速度进而加快，加速了无锡新区的发展。可见，开发区城市功能的开发为招商引资提供了良好的平台，便利的服务设施和健康的城市形象吸引了更多企业的进驻。这样的案例还有很多，究其原因，首先，我国开发区是在政府驱动下自上而下建立起来的，在开发初期是注入式的发展，类似于在空地上建立新城区，这种新城区要想成为吸引人物流集聚的场所必须具备一定的磁场力，在国外的卫星城镇的建设中，虽然一开始就开发基础配套设施，完善生活服务功能，但最初并不能构成对城市中心的反磁力，反倒增加了钟摆式的交通，直至后来郊区出现了比市中心更为优越的生活条件、便捷的交通设施以后，这些新市镇才得以发展。其次，我国开发区多选址在城郊或边缘地带，飞地式的开辟一个从事专业化生产的功能区，可想而知，这样的地区设施不配套、交通不便、形象凄凉，不可能构成对国际大企业的吸引力。因此，政府是可以将开发房地产作为振兴开发区的手段，通过房地产的开发带动基础设施与公共服务设施的配套，从而创建良好的开发区形象，以自身优越的环境设施条件吸引大型技术企业。然而过犹不及，不能因为过度开发房地产而使开发区完全转换性质，本末倒置，并且，在边远的郊区开发房地产，生活不便，人气不高，会造成资源的闲置与浪费。

客观地讲，开发区内开发房地产是把“双刃剑”。房地产虽然在短期之内可以成为开发区创收的支柱，但不可能为开发区经济注入持续增长的因素，住宅建筑一般至少存在 70 年左右，占据了开发区的空间资源；有益之处在于开发房地产可以对商业服务业、教育产业和高新基础产业产生协同的拉动作用。

综上所述，针对不同的开发区要采取区别对待方式。我国开发区数量繁多，良莠不齐，相当一部分是以开发区为手段达到城市化的目的，这些开发区在达到了地方政府城市化建设目的后可以适时地转换角色，成为城市综合功能区，既有利于自身空间的置换与优化，又可以促使经济要素向少数有潜力的开发区集中。一些区位靠近主城的开发区在市场机制的作用下工业用地向居住服务设施用地的置换可以为城市功能的疏散提供空间，房地产开发可以促使其功能转型，空间优化。然而大部分具有发展前景的开发区还是应尽量减少房地产开发，以免造成空间资源浪费，生产空间被迫缩减。

2.5.2 开发区的设施配套要求

调查显示，大多数企业是冲着开发区的优惠政策与廉价土地而来的，在这样的动机下，这些企业在空间上缺乏根植性。随着改革开放的深入，地区政策差距将日益缩小，这种比较优势将不复存在，当开发区的土地成本、劳动力价格等区位优势与优惠政策发生变化时，区内的企业会向其他政策更加优惠的地区流动。随着优惠政策的到期，一些企业为继续享受优惠政策也会转向其他开发区。可见，优惠政策、廉价的土地与劳动力并不是吸引外资的长远优势，开发区要成为真正意义上的技术、创新领域的高地，必须加强其专业化设施配套的完善，为企业提供良好的服务平台，取代盲目扩大开发区面积和降低土地价格来吸引国外高新技术企业投资的现象。对于国内高新区而言，重点是要培育出内生型、根植型企业，营造创新的氛围。

吸引企业进驻的引力机制有环境机制与产业集聚机制。环境机制包括软环境与硬环境，软环境指开发区的优惠政策及服务效率，硬环境指区位交通条件、人才密集程度、配套服务设施等。产业集聚机制是指同行业的集聚会产生更大的经济效益，当开发区已形成某种产业集群时，孕育这种集群的开发区环境可以吸引更多类似行业。

开发区的设施配套包括生产与生活配套，其中生产性的服务设施有：银行、干部工商管理课程培训、法律、咨询服务、环保事业。生活配套有：大型综合医院、子女教育、教育培训、银行证券、金融机构、商业文艺场所、大型百货公司、公园绿地。

东南大学的开发区调研小组在对南京四个国家级开发区问卷的调查中显示，开发区职工和居民对居住环境和工作环境普遍比较满意，其次是城市环境，说明开发区为居民提供了很好的就业平台和居住条件（图 2－19）。然而，在对开发区各类设施不满意度的调查中，首先是交通问题，其次是购物不便，再次为医疗设施（图 2－20），市民最希望改善的是开发区的就医与就学条件①。

① 王兴平.中国开发区空间配置与使用的错位现象研究——以南京国家级开发区为例[J].城市发展研究，2008(2)：85－91

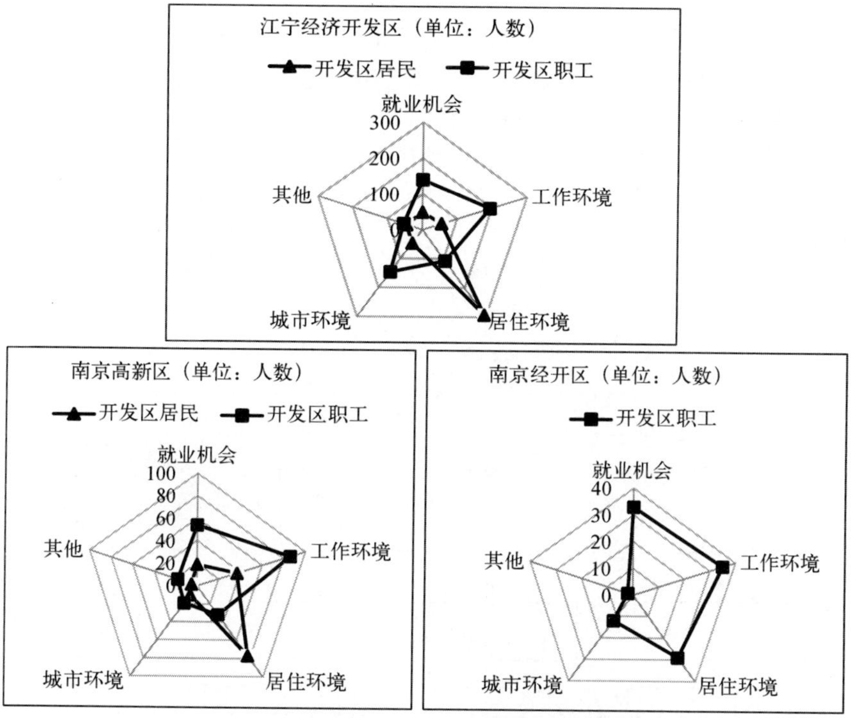

图 2－19　开发区居民与职工对开发区的满意度

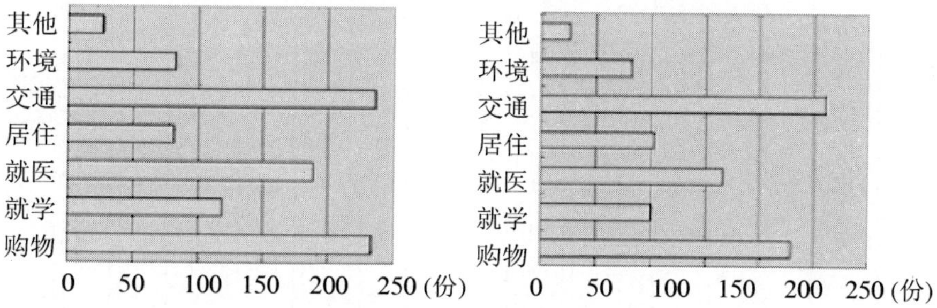

图 2－20　居民与职工对开发区设施的不满意程度

2.5.3　开发区用地分类的调整分析

开发区功能转型引起用地类型的变化，对于原来的开发区用地类型有必要进行分析和调整。现行的开发区用地分类主要是参照城市用地分类确定的，其主要问题是：不能反映出开发区的特殊职能，不利于今后的规划与管理。对于不同的规划，其目的不同，因此用地分类的出发点不同，具体类别也不一样。如为招商引资目的而进行的用地划分可以分为：挂牌用地、已出让用地、意向用地、待出让用地，其目的是为让招商者清楚地认识到哪些土地已经出让，哪些土地还未出让，从而可以清楚地制订用地计划。

用地分类是由用地功能决定的，高新区的主导功能是生产与研发功能，所以高新区的用地分类应反映出生产与科研的综合特性，而在城市用地分类中，将科研用地归类于公共设施用地中的教育科研类用地中。因此，在高新区的用地分类中，应将具备科研水平的教育用地和研发用地单独列出，以显示其重要性。

综合考虑开发区的特殊功能要求和发展特点，结合国家城市用地分类标准，提出如图 2－21 所示的开发区用地构成分类体系建议。首先，开发区的主导功能是生产研发功能，这是开发区设立的主要目的和与城市其他功能区相区别的主要方面；其次，开发区还要满足生活服务功能的需求，这些功能包括行政管理、社会服务（金融、信息、科技贸易、房地产等）；再次，还要有维系开发区正常运转的配套设施功能，包括交通、市政、绿化等用地；最后是其他用地，包括储备、村镇与未征用土地。

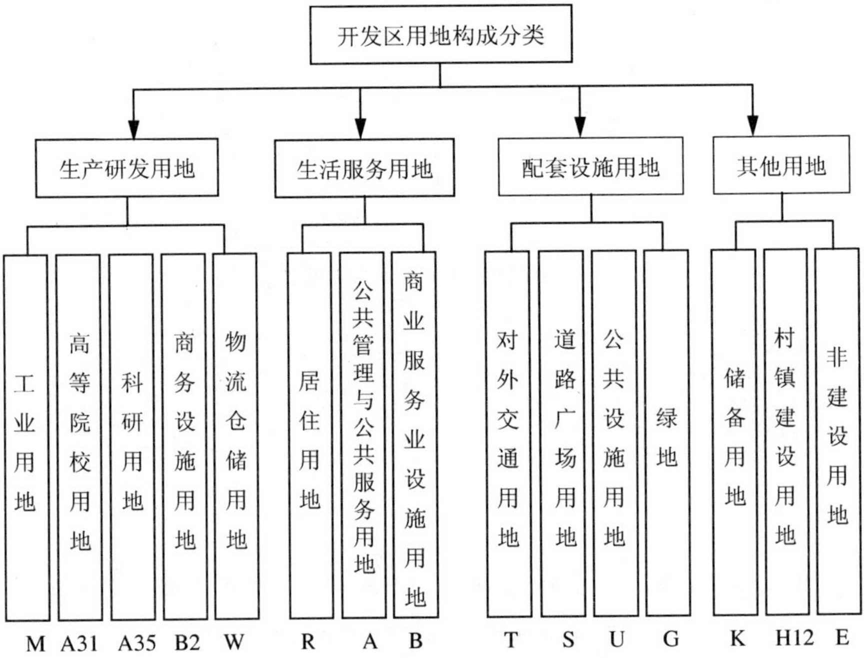

图 2－21　开发区用地构成分类图

分类的方法主要依据与国标的衔接，考虑开发区的主要功能特征、用地特征，并参考了国内外开发区的经验。考虑到开发区发展的弹性，建议在国标的基础上新增加 K 类储备地，预留将来使用的多种可能；将标志开发区科研水平的教育科研用地从公共设施用地中独立出来，成为开发区生产研发用地分类中的重要成分；在具体的规划编制过程中，各开发区可根据实际用地情况在不改变大类的基础上适当加以调整。在上述用地大类构成基础上，表 2－22 对大类下面的各个子类进行了说明。

表 2-22　开发区用地分类一览表

用地类型	国标中对应代号	用地名称	范围
生产研发用地	M	工业用地	工矿企业的生产车间、标准厂房、库房及其附属设施等用地，包括专用的铁路、码头和道路等用地
	A31	高等院校用地	开发区内各类大学、学院、专科学校等其他高等教育机构用地
	A35	科研用地	科研事业单位用地
	B2	商务设施用地	金融保险、艺术传媒、技术服务等综合性办公用地
	W	物流仓储用地	仓储、堆场、货场和包装加工车间及附属设施等用地
生活服务用地	R	居住用地	居住小区、居住街坊、居住组团和单位生活区等各类成片或零星用地
	A	公共管理与公共服务用地	开发区管委会、行政管理等行政机构用地；文化艺术团体、广播电视、图书展览、游乐等设施用地；医院、门诊部、急救中心、疗养院等用地
	B	商业服务业设施用地	商业、金融业、服务业、旅馆业和市场等用地
配套服务用地	T	对外交通用地	铁路、公路、管道运输、港口和机场等城市对外交通运输及其附属设施等用地
	S	道路广场用地	区内的道路、广场和停车场等用地
	U	公共设施用地	区内的供水、供电、燃气管道、邮电通讯、环境卫生等市政设施用地
	G	绿地	区内的公园、街头绿地及生产防护绿地
其他用地	K	储备用地	开发区中留待未来开发建设的或禁止开发的规划控制用地
	H12、H13、H14	村镇建设用地	镇、乡、村庄建设用地
	E	非建设用地	开发区内部未征用的其他非建设用地

2.6　开发区规划用地标准研究

开发区规划用地标准是编制开发区规划的核心依据，合理的用地分类和科学可行的用地指标及其确定方法是开发区规划用地标准的核心内容，其次是各类用地合理的比例关系的确定。“效益”是开发区发展的核心目标，如果将开发区用地分类分别和开发区发展必需的三大效益对应起来，可以认为，满足城市经济效益的有工业、仓储、商贸、娱乐等产业用地，满足社会公共效益的有居住、文化、教育类等生活用地，满足城市生态效益的有绿化用地，道路、对外交通、市政用地则是维系开发区正常运转的辅助性功能用地（表 2－23）。

表 2－23　基于三大效益的开发区用地分类

经济效益			社会效益		生态效益	辅助用地		
生产用地			生活用地		生态用地			
工业	仓储	公共设施中赢利类	居住	公共设施中非赢利类	绿化	对外交通	道路广场	市政

长期以来，开发区规划中有关指标的确定实际采用“先图后表”的规划方法，并简单套用城市规划标准，延续计划经济下将城市看作自我封闭循环的独立聚落、进而以基于经验和概率数据确定的人均总建设用地指标作为规划约束指标的做法，不符合开发区开放性、市场化的发展模式。

2.6.1　确定开发区用地标准的基本原则

1）弹性原则

保证预留发展用地，地块的完整性及弹性原则，开发区的用地平衡表不宜设置得过于详细，只要给出比例允许的范围即可，如果出现问题也便于及时调整。范围即是各类用地的上限与下限，上下限的标准可以通过计算得出。考虑到开发区用地构成受到多种因素的影响，这些因素前面已经提到，其中很多都是未知的，如招商部门招来大规模的企业，从而带动开发区整体产业结构的调整，政策的变化影响等，这些都有可能造成开发区用地构成的转变。

2）前瞻性原则

前瞻性原则是指开发区的用地规划具有一定的远见性，从现状发展速度、趋势上可以预见未来的用地情况，制定出满足可持续发展需求的规划。现在小城镇的总体规划一般 5～10 年修编一次，开发区的规划也应预见出未来 5 年出现的变化，在用地上表现为对未来备用地的准备，满足开发区可持续、滚动发展的模式。但在有些开发区用地规划中，忽视实际情况，夸大用地需求，甚至出现 100 km^2 的开发区，有违合理的开发区用地要求。开发区功能的完善需要很长时间，在用地规划与企业选择上要有远见，不能只看短期效益而忽视长远发展。

3）管理性原则

俗话说“三分规划七分管理”，好的规划制定完成后需要切实管理才有效，目前开发区招商部门以项目引进为重，规划跟着项目走，以政府为主导的城市建设往往任意更改规划，突破规划。这就需要在用地规划中突出后续管理工作，用地规划主要是为管理者执行所用，因此制定规划时要本着有利于管理的角度，为管理者提供更好的操作平台，有利于规划的后续实施。

2.6.2 开发区人均用地指标研究

生活配套设施是开发区正常循环发展的重要组成部分,如果生活配套设施太多,开发区内消费群体不足以支撑这些设施的发展,会造成各类公共设施利用率低、娱乐休闲设施经营效益差的现象。如果配套设施比重过低,会造成开发区内功能失衡、钟摆式交通压力加剧、人气缺乏等诸多问题。因此,正确预测开发区的居住人口,合理判断开发区居民和工作者的消费需求是确定开发区的生活配套比例的前提。

1) 开发区人口计算口径分析

开发区的生活配套用地主要包括居住用地与公共设施用地,公共设施主要指商业、文娱等类用地。生活配套用地是由开发区内的居住人口数量决定的,据笔者对长三角地区开发区内居民的调研,可以将开发区内居民来源分为区外与区内人口,住房类型有商品房、经济适用房、拆迁安置楼、外籍高档公寓楼与打工楼(图 2-22)。

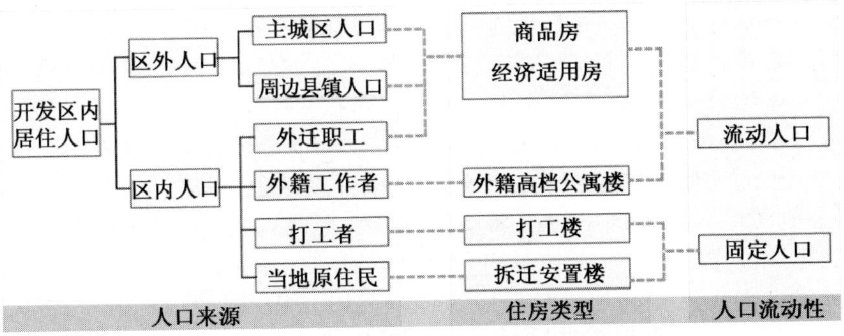

图 2-22 开发区居民构成及住区类型图

区外人口指在区外工作在区内购房居住的人口,主要包括主城区与开发区周边小城镇的居民。区内人口指在区内工作的职工和原住民,包括拆迁安置的原住民和随公司迁移的企业职工。原住民主要指当地农民、村镇人口,目前拆迁安置一般是就地安置,因此这部分居民居住在开发区内的拆迁安置楼里。另一部分是随企业搬迁到开发区的职工,企业职工包括三种类型:外企人员、打工者和白领管理人员。外迁企业的职工最初居住在区外的主城区或邻近地区,如果长期交通不便捷,可能选择在开发区置房。外籍人员如果长期工作在此也有可能选择在附近的高档公寓内居住。打工楼是为少数低收入者和外来打工者而建,常常由开发区管理者统一修建,出租给企业来解决打工者住宿问题。白领管理人员与技术人员也属于流动性较大的人口,一般居住在主城区。

可见,开发区内固定居住人口为拆迁安置人口及少量打工者,流动人口为随迁企业职工、外企职工、区外人口,这部分流动人口的入住率与开发区的外在关联度有关,关联度越高的开发区,公司职员选择在区外居住的机会就高,区外人员居住在区内的比重也高，而与母城或周边城镇关联度低的开发区，由于对外交通不便等原因，职工选择在区内购房的可能性就高，而区外人员在区内购房的几率极低。因此，外在关联度高的开发区居民混杂，除固定人口外，可能来自区外或区内，而关联度低的开发区居住人口较为单纯，主要为来自区内的职工。

除了关联度的影响以外，人口的入住率还与开发区自身的吸引力有关。设施条件优越，人居环境好的开发区自然可以吸引更多的居民。如苏州新加坡工业园区与南京江宁开发区，苏州金鸡湖沿岸建设了大量的外籍别墅、公寓等大型高档居住区，每个居住区中心设置一个社区便利中心；江宁开发区优美的百家湖片区以中高档居住小区为主，吸引了大批南京市区的居民来此二次购房，在江宁居民调查问卷中发现，有 36% 的居民来自区外，其中主城区的人口占据很大比重，他们主要是中高档住房的消费者。相反，如果区内的人居环境差，自然吸引不了外来人口。

通过以上分析，我们可以得出：在区居住人口＝固定人口＋流动人口＝打工者＋拆迁安置人口＋（区外人口＋外迁职工＋外籍职工）×（人居舒适度/外向关联度）。

在进行居住用地规划时，固定人口是可知的，任何一个开发区都会配置一定的拆迁安置楼与打工楼，而流动人口是个不确定量，这就需要规划者对所有的可能性做综合的调查，一般来说，如果开发区位于城市远郊，周边又没有可供依托的城镇，那么可以不考虑区外人口，只考虑企业职工，应按照职工人数的 40%～60% 的入住率来配置居住用地。如果开发区位于城市边缘，并且可达性高，考虑到流动人口选择居住在区外的可能性更高，并且开发区中应尽量减少非生产用地，应按照 30%～40% 的入住率配置居住用地。

开发区内生活配套用地与开发区的居民比重相关，如果区内没有居住区，那么区内设施只需满足工作人员日常消费即可，如果区内有大规模的居住区，那么开发区内既需要满足工作人员的消费，还要拥有居民的日常消费的设施。因此，应该通过对开发区内定居人口的测定来判断生活服务配套设施。

2）开发区人均建设用地面积分析

我国新的城市用地标准《城市用地分类与规划建设用地标准 GB5 0137—2011》是 2012 年实施的，根据国标中第 4.2.2 条，新建城市的规划人均建设用地指标应在 85.0～105.0 m^2/人范围内确定。从属性上看，开发区类似于新建城市，因此人均建设标准可以以此为参照。

如表 2-24 所示，我国大多数开发区规划人均建设用地面积超出了 105 m^2，有的甚至超出了 300 m^2，可见目前开发区呈现的是一种粗放、低密度的开发方式。开发区所处的区位决定了其地广人稀的特征，其上限可以参考国标第 4.2.4 条关于人口较少的工矿城市用地上限不超过 150 m^2/人的规定，开发区的人均建设用地指标不宜过低，综合考虑建议控制在 90～150 m^2/人，考虑到开发区目前用地浪费居多的现象，管理部门应严格控制其上限，如果超出上限，就会影响城市用地紧凑度和集约度。

表 2-24　开发区人均建设用地

(m²/人)

开发区名称	常州高新区	苏州新加坡工业园区	连云港经开区	启东经开区	无锡太湖国际科技园	常州东南经开区	平均水平
人均建设用地	162	163	189	254	257	90.1	185.6

开发区的创建是个长期的过程，人气的累计更要滞后于物质上的城市化，因此，初期开发区人均用地可适当放宽，随着开发区建成度的提高，人口密度的上升，人均用地面积应逐步下降，靠近市区的开发区人均建设用地要低于远离市区的，等级高的开发区人均建设用地要大于等级低的。

3）开发区人均居住用地分析

美国查宾和凯瑟尔（Chapin And Kaiser，1979）按美国“公共健康协会”推荐的标准提出居住密度标准（表 2-25）。如果开发区的住宅类型按照表中六层为标准，每户居民数量以 3.5 个计，人均理想居住用地则为 10 000/(3.5×160)＝17.86 m²，那么区内居住用地＝在区居住人口×17.86(m²/人)。

表 2-25　居住密度标准

(套/hm²)

住宅类型	净密度			
	理想值		最大值	
单户独立住宅	5	(12)	7	(18)
半独立住宅	10	(25)	12	(30)
排式住宅	16	(40)	19	(48)
多户住宅：二层	25	(60)	30	(75)
三层	40	(100)	45	(115)
六层	65	(160)	75	(190)
九层	75	(190)	85	(215)
十三层	85	(215)	95	(240)

4）开发区工业用地指标确定——基于效益的用地指标测算与控制

工业用地应该更加注重其用地效益，按照地均用地产出确定用地指标和规模，简单地以人均用地衡量的做法不符合市场经济下开发区发展的内在机制。

空间效益是指基于开发区支撑经济和吸纳人口的双导向形成的单位空间的经济投入和产出水平及就业承载量，相关指标包括地均总产值、地均增加值、地均固定资产投资、地均销售收入、地均就业人口等。空间效益的确定需要以自身的空间效益水平为基础，对比所在地区平均水平、全国平均水平、发达地区或者国际先进水平，并结合上位规划、国家规范以及自身的发展趋势与需求确定。通常以现状水平为基本底线、国家国土部门标准为政策底线，通过参照法和拟合回归方法确定目标水平，且不同阶段对应不同的目标系。在确定了开发区的产业发展目标之后，结合确定的地均产出效益指标和地均就业人口指标，就可以推算出其规划的用地规模和人口规模。这一产业用地指标的确定方法，改变了过去城市规划指标与产业指标脱节、城市建设指标与城市发展目标脱节的不合理状况，引导开发区空间的集约利用。

2.6.3 基于经验的开发区用地结构调整分析

在现代市场经济条件下，开发区的运行和功能配置不能简单地按照城市的要求来进行，由于开发区的开放性特征，其各项功能用地并不存在和城市一般的所谓“平衡”，开发区的就业人口与居住人口往往是互不相干但互有交叉的人群，因此，并不存在“科学的”、“唯一的”开发区用地比例平衡表，但是以集约用地出发，并结合开发区功能演变趋势，通过经验总结，并参照国家城市用地结构标准（表 2－26），针对不同类型的开发区可以提出一些参照指标。

表 2－26 城市用地结构标准

用地类型	居住	工业	道路与交通设施	绿地与广场	公共管理与公共服务
比例（%）	25～40	15～30	10～25	10～15	5～8
人均面积（m^2/人）	23.0—38.0	无	≥12	≥10.0 （其中公园绿地≥8）	≥5.5

注：表 2－26 及相关规定均选自 2011 年版城市用地分类与规划建设用地标准。

1）高新技术开发区的用地指标

高新区应该是我国智力、技术最密集的地区，应该重视高新区的科技研发水平和创新能力，不能仅以经济效益作为衡量高新区好坏的水准。

顾朝林教授在《中国高技术产业与园区》中曾提到高新区可以通过土地的混合使用来提高土地的利用效率。并且为高新区成为该区域的智力核心及今后的转型奠定基础。因此，对生活干扰不大的高新技术企业，完全可以通过与生活用地的混合布局达到用地结构的优化，营造丰富多样的新区生活。他提出了如表 2－27 所示的高新区评价指标体系。

表 2－27 高新区评价指标体系表

指标名称	指标值
用地规模（km^2）	＜10
人均建设用地（m^2/人）	100～120
人均工业用地面积（m^2/人）	10～25
居住用地面积比例（%）	18%～25%
人均居住面积（m^2/人）	＞15
绿化覆盖率（%）	＞35
人均公共绿地面积	＞6

我国高新区的用地构成相当于生产研究型科技城镇，功能齐全，独立完整。高新区内多为科技研发企业，对环境的污染程度低，居住与企业可以混合布局，高新区要求有优越的设施配套条件，因此，开发区内应配置相当的居住、绿地与

生产生活配套用地。此外，虽然目前我国高新区的科研成分不高，但随着与国际科学园区的进一步接轨，会逐渐脱离普通开发区的生产功能，转变为以孵化器功能为主的科学园区。因此，高新区的用地指标除了基本用地类型以外，还应将代表科研水平的教育科研类用地单独列出来。

表 2－28 选取了我国一些高新区用地规划表进行分析，可见，高新区居住、公建、绿地比重标准正逐渐走高，工业用地也已经下调，这是符合发展趋势的，然而科研用地仍然没有得到重视，一方面出于科技水平不高，纯粹科研用地很少，另外也是因为高新区与其他开发区的界限逐渐淡化，特性逐渐模糊所致。通过上文的分析，笔者认为高新区的工业用地应在 30％～35％，居住用地比重在 18％～25％，公建用地在 8％～15％，绿地一般在 10％～20％，基于对我国高新区目前科研用地比重偏低的考虑，科研用地比重应保持在 10％～15％。

表 2－28　部分高新区规划用地构成比较分析表　　(％)

高新区	居住	公建	工业	仓储	对外交通	道路广场	市政设施	科研大学	绿地
常州武进高新区(2003 年)	15.39	2.94	41.6	3.07	1.62	12.84	1.67	—	20.88
苏州新加坡工业园区	21.38	8.09	34.49	0.99	1.16	11.71	4.13	—	18.05
南京高新区	11.31	1.75	21.9	0.48	0.14	21.90	1.12	19.2	21.93
深圳高新区	18.09	16.2	32.32	21.31				10.37	12.18
郑州高新区	23	10.32	30.21					—	15
平均比例	16.54	12.07	32.58	1.51	0.97	15.48	2.3	—	18.26

2）经济技术开发区的用地指标

表 2－29 列出了部分经济开发区的规划用地构成情况，对比表 2－29 和表 2－28 可以看出，经开区的工业用地明显高于高新区，公建、绿地低于高新区，而居住用地大致相同，考虑到国家政策将进一步缩减经济技术开发区内的居住用地，因此居住用地比较合适在 10％～15％，公建用地在 6％～10％，绿地、道路一般是 12％～15％，工业用地为 35％～45％。

表 2－29　经济技术开发区规划用地构成对照表　　(％)

经济技术开发区	居住	公建	工业	仓储	对外交通	道路广场	市政设施	绿地
昆山开发区	22.07	2.42	49.04	2.12	2.33	5.79	2.36	13.87
启东经济开发区	12.8	4.9	56.69	1.6	0.4	15.4	2.0	6.4
西安经济技术开发区	12.17	19.57	27.28	1.45	—	19.59	2.19	17.75
连云港经开区	13.74	7.39	24.77	1.27	1.71	10.81	1.38	17.15
上海闵行开发区	2	11.7	50.4	5.5	—	5.1	1.1	24.2
平均比例	12.56	9.20	41.64	2.39	1.77	11.34	1.81	15.87

3）基于不同影响因素的开发区用地构成分析

开发区与外界交流的频率越高，范围越广，则关联度越高，其生活功能就可以在区外解决；如果开发区是封闭式的，由于交通不便或其他原因无法与外界互动，那么它的生活功能就必须在区内解决。开发区的外在关联度与其所在的交通区位是一致的，可以简单地认为，通达性好的开发区开放程度也高，通达性差的开发区外在关联度则低。

这个概念对开发区的规划编制具有指导意义，在进行开发区用地的规划中，首先需要明确开发区的生活配套能否在区外解决，交通通达性是否允许，区外设施条件是否允许，如果靠近主城区或可以依托周边小城镇，即可尽量减少区内生活设施，集中力量发展工业；如果远离市区、交通通达性差，则开发区内必须独立设置职工的生活配套设施，借此来增强开发区活力，提高开发区整体环境。需要注意的是，为开发区提供设施配套的不仅有主城区，开发区周边的小城镇也起到类似的作用。

在明确区位对用地的主导作用以后，还需要综合考虑开发区的开发模式、类型、等级、规模等因素的影响。开发模式对用地的影响主要集中在居住用地比例上，一般“自酬费用”模式可以允许在不改变开发区性质的前提下开发房地产项目以获取滚动资金，因此居住等生活用地比重可适当偏高。国家级开发区内教育科研及公共设施用地、居住用地可适当提高，省级开发区工业用地面积应提高。此外，规模越大的开发区各类用地比重应均衡，规模小的开发区用地可以以工业为主。在开发区类型的分类中，笔者认为目前的高新区与经开区的特征并不太明显，因此依据技术含量的高低依次分为：第一种是研究开发型，以教育科研用地为主，可以有少量的生产用地，环境优美，设施齐全；第二种是技术加工型，以发展外向型高新技术企业，不具有自主研究开发功能，以科研、工业用地为主；第三种是加工制造型，以初级加工制造业为主，与前两种相比环境品质稍劣。

基于对开发区用地特征及影响因素的分析结论，笔者以国标为参照标准，选取区位、类型、等级、规模、阶段作为影响因子列出如下开发区用地结构建议指标（表 2－30）。由于同一个开发区往往受几种因素的影响，因此在确定用地标准时需要综合考虑多个影响因素。需要说明的是，这个建议指标只针对以生产研发为目的的开发区，其主要功能并未变异，对于正在向城市功能转型的开发区需要根据定位进一步做出调整。

表 2－30　基于不同因素影响下的开发区用地结构建议表　（%）

影响因素		居住用地	工业用地	绿地
区位	城市内部	8～10	40～50	5～10
	城市边缘	10～25	35～45	8～12
	城市远郊	15～30	25～35	8～15

续表 2-30

影响因素		居住用地	工业用地	绿地
类型	研究开发型	18～25	25～35	8～18
	技术加工型	10～15	30～40	8～15
	加工制造型	10～15	50～60	5～10
等级	国家级	15～25	25～35	8～15
	省级	20～30	25～40	5～10
规模	大于 10 km^2	20～32	25～35	8～15
	小于 10 km^2	8～15	30～50	8～15
发展阶段	小于 10 年	8～10	40～50	8～15
	10～20 年	15～18	35～40	8～15
	20 年以上	15～30	25～30	8～15

注：所有综合型开发区的居住用地标准应保持在10%的底限以上，工业用地标准下限应在25%以上，上限可根据开发区的效益酌情给予调整，效益好的开发区工业用地比重可适当提高，但不能超出地区的生态承载力。

3 基于比较分析的开发区空间效益研究

本章以长三角国家级开发区为研究对象，通过构建开发区与城市空间效益比较的评价指标体系，客观评价开发区在发展过程中对城市的贡献作用，以及开发区与城市比较效益的影响因素，同时以南京市开发区为例，对影响因素进行了实证分析。最后，提出了开发区与城市比较效益提升的策略。

3.1 开发区与城市空间效益比较的标准与方法

目前，开发区被认为是最能直接体现中国经济发展水平的地方；最具标志性反映中国经济开放程度的地方；最能代表中国科技创新和产业发展水平的地方；最直接呈现我国体制、机制、制度设计水平的地方。开发区已经成为中国经济发展的典型代表，成为改革开放成果的最佳写照①。同时，开发区也被一部分人认为是城市违法圈地最为昌盛的地方，城市出让土地最为廉价的地方；开发区被认为是城市经济发展的"洼地"。虽然对于开发区的评判褒贬不一，但这些都只是"管中窥豹"，显得过于片面和主观。因此，有必要建立一套开发区与城市的空间效益比较的评价指标体系来进行综合比较分析，以正确评价开发区的历史作用以及对城市的贡献。

3.1.1 评价指标体系建立的目标和原则

1）评价指标体系建立的目标

评价指标体系所选指标必须与建立开发区与城市空间效益比较的评价指标体系的目的性相一致，根据开发区与城市空间效益的内涵，全面掌握开发区与城市社会、经济、环境三大综合效益，为正确评价开发区与城市空间效益及其发展水平提供科学依据和参考。

2）评价指标体系建立遵循的原则

要准确地评价开发区的发展状况以及对城市的贡献，在建立评价指标体系的过程中，必须从系统的观点出发来构建该指标系统。为此，必须在对系统充分认识的基础上，在注重整体目标的同时将系统逐层分解，这样既可体现系统的总体目标，也可体现出系统的层次性和各子系统的相对独立性与相关性。只有这样，才有可能建立一整套较为完整、科学的评价指标体系。因此，在建立开发区与城市的空间效益比较评价指标体系时，应遵循以下几个方面的原则：

① 国务院研究室陈文玲司长在"国家级经济技术开发区论坛"上的发言.西安，2007 年 4 月 6 日。

(1) 动态评价与静态评价相结合的原则

开发区和城市都一直处于不断的发展变化之中,因而评价指标体系的设计既要反映当前的现实结果及发展状况,也必须反映开发区进行活动的发展演化过程。结果状态是检验开发区发展水平的主要标准,然而由于开发区对城市经济影响的滞后性和其他诸多因素影响,不易在较短的时间内察觉,这一结果可能是前期某一时间段的反映。因此,评价指标体系既要能反映开发区与城市发展的现实状况,又要能反映其发展的过程。

(2) 完备性与独特性相结合的原则

评价指标体系必须能全面、完整地反映被评价对象的状况,这样得出的结论才能从本质上反映系统的特征。但是,由于现实中的条件约束,可能限制完备性的实现,比如指标样本数据采集的约束、计量方法的限制以及指标数量庞大的约束等,这些都可能影响到指标的选取。为此,在构建评价指标体系时,力争使指标全面、完整,对一些暂时不能克服的限制约束条件可采取指标筛选法,选择一些最能代表评价结果的指标,或改用与此相关的指标予以替代,通过对指标进行功能界定分析,筛选出适当的指标,力求做到全面、客观地反映开发区与城市的真实情况。

(3) 纵向评价与横向评价相结合的原则

运用指标体系对开发区与城市进行系统评价,既要对某一开发区的发展过程与城市做出纵向评价,又要对多个被评价对象进行横向排序分析。这样,既可体现某一特定开发区与城市比较的发展水平,同时也可体现多个被评价对象与城市相互间的差异。为了使评价结果可比性强且具有一定的显著性,无论是自身比较还是多个被评价对象的相互比较,都必须选用同一"基准",并从被评价对象中抽取重要的共有属性,通过"放大"自身发展或不同被评价对象间的差异,提高评价结果的可辨认度。

(4) 适用性、科学性与可行性相结合的原则

一般而言,建立评价指标体系要求指标概念明确、计算方便、资料易于收集且指标数量适当。然而,开发区和城市一样,是由许多要素构成的统一体,多选择一些评价指标虽然可以提高评价的精确性,但却易陷入庞杂的统计和计算当中,因而只能选择有限的指标来进行评价,这就要求指标的选择和设置必须要抓住开发区与城市发展过程中的主要方面和本质特征,使所选指标具有科学性,而且还要尽量做到口径统一,利于开发区与城市之间的比较。总之,在设置指标时,尽可能做到准确反映出开发区与城市当前所处的状况,从而使评价结果公平、公正。

3.1.2 国内开发区评价指标体系研究借鉴

目前,国内还没有专门的开发区空间效益评价指标体系研究,与开发区空间效益有关的论文也相对较少,关于开发区与城市空间效益比较的评价指标体系的研究更是罕见。通过建立评价指标体系对开发区进行研究的主要有:

顾朝林等在分析对比了国内外有关高新区评价指标体系后，采用因子分析法，从经济增长、高技术产品和产业发展、引进外资和技术、新增就业机会、城市建设与环境保护等五个方面，对当时 52 个国家高新区在 1989—1994 年段的发展状况进行了评析。评价结果认为，发展较好的高新区有北京、上海、沈阳等 7 个高新区，具有发展潜力的有西安、郑州等 6 个高新区，发育不良的有包头、保定等 15 个高新区，建议发育不良的降为省级高新区发展①。

何书金等针对我国由不同因素引起的开发区土地闲置现象，构建了开发区土地闲置因子表，其中高新区有规划控制型、区位不理想型、经济实力欠佳型、开发效益较低型、技术支撑力度不够型 5 大闲置类型，经济技术开发区闲置类型与高新区的前 4 种一致。每种类型中又各划分出具体的形成因子。通过因子分析法，计算出全国开发区不同成因的土地闲置类型②。

肖永东通过建立高新区评价指标体系和评价模型，利用分层分析法、TOPSIS 法、秩和比法三种不同的方法，分长期、中期两个时限，对全国高新区进行了排序，并对一些有代表性的现象进行了分析，认为各高新区的发展，相当程度上取决于当地，特别是所在城市的经济发展实绩③。

吴峥嵘通过对开发区综合竞争力的研究，建立开发区综合竞争力评价指标体系，运用因子分析法、层次分析法，举例对竞争力分力进行计量分析并得出得分情况和排名情况，以此类推计量分析其他竞争力分力以及综合竞争力④。

翟文侠等构建了城市开发区土地集约利用评价指标体系，包括土地投入、土地产出、土地利用结构和可持续利用度 4 个方面，通过聚类分析和主成分分析法对城市开发区土地集约利用潜力进行评价。研究结果认为，城市开发区土地集约利用潜力可以分为 4 个层次：(1) 超集约，即土地供求紧张，分值大于 0.13；(2) 集约，土地供求平衡，分值在 0～0.13；(3) 基本集约，土地供求在一定时期内平衡，分值在 －0.13～0；(4) 欠集约，土地有所闲置，土地产出率较低，分值小于 －0.13。据此，提出提高土地集约水平相关政策建议⑤。

此外，2004 年国土资源部发布实施的《工业项目建设用地控制指标（试行）》（国土资发〔2004〕232 号），将全国各城市进行等别划分，并规定其工业项目投资强度的控制指标。

纵观以上国内开发区评价指标体系的研究，尽管直接关于开发区与城市空间效益比较的评价指标体系的研究几乎没有，但这些研究为本书关于开发区与城市空间效益比较的评价指标的构建都具有重要的借鉴意义：比如在选取评价

---

① 顾朝林，赵令勋. 中国高技术产业与园区[M]. 北京：中信出版社，1998

② 何书金，苏光全. 开发区闲置土地成因机制及类型划分[J]. 资源科学，2001(9)：17－22

③ 肖永冬. 高新区经济综合指标分析排序及发展建议[D]. [硕士学位论文]. 北京：对外经济贸易大学，2003

④ 吴峥嵘. 开发区综合竞争力评价指标体系的研究[D]. [硕士学位论文]. 上海：同济大学，2004

⑤ 翟文侠，黄贤金，张强. 城市开发区土地集约利用潜力研究[J]. 资源科学，2006(2)：54－60

因子时，可以从开发区和与城市土地闲置的角度、综合竞争力角度以及投入产出等角度进行比较选取；在进行因子分析时，可采用因子分析法、聚类分析法以及主成分分析等方法对开发区与城市进行空间效益的比较评价。

3.1.3 评价指标体系的构建

在现行体制下，政府对开发区发展业绩的评价考核，主要采用的是开发面积、建设资金投入、招商数量、经济产出以及发展速度、增长幅度等指标，这也就使得开发区在实际工作中比较强调发展速度和绝对的产出规模。如果单从这些指标来看，开发区的发展效率是很高的，但这些指标都具有单项的特性，并不足以全面真实地勾勒出开发区发展的完整情况，尤其是无法反映实际的质量和效益。空间效益的高低是多种因素影响的结果，如果仅用一两个指标去衡量，往往不能如实地反映其实际情况，所以，要建立一套空间效益的评价指标体系，以此来进行综合评价更能把握事物的本质。土地开发的经济效益存在多种评价尺度，作为开发区的管理者和政府，其经济效益就是单位土地的税费收入以及产值密度和投资密度；作为土地开发商，其经济效益的概念就是单位土地的出让和转让、出租等收益，是单位土地开发成本与市场价格的差额；作为厂商，土地的经济效益就是单位土地的利润。本书立足于政府角度探讨开发区与城市土地利用的经济效益问题，在衡量指标上选择各开发区与城市比较通用的单位土地的国内生产总值、工业产值、财政收入、税收收入以及利用外资指标等进行比较。因此，本书借鉴国土资源部课题组的相关研究成果以及国内关于开发区评价指标体系的相关研究，通过筛选，主要从社会效益、经济效益、环境效益三个方面选取评价因子（表 3－1），来衡量测度影响开发区与城市空间效益的内在因素，最终确定结论的真实性和可靠性。

表 3－1　开发区与城市空间效益比较的评价指标体系

评价指标	因子选取	指标测算
社会效益	就业密度	年度就业人口总数/实际利用建设用地总面积
	地均科技活动人员	年度科技活动人员总数/实际利用建设用地总面积
	地均 R&D 经费内部支出	年度 R&D 经费内部支出/实际利用建设用地总面积
经济效益	地均全社会固定资产投资额	年度全社会固定资产投资额/实际利用建设用地总面积
	地均国内生产总值	年度国内生产总值/实际利用建设用地总面积
	地均财政收入	年度财政收入总额/实际利用建设用地总面积
	地均税收收入	年度税收收入总额/实际利用建设用地总面积
	地均工业总产值	年度工业总产值/已建成工业用地面积

续表 3-1

评价指标	因子选取	指标测算
经济效益	地均工业增加值	年度工业增加值/已建成工业用地面积
	地均合同利用外资	年度合同利用外资总额/实际利用建设用地总面积
	地均实际利用外资	年度实际利用外资总额/实际利用建设用地总面积
	地均出口创汇	年度出口创汇总额/实际利用建设用地总面积
环境效益	环境质量	空气质量指标
	生态系统	绿地率、生物多样性指数
	自然资源	水资源可利用量、耕地、林地占土地总面积的比重

考虑到数据的可获得性以及开发区与城市之间评价指标的共存性，在前文提出的理想状态下开发区与城市的空间效益评价指标模型基础上，剔除了难以量化评价的指标和一部分数据无法获取的指标，经过指标压缩与合并，在满足评价目标的前提下，简化形成如表 3-2 所示的开发区与城市的空间效益评价指标体系。

表 3-2 简化后开发区与城市空间效益比较的评价指标体系

评价指标	因子选取	指标测算
提供就业水平	就业密度	年度就业人口总数/实际利用建设用地总面积
投入产出水平	地均全社会固定资产投资额	年度全社会固定资产投资额/实际利用建设用地总面积
	地均国内生产总值	年度国内生产总值/实际利用建设用地总面积
	地均财政收入	年度财政收入总额/实际利用建设用地总面积
	地均税收收入	年度税收收入总额/实际利用建设用地总面积
	地均工业总产值	年度工业总产值/已建成工业用地面积
	地均工业增加值	年度工业增加值/已建成工业用地面积
	地均合同利用外资	年度合同利用外资总额/实际利用建设用地总面积
	地均实际利用外资	年度实际利用外资总额/实际利用建设用地总面积
技术创新水平	地均高新技术企业数	年度高新技术企业数/实际利用建设用地总面积
	劳动生产率	年度国内生产总值/年度就业人口总数

其中，就业密度反映开发区为社会提供的就业机会；投入产出水平反映开发区对城市经济的带动作用(土地的投入水平主要由地均全社会固定资产投资额反映)；技术创新水平反映开发区作为城市的技术创新的示范区作用，同时也

从一个侧面反映开发区的环境状况，即单位面积高新技术企业数越多，环境污染就会相对越小。

3.1.4 开发区与城市空间效益比较的标准与方法

1）效益系数的概念及意义

效益系数是衡量开发区空间效益水平相对于城市的好坏程度，它反映开发区对所在城市的贡献程度。该系数既可以反映开发区不同年份相应的空间效益指标相对于城市的偏离情况，也可以通过效益系数的变化，了解开发区空间效益的动态情况，并及时进行修正，制定相应的措施与方法。具体计算公式如下：

单项指标：$\delta_i = (D_i - U_i)/U_i$

综合指标：$\delta = \dfrac{\sum \delta_i}{n}$，其中 $i=1,2,3,\cdots,n$

公式中的 D_i 为开发区空间效益的评价因子 i 的实际值，U_i 为开发区所在城市的空间效益评价因子 i 的实际值，δ_i 为开发区单项评价因子 i 相对于城市的效益系数，δ 为开发区相对于城市空间效益的综合效益系数。

2）空间效益比较的标准与方法

众所周知，开发区是所在城市先进生产力的体现，对所在城市的经济发展发挥着牵引和导向作用，因此，开发区的土地利用效益应该高于所在城市土地的最高效益，只有这样，设立开发区对城市才有意义①。但由于不同开发区所处的城市以及发展阶段、产业结构等不同，不可能有放之四海而皆准的通行的衡量标准。但我们可以通过将开发区与所在城市的空间效益进行比较作为基本标准，来衡量开发区对城市不同程度的贡献作用。因此，参考王兴平提出的"开发区效益评价指标体系"②，本书提出效益系数的概念，旨在通过效益系数的变化，来从动态的角度揭示开发区空间效益相对于所在城市的空间效益水平。如表 3－3 所示，若 $0<\delta<1$，则开发区相对于城市效益水平一般；若 $\delta>1$，则开发区相对于城市效益水平较好，并且数值越大发展越好，甚至可以与国际上相对于城市效益水平发展较好的开发区看齐；效益系数若为负数，则表示开发区效益水平低于所在城市水平，开发区发展很差，这是开发区空间效益不可逾越的底线，越过了这条线，设立开发区就没有意义。

该比较标准与方法以省级以上的各类开发区作为参照，因为这些开发区相对发展较好，统计数据也相对比较完整、规范，便于实际的操作。与静态的人为设定的评价标准比较，该标准是一个动态的监测体系，是对开发区与城市空间

① 王兴平，崔功豪. 中国城市开发区的空间规模与效益研究[J]. 城市规划，2003(9)：6－12

② 王兴平提出开发区空间效益的评判指数，由城市预警指数 A、国内预警指数 B、国内目标指数 C、国际目标指数 D 计 4 个指数组成。具体评判方法参见：王兴平，崔功豪. 中国城市开发区的空间规模与效益研究[J]. 城市规划，2003(9)：6－12

效益的一种不断检讨和促进的过程，主要用于开发区相对于城市的发展状况的评价，以此来促进开发区更好的发展，而不是直接作为招商引资的标准。

表 3－3　开发区与城市的空间效益比较的标准与方法

评判标准	分类标准	判断方法
开发区空间效益的高层次目标	好	$\delta>1$，则开发区空间效益在国内处于领先地位
开发区空间效益的低层次目标	较好	$\delta>1$，则开发区效益在国内处于较好位置
开发区空间效益的第二道警戒线	一般	$0<\delta<1$，则开发区发展比较正常，效益较好
开发区空间效益的第一道警戒线（底线）	差	$\delta>0$，是开发区的基本要求； $\delta<0$，则开发区空间效益极差

注：该标准主要作为综合效益的评判分类标准，各单项效益分类可在该标准基础上进行微调和修正。

3.2　长三角开发区与城市空间效益比较研究

3.2.1　研究对象概况

长三角地区省级以上开发区呈现“沿沪宁线”和“沿江岸线”以及“沿海岸线”分布最为密集的特征（图 3－1）。本书主要研究对象为 2008 年开发区新一轮升级前的原长三角国家级经济技术开发区和高新技术产业开发区，以及拥有这两类国家级开发区的城市，这些城市共 8 个，开发区共 18 个。由于宁波高新区成立于 2007 年 1 月，当时国家级有关的数据统计都不包含宁波高新区，故本书后文的数据分析和比较研究均不含宁波高新区。

3.2.2　长三角国家级开发区与城市的空间效益比较

依据前文所建立的开发区与城市空间效益比较的评价指标体系以及比较的标准与方法，对长三角地区国家级开发区与所在城市的空间效益从以下几个方面进行比较分析，通过分类来客观评价开发区对城市的作用：

1）单个开发区与城市的空间效益比较

（1）基于效益系数的空间效益比较

结合综合效益系数的概念，将长三角地区 17 个国家级开发区分为 4 类。如表 3－4 所示，第一类开发区空间效益极差，包括有 7 个开发区，分别为宁波大榭开发区、宁波经济技术开发区、南通经济技术开发区、苏州高新技术产业开发区、杭州经济技术开发区、常州高新技术产业开发区、昆山经济技术开发区；第二类开发区空间效益一般，包括有 2 个开发区，分别为萧山经济技术开发区、无锡高新技术产业开发区；第三类开发区空间效益较好，包括有 5 个开发区，分别为闵行经济技术开发区、漕河泾新兴技术开发区、杭州高新技术产业开发区、

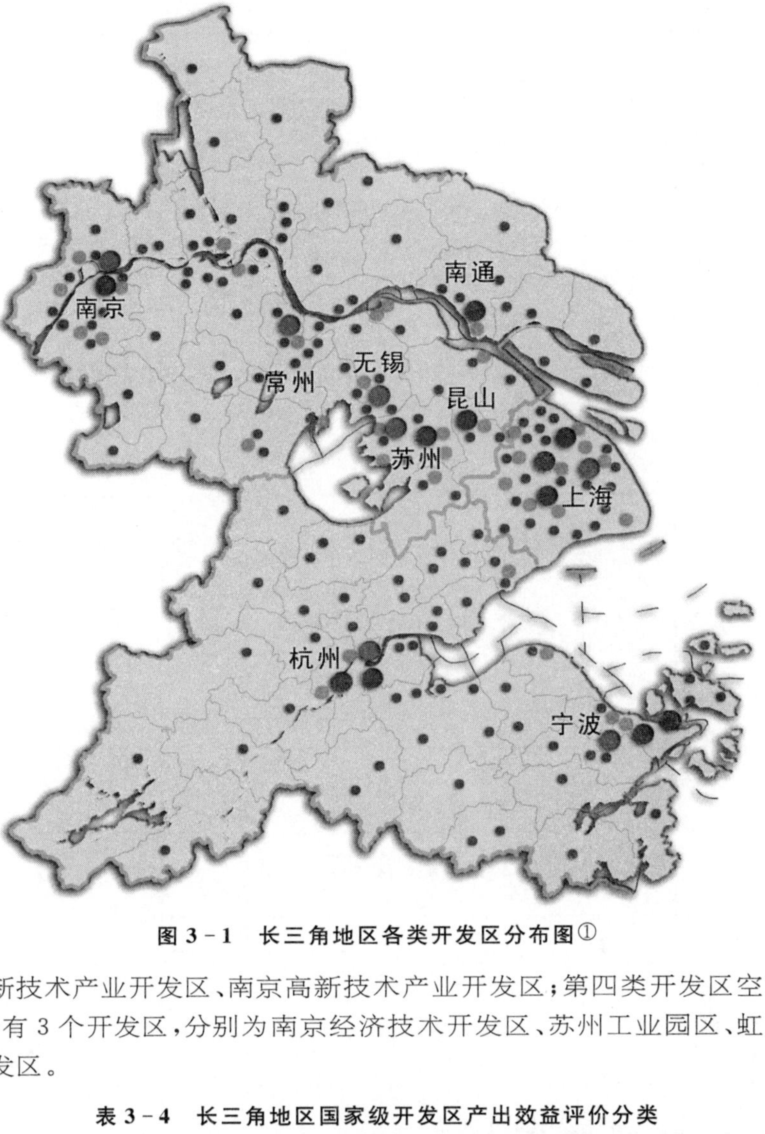

图 3-1　长三角地区各类开发区分布图①

上海高新技术产业开发区、南京高新技术产业开发区；第四类开发区空间效益好，包括有 3 个开发区，分别为南京经济技术开发区、苏州工业园区、虹桥经济技术开发区。

表 3-4　长三角地区国家级开发区产出效益评价分类

名称	单项效益系数(%)							综合效益系数(%)	排序	分类
	国内生产总值	工业总产值	工业增加值	财政收入	税收收入	合同利用外资	实际利用外资			
宁波大榭开发区	-69.32	-76.23	-80.76	-82.06	-22.53	-98.34	-93.99	-74.75	1	差

① 图中大点为国家级经济技术开发区、国家高新技术产业开发区，小点为其他国家级开发区和各类省级开发区。

续表 3－4

名称	单项效益系数(%)							综合效益系数(%)	排序	分类
	国内生产总值	工业总产值	工业增加值	财政收入	税收收入	合同利用外资	实际利用外资			
宁波经济技术开发区	－77.05	－55.77	－62.80	－60.08	－56.31	－29.64	－22.40	－52.01	2	差
南通经济技术开发区	－77.42	－77.74	－80.74	－12.86	－21.79	－36.73	23.48	－40.54	3	差
苏州高新技术产业开发区	－6.42	0.13	－13.81	－64.67	—	－66.02	－31.34	－30.36	4	差
杭州经济技术开发区	－66.48	－48.81	－59.37	－60.43	—	50.00	80.85	－17.37	5	差
常州高新技术产业开发区	－76.34	－64.44	－65.64	－4.26	—	47.95	127.59	－5.86	6	差
昆山经济技术开发区	13.40	－39.33	－28.77	－1.41	88.28	－22.25	－11.93	－0.29	7	差
萧山经济技术开发区	－55.66	－27.25	－42.05	－27.73	—	177.4	240.4	44.20	8	一般
无锡高新技术产业开发区	－24.74	39.59	44.21	－36.37	—	120.86	131.21	45.79	9	一般
闵行经济技术开发区	186.97	117.88	204.19	104.78	354.74	12.00	95.24	153.69	10	较好
漕河泾新兴技术开发区	322.32	161.60	267.43	127.92	77.63	38.67	244.1	177.1	11	较好
杭州高新技术产业开发区	－42.54	56.91	45.26	113.98	—	410.78	544.69	188.18	12	较好
上海高新技术产业开发区	573.60	124.27	128.00	—	—	33.33	—	214.80	13	较好
南京高新技术产业开发区	53.09	249.02	66.42	49.16	78.49	313.98	777.42	226.80	14	较好
南京经济技术开发区	212.58	310.42	246.93	85.97	351.46	326.88	303.23	262.50	15	好
苏州工业园区	400.94	241.49	208.57	－34.48	427.13	265.06	373.59	268.90	16	好
虹桥经济技术开发区	758.02	128.01	—	—	233.08	1.33	261.91	276.47	17	好

（2）基于聚类分析的空间效益比较

以 SPSS 11.5 for Windows 软件作为分析工具，采用多元统计分析中的聚类分析[①]统计方法，其基本思想是首先将每个样本当做一类，然或根据样本之间的相似程度并类，并计算新类与其他类之间的距离。每合并一次减少一类，继续这一过程，直到所有的样本都合并成一类为止。在聚类过程中，选用绝对值距离来度量类与类之间的相似程度，最终做出谱系图。如图 3－2 所示，可以看出，当取阀值为 2.0 时，则 17 个样本被分为 4 类：常州高新技术产业开发区、杭州经济技术开发区、萧山经济技术开发区、宁波经济技术开发区、宁波大榭开发区、南通经济技术开发区为一类；无锡高新技术产业开发区、昆山经济技术开发区、苏州高新技术产业开发区、南京高新技术产业开发区、南京经济技术开发区、杭州高新技术产业开发区为一类；虹桥经济技术开发区、上海高新技术产业开发区为一类；苏州工业园区、漕河泾新兴技术开发区、闵行经济技术开发区为一类。

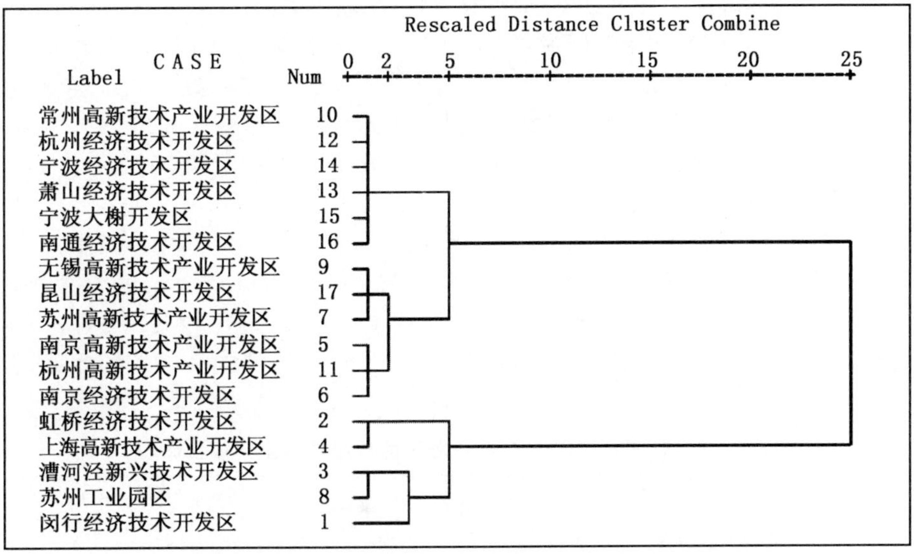

图 3－2　长三角地区国家级开发区聚类分析谱系图

（3）空间效益比较结果综合分类

综合以上比较结果并进行修正，将长三角地区 17 个国家级开发区分为 4 类：

第一类：开发区空间效益极差，包括 6 个开发区，约占长三角地区国家级开发区总数的 35%，分别为宁波大榭开发区、宁波经济技术开发区、南通经济技术开发区、苏州高新技术产业开发区、杭州经济技术开发区、常州高新技术产业开发区。

第二类：开发区空间效益一般，包括 4 个开发区，约占长三角地区国家级开发区总数的 24%，分别为萧山经济技术开发区、无锡高新技术产业开发区、昆

① 聚类分析是根据事物本身的特性研究个体分类的方法。其目的是为将一些事物进行分类，使同类事物具有相同的特性，而类与类之间却有显著差异。

山经济技术开发区、南京高新技术产业开发区。

第三类：开发区空间效益较好，包括 4 个开发区，约占长三角地区国家级开发区总数的 24%，分别为漕河泾新兴技术开发区、杭州高新技术产业开发区、上海高新技术产业开发区、南京经济技术开发区。

第四类：开发区空间效益好，包括 3 个开发区，约占长三角地区国家级开发区总数的 17%，分别为闵行经济技术开发区、苏州工业园区、虹桥经济技术开发区。

可见，整个长三角地区大多数开发区基本上都实现了其作为带动城市经济发展的高地作用，只有极少数的国家级开发区如闵行经济技术开发区、苏州工业园区、虹桥经济技术开发区发展很好，还有占 1/3 比例的国家级开发区发展很差，空间效益水平低于城市，没有实现其历史使命，违背了开发区设立的初衷。

2）开发区群与城市群的空间效益比较

比较结果显示（表 3－5，表 3－6），长三角地区国家级开发区群空间效益水平均高于城市群，说明开发区整体发展良好，这符合国家级开发区作为城市经济发展示范区的模范作用。国家级高新技术产业开发区和经济技术开发区作为我国数量最多、分布最广、最为重要的两类开发区。有必要将两者与城市进行比较，以发现三者之间的内在关系。通过比较还发现，长三角地区国家级高新区整体发展水平高于经济技术开发区，这是因为国家高新区其主要功能就是进行科技研发和高新技术成果的产业化转化，而经济技术开发区则是以引进外资为主、以发展工业为主，所以，这样的比较结果符合高新区和经济技术开发区最初的预设功能。当然，并不是所有的高新区都较经济技术开发区发展得好，这与开发区所依托的城市水平、发展阶段、管理模式等都有很大关系，比如虹桥经济技术开发区、闵行经济技术开发区等，其发展水平就远高于大部分的国家级高新区。

表 3－5　长三角地区国家级开发区群与城市群空间效益比较

名称	国内生产总值（亿元/km^2）	工业总产值（亿元/km^2）	工业增加值（亿元/km^2）	财政收入（亿元/km^2）	税收收入（亿元/km^2）	合同利用外资（亿美元/km^2）	实际利用外资（亿美元/km^2）
城市群(9)	11.080	55.768	14.115	2.026	1.130	0.320	0.133
开发区群(17)	19.349	74.896	18.469	2.436	2.182	0.450	0.251

表 3－6　长三角地区国家级经开区群、高新区群空间效益评价

名　称	单项效益系数(%)							综合偏离系数
	国内生产总值	工业总产值	工业增加值	财政收入	税收收入	合同利用外资	实际利用外资	
经开区群(11)	140.75	57.66	57.26	3.96	159.08	62.22	135.86	90.72
高新区群(6)	79.44	67.58	34.07	11.57	78.49	143.48	309.91	106.56

3）开发区与城市的空间效益比较结果评析

综上所述，无论是单个开发区还是开发区群与城市的空间效益进行比较，长三角地区大部分国家级开发区的空间效益水平都远远高于所在城市水平，都基本实现了其作为带动城市经济发展的“高地”的基本职能，但还有少许国家级开发区空间效益水平低于城市，没有实现其设立的初衷。当然，在有些开发区中，大肆圈地的确造成开发区空间效益低下，比如有报道提及，国土资源部的有关统计表明，园区平均每公顷投入资金仅为 34 万元，产值不到 13 万元，而我国城镇及独立工矿用地平均产值已达到每公顷 100 亿元，工业园区的投入与产出都远远低于建设用地的平均水平①。王兴平认为，这是用开发区总用地的平均数与城市建设用地中的工业用地平均数比较的，用地口径不同，结论也缺乏可信度②。所以，对所有开发区不分青红皂白，一棒都打死的结论过于片面，这并不是普遍现象，不能就此全盘否定，并不是开发区规模越大效益就越低，规模越小效益也就一定越高，二者之间没有必然的联系，至少在国家级开发区中我们证明了这一点。然而，从世界发达国家大城市来看，其工业产出率多在 40 亿元/km^2以上，而上海市 1997 年的工业产出率仅为 4.52 亿元/km^2，远远低于国际水平。

3.2.3 开发区与城市空间效益比较的影响因素分析

1）城市区位等级

根据中国开发区网提供的数据，整理出第一、二批国家级经济技术开发区的资料。由于中国开发区网对各个经济技术开发区页面的文字材料并没有统一的标准要求，从这些文字材料中汇集出的统计数据一览表，除了“建区时间”和“规划面积”两项指标之外，没有任何一项指标可以同时找齐 32 个经济技术开发区的数据，通过这些收集到的不完全数据（表 3－7）不难看出，2001 年中国三大经济区国家级经济技术开发区的发展情况，长江三角洲地区脱颖而出，不管是在开发区数量还是投入产出方面都高于另外两者，显示出强大的发展前景和优势。台湾电机电子工业同业公会的调查显示，在台商中，按照满意度的高低将国内外城市分为 A、B、C、D 四级。A 级城市全部集中在长江三角洲地区，按照满意度高低分别为苏州、嘉定、余姚、萧山、杭州、奉化及扬州；B 级城市则由宁波、吴江、武汉、无锡、昆山、青岛、天津、北京、上海及大连；C 级城市包括南京、清远、厦门、佛山、成都、常州、广州、珠海、中山及沈阳；D 级城市为汕头、深圳、福州、东莞、西安及惠州。结果表明，沿海的长江三角洲地区是台商投资最理想的地区③。

---

① 王立彬，章苒. 国土资源部向开发区“圈地运动”开刀[N]. 经济日报，2002－07－01

② 王兴平，崔功豪. 中国城市开发区的空间规模与效益研究[J]. 城市规划，2003(9)：6－12

③ 可参见 2001 年的中国社会科学研究院工业经济研究所统计数据。

表 3-7 中国三大经济区第一、二批国家级经济技术开发区基本数据

	长江三角洲经济区	珠江三角洲经济区	京津经济区
所含国家级开发区数(个)	11	4	3
规划面积(km^2)	339.88	176.2	84.89
建成面积(km^2)	101.82	26.96	48
GDP(亿元)	499.01	194.52	405.11
工业总产值(亿元)	1 708.17	495.24	1 350.72
工业增加值(亿元)	252.09	162.71	324.54
工业企业产品销售收入(亿元)	339.6	404.6	920.91
进出口总额(亿美元)	82.9	35.64	114.63
累计固定资产投资(亿元)	655.92	367.33	224.5
累计基础设施投资(亿元)	248.52	97.1	147.6
累计引进外资项目(个)	1 678	256	432
1 000 万美元项目(个)	525	112	375
3 000 万美元项目(个)	85	12	16
累计实际利用外资(亿美元)	99.93	48.34	18.5
累计批准入园企业数(家)	3 681	1 447	—
规模以上内资企业(家)	2 296	—	9 947
三资企业数(家)	1 322	1 426	3 673
累计认定高新技术企业数(家)	321	41	109
从业人员数(万人)	1.61	—	3.6

注:长江三角洲经济区其 GDP 汇总中没有闵行、虹桥数字;工业增加值中没有宁波、南通、闵行、虹桥、杭州数字;进出口总额中没有闵行、虹桥、温州、萧山数字;累计固定资本投资中没有南通、连云港、闵行、漕河泾、昆山、萧山数字;累计基础设施投资中没有南通、连云港、漕河泾数字;累计引进外资项目数中没有南通、连云港、漕河泾、闵行、杭州、芜湖、萧山数字;累计批准入园企业数没有南通、昆山、闵行、虹桥、温州、杭州、萧山数字;从业人员只有连云港数字。珠江三角洲其 GDP、工业增加值、进出口总额、累计基础设施投资、累计批准入园企业数中没有大亚湾、南沙数字;累计固定资产投资中没有大亚湾数字;累计引进外资项目只有南沙数字。

通过对长三角地区国家级开发区与城市比较效益的研究发现,开发区空间效益系数的高低和城市的等级呈现出较强的对应关系(图 3-3)。城市级别越高,市场竞争力越强,开发区空间效益系数越高,这也进一步说明开发区所依托的城市在区域城镇体系的等级对开发区发展的重要影响。从图 3-3 中还可以发现,上海、南京、杭州、苏州的开发区发展普遍较好,特别是上海最为明显。

截至 2002 年底,上海市郊区各区县工业园区地均产值平均为 82.92 亿元/km^2(表 3-8),浙江省各类工业园区平均产出效率为 7.86 亿元/km^2,江苏省级以上开发区单位面积 GDP 产出、工业增加值、工业总产值和财政收入分别为 4.52 亿元/km^2、3.19 亿元/km^2、13.22 亿元/km^2 和 0.63 亿元/km^2。可见,接近高等级的中心城市,有利于创造一个以创新为特色的新产业空间,发展利润

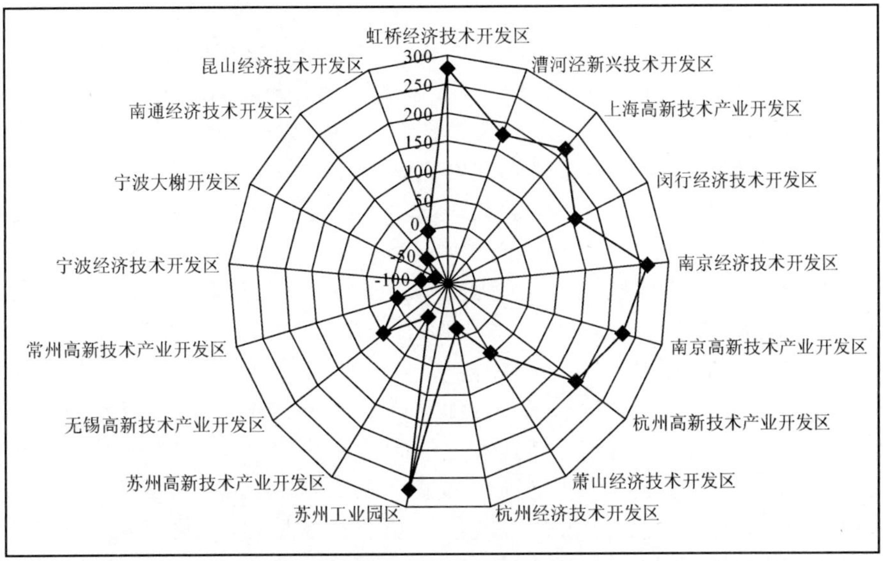

图 3-3　长三角地区国家级开发区效益系数按城市等级排序图

高、市场竞争力强、自主知识产权比例高的高新技术研发和产业化基地①。

表 3-8　上海郊区各区县工业园区产出效率现状表(2002 年)

行政区	所属辖区内工业区	已开发面积(km^2)	工业总产值(亿元)	地均产值(亿元/km^2)
浦东新区	—	9.18	2 169.33	236.28
闵行区	闵行、虹桥经济技术开发区，吴泾工业区	15.90	967.03	60.82
宝山区	吴淞、宝钢工业区，宝山城市工业园区	2.71	780.99	287.76
嘉定区	嘉定高科技园区	8.06	973.56	120.79
金山区	上海金山嘴工业区、化学工业区	2.82	376.58	133.70
松江区	松江工业区	24.29	492.35	20.27
南汇区	康桥市级工业开发区、南汇工业园区	4.95	273.69	55.32
奉贤区	奉浦工业区	2.44	260.75	106.72
青浦区	青浦工业园区	10.33	342.27	33.13
崇明县	崇明工业园区	0.20	70.23	351.15
合计	—	80.88	6 706.78	—
平均	—	—	—	82.92

① 王兴平. 中国城市新产业空间——发展机制与空间组织[M]. 北京：科学出版社，2005：93-94

2）开发区发展阶段

开发区的发展具有一定的生命周期规律，其发展有初级阶段、成熟阶段、转型阶段或衰退阶段之分。研究发现，开发区的不同发展阶段同样也会影响到开发区与城市的比较效益水平。以常州市天宁经济开发区为例，由于天宁经济开发区 2006 年才刚刚重组成立，新的开发区运行体制也才刚刚建立，开发区更多的是大量的资金投入和基础设施建设，区间关系的磨合，以及开发区内部整合的方法及细节问题等，这一阶段，天宁经济开发区与城市的比较效益系数为 −0.56①，开发区空间效益水平远远低于城市水平。将开发区投入产出数据输入 ArcGIS 地理信息系统软件，并对主题因子进行数据分段输出，最后形成各因子的空间分布图（图 3 - 4）。从图 3 - 4 中也可以看出，南部的雕庄片区地均投资强度大都在 0.1 亿元/km^2 以上，由于雕庄企业大多成立于 90 年代，占地面积较小，已经发展了十余年，具有一定的制造业基础，北部的青龙片区整体较新，企业用地面积都比较大，地均投资强度都在 0.02 亿元/km^2 左右，部分企业尚未投产，土地闲置；地均产出最高区位于雕庄的采菱村，青龙片区地均产出相对较高区域主要分布在高士、桐家等老企业集聚区，其余都相对较低；天宁开发区的就业密度相对较低，仅少量地块具有较高的就业密度。江苏省要求苏南开发区工业项目投资密度为 37.5 亿元/km^2，国土资源部要求为 5.4 亿～22.35 亿元/km^2。可见，天宁经济开发区目前的地均投入、产出效益水平也明显低于全省平均水平。天宁经济开发区前身为 1992 年成立的东南经济开发区和 2002 年成立的常州外向型综合开发区。东南经济开发区当时主要作为全区乡镇企业、民营企业、市区企业的联合协作企业的集聚地，依托低廉的土地成本、劳动力成本和优惠的税收政策等，吸引企业进入和发展；外向型综合开发区继续依赖优惠政策，承接长三角外资加速集聚的新态势促进开发区的规模化扩张。虽

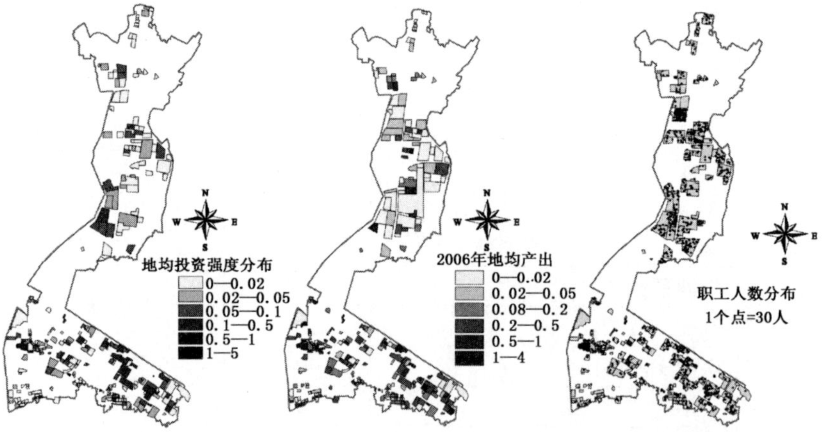

图 3 - 4　天宁经济开发区地均投入产出及就业情况分布图

① 效益系数 δ=（天宁经济开发区地均 GDP—常州市地均 GDP）/常州市地均 GDP。

然开发区已经形成了一定的发展基础，但这一阶段进入开发区的企业结构存在着“三多三少”的现象，即“就地形成的多，外来引进的少；小企业多，大集团少；技术含量低的多，高的少”。这是传统型开发区发展初级所不可逾越的阶段。

3）开发区产业结构

长三角地区在产业经济层面上的一个鲜明特征是产业同构。产业同构是指不同地区在利益驱动下，开发相同产业，进行同种或类似产品的生产，从而形成产业或产品相同或类似的现象。计划经济下对生产与消费要素的统一调配不但使近域产业同构的畸形现象得以稳固的存在，而且亦使这种现代的“自然经济”模式成为一个僵化的观念。改革开放后即使在发展市场经济体系的战略确定以后，这种观念与现有“经济主体型”政府体制的捆绑，使其仍具有巨大的惯性，加之产业结构调整中的具体困难，产业结构相近而引起的近域恶性竞争仍然表现在区域发展中各个层面①。在新一轮的经济发展规划中，增加第三产业比重已成为新的共同目标，各城市第二产业都提出以高新技术为基础的外向型发展方向，所以支柱产业难免有相似的特点（表 3－9），虽然为形成地区整体产业优势提供了条件，但产业定位的相似必然造成对高新技术企业的争夺，各城市的产业发展方向主要通过开发区来具体体现，由此也造成开发区产业之间的近域恶性竞争，由于高新技术企业数与开发区效益系数正相关，这就使得拥有较多高新技术企业的开发区空间效益水平，具有优先高于一般开发区及城市的先发优势。

表 3－9　长三角地区拥有国家级开发区各城市产业重点发展方向

城市	产业重点发展方向
上海	装备制造业、汽车、生物医药、新能源新材料、船舶制造、航空航天
南京	装备制造业、电子信息、石油化工、汽车、钢铁、软件、生物医药、新材料、新型光电
苏州	电子信息、生物医药、精密机械、汽车及零部件、冶金、精细化工、新型纺织、环保产业、新材料、生物技术
无锡	电子信息、新材料、机械装备、汽车及零部件、高档纺织、环保产业、生物医药、新能源
常州	机械、电子信息、生物医药、新材料、纺织服装
杭州	汽车、机械、海洋产业、纺织服装、食品、建材、电子信息、医药、新材料
宁波	石化、能源、钢铁、造纸、船舶、纺织服装、家用电器、电子信息、生物医药、软件、新材料
南通	船舶修造、纺织服装、机械电子、精细化工、轻工食品、电力及能源

近年，大批国家级高新区把招商引资的目光集中在投资密度高、项目规模大的外资企业上。2002 年，外商（包括港澳台）投资企业数量在 53 个国家高新区全部企业数量分布中占到 17%，其从业人员占到 24%，总收入占到 40%，工

①　张京祥．城镇群体空间组合[M]．南京：东南大学出版社，2000：134

业总产值占到44%，出口创汇占到78%，且近年来，呈明显增长态势。引进外资的规模大小事实上成为衡量各类园区绩效的主要指标，这不仅使得引进外资、外企与发展高新技术产业混同起来，使得高新区走上了与经济技术开发区相同的以外资为主、以工业为主的发展道路，国家级高新区异化为经济技术开发区的现象十分明显(表3-10)。在《上海优先发展先进制造业行动方案》、《浙江省先进制造业基地建设纲要》、江苏的"沿江开发战略"中，汽车、石化、电子信息产业等均为未来发展的主导产业。除此之外，在食品饮料、纺织、印刷、塑料、办公机械设备等产业方面，三地同构率在80%以上。常州、无锡、苏州、南京4个城市的各个开发区，产业规划中排在前四位的均是电子信息、汽车、新材料、生物医药，产业存在高度同质化现象，严重影响开发区与城市的比较效益。

表3-10 长三角地区不同城市国家级高新区与经开区的主导产业比较

城市	国家级高新技术产业开发区	国家级经济技术开发区
上海	电子与信息、生物医药、光机电一体化	信息技术、新材料、生物医药、食品饮料
南京	电子信息业、光机电、化工、新材料、生物医药	电子信息、生物医药、机械、新材料
苏州	电子与信息、光机电一体化、医药精细化工	电子、通讯设备、精密机械、医药
杭州	通信设备制造、软件、光机电一体化、生物医药、新材料	机械电子、生物医药、纺织化纤、轻工食品和高科技化工
宁波	微电子、光机电一体化、新材料、生物医药	化工、不锈钢、修造船、汽车、现代纸业、机电、轻纺

4）开发区土地制度

土地资源短缺是人口稠密的长江三角洲地区最为敏感的问题之一(表3-11)。通过观察可以发现，这些经过相对严格审批的开发区无论在数量上和规模上都远远超过中国现阶段物力、财力和科技能力的承载可能；与发达国家相比，更存在巨大差异。现行制度结构下地方政府的过度积极引资行为，兴盛于财政包干之后的1990年代末期。并使得对于产业空间的关注要大大高于对于人居空间的关注，同时，也导致由外力推动的经济增长从资本推动向技术推动转变的秩序人为延迟，以量的扩张为主导的空间拓展模式被锁定，使得开发区空间拓展的正常秩序被打乱，企业之间缺乏联系和分工，布局随意而且零散，先期进入开发区的企业无论产出效益高低，均能如愿占据区位良好的地域；另一方面，开发区在激烈的引资竞争中，工业用地价格一降再降，过低的地价水平鼓励了企业粗放使用土地以及囤积土地现象的产生，造成开发区规模较过去大幅增长①。据国土资源部初步调查，在全国省级以上开发区中，国家批准规划近2万km^2的园区面积，已开发面积仅占规划总面积的13.51%，土地闲置现象十分严重。即使在开发效益较好的开发区，由于早期开发建设起步默许企业"圈地"，那些

---

① 张艳.开发区空间拓展与城市空间重构[J].城市规划学刊，2007(1):49-54

早先进入园区的企业圈占大量土地，致使后进企业无地可用，这种现象在经济发达地区较为普遍。低廉地价导致工业"圈地"的另一个后果是为早先进入园区的企业提供炒地皮机会①。这些都致使开发区大量土地处于闲置撂荒状态。大量圈地造成企业准入门槛降低，进驻企业技术含量降低，使得企业形成一种"规模大、产出低"的状况，严重影响开发区相对于城市的空间效益水平。

表 3-11　长江三角洲各市耕地承载力负荷　　(%)

年份	杭州	湖州	上海	南京	镇江	扬州	苏州	无锡	常州	南通	宁波	绍兴	舟山
1989	180	71	211	114	83	89	78	107	77	102	112	88	253
2000	206	83	223	127	86	100	84	123	84	106	142	106	278

注：100%表示耕地产出可供养人口达到满负荷，小于100%表明尚有潜力，大于100%则需要调进粮食来源。

如表 3-12，仅 1998—2002 年短短 5 年的时间，全国违法用地情况统计中竟有三次涉及开发区。占整个台湾国民生产总值 10%的新竹开发区仅占地 6 km^2，而苏州工业园区的规划面积达到 253 km^2，比台北市总面积还要大，即便是二期开发的 70 km^2，也超过了台湾总的工业用地面积。台湾的开发区以占地面积小而经济效益高著称，其高雄、楠樟与台中 3 个开发区总用地面积仅 180 hm^2，据 1988 年的统计，在不到 2 km^2 的土地上，共提供了 3 717 亿美元的外销产品，平均每公顷土地创汇 294 亿美元，吸收投资 345 万美元，远高于所在城市的效益水平。

表 3-12　1998—2002 年全国违法用地情况统计

年份	1998	1999	2000	2001	2002
违法案件(万件)	32.35*	16.83	17.15	12.52	14.03
涉案土地面积(万亩)	115.6	43.10	12.53	26.99	47.19
其中耕地面积(万亩)	38.7	1.64	4.33	10.40	22.31
主要违法类型	政府及有关的职能部门	基础设施项目、工业园	重点项目工业园区	集体和房地产开发	开发区、非法转让集体土地
处理人数(人)	437	385	—	458	452

注：*包含历年积案。

而从表 3-13 可知，义乌市北苑工业园区土地出让收入为 8 亿多元，政府"低进高出""以地生财"，所得土地出让金收入已占财政收入的 35%，有时甚至高达 60%②。这种中国式"圈地运动"造成开发区相对于城市的空间效益水平与日下降，长此以往，开发区作为带动城市经济发展"高地"的作用将渐渐消失，

① 卢新海，等. 开发区发展与土地利用[M]. 北京：中国财政经济出版社，2005

② 石忆邵，厉双燕. 长三角工业园区土地利用的问题与对策[J]. 城市规划汇刊，2004(4)：27-30

进而转化成为抑制城市经济发展的“洼地”，这无疑将会使开发区成为抑制城市发展的沉重包袱。

表 3-13　义乌市北苑工业园区的资金流量表

名称	流出(亿元)	流入(亿元)	资金流量(亿元)
征地费，安置补偿费(累计征地 9 077 亩，合 6.05 km^2)	2.6	0	－2.6
基础设施	3.166 5	0	－3.166 5
土地出让(卖出 3 168 亩，合 2.11 km^2，其中工业用地 1.61 km^2)	0	14.005 6	＋14.005 6
合计	5.766 5	14.005 6	＋8.239 1

5）开发区相关政策

在计划经济逐步向市场经济转轨时期，政府的宏观决策仍然对城市和区域发展具有相当强的干预作用。这主要体现在优惠政策上，为了吸引投资，国家和地方政府赋予了开发区相应的优惠政策，最主要的是财政和税收政策。财政政策使开发区可以偿还贷款并滚动发展，税收政策则是招商引资、吸引产业集聚的最有力的筹码。这些政策对企业向开发区集聚有较大的诱导作用。正如拉什等在分析资本主义的非组织化与公司的全球化扩张时指出的那样：新的国际劳动分工的巨大发展部分起源于各种各样的提供各种税收减免、优惠税率、税收假期等“自由生产区”中的“世界市场工厂”的建立。开发区的出现不是地方经济自然发展规律的结果，而是在国家相关倾斜政策的直接或间接人为导向下形成的。就其属性而言，设立开发区是一项公共政策，开发区是公共政策影响的产物。表 3-14 为笔者搜集的从 1984—2007 年与开发区相关的国家政策列表，通过这 20 多年政策变化可以看出，从 1984 年沿海城市的开放，到 1993 年的开发区清理整顿以及 1997—1998 年的保护耕地，再到 2003 年的第二次开发区清理整顿，直到 2006 年开发区土地出让使用权规范的制定。可见，开发区的出现有很强的政策导向，20 多年来，开发区受政策变化影响剧烈，国家相关政策的出台直接影响开发区与城市的比较效益，我国开发区一直是在政策的“呵护”下成长，逐步走向规范化。

表 3-14　1984—2007 年与开发区相关的国家政策一览表

序号	名称	时间	颁布部门
1	沿海部分城市座谈会纪要	1984-04-30	中共中央、国务院
2	关于经济特区和沿海十四个港口城市减征、免征企业所得税和工商统一税的暂行规定	1984-11-15	国务院
3	关于鼓励外商投资的规定	1986-10-11	国务院

续表 3-14

序号	名称	时间	颁布部门
4	关于对经济特区、经济技术开发区开发性贷款实行差别利率和贴息的规定	1987-01-09	中国建设银行
5	中华人民共和国海关对经济技术开发区进出境货物的管理规定	1988-04-26	海关总署
6	关于批准国家高新技术产业开发区和有关政策规定的通知	1991-03-06	国务院
7	国务院关于严格审批和认真清理各类开发区的通知	1993-04-28	国务院
8	关于进一步加强土地管理切实保护耕地的通知	1997-04-15	中共中央、国务院
9	冻结非农业建设项目占用耕地规定	1997-05-20	国家土地管理局、国家计委
10	关于继续冻结非农业建设项目占用耕地的通知	1998-03-29	中共中央、国务院
11	闲置土地处置办法	1999-04-26	国土资源部
12	关于清理各类园区用地加强土地供应调控的紧急通知	2003-02-18	国土资源部
13	协议出让国有土地使用权规定	2003-06-05	国土资源部
14	关于暂停审批各类开发区的紧急通知	2003-07-18	国务院
15	关于清理整顿各类开发区加强建设用地管理的通知	2003-07-31	国务院
16	关于严禁非农业建设违法占用基本农田的通知	2003-08-21	国土资源部
17	关于进一步加强与规范各类开发区规划建设管理的通知	2003-09-02	建设部
18	关于加大工作力度进一步治理整顿土地市场秩序的紧急通知	2003-11-03	国务院
19	关于进一步采取措施落实严格保护耕地制度的通知	2003-11-17	国土资源部
20	清理整顿各类开发区的具体标准和政策界限	2003-12-31	国家发改委、国土资源部、建设部、商务部
21	工业项目建设用地控制指标	2004-11-01	国土资源部
22	关于深化改革严格土地管理的决定	2004-12-24	国务院
23	国家高新技术产业开发区技术创新纲要	2005-01-13	科技部
24	关于促进国家级经济技术开发区进一步提高发展水平若干意见的通知	2005-03-21	商务部、国土资源部、建设部

续表 3-14

序号	名称	时间	颁布部门
25	清理整顿开发区审核原则和标准	2005-08-23	国家发改委
26	招标拍卖挂牌出让国有土地使用权规范	2006-05-31	国土资源部
27	协议出让国有土地使用权规范	2006-08-01	国土资源部
28	关于加强土地调控有关问题的通知	2006-08-31	国务院
29	关于发布实施《限制用地项目目录(2006 年版)》和《禁止用地项目目录(2006 年版)》的通知	2006-12-12	国家发改委、国土资源部
30	全国工业用地出让最低价标准	2006-12-23	国土资源部
31	中国开发区审核公告目录(2006 年版)	2007-03-27	国家发改委、国土资源部、建设部
32	关于开展国有土地使用权出让情况专项清理工作的通知	2007-08-08	监察部、国土资源部、财政部、建设部、审计署
33	全国土地执法百日行动方案	2007-09-12	国土资源部

3.3 南京市开发区与城市空间效益比较研究

随着 1984 年开始的城市经济体制改革的逐步深入,南京市计划经济的坚冰逐步被打破,市场经济因素在城市开始萌芽。1986 年,南京港对外开放,1988 年,南京市及所辖的江宁、六合、江浦被列入沿海经济开放区,南京全方位、多层次开放格局开始形成,城市外向型经济开始快速发展。但是由于城市所有制结构影响,城市经济转型迟缓、开放滞后、城市经济地位有所下降①。1988 年 4 月,为了贯彻中央关于加快沿海发展战略促进科技体制改革的方针,江苏省人民政府做出了“科技兴省”的决策。通过科技进步与智力开发促进江苏国民经济的发展。在经过较长时间的酝酿后,省、市人民政府决定选择在南京市浦口区沿江乡内创建一个高(新)技术产业的外向型试验开发区,并得到了国务院特区办公室的同意和国家科委的批准②。从这一刻开始,南京市翻开了建设开发区的新篇章,南京市步入经济发展的新阶段。

3.3.1 南京市开发区与城市发展概况

南京市是中国著名古都,世界历史文化名城。地处长江下游的宁镇丘陵地

① 参见:南京城市规划与城市建设 25 年.南京市规划局,2004 年 9 月。

② 参见:南京浦口高(新)技术外向型开发区总体规划说明.南京市规划设计院,1998 年 12 月。

区，东临长江三角洲，西靠皖南丘陵，南连太湖水网，北接江淮平原；“黄金水道”长江穿越境域，距入海口 380 km，是江苏省省会和长江三角洲重要的中心城市，是中国最早建设开发区的城市之一。2002 年至今，南京按照市委、市政府确定的“一疏散、三集中”、“一城三区”的战略思想，通过近几年的建设，新城区和新市区建设速度加快，新区建设雏形显现，南京城市建设走上了以新区开发为主的道路，以主城为核心的都市发展区建设初步拉开了框架。在此过程中，南京市各类开发区通过“招商引资”“创业孵化”“产品扩散”等，加速城市产业聚集，推进产业升级，为南京市走新型工业化道路作出不可磨灭的贡献。1990 年代以来，开发区建设通过产业和人口聚集，实现了城市地域空间的扩展和人口规模的增长，大大推进了南京市的城市化进程。南京高新区所带动的浦口、南京经济技术开发区所在的仙林、江宁经济开发区所在的东山越来越紧密地融入南京市中，促成了南京市“一城三区”空间发展格局的形成。另外，其他一些开发区如六合、高淳、溧水经济开发区所立足的六合、高淳、溧水三区县同时也带动了城市远郊的发展，共同构建了“大南京”的发展态势。按照南京城市总体规划，行政辖区内的城镇空间分为 5 个层次：主城区、新市区、新城、重点镇和一般镇。南京的行政区域分为市域、市区和主城三个层次，全部行政辖区为市域，除高淳县、溧水县以外的南京市行政区域为市区，长江以南、绕城公路以内的地区为主城(图 3 - 5)。从南京市区现状工业用地的空间分布情况可以看出，不管是已经建成的还是已批未建待建的工业用地，都主要集中分布在的三个新市区的省级以上开发区范围内(图 3 - 6)。

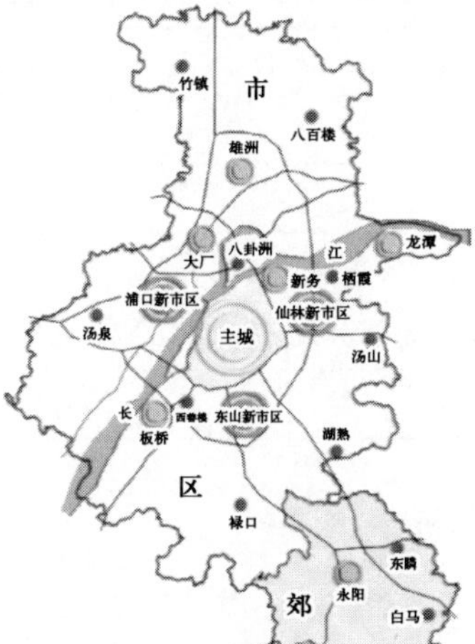

图 3 - 5　南京市域空间体系示意图

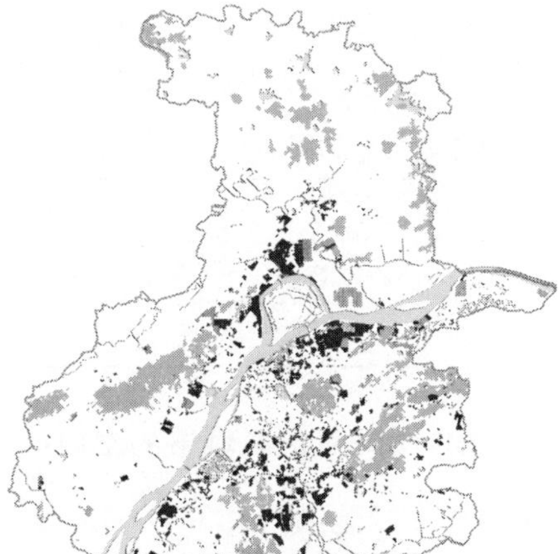

图 3 - 6　南京市区工业用地空间分布图

自1988年南京高新技术产业开发区成立以来，南京市的开发区建设和全国各地开发区一样，也经历了一个从少到多、从盲目圈地到逐步整改的过程。1992年波及全国的开发区热南京市也不例外，不到5年时间，南京市区范围内大大小小的开发区已经达到9个，而到2003年第二次开发区热时已经飙升到了近30个之多，开发区无疑成为南京市城市扩展最主要的空间。依据国家发改委、国土资源部、建设部已将通过国家审核公告的开发区整理成《中国开发区审核公告目录(2006年版)》的最新公布情况，截至2006年年底，南京市拥有国家级开发区4个，省级开发区8个(表3-15)。

表3-15 南京市省级以上开发区基本情况一览表(2006年)

序号	名称	设立时间	批准时间	规划面积(km^2)	已开发面积(km^2)
	国家级开发区①				
1	南京经济技术开发区	1992	2002-03	22.97	13.26
2	南京高新技术产业开发区	1988	1991-03	16.50	10.88
3	南京江宁经济开发区	1992	2002-08	38.47	21.58
4	南京化学工业园区	2001	2002-03	12.00	11.40
	省级开发区				
5	南京六合经济开发区	1993	1993-11	先期10，远期28	10.00
6	江苏溧水经济开发区	1992	1993-11	先期12.33，远期60	28.00
7	南京浦口经济开发区	1992	1993-12	16.00	8.63
8	江苏高淳经济开发区	1995	1995-10	29.50	11.9
9	南京栖霞经济开发区②	2002	2006-04	13.77	5.70
10	南京雨花经济开发区	2000	2006-04	先期27.6，远期60	5.04
11	南京江宁滨江经济开发区	2003	2006-04	先期18.39，远期51.12	5.53
12	南京白下高新技术产业园区	2001	2006-08	3.14	1.14

3.3.2 南京市开发区与城市的空间效益比较分析

在南京市域范围内的开发区系统中，由于省级以下的开发区大都缺乏公开、可靠的统计系统和数据，并且其设置也缺乏规范性，是国家开发区清理整顿

① 2002年南京江宁经济开发区由省政府批准，赋予其国家级开发区的审批权；2003年南京化学工业园区成为我国第二家国家级石化产业基地。因此，本书将二者均纳入国家级开发区的范畴。

② 南京栖霞经济开发区由2003年创立于栖霞片区和2002年创立于马群片区、迈皋桥片区的三个市级重点乡镇工业园区2006年整合升级为省级经济开发区。

的重点。而主城区内部的都市型产业园区和现代服务业集聚区目前才开始建设，只有依托市区内的主城区、新市区和新城、在其边缘地区布局的国家和省级开发区基本经过了10多年甚至20年的发展和建设，已经积累了一定的数据，并可以总结一定的发展规律，相互之间也具有比较密切的产业联系和交通联系，是南京市开发区的核心组成部分。因此，南京市开发区与城市的空间效益比较研究选择国家和省级开发区为主要研究对象。

1）开发区设立前南京市经济发展的基本情况回顾

新中国成立前夕的南京，传统农业占主要份额，工业基础十分薄弱，而带有寄生性、腐朽性特征的服务业则相对繁盛，整个经济结构总体上呈畸形状态。1949年，全市总人口256.7万，其中非农业人口102.02万人，占全市人口的40%。全年工业总产值0.48亿元、农业产值1.27亿元、商品零售额为0.47亿元。南京就是在这样一个基础十分薄弱的低水平上开始起步的。

改革开放前，国家长期以来一直推行重工业优先发展的赶超战略。"一五"时期，为了响应中央在进行社会主义改造的过程中逐步实现国家工业化的号召，在高度集中的计划经济体制下，南京按照国家保重点建设、保重工业的要求，把工业生产作为各级计划的中心，全力以赴加快工业的发展。1954年，已形成了以工业为主的产业格局，三次产业结构首次呈二、三、一的状态。在此期间，南京的城市功能逐步增强，随着省政府迁至南京后各种机构的设立、大专院校院系调整后教职员工和学生的增加、工业生产的迅速发展，使得城市人口大幅增加。从1958年开始，在全国大气候的影响下，南京经济发展出现盲目追求高指标、高速度的现象。1958—1965年是新中国成立后南京城市发展的第二阶段。工业的大发展，引起城市用地紧张，不少工厂，特别是一些较大的企业开始向市区边缘和近郊发展，南京市区面积增加28 km^2，南京的工厂很大一部分是这个时期建设起来的，而且大都位于城市内环路沿线，或者位于其封建城池城门外的城厢地带，这与我国城市圈层状扩展的发展节奏密切相关（图3-7）①。与此同时，城市人口大幅度增加，1962年非农业人口占全市比重达到46%，成为新中国成立以来的最高点。1966—1976年期间，南京市成为国家重点建设地区，工业基建规模空前扩大，但由于缺乏统一规划，从而进一步拉大了城市的框架，导致市区面积比第二阶段增加34.2 km^2。这一时期，按照产值计算的产业结构也发生了很大变化②。

改革开放以来，以十一届三中全会为标志，南京的经济建设实现了历史性的转变。这一时期，南京已成为一个具有相当经济实力的以机械、电子、建材工业为主要支柱的工业城市。1983年，原隶属镇江地区的高淳、溧水两县划入南京市，使全市土地面积增加1 798 km^2、人口增加70多万人。到1985年，全市土地面积6 515.74 km^2，其中城区867.21 km^2，占全市面积的1.2%。

① 王兴平. 中国城市新产业空间——发展机制与空间组织[M]. 北京：科学出版社，2005：86

② 蒋明. 南京城乡"二元"演变与探究. 统计调研，http://www.njtj.gov.cn

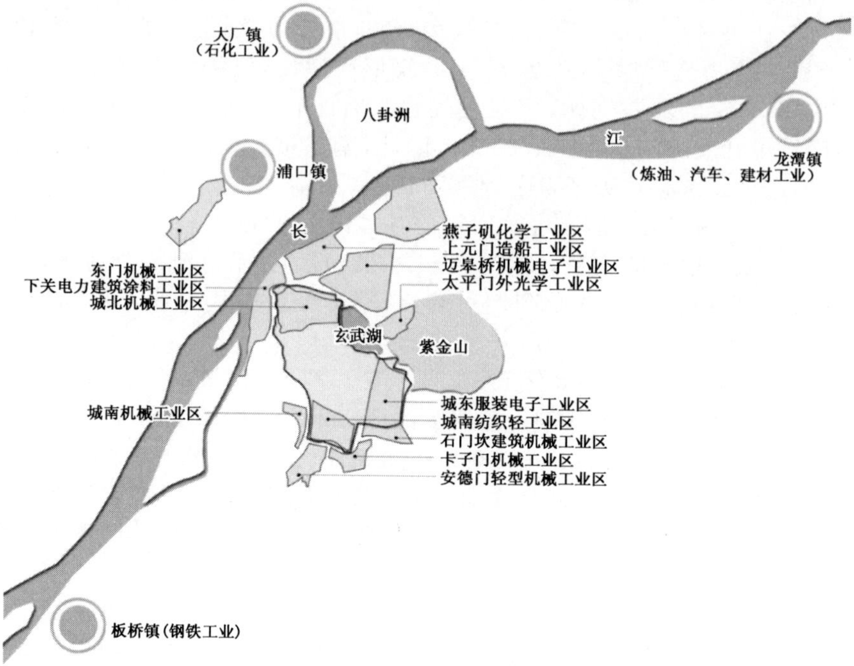

图 3－7　南京市传统产业空间分布图

2）开发区设立后南京市空间效益变化情况

(1) 纵向历史比较分析

① 第一阶段:启动建设期(1988—1994 年)

1988 年 4 月,原国家科委征得国务院经济特区办公室同意后,批准建立南京浦口外向型高新技术产业开发区,选址在长江北岸的浦口区境内,同年 9 月 1 日破土动工,标志着高新区的正式创立,南京市开发区建设开始起步。1991 年 3 月,国务院正式批准南京高新区为首批国家级高新区,规划面积16.5 km^2。1992 年,邓小平同志南巡讲话,给全国的开放型经济增添了新动力,是年,经省政府批准,南京市先后成立了江宁经济开发区、江浦经济开发区、六合经济开发区、新生圩港口开发区(即后来的南京经济技术开发区)、珍珠泉旅游开发区。之后又相继批准成立了溧水经济开发区和高淳农业外向型综合经济开发区①。1993 年起,一方面原来的新港工业园区和江宁经济技术开发区被批准为省级开发区,同时新设立了浦口、六合两个省级经济技术开发区,开发区分踞城市的江北、东北沿江、城南,各自依托所在都市边缘区的县城和镇,并分别通过单一的放射状公路和主城区联系,城市开发区开始成长壮大起来(图 3－8)。

---

① 南京通志・工业篇:经济技术开发区卷(初审稿).南京市对外贸易经济合作局,2003 年 7 月。

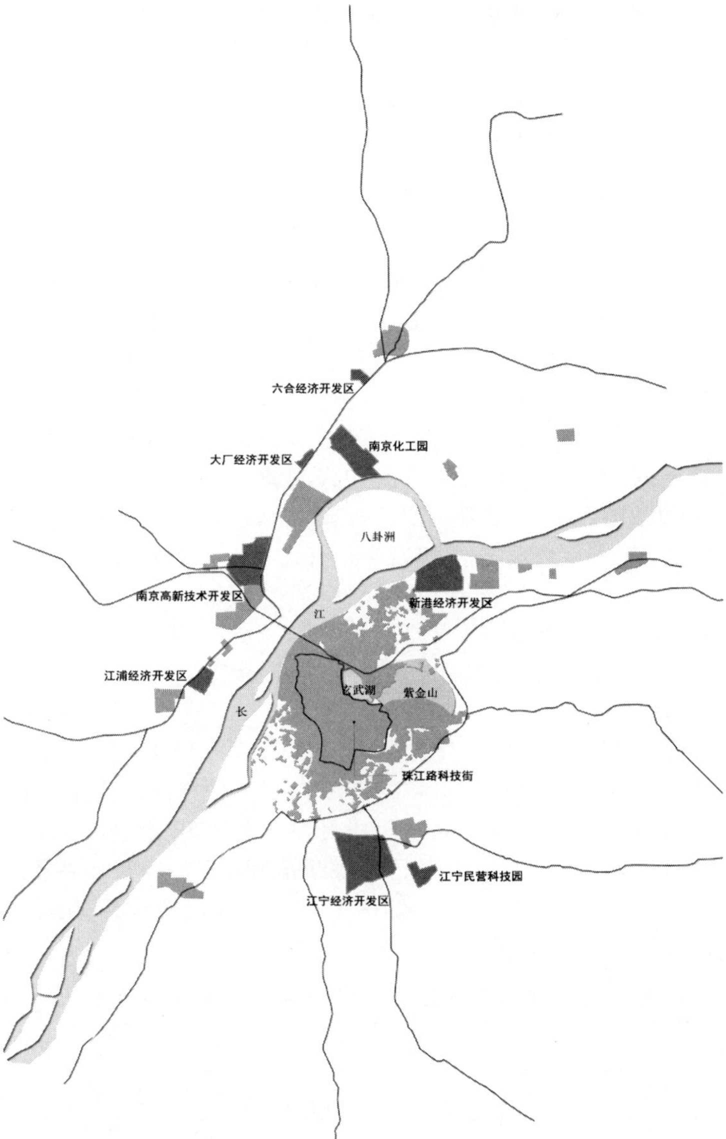

图 3-8　南京市城市建成区与开发区分布图(1992 年)

但由于开发区建设才刚刚起步,更多的是进行大量的基础设施投入,几乎还没有看到产出效益,甚至出现"负产出"都很正常,但可以看出,开发区的带动作用的强大潜力已经初露端倪(表 3-16)。这一阶段的开发区建设只是响应号召,更多的是体现计划经济下政策的作用,而开发区真正还没有起到对城市经济的明显带动作用。

表 3-16 南京高新区空间效益评价(1991—1994 年)

年份	单项效益系数				综合效益系数
	国内生产总值	工业总产值	工业增加值	财政收入	
1991	−0.932	−0.963	−0.979	−0.851	−0.931
1992	−0.812	−0.811	−0.321	0.135 7	−0.452
1993	−0.382	−0.387	−0.771	1.282	−0.065
1994	−0.461	−0.021	−0.807	1.172 6	−0.029

② 第二阶段:效益初现期(1995—2001 年)

这一时期是南京城市发生历史性巨变的时期。南京市借助长江三角洲的开放开发以及国际制造业加速转移的历史机遇,城市发展日新月异。城市功能实现了由单纯工业生产城市向综合性区域中心城市的飞跃。顺应改革开放需要、以经济技术开发区等为主的开发区建设热潮开始出现,南京的三大开发区鼎足而立,拉动城市发展的态势初步形成。在城市发展方向上,浦口地区由于高新区的建设以及南京大学分校建设而迈开了“大开发”的步伐,拉动南京开始跨江发展。但是由于交通瓶颈制约,跨江发展的效果并不理想。1995 年,通过行政区划扩大了六个城区面积,由原来的 76.3 km^2 扩展到 186.7 km^2,城市发展空间大为拓展。随着地方经济和郊县经济的大发展,外围县城发展和开发区建设出现新高潮,南京江宁开发区发展较快,带动了东山新市区的形成,通过“一区三园”的区划调整,形成了南京“南北呼应、联动发展”的开发区发展新格局,开发区成为南京城市用地扩张和经济增长的一个亮点。由于前期的基础设施投资建设已经形成一定规模,这一阶段开发区的产出效益可谓“日新月异”,开发区对城市经济发展的带动作用已经根深蒂固(表 3-17)。由图 3-9 也可以看出,1949—1999 年半个世纪以来,南京市的重大投资项目的选址都基本上集中分布在开发区内,形成了开发区的集聚效益。

表 3-17 南京市开发区空间效益评价(1995—1999 年)

年份	单项效益系数			综合效益系数
	国内生产总值	工业总产值	实际利用外资	
1995	−0.474	−0.324	0.619	−0.060
1996	−0.171	−0.274	0.650	0.068
1997	0.337	−0.091	0.722	0.323
1998	0.821	0.044	0.241	0.369
1999	1.425	0.329	0.437	0.730

注:此处开发区包括南京高新区、江宁经济开发区、浦口经济开发区。

这一阶段,由于我国高校实施合并和扩招,纷纷在主城周边选址建设新校区,为给大学提供新的发展空间,南京大学、东南大学率先在浦口设立新校区,随后,南京师范大学在仙鹤门、南京航空航天大学与河海大学在江宁、南京化工大学在江浦、南京建工学院在沧波门等地区纷纷设立新校区，以此扩大地盘，增加招生规模①，近年来，南京大学又在仙林、东南大学在江宁设立新校区，有力地促进了南京市“一城三区”格局的形成，同时也对南京市开发区产生了一定的影响(图 3－10)。

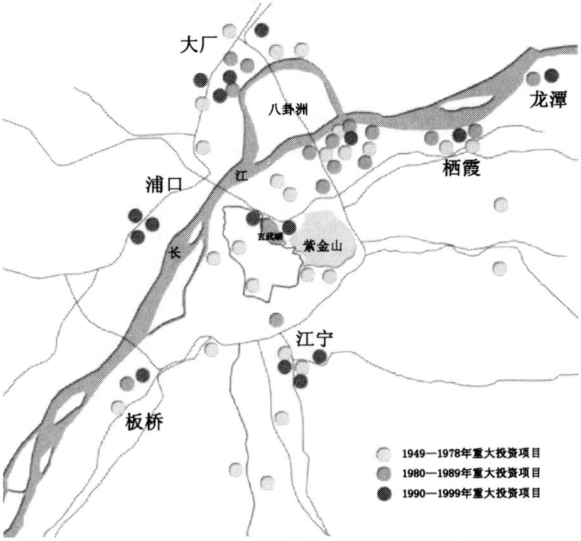

图 3－9　南京市 1949—1999 年重大投资项目分布图

图 3－10　南京市高校向外扩散示意图

① 朱喜钢. 城市空间集中与分散论[M]. 北京：中国建筑工业出版社，2002：155

总之，经过1995—2001年的不断发展，南京市各区县均拥有了自己的开发区，1994年市政府命名了22个乡镇工业区，2001年进一步命名雨花台区沙洲工业区等13个乡镇企业园区为市级重点乡镇企业园区，加上其他各种专业园区，总数达到56个之多，形成了环城、沿江、沿路三大开发区布局轴线和依托主城区、新市区、新城、建制镇等级化布局的都市区区域开发区体系，覆盖南京行政辖区的区域开发区和与主城区接轨的城市开发区形成和不断壮大(图3-11)。

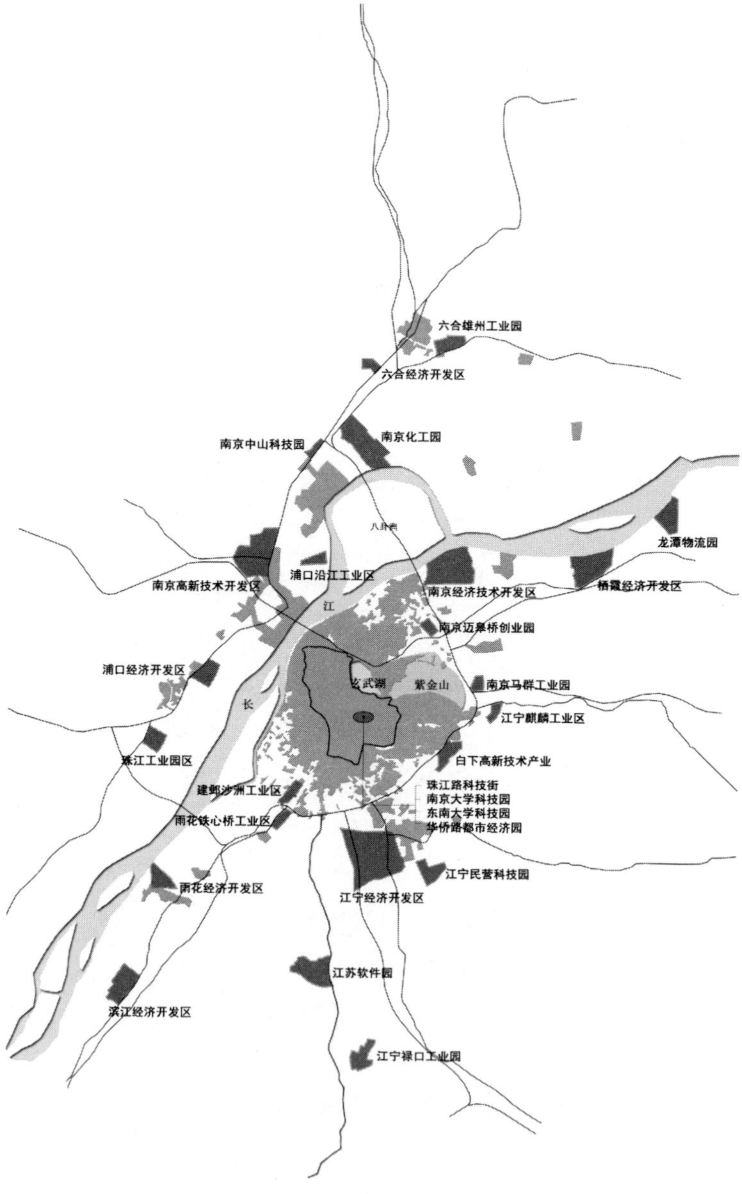

图3-11 南京市城市建成区与开发区分布图(2001年)

③ 第三阶段:效益提升期(2002 年至今)

南京市 2002 年行政区划的调整,对开发区的功能转变和演化也起到了一定的推动作用,促进了开发区由产业区向城市功能区转化。这一时期,南京市四大国家级开发区的空间效益水平已经成为城市经济发展的重要组成部分,南京经济技术开发区和高新区发展最好,在经济效益和提供就业方面都表现突出,成为这一时期南京市国家级开发区发展的典范,相比之下,江宁经济开发区和南京化工园区发展则略逊一筹(图 3-12)。

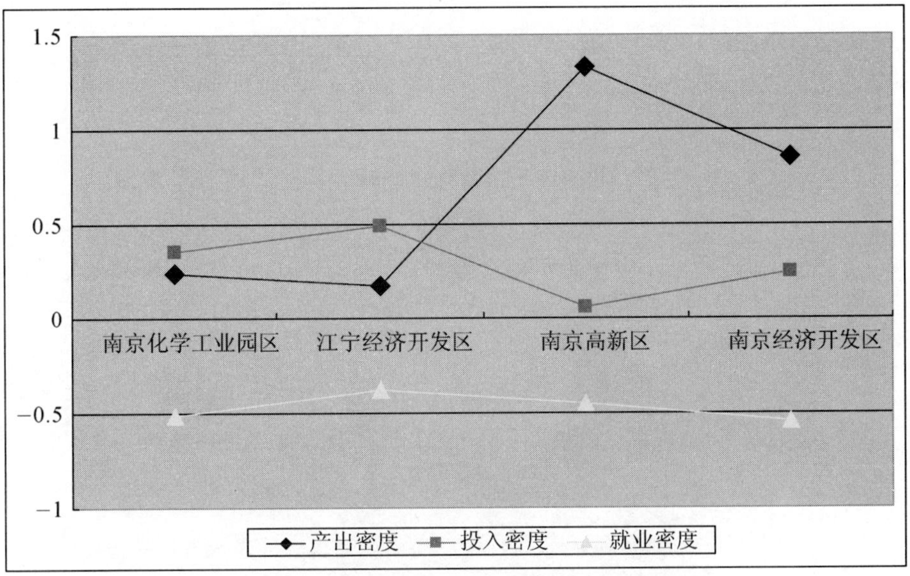

图 3-12　南京市 2005 年开发区空间效益评价

2003 年 7 月,国务院在一周之内连下两道"黄牌",分别下发《关于暂停审批各类开发区的紧急通知》和《关于清理整顿各类开发区加强建设用地的管理的通知》,严令各地暂停审批开发区用地,对已批准和在建的实行清查,严禁土地撂荒,清查的重点是省及省级以下人民政府和国务院有关部门批准设立的各类开发区,以及未经批准而扩建的国家级开发区。次年 5 月,南京市人民政府办公厅发布了《南京市人民政府办公厅关于进一步清理整合全市现有开发园区的通知》(宁政办发〔2004〕68 号),在各区县已撤销辖区内全部县级开发园区的基础上,对全市现有开发园区做进一步清理整合。根据南京市政府的一份资料显示,南京市全市 56 个开发园区经清理整顿后,除国务院和省政府批准的 5 个开发区外,拟整合保留园区 14 个,其余 37 个开发园区(占总数的 66%)分别被整合和撤销,共核减各类开发园区规划面积 2.6 万 hm^2,占全市开发园区规划总面积的 63.5%(图 3-13)。

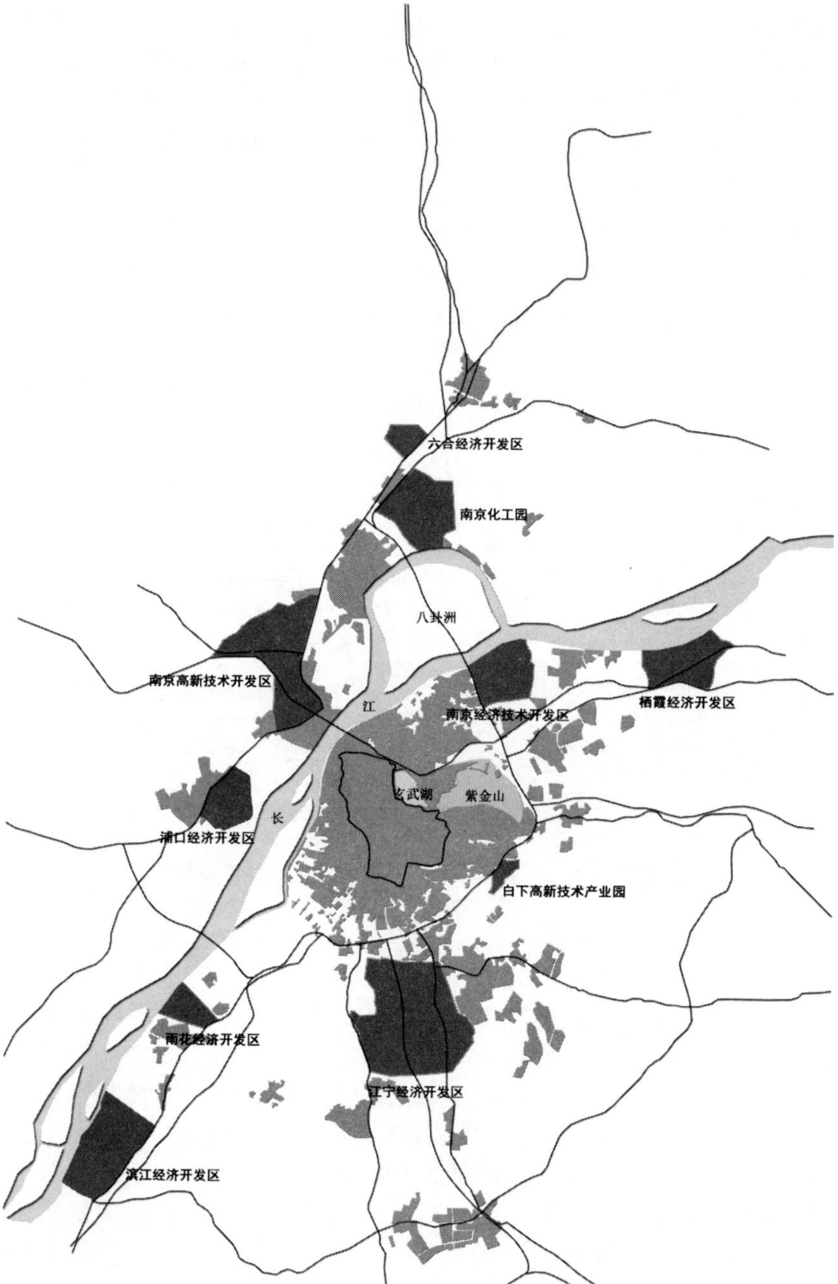

图 3-13　南京市城市建成区与清理整顿后开发区分布图(2006 年)

与此同时，2003 年，由南京市规划局和乡镇企业局编制完成的《南京市重点乡镇企业园区布局总体规划》提出了建设 19 个市级重点工业功能区，随后，在南京市人民政府办公厅〔2006〕第 12 号文件《关于确定市级重点工业功能区及配套协作区近期规划建设范围的会议纪要》中，又确定新增浦口区桥林工业区、六合区八百桥工业区和江宁区汤山工业区为市级重点工业功能区，并提出建设 7 个市级重点工业功能区的配套协作区（表 3－18，图 3－14）。

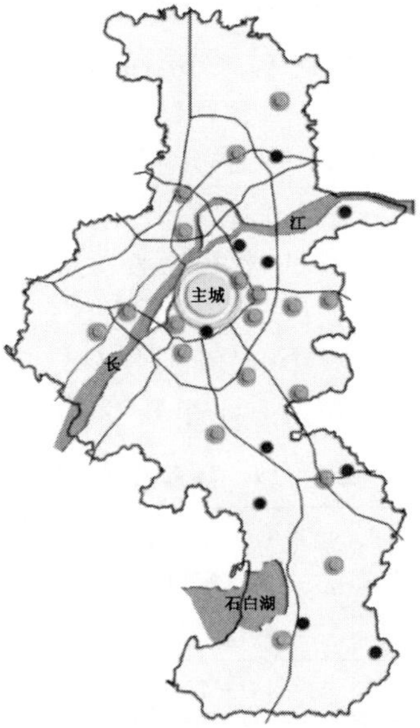

图 3－14　南京市市级工业功能区及配套协作区空间分布图

表 3－18　南京市市级重点工业功能区及配套协作区名录

市级重点工业功能区	配套协作区	市级重点工业功能区	配套协作区
建邺区沙洲工业区	—	江宁区麒麟工业园	—
雨花台区铁心桥工业区	雨花台区宁南工业区	六合区雄州工业园	—
南京市雨花经济开发区	—	白下区石门坎工业区	六合区横梁工业区
南京市马群工业区	栖霞区金港科技孵化基地	江宁区滨江经济开发区	—
南京市迈皋桥创业园	栖霞区燕子矶工业区	栖霞区经济技术开发区	—
浦口区珠江工业园区	—	南京市乡镇工业开发区（南京私营经济园）	柘塘工业区、东屏工业区、石湫工业区、和凤工业区
浦口区沿江工业区	—	溧水县观山化工园	—
南京市中山科技园	—	高淳县古柏工业区	高淳县桠溪工业区
江宁区禄口工业园区	—	浦口区桥林工业区	栖霞三江口工业区
江宁区上坊科技园	—	六合区八百桥工业区	—
江宁区湖熟工业区	—	江宁区汤山工业区	—

(2) 横向综合比较分析

① 单个开发区与城市空间效益比较

按照综合效益系数并结合南京市开发区投入产出效益、社会经济效益比较结果(表 3－19,表 3－20,图 3－15),将南京市 9 个开发区分为 4 类:第一类:开发区空间效益极差,包括有 4 个开发区,分别为溧水经济开发区、雨花经济开发区、滨江经济开发区、栖霞经济开发区;第二类:开发区空间效益一般,包括有 2 个开发区,分别为江宁经济开发区、南京化学工业园区;第三类:开发区空间效益较好,包括有 2 个开发区,分别为南京高新区、南京经济开发区;第四类:开发区空间效益好,包括有 1 个开发区,为白下高新技术产业园。

表 3－19　南京市开发区空间效益系数评价分类(2006 年)　　(%)

名称		溧水经济开发区	雨花经济开发区	滨江经济开发区	栖霞经济开发区	南京化学工业园区	江宁经济开发区	南京高新区	南京经济开发区	白下高新技术产业园
单项产出效益系数	国内生产总值	－74.43	－70.00	－24.36	－73.60	57.61	57.61	96.26	134.25	75.77
	工业总产值	－74.38	－62.48	－53.08	－55.56	61.65	61.65	294.23	496.40	439.10
	工业增加值	－72.04	－62.59	－42.21	－47.25	63.65	63.65	148.08	172.50	436.15
	财政收入	－80.00	－41.51	－74.57	－66.03	90.95	90.95	76.78	74.67	10.85
	税收收入	－75.06	－35.32	－69.74	－66.10	92.60	92.60	221.17	109.22	43.25
	高新技术企业数	－90.28	－40.66	－68.16	537.82	－80.34	696.56	181.61	503.06	540.43
	劳动生产率	11.48	－6.36	53.30	－27.61	328.41	152.50	168.41	265.91	37.39
	合同利用外资	－86.02	－41.94	118.28	－65.59	232.26	263.44	109.68	65.59	231.18
	实际利用外资	－70.97	－3.23	187.10	－25.81	400.00	438.71	138.71	332.26	4161.29
综合产出效益系数		－67.97	－40.45	2.95	12.25	146.17	213.08	159.44	159.44	663.93
分类		差	差	一般	一般	较好	较好	较好	较好	好
全社会固定资产投资		61.55	76.61	8.61	44.31	－83.55	－147.61	－14.89	－44.24	18.84
分类		较好	较好	一般	一般	差	差	差	差	一般
经济效益	排序	1	2	3	4	5	6	7	8	9
	分类	差	差	差	差	一般	一般	较好	较好	好
从业人员数		－77.07	－67.96	－63.51	－50.65	－51.50	－37.60	－26.88	－35.99	27.96
社会效益	排序	1	3	2	5	4	6	8	7	9
	分类	差	差	差	差	差	一般	一般	一般	较好

注:为了保持比较原则的一致性,此处全社会固定资产投资效益系数为$-\delta$值。

表 3-20　南京市开发区投入与产出效益、社会与经济效益比较

投入与产出效益比较	开发区分类	社会效益与经济效益比较	开发区分类
投入高，产出高	江宁经济开发区、南京化学工业园区、南京高新区、南京经济开发区	社会效益高，经济效益高	白下高新技术产业园、南京高新区、南京经济开发区、江宁经济开发区
投入高，产出低	栖霞经济开发区	社会效益高，经济效益低	—
投入低，产出高	白下高新技术产业园	社会效益低，经济效益高	栖霞经济开发区
投入低，产出低	溧水经济开发区、雨花经济开发区、滨江经济开发区	社会效益低，经济效益低	溧水经济开发区、雨花经济开发区、滨江经济开发区

注：社会效益以就业密度作为衡量指标。

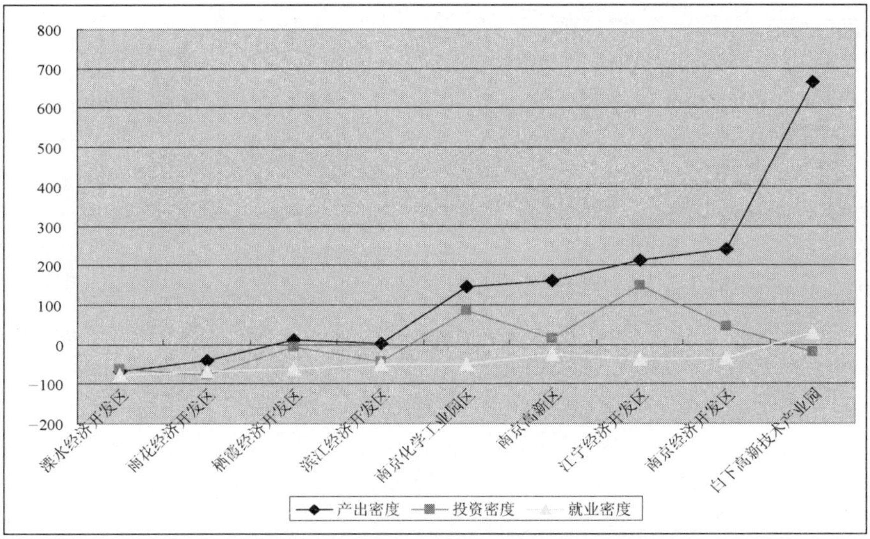

图 3-15　南京市 2006 年开发区空间效益评价

以 SPSS 11.5 for Windows 软件作为分析工具，采用聚类分析的统计方法，通过生成的谱系图可以看出（图 3-16），当取阈值为 2.0 时，则 9 个样本被分为 4 类：白下高新技术产业园为一类，南京经济开发区、南京高新区、江宁经济开发区为一类，南京化学工业园区、滨江经济开发区为一类，溧水经济开发区、栖霞经济开发区、雨花经济开发区为一类。

综合以上比较结果并进行修正，将南京市 9 个省级以上开发区分为 4 类。

第一类：开发区空间效益较差，包括 4 个开发区，占南京市开发区总数的

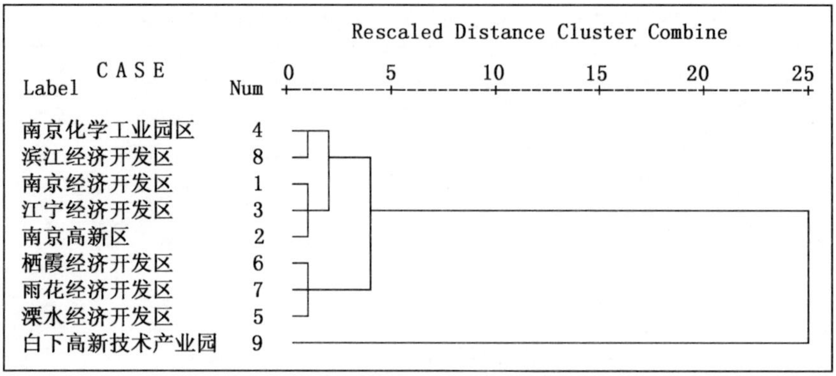

图 3-16　2006 年南京市开发区聚类分析谱系图

45%，分别为溧水经济开发区、雨花经济开发区、栖霞经济开发区、滨江经济开发区。

第二类：开发区空间效益一般，包括 2 个开发区，占南京市开发区总数的 22%，分别为南京化学工业园区、江宁经济开发区。

第三类：开发区空间效益较好，包括 2 个开发区，占南京市开发区总数的 22%，分别为南京高新技术产业开发区、南京经济开发区。

第四类：开发区空间效益好，包括 1 个开发区，占南京市开发区总数的 11%，为白下高新技术产业园。

可以看出，开发区的级别与开发区的效益具有一定的相关性。国家级开发区的投入产出水平普遍高于城市，而省级开发区则普遍低于城市，省级白下高新技术产业园区由于其前身为大学科技园的特殊性，使其成为南京市空间效益水平最高的开发区，特别是产出效益远远高于居其次的南京经济技术开发区 4 倍多，而投资密度却是南京市省级以上所有开发区中最少的之一，同时也是南京市省级以上所有开发区中解决就业水平最好的开发区。技术创新水平方面，除化学工业园区的单位面积高新技术企业数低于城市外，国家级开发区普遍高于城市水平，省级开发区则普遍低于城市水平，但也有个别省级开发区技术创新水平远远高于城市（栖霞经济开发区和白下高新技术产业园区）。

② 开发区群与城市空间效益比较

为了进一步分析评价开发区对城市的贡献作用，从开发区群的角度来与城市的空间效益进行比较：可以发现，南京市开发区群的投入产出水平（除单位面积财政收入水平略低于城市外）和技术创新水平都明显高于城市水平，其中以单位面积工业总产值和高新技术企业数最为突出，而开发区群的就业密度却低于城市很多，这说明开发区以很少的人数却创造了很高的经济效益，反映出开发区较高的劳动生产率水平（表 3-21），高新技术企业的数量也反映南京市开发区入驻企业层次较高，对环境污染较小，由此可以间接反映出开发区的整体自然环境平均水平较好。

表 3-21 南京市开发区群与城市空间效益情况(2006 年)

(亿元/km^2,十万元/人,亿美元/km^2,人/km^2)

名称	国内生产总值	工业总产值	工业增加值	财政收入	税收收入	全社会固定资产投资	高新技术企业数	劳动生产率	合同利用外资	实际利用外资	从业人员数(人)
南京市	4.704	25.031	5.568	0.995	0.770	2.882	1.338	0.880	0.093	0.031	5 346
开发区群	5.902	62.094	10.440	0.916	0.883	2.640	4.579	1.841	0.178	0.222	3 070

注:南京市为 2005 年统计数据,其中:合同利用外资和实际利用外资为 2004 年数据,部分开发区高新技术企业数以千万美元以上企业数代替。

③ 开发区与城市各分区空间效益比较

2005 年,南京市各区国内生产总值最高的是鼓楼区,每平方公里的土地实现国内生产总值为 11.4 亿元,其次为白下区 10.1 亿元;各区的工业总产值较高的是建邺区和鼓楼区,每平方公里的土地实现工业总产值分别为 47.3 亿元和 47.2 亿元。通过开发区与各分区空间效益的比较结果显示(如图 3-17 所示),南京市国家级开发区空间效益水平普遍高于省级开发区(白下高新技术产业园区除外)和南京市各分区的最高水平(江宁经济开发区除外,南京化学工业园区略低于鼓楼区),而省级开发区则显得参差不齐,但明显低于鼓楼和建邺两区。特别是白下高新技术产业园区,其每平方公里的土地实现工业总产值(134.9 亿元)高出南京市最高水平的鼓楼区近 3 倍,而每平方公里的土地实现国内生产总值仅低于南京市最高水平 3 亿元,开发区的这种高效益与其特殊的政策优势、体制优势、服务优势和创新优势是分不开的。通过图 3-17 还可以

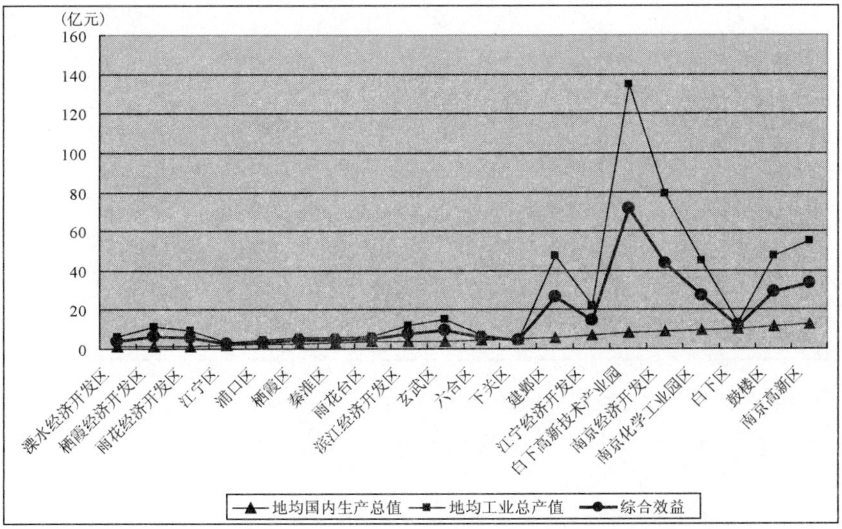

图 3-17 南京市 2005 年开发区与城市各分区空间效益比较

注:省级开发区为 2006 年统计数据。

看出，南京市城市空间效益较高的区域主要分布在主城区内，这说明主城区也是带动城市经济增长的核心区域之一。

(3) 南京市开发区与其他典型开发区当年空间效益比较

① 与全国国家级开发区当年空间效益平均值比较

2004 年，53 个国家级高新区平均每平方公里的土地实现工业总产值为 31.9 亿元，实现工业增加值为 7.8 亿元，南京高新区对应的指标分别为 52.9 亿元和 11.0 亿元；2005 年，54 个国家级经济技术开发区单位面积土地国内生产总值为 13.87 亿元/km^2，单位面积工业用地实现工业总产值 39.56 亿元/km^2，南京经济技术开发区对应的指标分别为 8.77 亿元/km^2 和 78.81 亿元/km^2。可以看出，南京高新区工业用地效益指标均高于国家级高新区的平均水平，证明南京高新区的发展比较正常，效益较好；南京经济技术开发区单位面积土地国内生产总值低于国家平均水平，但单位面积工业用地实现工业总产值远远高于国家平均水平，证明南京经济技术开发区发展水平一般，还需继续努力。

② 与国内发展较好的开发区当年空间效益比较

虽然不存在通用的最佳效益标准，但是，发展较好的开发区的空间效益应该成为其他开发区努力的方向，可以作为一定阶段开发区追求的效益目标。因此，可以将国内发展较好的开发区效益作为目标，以此判断开发区的效益水平是否属于国内领先地位。与国内发展较好的开发区空间效益的比较结果显示(表 3-22)，南京市开发区的空间效益水平较之于国内发展较好的开发区具有一定差距。

表 3-22 南京市开发区与国内发展较好的开发区空间效益比较(2004 年)

(亿元/km^2)

高新区名称	地均国内生产总值	地均财政收入	地均工业总产值
南京高新区	6.0	1.24	75.7
南京经济技术开发区	12.3	1.55	89.0
苏州工业园区	37.3	2.16	173.8
闵行经济技术开发区	27.4	9.42	130.4
漕河泾新兴技术开发区	40.3	10.48	156.5

③ 与具有国际发展水平的开发区当年空间效益比较

在经济全球化潮流下，开发区发展既要立足于地方实际，也必须着眼于国际先进水平，以此促进开发区不断优化土地利用。台湾新竹科学园区与南京市发展较好的高新区空间效益比较如表 3-23 所示，新竹科学园区单位面积的投入、产出水平都远远高于我国大陆地区开发区的水平，可见，我国国家级开发区的空间效益水平远远低于国际先进水平。

表 3-23 南京高新区与新竹科学园区空间效益比较(2001 年)

园区名称	项目	地均投资额(万元/hm²)	地均销售额(万元/hm²)	地均研发投入(万美元/hm²)	地均就业人数(人/hm²)
新竹科学园区	总用地平均	4 203.55	3 242.81	240.61	159.00
	工业用地平均	9 596.79	7 403.40	549.32	362.99
南京高新区	总用地平均	603.19	460.85	4.32	42.82
	工业用地平均	784.15	599.11	5.62	55.67

3.3.3 南京市开发区对城市的作用评价

通过以上分析发现，无论是单个开发区还是开发区群与城市的空间效益进行比较，国家级开发区空间效益水平均高于城市水平，基本实现了其作为示范区的角色，为城市经济的发展作出了贡献，成为新城市空间的重要载体，而这一点在省级开发区就显得参差不齐了。相应的，虽然开发区建成区块上的空间效益良好，但是不可否认，其带动了城市空间的无序蔓延和扩张，以及城市边缘区遍地开花式的建设，破坏了城市周边的生态环境，并由此造成农田大量被侵占、开发区土地的大量闲置和撂荒。

1）正面贡献

（1）经济发展的带动区

开发区的地位和作用一开始就决定了其只能是作为城市“锦上添花”的示范区。南京市各种类型、各种层次开发区的成立促进了资源的优化集中，有效配置，成为区域经济增长的新增长点，从而促进了城市的经济发展。以上开发区与城市的空间效益比较结果均显示，南京市市区内的省级以上开发区的空间效益水平均高于城市，当之无愧的承担了城市经济发展的带动区作用。特别是在吸引外资方面成绩显著，开发区经济占据城市经济较大的份额：2006 年开发区实际使用外资 10 亿美元，GDP 达 603 亿元，近 4 年来吸引外资都在南京市总额的 50%以上，在国内生产总值上贡献超过 20%。以南京高新区为例，“八五”期间确定以发展高新技术并实施产业化为其根本宗旨和目的，实施“一体两翼”的发展战略。根据南京高新区的特殊区位，高新区把“一体”和孵化器“一翼”作为重点建设在浦口区，考虑到浦口地处江北，生活、交通不便特别是江北城市化程度不高，而把“科技流通服务体系”这“一翼”建设在主城区的珠江路，这既弥补了江北的不足，又像北京的中关村一样，把东南大学、南京大学、南京师范大学、河海大学、南京水利科学研究院等大学、大所、大厂像珍珠一样串联起来。可见，开发区已经成为城市经济发展的高地，为带动南京市经济发展做出了应有的贡献。

（2）集约用地的先导区

开发区是城市经济发展的带动区，也理应成为集约用地的先导区。通过开发区与城市的空间效益比较发现，开发区建成区块上单位面积的产出水平远远高于城市，首当其冲地扮演了城市土地高度集约利用的先导。可以看出，南京市开发区按照布局集中、用地集约和产业聚集的原则，在提高开发区集约利用土地的水平和效益方面效果显著。到 2005 年止，南京高新区以不到 10 km^2 的建成区面积实现国内生产总值 125 亿元，工业总产值 542 亿元；单位面积建成区实现国内生产总值 12.7 亿元，工业总产值 54.9 亿元，远远高于南京市当年的平均水平。这种土地的高效益不但提升了高新区自身的形象，同时也提高了土地的集约利用程度，为城市进行土地集约利用提供了一个先行范本。未来高新区和城市的发展应该以效益论成败，以集约节约用地论输赢。加之，当前国家对开发区的清理整顿力度的加大，以及一系列优化土地政策的相继出台，使得开发区作为城市集约节约利用土地资源的示范区的地位将更加显著和突出。

(3) 技术创新的示范区

高新区的经济增长方式正在由建区之初的生产要素驱动型向创新要素驱动型转变，高新技术企业是高新区技术创新的源泉和灵魂。南京高新区虽然处在长江三角洲的末梢区位，特别是南京高新区处在南京市江北地区浦口区的一片荒地上，与南京主城隔江相望，受长江天然屏障的影响，交通联系很不方便，但这并没有影响到其高于城市的空间效益水平，特别是在高新技术企业数方面，南京高新区较之于城市占有绝对优势。陈家祥、王兴平等经过初步调查和分析显示，南京高新区大约有 103 家企业从高新区扩散到了南京都市区其他地区，除了部分为数不多的生产性企业扩散到南京的江宁和新港两大开发区外，其余的基本扩散到了主城区，带动了主城区经济的快速发展。从南京高新区迁往主城区在空间布局上遍布全城，但中心密集，边缘稀疏，呈圈层式和轴线分布的趋势(图 3-18)①。就南京市而言，南京高新区的高新技术企业数量是占绝对优势的，在 2000 年南京市高新技术企业分布情况的统计中，南京高新区占了“半壁江山”，其他两区(江宁和新港)的许多高新技术企业都可以在南京高新区找到其技术发展的源头。可见，从南京高新区孵化出的高新技术企业已经大量入驻主城区，高新区已经成为带动城市技术创新的重要的辐射区。

2) 负面影响

(1) 违法圈地的典型区

虽然开发区建成地块空间效益很高，但却并没有节约用地，大量圈而未建的土地占很大比重。即使在开发效益较好的开发区，由于早期开发建设起步默许企业“圈地”，那些早先进入园区的企业圈占大量土地，致使后进企业无地可用，这种现象在经济发达地区较为普遍。低廉地价导致工业“圈地”的另一个后果是为早先进入园区的企业提供炒地皮机会。

---

① 陈家祥，王兴平. 南京高新区高新技术企业的空间扩散研究[J]. 城市规划，2007(7)：32-38

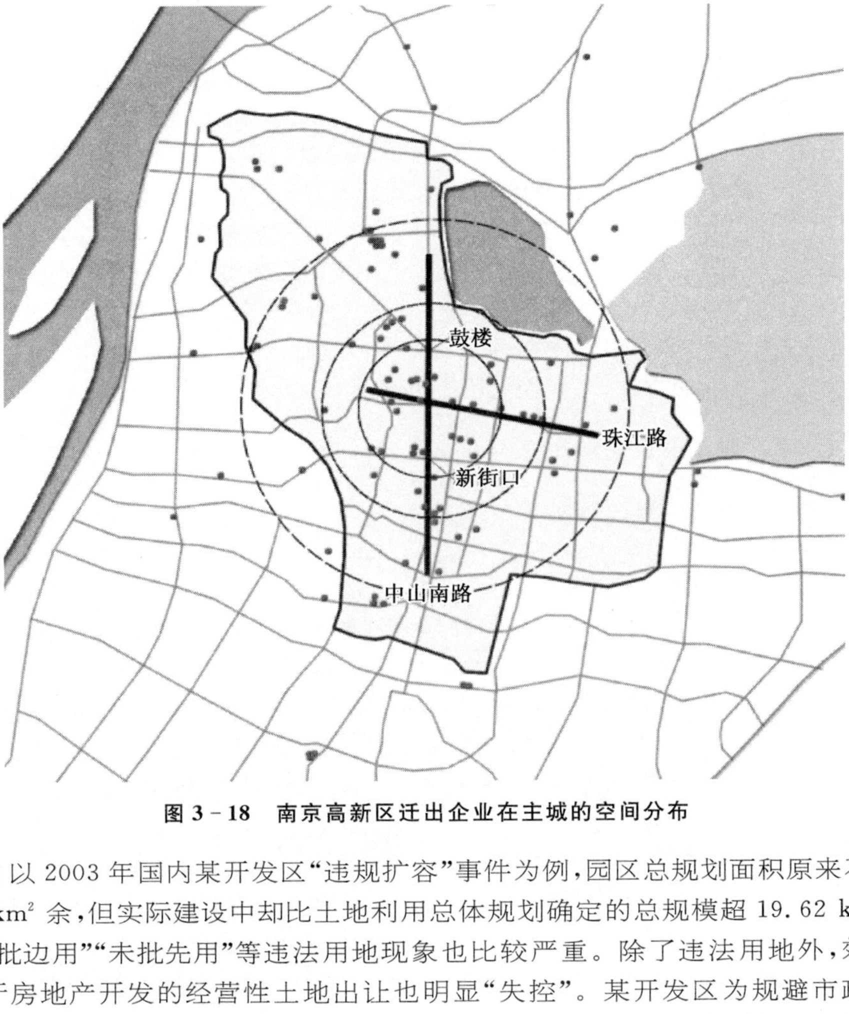

图 3-18　南京高新区迁出企业在主城的空间分布

以 2003 年国内某开发区"违规扩容"事件为例，园区总规划面积原来不过 70 km^2 余，但实际建设中却比土地利用总体规划确定的总规模超 19.62 km^2。"边批边用""未批先用"等违法用地现象也比较严重。除了违法用地外，郊区用于房地产开发的经营性土地出让也明显"失控"。某开发区为规避市政府"百亩以上报市政府审批"的规定，全部"化大为小"分为 17 块百亩以下用地出让。

（2）土地出让的廉价区

在经济快速发展、非工业用地的价格持续上扬的背景下，一些城市开发区工业用地的出让价格反而下滑。据调查，不少开发区的工业用地的出让价格都远远低于开发成本，使得开发区"负债累累"。除耗费了地方财政以外，一些地方的开发区还不得不用经营性房地产开发的收益来弥补工业用地开发的亏损。显然，这种以牺牲地方福利来换取"政绩"的做法与国家设立开发区的初衷极不相符①。南京市城镇空间快速扩张主要表现在工业开发区、大学城等建设用地

① 张艳.论开发区的政策效用与调整[J].城市规划，2007(7)：18-24

盲目扩张，土地资源浪费严重，基础设施建设成本增加。特别是开发区，由于低廉的土地价格，使得很多初级制造业大肆入驻开发区，土地利用的集约化程度不高，造成开发区投入产出效益降低。表 3－23 为南京高新区情况，相比之下，台湾信义计划区土地每平方米单价为 200 万台币，即每平方米约为 30 万元人民币。2006 年国务院审计署的审计报告显示，为了招商引资，2003 年至 2005 年 6 月，87 个开发区中有 60 个开发区实行低价出让土地 7 800 万 m^2 余，少收出让金 55 亿元。65 个开发区制定了明确的财政返还政策，79 个开发区向企业返还 120.15 亿元。这一做法加剧了地区间招商引资的恶性竞争，由此形成的虚收虚支也严重影响开发区的财政质量。一些地方在国务院禁止低价出让土地的情况下，还采取先根据国家规定签订土地出让合同，再返还土地出让金或者给予财政补贴的方式，来变相低价出让土地。

3.3.4 南京市开发区与城市空间效益比较的影响因素分析

1）开发区土地集约化程度

开发区作为城市知识技术最为密集的地区，高效多元是高新技术产业的基本特征。然而，现行的征地制度是开发区泛滥和城市用地不节约的根源，这已经成为一种不争的事实。对于经济快速发展的开发区，工业与基础设施建设对土地的需求很大，人地矛盾突出。可是，一方面是这种矛盾的急迫性，另一方面却是用地上的巨大浪费。南京市的开发区也不例外的成为城市用地“冒进式”扩张的典范，呈现出单层厂房满铺圈占的态势。根据宏观经济学会的数据，2002 年，中国城市的平均容积率（FAR）为 0.5，上海为 0.78，而台北市为 1.2，香港为 1.6；东京则接近 2。这组数据表明，即便是中国的大城市，用地效率的提高也仍有很大的潜力①。从南京市的总体状况来看，平均建筑密度为 15％，平均建筑容积率为 0.38，其中商业金融业用地的开发强度最高，平均建筑密度为 36.53％，平均建筑容积率为 1.56，而工业用地的平均建筑密度仅为 23.18％，平均建筑容积率仅为 0.36。由此造成开发区与城市比较效益低下，开发区土地利用不集约。相反，白下高新技术产业园在土地集约利用方面表现最好，其以最少的地块、最大的容积率创造出最高的效益，使其毋庸置疑地成为南京市开发区与城市比较效益最高的开发区。

2）开发区空间区位

南京市区的国家级和省级开发区在空间分布上基本形成了“绕城、沿路、沿江”的分布特征（表 3－24）。12 个开发区中有 6 个分布在南京市公路二环和绕城公路之间的环带状区域内，有 7 个分布在沿江地带，其中除了南京高新区以外其余 6 个直接滨江布局，是南京沿江产业带的重要组成部分。在空间依托上，12 个开发区分别构成南京市区的不同组成部分，其中依托主城区的 1 个，

① 赵燕菁．城市可持续的土地规划[J]．规划师，2007(6)：74－76

依托新市区的3个，依托外围新城的7个，相对独立、依托外围小城镇发展的1个。这12个开发区基本都位于南京不同方向的放射状对外交通干道两侧地区，使南京主城区呈现指状外扩的发展态势。通过开发区与城市空间效益的比较结果显示，绕城开发区、新市区开发区，以及主城内的开发区效益系数均大于零，说明开发区空间效益高于城市水平，发展相对比较好。这是因为绕城和主城的开发区无需“一张白纸从零开始”的建设，可以直接利用主城已有的方便的交通和配套设施，同时，由于新市区是南京市当前城市建设的重点，所以新市区的开发区也是借此“东风”，才得以迅速发展，而其他开发区由于地理位置偏远，大多是从一片荒地才刚刚起步，配套设施还不够完善，所依托的城镇远比不上主城区的发展水平，所以效益系数较城市要低一些。

表3-24　南京市省级以上开发区空间分布情况一览表

名称	沿路	沿江	绕城	主城区	新市区	外围新城
南京经济技术开发区	★	★	★			★
南京高新技术产业开发区	★	★	★		★	
南京江宁经济开发区	★		★		★	
南京化学工业园区	★	★	★			★
南京六合经济开发区	★					★
江苏溧水经济开发区	★					★
南京浦口经济开发区	★	★	★		★	
江苏高淳经济开发区	★					★
南京栖霞经济开发区	★	★				★
南京雨花经济开发区	★	★				★
南京江宁滨江经济开发区	★	★				
南京白下高新技术产业园区	★		★	★		

3）开发区产业类型

当前，南京市几乎所有的开发区都把电子信息、生物医药、新材料等高新技术产业作为主导产业（表3-25）。南京高新区、南京经济技术开发区、江宁经济开发区、南京化学工业园区号称南京四大开发区，除化学工业园仍然明确走石油化工基地路线外，另三大开发区的主导产业基本没有区别。而且这三大开发区又都是南京“一城三区”中的“三区”，都是南京新市区，相应承担着城市新区的开发建设职能。因此，其功能定位、产业发展、政策优惠已无二样。在“僧多粥少”、考核标准相同的情况下，必然是无序竞争、恶性竞争，甚至是相互招商、相互挖墙脚，影响了开发区与城市比较效益的整体提高。因此，开发区只有通过引进高新技术企业定输赢，谁最先拥有较多数量的高新技术企业，谁就能最先在激烈竞争中取胜。笔者参照《江苏省沿江地区“十一五”产业空间布局规划》，整理出南京市开发区的产业重点发展方向，电子信息、生物医药等高新技术产业仍然是大多数开发区的主导产业，说明提升开发区产业级别、引进高新技术企业是改进开发区与城市比较效益的重要途径（表 3 - 26）。可以看出，南京市目前拥有较多数量高新技术企业的开发区（如白下高新技术产业园区、南京经济技术开发区、江宁经济开发区等），效益系数普遍较高、高新技术产业所占比重较大的开发区效益水平高于城市水平。

表 3 - 25　南京市省级以上开发区产业门类汇总表

名称	电子信息	汽车	石化	生物医药	食品	轻纺	机械制造	软件	新材料	物流	航空
南京经济技术开发区	◆			◆			◆		◆		
南京高新技术产业开发区	◆	◆		◆				◆	◆		
南京江宁经济开发区	◆	◆			◆			◆			◆
南京化学工业园区			◆	◆					◆		
南京六合经济开发区	◆		◆	◆	◆	◆	◆		◆		
江苏溧水经济开发区		◆		◆	◆						
南京浦口经济开发区	◆			◆	◆	◆	◆				
江苏高淳经济开发区				◆	◆		◆		◆		
南京栖霞经济开发区				◆		◆	◆			◆	
南京雨花经济开发区	◆				◆		◆	◆			
南京江宁滨江经济开发区	◆	◆				◆	◆		◆		
南京白下高新技术产业园区	◆								◆		

表 3 - 26　南京市开发区“十一五”产业发展引导

名称	重点发展的产业
南京经济技术开发区	电子信息、轻工机械、新材料
南京高新技术产业开发区	电子信息、新材料、生物医药
南京江宁经济开发区	电子信息、汽车制造、电力自动化
南京化学工业园区	石油化工、精细化工、医药
南京六合经济开发区	机械电子、服装玩具、新型建材
南京浦口经济开发区	生物医药、电子、纺织
南京栖霞经济开发区	生物医药、电子机械、物流
南京雨花经济开发区	电子信息、现代物流、装备制造、电力能源
南京江宁滨江经济开发区	机械装备制造、汽车制造及零部件、电子信息、轻工纺织
南京白下高新技术产业园区	光机电一体化、电子信息、环保节能材料、新能源

4）开发区级别

以上南京市开发区与城市的空间效益比较结果显示，国家级开发区整体发展水平较省级开发区要好（白下高新技术产业园区除外，由于其是在原来的大学科技园基础上升级为省级开发区的），说明开发区的级别不同也影响到开发区与城市比较效益的高低。国家级开发区是由国务院批准设立的，国家集中力量建设完善的基础设施，创建符合国际水准的投资环境，使之成为所在城市及周围地区经济发展的重点区域，是一种"自上而下"的发展过程。而省级开发区则大多最初是自发发展起来的，即是一种"自下而上"的发展过程，发展较好的开发区被省政府批准晋升为省级开发区，因此，其在规范性、享受各种优惠政策和产出效益等方面要较国家级开发区弱，其空间效益水平低于城市也就显得不足为奇了。

3.4　提高开发区与城市比较效益的对策和选择

国家发展改革委第八批通过审核的省级开发区名单 2006 年 8 月公告后，标志着历时三年的全国开发区清理整顿和审核工作告一段落。清理整顿和审核，不仅使开发区的数量得到压缩控制、规划面积得到核减，更为重要的是使国家宏观调控措施得到具体落实，运行得到规范，这对开发区发展具有极大的引导和促进作用。然而，开发区作为城市规模扩展和经济社会发展的重要组成部分，开发区土地资源开发和利用的效率是其存在和发展的基础。那么，如何才能提高开发区与城市的比较效益，实现开发区与城市土地资源的集约利用，关系到城市土地利用扩展程度和扩展方式，很大程度上影响着开发区和城市的发展方向和格局。

3.4.1　集约用地：由"扩张"向"优化"的转变

在经济学意义上，土地是稀缺资源。开发区是 20 世纪 90 年代以来我国城市空间拓展的主要载体，超高速增长本质上反映的是我国经济蓄积已久的内在能量在新体制下得以释放而表现出的巨大爆发力，而推动这种超高速经济增长的最直接动力是国家和地方赋予开发区的各项优惠政策，这一过程最直接或者说最"可视化"的效应就是触发城市空间的快速扩张，城市形态显著变化，并且创造出崭新的城市空间，成为城市扩展的主要空间（表 3－27）①，同时也形成一种独特的具有中国特色的中国式"城市蔓延"状态。与北美不同，这种以开发区为主导的中国式"城市蔓延"是因低密度工业用地而非居住用地在城市建成区边缘的快速扩张而引致，这很大程度上与地方政府的引资行为相关，是一种"政治博弈的空间投影"（表 3－28）②。这种土地开发超前于产业开

① 熊国平．当代中国城市形态演变[M]．北京：中国建筑工业出版社，2006：251

② 张艳．开发区空间拓展与城市空间重构[J]．城市规划学刊，2007(1)：49－54

发，由此形成了一种独有的空间扩张的“光圈”效应，超前开发的土地就像一圈光环围绕在建设用地的周围，虽然波及的范围远远超过了其核心的建设区域，但只有虚假的土地开发形成的亮度而缺乏真正的项目开发产生的热度①。这就使得开发区的空间拓展主要是“量（规模）”的扩张而非“质（效益）”的提高。

表 3－27　长三角地区拥有国家级开发区的城市空间扩展速度与方式一览表

城市	扩展方式及效果	建成区面积(km^2)			
		1990 年	2002 年	增长率(%)	平均年增长率(%)
上海	跳跃发展，建设浦东，成功	248	550	222	18
南京	跳跃发展，建设浦口，不成功	129	212	164	14
苏州	跳跃发展，建设新区、园区，成功	37	109	295	25
无锡	渐进发展，建设新区，成功	51	164	322	27
常州	跳跃发展，建设沿江，不理想	38	71	187	16
杭州	渐进发展，建设滨江新区，成功	68	227	334	28
宁波	跳跃发展，建设港区，不理想	58	74	128	11
南通	跳跃发展，建设开发区，不理想	26	73	281	23

表 3－28　北美式“城市蔓延”与中国式“城市蔓延”特征比较

	北美郊区化形势下的“城市蔓延”	中国以开发区为主导的“城市蔓延”
诱因	居住用地低密度扩张	产业用地低密度扩张
方式	牺牲城市中心的发展进行城市边缘区的开发，农业空间和开场空间消失	从与中心区隔离的小范围开发到快速扩张与城市中心区连为一体，并侵占周边农业空间
形态	“蛙跳式”或零散的扩展形态	用地布局不连续，存在土地占而不用现象
尺度	大尺度的建筑、街区和宽阔的道路；缺少细部	产业区大尺度的建筑、街区和宽阔的道路；不适合人的步行尺度
交通	小汽车导向，缺乏步行、自行车及公共交通的环境和设施	货运交通导向，公共交通滞后
消极影响	无节制的土地消耗；增加市政基础设施投入；高居不下的车辆数；不佳的土地利用形态；就业岗位和人口空间分布的不匹配以及由此带来的社会问题	无节制的土地消耗；生态环境恶化；征地拆迁带来的相关社会问题

① 王兴平，崔功豪．中国城市开发区的空间规模与效益研究[J]．城市规划，2003(9)：6－12

例如苏州新加坡工业园6年中的建设总量(以开工面积计)为222.88万m^2,平均每年37.15万m^2。其中工业建筑93万m^2,居住建筑92.33万m^2,相对于批租土地的建筑容积率分别为:工业0.5,居住1.0。同发达国家相比,新加坡工业园用地的平均容积率是1.42,在2001年"土地规划总方案"中,裕廊镇管理局计划将2.5作为新建设施的基本容积率,实际上,裕廊镇管理局中复式厂房、多层厂房以及仓库的容积率已经超过了3.0。而日本金泽工业园的工业建筑容积率则控制在2.0以上,这表明我国工业的开发强度极其低下①。以常州高新区为例可以发现,工业用地的建筑密度与地均总产值、地均增加值、地均税收成正比,随着建筑密度的增加,均呈上升趋势(表3-29)。因此,开发区应该从传统的平面化走向立体化,充分利用闲置土地,加速盘活存量土地,引导厂房向高空发展,资本向高投入发展,产业向高科技发展,这不仅仅只表现在"工业地产"的开发上,更表现在高技术产业的立体网络化链接,形成完整的产业链,以提高土地容积率,提高开发区与城市比较效益水平,应该停止传统的"以规模论成败"一心做大的悖论,大力提倡"以效益论输赢"的科学发展观,以更好地提升开发区相对于城市的发展内涵,打造效益型、节约型、紧凑型城市开发区。

表3-29 常州高新区工业用地建筑密度统计(2004年)

建筑密度	企业数(个)	工业总产值(万元)	工业增加值(万元)	税收总额(万元)	地均总产值(万元/亩)	地均增加值(万元/亩)	地均税收(万元)
≤10%	6	23 643	5 125	510.2	90	19	1.9
10%~20%	34	248 672	56 311	2 742	102	23	1
20%~30%	48	208 250	43 181	3 990	132	27	3
30%~40%	35	396 312	63 576	4 443	321	52	4
40%~50%	25	319 160	72 024	6 815	422	95	9
>50%	12	114 291	42 363	2 295	388	144	8

基于此,针对此前开发区的工业用地"零地价"甚或"负地价"的粗放型土地出让方式,国土资源部2006年307号文件发布了关于《全国工业用地出让最低价标准》的通知,以及《招标拍卖挂牌出让国有土地使用权规范》的规定,对于新的工业用地出让最低价将按照"不低于土地取得成本、土地前期开发成本和按规定收取的相关费用之和"的标准制定,并将工业用地最低价标准制定权从地方政府收归中央。按照规定,今后工业用地必须采用招标拍卖挂牌方式出让,其出让底价和成交价格均不得低于所在地土地相对应的最低价标准。这将有利于杜绝地方政府变相低价卖地行为,让工业用地的价格从随意性很大,以至于"暗箱操作"的桎梏中走出来,有利于矫正政府在管理工业用地、规范工业用

① 熊国平.当代中国城市形态演变[M].北京:中国建筑工业出版社,2006:226

地秩序方面的失误和缺位，工业用地的批租环节将日益市场化、规范化，这是深化土地使用制度的必然结果。

近来，国家还加大了土地执法力度，一是百日行动重点查处“以租代征”①；一是五部委联手清理闲置土地②。广东省东莞市自 2006 年以来，仅用一年多时间即征收土地闲置费 2.8 亿元，盘活消化闲置土地 4.3 万亩（1 亩≈666.7 m^2），完成总处置任务的 92.3%，有效地整顿了土地市场秩序，盘活了存量建设用地资源。东莞市提出“以用为先、依法进行、分类处置、集约利用”的原则，扎实推进处置工作。根据闲置土地的不同类型，采取 6 种方式处置闲置地，分别是：计征土地闲置费，限期开发，地块置换，退地还耕，协议收购或托管，强制无偿收回。在此过程中，东莞市还注意将处置闲置土地与各镇区的招商引资、城市规划等长期发展目标相结合，以取得多赢的效果③。

3.4.2 产业升级：由“制造”向“创造”的转变

创新是开发区发展的灵魂。未来学家托夫勒指出：“资本的时代已过去，创意时代在来临；谁占领了创意的制高点谁就能控制全球！主宰 21 世纪商业命脉的将是创意！创意！除了创意还是创意！”在全球化和知识经济下，以自然资源为基础的经济中所重视的资源禀赋、地理位置、丰富而廉价的劳动力资源等因素在创新型开发区退而居次，而知识、技术、人才、信息基础设施等成为更加重要的因素。非实物因素如社会资本、社会网络等作用在园区发展和创新中的作用凸现出来，园区发展所表现的差异性越来越多地受制于区域发展的非物质、非贸易的一系列的制度规则和社会惯例所形成的社会资本存量的制约，它们构成园区创新环境的内容，而创新环境的质量和优势则决定了园区创新的基础条件即园区吸引和留住各种流动性资源的黏性④。对照台湾产业微笑曲线图可以发现，目前我国不少开发区的产业尚处在微笑曲线的中间位置，即处于产业链附加值的低端。这是由于过去我国开发区在发展思路上存在着重产业轻研发、重招商轻成果产业化、重规模轻科技含量等问题。这种发展思路必然导致开发区的产业竞争主要通过劳动力优势和成本优势获取利润，随着我国经济的快速发展，劳动力、土地和自然资源的成本正在加速提升，开发区的传统成本比较优势将不复存在。为了获得新的竞争优势，开发区必须通过着力提高自主创新能力，培育出一批拥有自主知识产权、在国际上具有竞争力的高新技术企业群。改革开放 20 多年来，中国石化不断学习、引进、吸收国外同行的先进

---

① 国土资源部. 全国土地执法百日行动方案，2007 年 9 月 12 日。

② 监察部，国土资源部，财政部，等. 关于开展国有土地使用权出让情况专项清理工作的通知（监发〔2007〕6 号），2007 年 8 月 8 日。

③ 彭勇. 一年处置 92%闲置土地：东莞下了哪些功夫[N]. 经济参考报，2007 - 09 - 21

④ 陈家祥. 国家高新区功能异化偏离与回归提升的研究[D]. [博士学位论文]. 南京：南京大学，2007

经营理念、管理方法、科学技术，并不断在生产工艺、工程技术、制度、营销手段、信息技术应用等方面自我创新，取得了飞跃式发展，无论是经济总量、经济效益，还是集约利用水平，都达到了世界先进水平（表 3－30）①。常州国家动画产业基地是在原来常州市国家级高新区内的传统工业厂房基础上进行产业升级，仅占用了一栋楼宇，其年产值就达到了 15 亿元之多。这远高于原来的高新区单位面积工业用地的年产值，很好地提高了开发区相对于城市的空间效益水平。

赛迪顾问公司总裁助理王杰义博士跟踪研究有代表性的 107 家开发区，最后得出结论："投资环境就是生产力。"他认为，针对目前开发区现状，出路是实现产业升级，将粗放型的制造业升级为智慧、技术含量更高的创意产业，如软件业、IC 设计、网络游戏等产业。对于已经存在的制造业，可以考虑向内地转移。日本经济学家藤森英男也曾指出："（发展中国家）在当初就应预料到，随着生存条件的变化和原定目标的实现，开发区存在的必要性自然会起变化，其性质也必然会有所改变。"②台湾新竹科学工业园区的发展历程就表明自主创新是成功园区的必然路径。1993 年台湾"行政院经建会"通过了"国科会"呈报的《新竹科学城发展计划》，引导有关学校及科研单位对高新技术产业发展需要的项目进行重点突破，加速科技成果的产业化。新竹园区由此逐步向自主研发的方向转变，逐渐进入研发活动为主的阶段，由此创造了一个奇迹，成为亚洲乃至世界"复制"硅谷的成功范例。当前，我国开发区正处在"二次创业"的关键时期，其实质就是要实现阶段转换，在经历了一场清理整顿之后，开发区要在竞争中立于不败之地，就必须实现产业的升级，开发区发展到今天，不再以企业数量的多少竞争，而是以企业的技术含量和创新水平的高低取胜，这是信息化时代企业生存的必然法则。

表 3－30　中国石化行业投资用地变化对比表

时间	主要技术创新内容	投资（万元/吨乙烯）	用工人数（个/万吨乙烯）	用地面积（hm^2/万吨乙烯）
1987 年	—	5.8～6.0	333	16.66
2006 年	技术改造、专利技术、扁平化管理、改制上市、业务重组、ERP、CDS 应用	3.3～4.0	113	6.25
"十一五"目标	持续技术改造、业务重组、采用新技术新工艺	1.5～2.0	30～40	3.58

---

① 周敦友. 技术创新是节约、集约利用土地的重要途径[J]. 地政，2006(12)：48

② [日本]藤森英男. 亚洲地区的出口加工区[M]. 北京：中国社会科学出版社，1980：10

3.4.3 环境保护：由“棕地”向“绿地”的转变

开发区设立的本源就是要追求经济效益的最大化，在于营造有利于降低资本进入门槛的“成本洼地”，形成“良好的招商引资环境”，在过去的几十年里，我国一直走的是高投入、低产出的粗放型经济发展道路，由此也带来生态退化和环境污染问题，更严重的是占用大量农田耕地，完全背离了我国人均资源相对贫乏、生态系统比较脆弱的基本国情。这既是一种不可持续的盲目发展观，更是一种以牺牲大量农田耕地和破坏生态环境为代价，来换取一时泡沫经济增长的畸形发展观。开发区不应该总是以破坏生态环境为代价来换取开发利润，那么，如何才能实现开发区经济和环境效益的“双赢”呢？循环经济是一种以资源的高效利用和循环利用为核心，以“减量化、再利用、资源化”为原则，以低消耗、低排放、高效率为基本特征，符合可持续发展理念的经济增长模式，是对“大量生产、大量消费、大量废弃”的传统增长模式的根本变革。其实质是以尽可能少的资源消耗、尽可能小的环境代价实现最大的经济和社会效益，力求把经济社会活动对自然资源的需求和生态环境的影响降低到最低程度。开发区循环经济的推进，将有力地促进园区内产业集约化和集聚化，实现产业增长与环境保护的协同发展，特别是在水资源综合利用、固体废弃物的处理处置、废气废渣的利用方面，按照循环经济的要求实现资源的重复可持续利用，进一步提高开发区经济可持续发展能力。南昌市在大力实施先进制造业重要基地建设推进工业化进程中，各级政府和开发区达成共识：避免以牺牲环境为代价换来经济增长，不能走先污染后治理的老路。市委、市政府把保护生态环境列入评价各级领导干部政绩的重要内容，层层签订生态保护责任状，确立了三条防污降耗“高压线”，即大量消耗资源能源的项目不能引进、严重污染环境的项目不能引进、严重影响群众安全与健康的项目不能引进。

2007 年 4 月，国家环保总局发布《关于开展国家生态工业示范园区建设工作的通知》(环发〔2007〕51 号)，环保总局、商务部和科技部将联合在国家级经济技术开发区、国家高新技术产业开发区中开展国家生态工业示范园区建设工作。多年来，各类国家级开发区经济快速发展，在改革开放中发挥了重要示范和带动作用。随着我国建设资源节约型、环境友好型社会的不断推进，急需对传统开发区进行生态化改造，提升、优化产业链网结构和资源能源利用方式，保护区域环境，促进开发区又好又快地发展。生态工业园区是在经济技术开发区、高新技术产业开发区基础上的升级，通过对老工业园区产业技术严重落后，布局明显不合理的部分进行生态化改造，淘汰技术落后、互补性较差的产业类型，增加技术先进、互补性强的产业门类。通过这种改造，在不同产业、企业之间，构建互补的生态工业网链，从而实现产业升级、布局优化、资源配置合理化，具有明显的节能、降耗、减排效果。开展国家生态工业示范园区建设工作，对于指导我国国家级开发区提高经济增长质量、促进环境优化经济和走新型工业化道路，实现可持续发展具有重要意义。

3.4.4 科学规划:由“政绩”向“实绩”的转变

毋庸置疑,城市规划的本来作用就是要合理配置空间资源,实现集约发展和节约发展。但是,在实践中,发展观决定了规划观和规划方法。正如赵宝江所言,规划上的浪费是最大的浪费,规划上的节约是最大的节约。2005 年全国政协委员冯骥才在两会上提出了一个引人瞩目的概念——“规划性破坏”,针对的是北京古城保护的现状,认为文保区“基本都成了孤岛式”,这就是在没有确定城市的文化个性之前就进行规划的后果。同样,对于开发区来说也存在类似的问题,在“GDP 为中心”的政绩考核体系下,以追求任期内预算最大化和经济增长率为目标的前提下,上级对下级的考核指标主要以 GDP 为主,甚至成为领导干部升迁去留的唯一标准,导致了政府官员推动城市经济增长的意愿。正是在这样的基础上,将“发展”简化为“增长”,将“增长”简化为 GDP 增长,从而形成了被许多学者称为“GDP 崇拜症”的现象,导致的后果已经有目共睹。其实,这种简化的方式,并不仅仅限于“发展”与 GDP 的关系这一个方面,而是遍布于政府管理的各项事务之中①。这种偏重于物质财富增长的发展观首先导致有的地方存在不切实际地盲目追求 GDP 的增长、相互攀比、违背科学、弄虚作假、制造泡沫,形成了既没有增长也没有发展的现象②。

在粗放型经济发展观的引领下,“做大城市规模、做美城市环境”成为各级城市建设和规划的首要任务,城市规划不可避免地被赋予“圈地、扩城”的重任,描绘宏大的发展蓝图、展现优美的城市形象、推广低廉的城市资源成为地方政府强加于城市规划的难以承受之重。然而,城市规划不可能摆脱其赖以生存的社会经济环境而自存,使得实践中的城市规划在一定程度上被迫偏离了应有的轨道。这种规划模式下产生的开发区规划产品,无限放大开发区未来发展的可能性而隐藏因地制宜的可行性,固然满足了部分领导者以规划推销开发区、以规划包装开发区从而吸引资本的目的,但同时也对城市的粗放发展起了推波助澜的作用③。因此,作为权力掌控的领导者们,应该从盲目做大的谬误中清醒走出来,综合考虑现实的人力和财力,进行科学的规划,只有这样才能从真正意义上实现任期内的最大价值化;而作为国家,也应该针对不同的地区和城市制定不同的考核指标。

---

① 孙施文.现行政府管理体制对城市规划作用的影响[J].城市规划学刊,2007(5):32-39

② 熊国平.当代中国城市形态演变[M].北京:中国建筑工业出版社,2006:254-255

③ 谢晖,王兴平,章建豪,等.基于效益分析的节约型城市规划方法探索——以常州天宁经济开发区规划为例[J].规划师,2007(6):15-20

4 企业视角的开发区与城市功能互动研究

我国的开发区在经历了上世纪 90 年代初期的“过热”阶段以及其后国家的清理整顿，近几年来正不断壮大，与母城之间的关系已经不再像当初那般孤立与封闭，对于母城的依赖也逐渐减弱。相反，随着近几年国内经济的健康、快速增长，科学技术的高速发展，开发区在某些方面开始反哺母城，与母城之间的互动正逐渐增强。开发区的发展不断推动母城经济的发展，同时母城功能的不断完善发展，对周边地区的辐射也不断增强。随着城市新区的建设与壮大，使得开发区功能向多样化发展，而母城在“退二进三”促进自身与开发区之间产业功能互动的同时，也造成了职住分离现象的日趋严重。开发区与母城生活功能的互动亦愈加明显。

因此，本章以南京主城区及不同类型开发区为例，以企业作为视角和切入点，以企业本身及企业职工作为载体，通过资料收集、实地调研、访谈以及问卷调查等形式，对不同类型的开发区和城市之间的功能互动进行实证研究和探索，分析不同类型开发区与城市之间的生产、生活功能的互动，最后提出不同类型开发区与城市功能互动的模式，对开发区企业与母城之间、开发区职工与母城之间的生产、研发、居住、工作、交通等各项功能的互动进行详尽的实证分析与论述。

4.1 开发区与城市功能互动的研究对象界定

南京是中国重要的综合性工业生产基地。南京的电子、化工生产能力在国内城市中居第二位，车辆制造规模居第三位，机械制造业的技术、规模居国内领先地位，家用电器业、建材工业也都具有较大规模。南京所在的长江三角洲地区近年来发展迅猛，整体社会经济实力不断增强，已成为我国沿海地区重要的发展极和城市密集区，也是我国经济实力最强、产业规模最大的三角洲。南京的开发区在长三角 16 个城市的开发区中，无论是数量、成立时间还是发展的规模，都具有一定的针对性和典型性。因此，本章选取南京城市及其开发区作为本书的研究对象范围。

与其他城市一样，南京也拥有多级多类多个开发区的所谓“一城多区”现象。这些开发区中高新技术开发区和经济技术开发区是其中数量最多、分布最广、经济与空间规模最大、因而也是最为重要的两类（同时也是管理最为规范、相关统计资料最为完整齐全的两类）①。同时，国家级开发区一般成立时间早，

① 李俊莉，王慧，郑国．开发区建设对中国城市发展影响作用的聚类分析评价[J]．人文地理，2006(4)：39－43

发展已相对成熟，并且已具有一定的规模，具有多样的产业门类，在各方面具有绝对优势。因此，选取南京都市发展区作为本章研究的地域范围，选取南京国家级高新区以及经济开发区这两类开发区作为研究对象。基于企业的角度剖析它们与主城之间的各种功能互动，揭示不同类型的开发区与主城功能的互动模式。

所谓互动模式，即将互动看做是两个物体之间进行交往与沟通的一种形式，把两者互动过程看作是一个动态发展着的、交互影响和交互活动的过程的一种模式。本书提出的互动模式，主要是指开发区与母城之间功能互动的模式，是基于不同类型的开发区与母城之间的不同的功能互动模式而提出的。

4.2 开发区与城市功能互动的机制与规律研究

伴随着开发区的建立、成长与发展，开发区与城市之间的互动会不断增强。其中，功能互动是互动活动中表现最显著、类型最典型的一种。同时不同类型的开发区，其与主城之间的互动程度亦各不相同。

4.2.1 开发区与城市功能互动的基本机制与影响因素

城市的特征突出表现为人口的集聚和非农经济活动（生产和交换）的集聚。更为具体地说，城市的突出特征实际上是人口和企业的集聚，它的发展变化影响和决定着城市的发展变化，同时，城市的发展又反过来影响着人口和企业的集聚行为。开发区正是大量就业、居住人口与企业的集聚地。因此，探究开发区就业、居住人口、开发区企业与城市功能互动的基本机制与影响因素，对于促进城市及开发区的健康快速发展具有非常重要的战略与现实意义。

1）开发区与城市功能互动的基本机制

城市系统是一个复杂的巨系统，它包含有多个子系统。按照亚里士多德提出的“整体大于部分之和”的一般系统论观点，当个体与个体之间建立了一种联系，并增强其之间的互动时，构成的整体要大于各个个体之和①。一个城市可以被视为一个系统，是由不同类型的土地使用功能空间所构成，这些空间功能通过交通和其他通讯媒介相互联结起来，形成用地或交通系统。规划理论学者布莱恩·麦克洛克林早在他做论述系统规划理论的文章中说：“城市系统的组件是用地功能和区域位置，他们通过交通及通讯网络相互联系和相互作用。”②

由于开发区的构成主体是企业，而企业是人口和经济活动集聚的基本单元之一，城市是众多居民和企业的空间集聚体，所以，我们可以把开发区和城市看做是大量的具有某些共同利益的人组成集团组织所构成的一个系统（图 4－

① 冯·贝塔朗菲.一般系统论——基础.发展和应用[M].北京：清华大学出版社，1987

② 尼格尔·泰勒.1945 年后西方城市规划理论的流变[M].李白玉，陈贞，译.北京：中国建筑工业出版社，2006

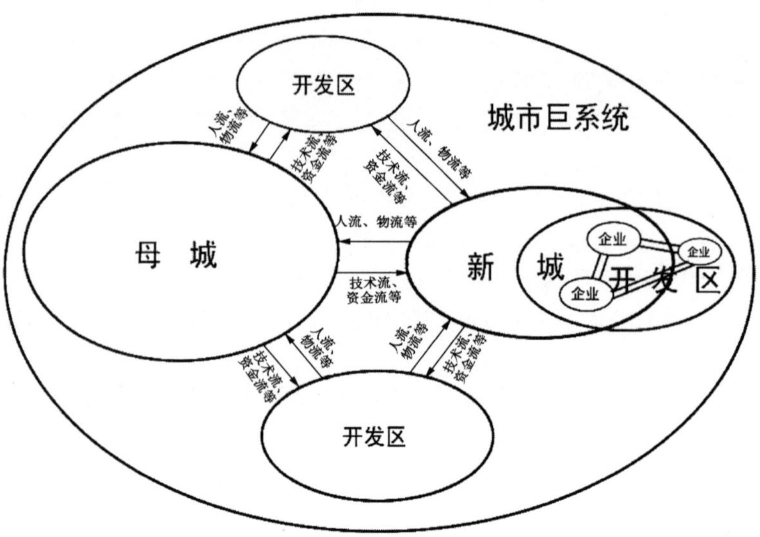

图 4－1　基于开发区与母城互动的城市系统构成

1）。而企业在这一系统中扮演着举足轻重的角色。

开发区企业的集聚促进开发区产业集群化以及经济实力的提升，从而可以反哺城市，推动城市经济的增长；开发区企业实力的提升、产业的升级带来的是城市产业结构的优化与调整；企业从主城区搬迁至外围开发区内，带来的是主城区用地结构的优化、用地价值的提升以及开发区效益的增加；企业位于主城区的研发部门与位于开发区的生产部门之间的互动带来的是开发区与城市的科研互动；企业对于原材料的需求促使它对城市的依赖，同时城市人生活的维系离不开企业产品的供给；开发区企业在提升自身竞争力的过程中，实现与高校的合作与互助，带动了开发区与城市研发功能的互动；开发区孵化企业搬迁至主城区，首先是高新技术产业的扩张，将资金物流扩散到有潜力市场的区域，然后将先进的技术力量引入这些区域；城市小型信息咨询公司与开发区大型公司之间的合作同样带动了区城之间的互动；而企业职工在开发区与城市之间工作与居住所带来的区城生活功能的互动更反映了开发区与城市功能互动的程度，对带动开发区与城市的功能互动具有非常重要乃至决定性的作用（图 4－2）。

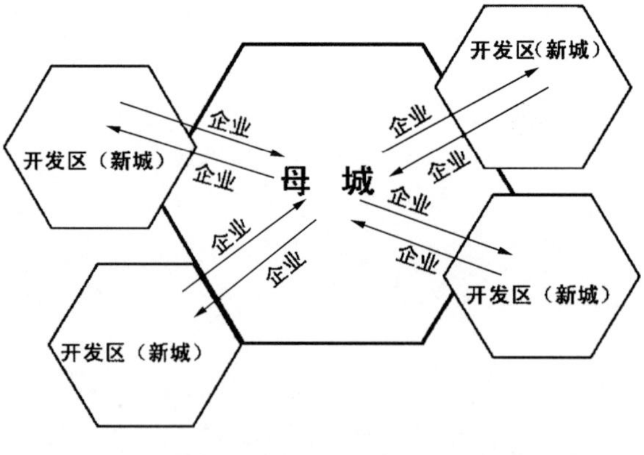

图 4－2　母城与开发区之间基于企业的互动联系

根据曼瑟尔·奥尔森的集团组织理论，在一个大集团(系统)中,除非存在强制或其他某些特殊手段以使个人按照他们的共同利益行事,否则,“有理性的、寻求自我利益的个人(包括企业)不会采取行动以实现他们共同的或集团的利益”①。例如开发区中每一个企业中的每一个员工都想得到最好的报酬,城市中的每一个企业都想进入成本低利润高的区域或行业以获得超额利润,由此,便导致了开发区与主城之间基于企业的互动,同时也说明了企业作为开发区与城市这一系统中的关键元素的重要性。

2) 开发区与城市功能互动的影响因素

影响开发区与城市功能互动的因素有很多,概括起来主要有开发区发展阶段的影响、开发区与城市距离的影响、开发区类型的影响以及区域规模与功能差异的影响四个方面。

(1) 开发区发展阶段的影响

城市的发展受到集聚向心力和辐射离心力的推动。这两种力量的相互消长,导致城市发展呈现出阶段性,我国开发区的发展同样呈现出发展的阶段性。不同的发展阶段,开发区与城市功能互动的强度是不同的。在探索起步阶段,开发区较为孤立,属于典型的“院墙经济”,与城市几乎不存在任何互动;随着开发区自身的不断发展,其基础设施及功能也愈加完善,与母城之间的功能互动逐渐增强;到了开发区的成熟稳定阶段,其与城市各项功能的互动将达到一定的强度;随着开发区三产服务业份额的不断增加,开发区与主城的互动更加剧烈,各项城市功能的不断完善将最终导致开发区的“新城化”,一座座新城随之兴起。

(2) 开发区与城市距离的影响

距离同样是影响开发区与城市功能互动的一个重要因素。只有在一定的距离范围内,开发区与城市才能存在较为明显的功能互动。随着区域之间距离的不断增加,时间及经济成本便不断上升,从而导致了互动的“不经济”现象的产生,成为制约开发区与城市功能互动的重要因素。从企业的角度来看,过高的交通时间和运输成本是阻碍其在区域之间活动的主要因素;从居民和职工角度来看,过高的通勤成本是阻碍其在区域之间异地职住的主要因素。

(3) 开发区类型的影响

不同类型的开发区,由于其产业构成、企业类型、企业职工的知识、技术水平等存在较大的差别,因此它们与城市之间的功能互动强度、类型也有所不同。与此同时,不同的类型、不同的功能的开发区与城市的互动程度也有所不同。一般情况下,大部分经济技术开发区,由于其大多为生产型企业,其与主城之间的生产功能的互动要强于其与主城的研发功能的互动;而相反,大多数高新技术产业开发区,由于大量研发型、知识型企业的入驻,其与主城的研发功能的互

---

① 曼瑟尔·奥尔森.集体行动的逻辑[M].陈郁,郭宇峰,等译.上海:上海人民出版社,1995

动更加强烈一些。

（4）区城规模与功能差异的影响

不同的区城规模、城市与开发区的功能差异对于区城之间功能互动也存在较大的影响。一般来讲，区城规模越大、城市等级越高，开发区与城市的功能就越加完善，其间的互动就越强；而相反，小城市或者是更小的县城，由于其自身经济实力、发展规模有限，对于周边的辐射较小，与开发区的互动自然就较弱。而城市功能的差异对区城功能互动也存在一定的影响。

将开发区类型这一影响因素作为区城功能互动研究的主要选择依据，通过对不同类型开发区与城市的功能互动的实证研究，对开发区与城市的各项功能互动进行深入剖析，从而归纳与总结不同类型开发区与城市的功能互动模型。

4.2.2 开发区与城市功能互动的阶段演进

在城市与开发区的发展过程中，两者的功能互动是一个动态变化的过程。开发区成立伊始，其与母城之间几乎不存在产业功能的互动，开发区还处于一个相对封闭、独立的阶段。随着主城用地的“退二进三”，更多的企业从母城搬迁至开发区内，产业功能的互动不断加强。与此同时，随着职工和就业岗位的外迁以及新城建设力度的不断加大，生活功能也得到不断的加强。开发区发展愈加成熟，功能愈加健全，即开发区发展成为一座城市的新区，其与母城之间生活功能的互动将远远超出产业功能的互动。因此，在开发区发展壮大的过程中，其与母城的功能互动是一个动态的、不断变化的过程。

以南京城市为例，早在 19 世纪 60 年代，南京老城内就已经开始兴办企业。在 1978 年以前，由于水运及铁路运输的重要性，南京都市发展区内的工业企业大都位于老城区内，以铁路、河流为轴线布局，部分沿长江、秦淮河沿线布局或者以铁路站点为中心布局。到了 80 年代，南京都市发展区范围内的工业企业布局发生了一些变化，尽管仍然以老城区内为主，但是企业的布局慢慢集聚到了城墙周边，并有部分企业开始分布在城墙外，如雨花台地区。步入 90 年代，随着开发区的建立，老城区内的部分企业开始搬迁至开发区内，老城区内的工业空间开始了更新的进程。老城区外的工业企业开始由以铁路、水运为轴布局转变为以重要的公路——绕城公路为轴布局。1990 年代末 21 世纪初，南京大多数省级以上开发区规模不断壮大，企业数量不断增多，与主城区的互动得到不断增强。整个都市发展区范围内，形成了规模化的工业空间沿长江布局，并由重要的道路与主城连接。

通过对比南京主城区内外工业用地面积数量的变化可以发现，工业用地在主城区内外有一个明显的互动变化过程。特别是在 1999 年以后，主城区范围内的工业用地有较为明显的下降，但都市发展区范围内的工业用地却有非常明显的增长。由此可以看出，在 1999 年到 2006 年之间，主城区外的工业用地有非常明显的增长，其中一部分是新建的企业，还有一部分主要是主城区内企业搬迁至开发区的企业。

4.2.3 开发区与城市功能互动的类型

开发区与城市的功能互动主要包括产业功能的互动以及生活功能的互动。不同的城市及开发区功能，其互动的规律也不同，下文就开发区与城市的产业功能互动机制、开发区与城市的生活功能互动机制进行较为全面的归纳与阐述。

1）开发区与城市产业功能的互动机制

众所周知，企业是连接居民个体与社会的枢纽，同时亦是连接居民个体与城市、开发区与母城之间的关键纽带。城市通过企业集聚获得集聚经济，城市规模随人口和生产企业的集中而扩大，城市内的企业因共享城市的基础设施和信息技术等服务而降低生产费用，从而产生集聚经济。而当城市集聚效益超过了某一临界点成为不经济时，企业生产效率下降，城市环境恶化，生产企业和城市人口便自发地向城市边缘区、开发区和外部迁移①。而构成城市产业功能的生产、研发、销售等功能也可以通过企业本身以及由此产生的一系列经济活动的效果来体现。要想深入彻底地弄清城市与开发区之间的功能互动，我们就不能忽视企业在城市和开发区发展中的功能和作用。实际上，自城市产生以来，企业与城市之间的相互作用从来没有停止过，而当企业在开发区集聚之后，其之间的互动更是愈演愈烈。

美国城市发展的历史表明：一方面，企业的兴衰在很大程度上决定了一座城市的命运，企业的发展和集聚以及开发区的形成与发展带动了城市的发展与变迁；另一方面，一座城市的规模、功能和空间布局等方面的发展变化也正越来越强烈地影响着企业的集聚、开发区的发展以及产业结构的变动。

本书中城市的产业功能主要包括两部分，即开发区的产业功能以及母城的产业功能。具体主要是指开发区与母城的生产、销售及研发功能，它们通过开发区与母城的企业这一载体表现出来。

（1）生产功能互动

企业的生产功能，是指企业具有制造某种产品的功用及能力，体现了一个企业制造产品的能力。本书中所提出的基于企业视角的生产功能，不只是狭义上的生产制造功能，而是囊括了企业制造物质、非物质等一系列产品在内的一个广义的概念。就开发区典型企业与母城之间的功能互动这一主题来说，企业的生产功能包括了企业自身产业的发展对母城的产业结构及整体经济的影响，也包括了企业的迁移为母城及开发区所带来的土地及环境等方面的影响，最后也包括了企业产品的生产与销售对母城产生的影响。因此，生产功能是一个广泛的概念，随着企业生产功能的不断增强，其对开发区及母城所产生的影响以及对它们之间的互动影响也得到了不断的强化。

---

① 刘易斯·芒福德. 城市发展史——起源、演变和前景[M]. 北京：中国建筑工业出版社，1989

现代任何城市的发展大多伴随着其企业的不断集聚增多。当城市发展到一定规模的时候,早期的一些污染大的企业就开始搬离城区,到郊区建设新的工厂区。随着城市的发展,工业企业最终几乎将全部搬离城区,只剩下部分无污染的手工业以及第三产业留在城区。大多数的工业企业都在城市外围的开发区集聚,形成规模聚集效应。随着城市产业的"退二进三",开发区的土地得到了利用,城区土地的价值也得到了体现。工业用地搬离主城区,一方面是出于城市发展的需要,土地的"退二进三""退工改居"以及环境的改善是发展的必然趋势;另一方面,更是企业与城市政府追求利益所导致的。

从某种意义上来说,企业对于开发区与母城之间的互动,不仅是一个重要的纽带,更是一个直观的体现。企业的搬迁带来了母城土地的更新、价值的提升以及环境的改善,为企业、政府乃至整个城市贡献一份经济力量,同时也对开发区产业的完善成熟、规模的发展壮大以及经济实力的提高都具有重要的作用。

(2)研发功能的互动

研发功能主要是指企业研究开发产品、项目等的自主创新能力,也同时指高校所具备的科研创新能力,相对来说其概念较为宽泛。开发区与母城之间的研发功能互动,主要是基于企业的角度所展开,具体包括企业位于母城的研发部门与其位于开发区的生产部门之间的互动,也包括开发区企业与高校等科研机构之间的互动合作,还包括孵化企业在开发区与母城之间的空间扩散所引起的互动。

随着城市"退二进三"政策的实施以及老城区工业用地的更新进程的推进,越来越多的工业企业搬迁至城外的开发区内,有些企业考虑到主城区各方面的优越条件,只将其生产部门迁至开发区,将其企业总部及研发机构留在主城区。随着企业研发部门与生产部门合作日益增强,带动了开发区与母城之间的功能互动。

当今世界科技发展越来越快速化,信息及资讯的重要性日渐突出。世界的不断平坦化带给企业的影响不仅是提高其产品的竞争力,更需要具备更加先进的软硬件设施。计算机及互联网便是当前高新技术企业乃至一般普通企业必不可少的。当人们发现越来越多的以信息、科技、计算机及网络命名的公司出现在母城一幢幢现代办公楼里,开发区企业与城市信息企业之间的合作互动正以极快的速度加剧。

另一种基于企业的开发区与母城之间的研发功能互动则主要是孵化企业的空间扩散所引起的。高新技术企业的空间扩散包括有形的物质空间扩散和无形的技术创新的扩散。首先是高新技术产业的扩张,将资金物流扩散到有潜力市场的区域,属于物质的扩散;然后将先进的技术力量引入这些区域,属于技术创新的扩散,由此加强了开发区与城市的互动。

综上所述,开发区与城市产业功能互动主要分为生产功能和研发功能互动两个方面。其中生产功能的互动主要包括开发区对母城的经济贡献及产业结构调整，基于企业迁移的开发区与母城土地价值提升及环境效益改善，基于企业产品流线及公司部门合作的互动以及基于企业产品销售及供给的互动等四个方面。研发功能的互动主要包括企业研发部门与生产部门之间的互动，开发区企业与高校等科研机构之间的互动以及孵化企业在开发区与母城之间的空间扩散所引起的互动等四个方面（图4－3）。

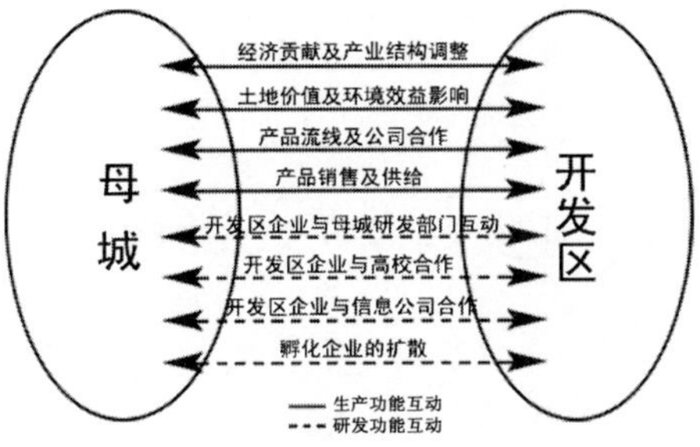

图 4－3　母城与开发区产业功能互动路径

2）开发区与城市生活功能的互动机制

在开发区出现之前，城市居民大多都在母城内就业与居住，因此就业地与居住地之间的距离相对较近，通勤时间相对较短，上下班时期的人流、车流对于交通的压力较小。随着城市土地的“退二进三”以及企业的“寻租”行为，越来越多的企业开始从母城搬迁至城市外围的开发区内，由此带来的便是大量就业岗位的外迁。由于搬迁企业中存在着大量的大型企业，包括一些原国有企业，自然存在着大量职工的就业地点随着企业的迁移而搬至郊区的开发区内的现象，而这些职工大多数均居住在母城内，很少在开发区周边购置新的居所，于是就出现了由城市职住分离现象所带动的开发区与城市的生活功能的紧密互动。与此同时，职住分离现象还给母城与开发区之间的交通带来了重大的压力。每到上下班高峰时期，母城与开发区的主要交通干道上便充斥着大量由职住分离所带来的交通流，极大地增加了城市交通负荷。

因此，开发区与城市生活功能的互动主要体现在两地就业及居住人口之间的互动，以及两者之间交通的联系程度。早在《英格兰城市控制》调查总结报告中，霍尔在其提出的“战后规划体系产生的三大效果”就提及“郊区化”这一效果。他认为“郊区化”是指家居地与工作地越来越分离，使得上下班的路途更漫长（即拥挤的“上下班交通”）①（图 4－4）。

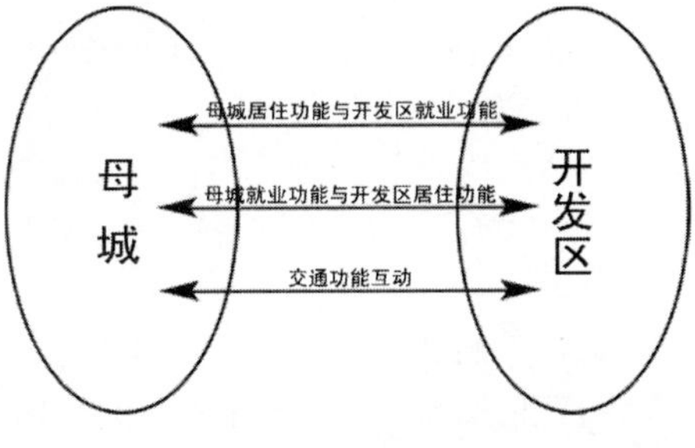

图 4－4　母城与开发区生活功能互动路径

开发区与城市是一个复杂的巨系统，不仅与外部之间进行着复杂的互动交流，其内部开发区与母城之间也存在着各种功能互动。尽管生活功能的互动是由生产功能的互动所衍生的，是产业功能的“副产品”，但其仍是其中极其重要

① 尼格尔·泰勒．1945 年后西方城市规划理论的流变[M]．李白玉，陈贞，译．北京：中国建筑工业出版社，2006

又关键的一环。开发区与母城之间的生活功能互动，折射出来的不仅是其间人流、车流等的互动，更反映了城市居民及开发区职工职住空间分离现象以及通勤问题。

4.3 开发区与城市的产业功能互动

开发区与城市之间的互动是随着各自发展规模的不断壮大、设施不断完善等过程不断加强的。既有功能上的互动，也有空间等其他方面的互动。而开发区与城市的功能互动中又存在着产业功能、生活功能包括交通功能等多方面的互动过程。要深入剖析开发区与母城之间的功能互动，就必须对其间的产业、生活包括交通在内的不同功能的互动进行逐个剖析，深入挖掘其间互动的程度。

不同类型的开发区，由于构成其的企业主体及产业类型存在着相对较大的差异，因此与主城的功能互动存在着不同的互动特征。本节以企业本身作为视角及切入点，以实证研究的方法对南京高新技术产业开发区和江宁经济技术开发区与母城之间的产业功能互动进行深入剖析，力图通过案例的分析，更深一步的探析其间的互动程度及类型。

4.3.1 江宁经济技术开发区与城市的产业功能互动

江宁从东南西三面环抱南京主城，2000 年 12 月撤县设区，是南京市“三大新市区”之一，一个典型的由工业化推动城市化的地区。区域面积 1 573 km^2，辖 9 个街道，常住人口 95.2 万人，流动人口 52 万人。2006 年 3 月，江宁区进行新一轮的行政区划调整，由原来的 20 个街镇调整为 9 个街镇。本书中所指的江宁经济开发区，是指基于江宁开发区所发展起来的东山街道及三个园区的一个整体，它是一个空间上连续的城区，是一个广义的概念，而不仅仅是一个单纯的产业空间。经过多年的发展，它已经具备了新城区的综合功能。这个三面环抱南京主城的新城区，在近 10 年时间内，以惊人的发展速度崛起在主城的南部。随着江宁城区建设的不断完善，开发区产业的升级以及企业实力的增强，其与主城之间的各种功能互动愈加明显。

随着近几年江宁开发区的发展建设，工业化不断推动城市化，江宁已经不是当初的那个农业县城，也不是那个只有大片工业用地的产业空间，而是南京三个新市区中功能最综合的城区，是南京规模最大的一座新城。它与主城之间的联系正由于其自身的蓬勃发展而不断加强。

1）江宁经济技术开发区典型企业选取

本书主要是以企业作为视角和切入点，通过企业来审视当下开发区与主城之间的功能互动。因此，开发区企业选取的典型性与代表性将是其中较为重要的一环。对典型企业的选取主要是基于开发区自身产业的发展。由于主导产业是开发区最主要的产业构成，主导产业中的典型企业更能代表开发区其他企业。因此，对开发区的主导产业进行分析，选取各主导产业的典型企业，作为研究对象。

江宁开发区经过多年的发展，已经形成电子信息、汽车制造和零部件、光电设备、新能源、软件研发、现代物流及航空七大主导产业，其典型企业如表 4－1 所示。

表 4－1　江宁开发区主导产业典型企业一览

企业名称	用地面积	建设情况	投资规模	优势产品	产业类型
菲尼克斯	144.8 亩	已建成	8 000 万元	现场总线、PC-Based 等	信息产业
爱立信熊猫	105.2 亩	已建成	—	数字移动通信系统等	信息产业
伟创力	—	已建成	1 500 万美元	世界级电子产品	信息产业
统宝光电	1 522 亩	一期建成	9 500 万美元	低温多晶硅 TFT LCD 面板	信息产业
华宝通讯	248 亩	已建成	2 950 万美元	PDA 和 GSM、CDMA、GPRS 手机电池模块、其他相关配件	信息产业
跃进轻卡	1 102 亩	已建成	20 亿元	跃进系列轻型载货汽车等	汽车制造和零部件
南亚自动车	960 亩	已建成	30 亿元	菲亚特·派力奥车型	汽车制造和零部件
长安马自达汽车	约 1 935 亩	已建成	38.4 亿元	福特、马自达系列轿车	汽车制造和零部件
长安马自达发动机	435 亩	已建成	13 920 万美元	福特、马自达系列发动机	汽车制造和零部件
塔塔汽车零部件系统	39 亩	在建	1 100 万美元	汽车内饰系统注塑成型件	汽车制造和零部件
南瑞继保	16.7 亩及 85.6 亩	已建成	2 亿元	电力系统保护、控制体系	光电设备产业
国电南自	145 亩	已建成	3 亿元	输变电保护及自动化系统	光电设备产业
国电南思	30 亩	已建成	—	NS 系列产品	光电设备产业
北方信息	600 余亩	已建成	—	NM801 智能仓储系统等	光电设备产业
大陆中电	43.2 亩	已建成	—	电站测控、电力环保	光电设备产业
南京中电光伏科技	80 亩	三期建设	18 510 万美元	硅太阳能电池	新能源产业
中兴软件园	1 000 亩	未建	30 亿元	3G、D-SCDMA 无线网产品等	软件研发产业

续表 4－1

企业名称	用地面积	建设情况	投资规模	优势产品	产业类型
江苏软件园吉山基地	6 km^2	已建成	250 亿元	面向中小型软件与研发企业的“创意街区”	软件研发产业
西门子软件与系统工程	51 亩	已建成	1 000 万美元	面向本地客户和市场的产品、系统和解决方案开发	软件研发产业
摩托罗拉南京软件中心	33 亩	已建成	1 000 万美元	手机、通讯软件等	软件研发产业
南京农副产品配送中心	3 000 亩	在建	30 亿元	农副产品加工一体化	现代物流产业
中邮航空速递集散中心	1 200 亩	在建	13.9 亿元	全国性速递邮件集散中心	现代物流产业
滨江码头	653 亩	在建	2.83 亿元	长江南岸重大产品集散地	现代物流产业
日捆物流	60 亩	在建	1 345 万美元	仓储运输、捆包及汽车物流	现代物流产业
普洛斯物流	397 亩	在建	8 000 万美元	工业及物流仓储设施开发	现代物流产业
金城机电液压研究中心	430 亩	未建	5 亿元	航空液压机电设备	航空产业
金城集团有限公司	1 000 亩	已建成	40 亿元	小型飞机发动机	航空产业
深圳航空江苏分公司	—	—	40 亿元	—	航空产业

考虑到主导产业中部分企业的建成情况、调研可行性以及相关资料的可获得性，共选取熊猫集团、南京跃进有限公司、北方信息集团 3 家典型企业作为研究对象。同时，由于江宁开发区内产业门类较为多样，考虑到企业对象的代表性及典型性，另选取晨光集团、雪花啤酒集团（考虑其知名度及企业规模）作为其他两个典型企业，以剖析江宁开发区与主城之间的产业功能互动。

2）江宁经济技术开发区典型企业与母城的生产功能互动

就上文所选取的多家典型企业中的部分企业作为对象，分析其生产功能的各方面对于开发区及母城的影响，以及由此所带来的一系列互动。

（1）经济贡献及产业结构调整

近几年，随着江宁开发区的不断发展，其对主城产业结构的调整与重组产生了重要的影响。表面上，江宁经济技术开发区的发展带动了南京城市的空间的增长与城市空间的演变，而其内在的根本性动力来自于江宁开发区与南京主城间以经济活动（企业）为载体的相互推动力。这些潜在的推动力不仅对江宁开发区的产业经济发展产生了深远的影响，而且对作为母城的南京市的产业经济也起到巨大的推动作用。江宁开发区对南京整体经济的推动可以从全市各区 GDP 构成上反映出来①(图 4－5)。

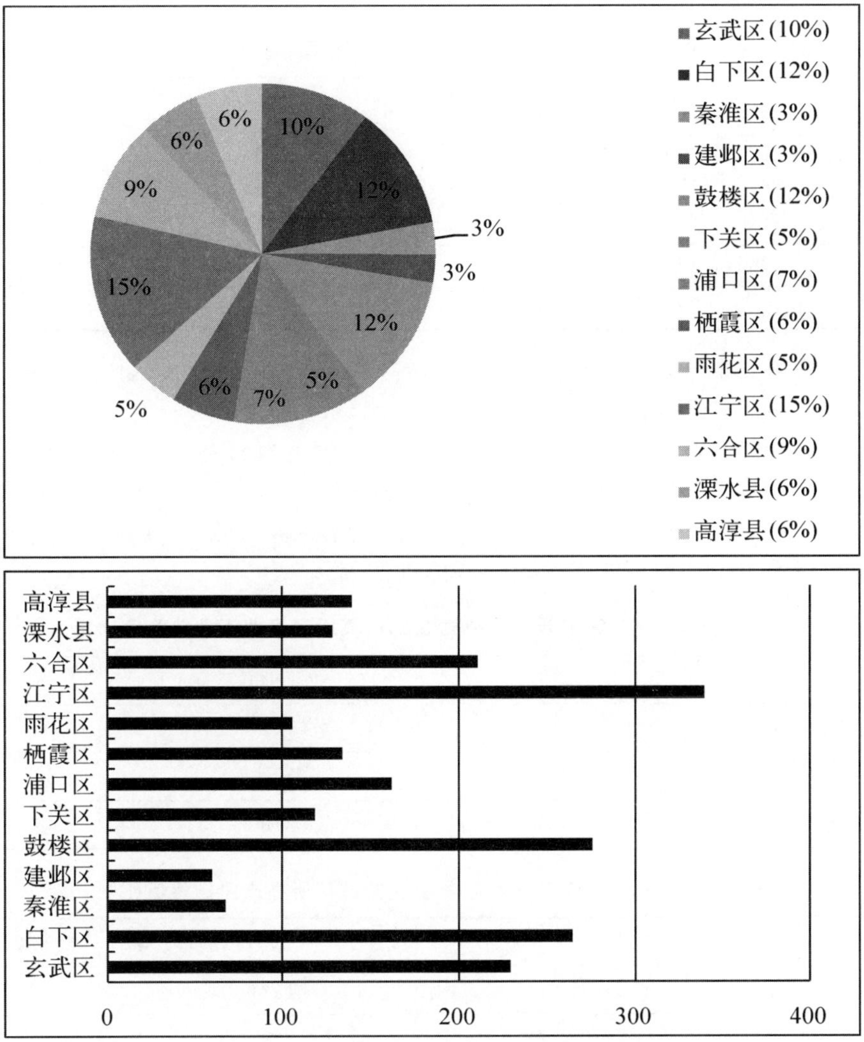

图 4－5　2007 年南京各区 GDP 构成及比例

同时，江宁开发区在南京的地位可以从地区工业总产值、规模企业利税总额、利用外资以及财政总收入的比例得到反映。2007 年，江宁开发区所属江宁

① 由于江宁开发区各项经济指标在江宁区整体指标中均为主体、占据绝对主导的地位，因此本文认为江宁区对南京的经济贡献基本反映了江宁开发区对南京的经济贡献。

区的地区工业总产值占南京市总量的13.2%，位居南京各区之首。其规模企业的利税总额占南京的比例也达到了10.4%，工业投资及财政收入的比例均超过了25%。由此可以看出江宁开发区所在地区对于整个南京经济的巨大推动(表4-2)。

表4-2 江宁区部分经济指标在南京总量中的比例

	江宁	南京	比例(%)
地区工业生产总值(亿元)	212.5	1 605.0	13.2
工业投资(亿元)	240.5	930.6	25.8
规模以上企业利税总额(亿元)	63.8	612.0	10.4
实际利用外资(亿美元)	6.0	20.6	29.0
财政总收入(亿元)	111.1	628.5	17.7

再分析江宁开发区内重点企业的经济数据便可发现，开发区内主导产业的典型企业对于其所在产业的发展与推动作用是巨大的。这一点不仅能从其企业的规模看出，同时也可以从其工业总产值及销售产值占开发区该产业的工业总产值及销售总值比例中得到证实(表4-3、表4-4)。同时，江宁开发区纳税额1 000万元以上的51家企业占了开发区全年工商税收的61%，约25亿元，这也可以看出企业对于开发区的经济推动作用。

表4-3 2006年江宁开发区典型企业占其所在产业工业总产值比例

	企业工业总产值(万元)	所在产业工业总产值(万元)	比例(%)
爱立信熊猫	1 061 057	13 696 816	7.75
南瑞继保	170 857	520 721	32.81
中电光伏	149 588	319 213	46.86

表4-4 2006年江宁开发区典型企业占其所在产业销售值比例

	企业销售收入(万元)	所在产业销售总值(万元)	比例(%)
爱立信熊猫	1 136 158	13 746 031	8.27
南瑞继保	170 857	519 955	32.86
中电光伏	137 628	315 910	43.57

从江宁开发区工业利税百强企业、工业固定资产规模百强企业、销售收入百强企业、工业产值百强企业的排名榜单中可以发现，电子信息、汽车、新能源、航空及光电设备产业几乎占据了百强榜的七成。其中，笔者所选取的典型企业大多均出现在百强榜单之中。这也从另一侧面反映出典型企业在其所在产业以及江宁开发区所占有的重要地位(表4-5)。

表 4－5　2007 年江宁开发区各产业中工业利税百强企业数量一览

产业类型	企业数量(个)	产业类型	企业数量(个)
电子信息	27	光电设备	12
汽车	5	生物医药	5
新能源	7	机械制造	11
航空	4	食品	7
其他	22	—	—

因此,企业的发展壮大不仅对江宁开发区经济及产业发展具有重要的推动作用,更对南京整体经济的发展以及产业结构的优化具有举足轻重的作用。

(2) 土地价值及环境效益影响

南京的近代工业企业早在 19 世纪中叶就开始在城区出现,到了上世纪 80 年代末 90 年代初,随着政府的相关政策以及自身发展的推动,大量工业企业开始搬离主城区到郊区开发区内,形成 4 个国家级开发区以及多个省级开发区,南京主城工业用地正式拉开更新改造的步伐。因此,企业搬迁所导致的城区工业用地的更新改造,不仅增强了开发区与母城间的互动联系,更为企业及政府带来可观的效益回报。

下文就主城内典型企业在搬迁至江宁开发区后所引发的各种效应,如开发区的发展壮大、城市土地价值的升值体现以及环境效益的改善进行具体的剖析,以期能反映城市与开发区之间产业功能互动的状况。

总部位于西安门的金城集团公司,前身是 1949 年新中国成立后成立的金城机械厂,最初从事飞机综合修理,1979 年踏上了军转民之路,首辆金城摩托车诞生①,2000 年开始进入三产领域。金城集团在江宁开发区有两个厂址,其一是南京机电液压研究中心(简称"南京中心"),主要进行航天液压等技术的研发及产品生产。"南京中心"于 2005 年建成,金城集团在这片 400 多亩(1 亩≈666.7 m^2)的土地上不仅接收了从主城搬迁过来的部分生产线,并扩大了原先的生产线。其二为坐落于南京绕城公路周边的高桥门厂区,与主城之间的联系更加紧密,此厂区的面积仅为 3～4 hm^2,主要进行摩托车零部件的铸造生产。

金城集团的进驻不仅为江宁开发区提供了大量的税收收入,也带动了周边产业的发展,为形成摩托车产业集群奠定了一定的基础。同时,厂区的建设带来的是基础设施的建设,对该地段交通的改善以及周边土地的升值都起到了一定的促进作用。

从老厂区土地性质的改变可以看出土地价值的提升对于企业土地利用方

① 南京市统计局,南京市人民政府办公厅. 南京 50 年[R]. 南京:南京市统计局准印本,1999

式所产生的影响。

现状老厂区主要分为两大片，以厂区中间一条南北向主路为界，东片区仍然作为生产车间，主要是一些高端精密仪器部件的生产，沿中山东路、瑞金路主要为商铺，其中瑞金路上有一小块用地作为员工的产权房，沿解放路一侧用地前几年被政府征用，现主要为一些企事业单位（工商局、银行等）以及部分商铺，仅留一入口作为厂区的东大门；西片区用地较为复杂，内有一条城市主要道路龙蟠中路穿越而过，路西主要用于出租（新东方学校等）以及部分公司办公用房，路东侧北部为西安门广场以及部分军区用地，广场以南为月星家居城，是公司出租的土地，家居城以南为集团的办公用地，公司的总部、办公、研发、档案馆以及销售等部门均在此处。2008 年年底公司总部以及研发机构等已搬迁入厂区东侧的金城科技大厦。办公地块以南主要为金润发仓储式超市，由金城集团公司持股，为公司发展三产的重要部分，它的建成带动了周边的商业发展，具有一定集聚效应和商业吸引力。

从图 4－6 中可以明显看出近年来金城集团土地利用方式的多样化。其中，最显著的变化要数瑞金路两侧。瑞金路位于金城旧厂区南，于 1980 年代自发形成。在此之前，路北为金城机械厂工业用地，路南为金城机械厂职工生活区，两片土地均为金城所有。起初瑞金路两侧几乎没有商贸服务业用地，1980 年代由于政府的介入，购买了路南的生活区土地，并将其改建为门面房、学校等服务性质用地。为了充分利用具有升值潜力的土地，金城企业随后将路北改建为企业的产品展示、维修等三产用地，丰富了整条街道的业态，同时也使整个地段的商业氛围得到了极大的提升。

（a）金城地块 2001 年土地性质　（b）金城地块 2005 年土地性质　（c）金城地块现状土地性质

图 4－6　金城地块典型年份用地性质

可以说，金城大部分工业用地的搬迁导致了位于母城的老厂区以及整个周边地段的土地利用方式的转变。但从另一个角度也可以看出，正是由于金城老厂区土地价值的不断提升，导致了企业与政府做出了搬迁企业工业生产部门的决定，从而也使金城集团在江宁开发区内能够发展得更好。这本身就是开发区与主城之间的功能互动过程，只是这个过程通过一个企业可以非常直观地得到体现。在金城生产部门搬迁之前，其老厂区由于空间的局促以及土地的有限，无法发展三产，也无法出租任何土地给第三方。与此同时，当前金城集团位于江宁开发区内的土地价值在金城入驻之前也没能得到体现，当然它对江宁周边地段也无法产生任何影响。一经搬迁，不仅企业方得到了可观的收入，其产业的多元化之路也能得以实施，同时各厂区对其所在地段周边将产生巨大的影响，这种影响是渐进的、可持续的。这也正是一个企业所体现的开发区与母城之间产业功能互动的一个方面(图 4－7)。

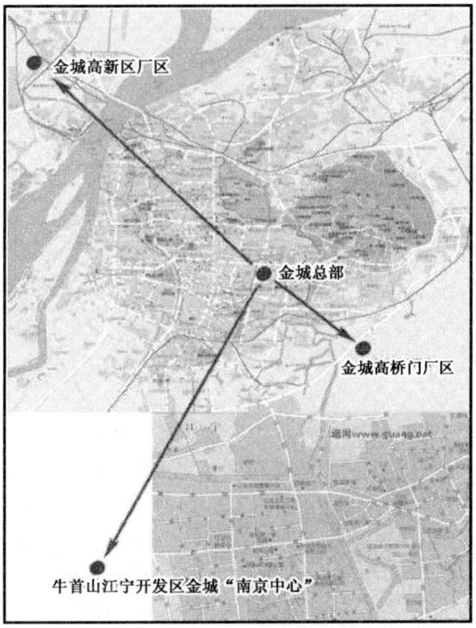

图 4－7　金城集团厂区的空间迁移

航天晨光集团也是一个从母城搬迁至开发区的典型企业。晨光集团的前身即金陵制造局，是南京近代最早的一批工业企业，现系中国航天科工集团公司所属综合大型机械制造集团公司，不仅从事军工生产，同时积极从事民用机电设备产品的开发。

晨光集团在江宁开发区内主要为两个厂区。其一为晨光机械厂，主要从事民用产品的生产与开发，位于将军大道与吉印大道交叉口的北侧；其二为航天晨光厂，主要从事军工产品生产研发，位于天元路北侧、百家湖东侧地段，更靠近东山市中心。两个厂区均为 2000 年后晨光集团为了配合政府的“退二进三”政策，同时出于自身发展的需要，从中华门地段的老厂区搬迁至开发区内。无疑，晨光集团的入驻，为开发区航空产业实力的提升以及企业周围地段经济效益的提高都发挥了不容忽视的作用(图 4－8)。

位于中华门地段的晨光老厂区成为 1865 创意产业园区用地，该园区内原为晨光厂的生产基地。其与西部的三产服务区以及南部的生产区同为晨光厂的生产区。如今，原三产服务区仍然作为食堂、宾馆等继续运作，南部厂区仍然为生产基地(保留高端科技研发型航空生产线)，只有 1865 园区所在的区域被作为老建筑的保留区，改造为科技文化产业园。

晨光老厂区在改造前均为工业用地，如今随着部分生产部门搬迁至开发区，原来的这部分土地被开发为都市产业园这一新兴的开发模式。同时，园区北侧沿秦淮河一带打造的休闲餐饮区已在开发建设中。相信该项目的建成，对于该地段商业娱乐氛围的提升，对周边老百姓生活品质的提高，将具有非常重要的现实意义。

企业的搬迁带来了母城土地的更新、价值的提升以及环境的改善，为企业、政府乃至整个南京的经济发展贡献一份力量，同时也为开发区产业的完善成熟、规模的发展壮大以及经济实力的提高都具有重要的作用。因此，透过企业

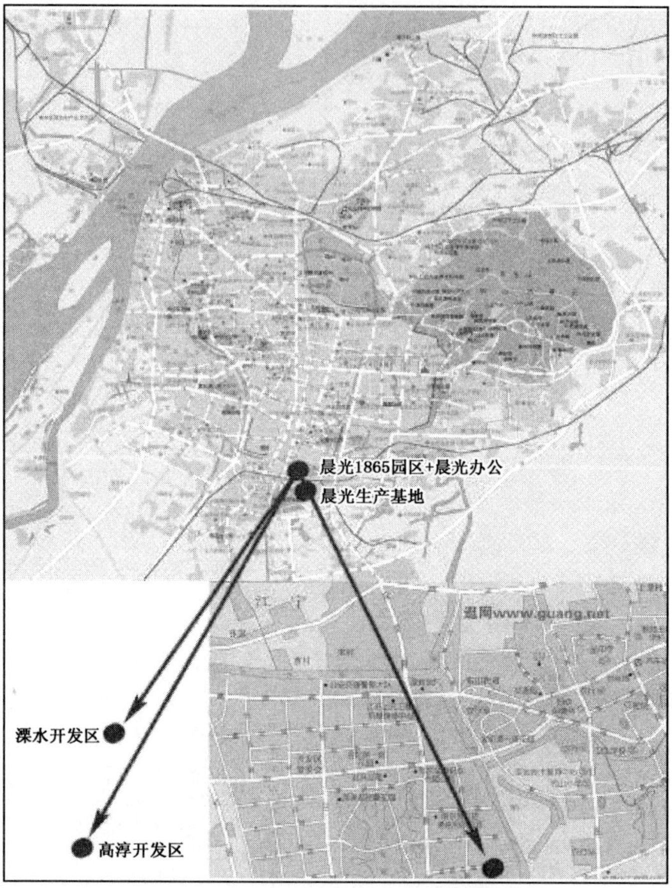

图 4－8　晨光集团生产部门空间迁移

这一视角，窥视开发区与主城之间产业功能互动的一斑一点，能够形象而直观地理解这一互动的过程。

（3）基于企业产品流线及公司合作的互动

开发区与母城之间的产业功能互动还表现在企业的产品流通以及企业与企业之间、企业内部各部门之间的互动。下面将剖析两个企业的产品及部门之间的互动来分析开发区与母城之间的此种产业功能互动。

金城集团在早期主要是从事航空工业的军工企业，尽管仍然保留这一核心研发生产部门以及流水线，但今日被人们所熟知的金城集团已经不是当年那个军事性、与外界相对闭塞的企业，而是在街道上随处可见的金城摩托车的生产商。细数金城集团主要的产品，大多已是摩托车、电动车及其零部件。随着金城集团制造的摩托车、电动车远销全国乃至世界各地，金城的民品品牌效应正日益提升。

金城集团现有 5 个厂区，其中总部西安门厂区主要进行摩托车发动机的研发与生产，这是摩托车最核心的技术部门，至今仍未搬出母城。据金城集团相关部门领导透露，摩托车发动机的研发是企业最核心的技术，保密十分重要，因此研发部门会一直留在主城内，但发动机的生产部门由于整个城市工业用地更新的态势，最终必然将搬离母城到近郊的开发区内。江宁开发区金城“南京中心”则主要从事摩托车造型及其他配件的研发与生产，摩托车的造型主要是由“南京中心”进行设计研发，但“南京中心”的生产部门只生产摩托车部分配件，其他配件由位于江宁湖熟街道的生产部门、高桥门的生产部门及位于南京浦口高新区的生产部门进行铸造、生产。5 个厂区的生产部门集合起来最终形成一条完整的摩托车生产流水线，同时还包括了发动机及其他零部件的研发、设计，随之形成了摩托车发动机及配件往返于各开发区与主城生产部门之间的现象。

金城不同的生产、研发部门位于城市不同的厂区。西安门总部首先是进行发动机的研发以及生产，然后将发动机直接运送到江宁“南京中心”进行加护及配件安装，形成一个完整的发动机产品。高桥门厂区主要负责摩托车车身零部件的铸造，其成品也将被运送到“南京中心”，而浦口高新区部门制造的零部件则被直接运送到湖熟街道的“摩托城”，而其他所有摩托车的零部件、半成品也将被运送到湖熟生产部门进行组装，形成成品。最后这些成品摩托车再由位于瑞金路的销售部门根据各地市场进行产品配送，当然其中有部分也被运送到了南京的各个金城摩托专卖店，最终销售到市民手中(图 4 - 9)。

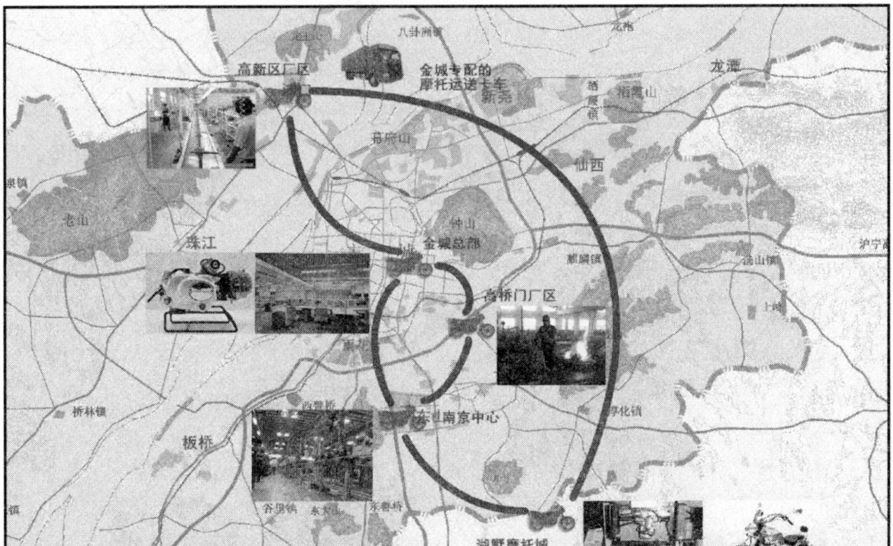

图 4 - 9　金城集团摩托车各生产部门之间路线关系图

金城集团与其他企业之间的合作也较为频繁，最典型的是与台湾大润发集团以及连邦信息公司之间的合作。最初金城集团为了发展三产，将部分生产部门搬迁至开发区，然后创办了金润发超市，即现在位于瑞金路与龙蟠中路交叉口位置的仓储式超市。它的建成不仅方便了周边的市民，也带动了该地段商业氛围的形成。台湾大润发集团利用此契机，与金城集团签订合作协议，得到金润发超市的品牌使用权以及经营权。如今，金润发超市遍地开花，多个城市均有其身影。尽管原本准备入驻江宁的金润发超市由于种种原因一直被搁置，但毫无疑问，分布南京及各地的金润发超市之间的产品流通正加强着各区之间的互动联系。相信随着江宁金润发超市的建成，开发区与母城之间的互动将得到进一步增强。

同时，经笔者与金城相关领导进行的访谈以及相关网络查询得知，金城集团的官方网页由江苏连邦信息技术有限公司制作。这个坐落在南京珠江路280号珠江大厦内的公司正如同这栋楼里其他大多数计算机信息公司一样，帮助一些大型企事业单位制作官方网页并负责后期的维护及技术支持，这将在下一节中进行重点阐述。据笔者调研，金城江宁厂区的所有计算机及网络维护均由连邦公司负责。像这种开发区的企业与主城区内的企业相互合作的现象在南京还有很多，这正反映了随着开发区许多大型企业发展的逐步数字化、高科技化，它们与母城一些小型计算机网络技术公司之间的合作正愈加紧密，这同时也加强了开发区与母城之间的经济与信息功能互动，而这一互动过程亦正是通过企业这一载体而得到体现。

（4）基于产品销售及供给的互动

在开发区有许多生产食品饮料的大型企业，它们的产品不仅销往全国以及世界各地，同时也在其生产所在地开设各类销售店铺或者直接放置到超市进行售卖。特别是酒水饮料类产品，由于其对新鲜度的高要求，注定其将本地市场作为最重要的销售场所。华润雪花啤酒有限公司即是其中典型的一例。

雪花啤酒公司从一个很少被人提起的单一工厂发展成为行业内的知名企业，用了10年的时间。2006年，华润雪花啤酒在中国创造了全国销量第一的业绩，其在江苏区域的业务发展也保持了50%以上的增长速度，实现利润2 600万元，纳税1.2亿元，产销量为江苏省内同行业第一。而在众多区域市场中，南京市场的增长尤其引人注目，2006年南京市场销量较上年相比增长90%。2007年，华润雪花啤酒（南京）有限公司建设工程在江宁区开工建设，项目总投资9 000万美元，建筑面积1.6万m^2。它虽是一个区域性的生产基地，但南京本地永远是其最重要的一个市场。

华润雪花南京公司总投资达7亿元人民币，拥有4条全自动灌装线，一期设计产能达40万吨，建成后成为长三角地区一次性投产规模最大、设备最先进的啤酒生产基地。同时，每年为江宁开发区以及南京地区创造数千万元利税。自2009年1月以来，销售收入已经达到4 600万元。除了经济方面的贡献外，其在母城内开设的销售点更是联结成网，最主要的销售点位于南京市湖南路商业圈内的江苏大厦内。这种“前店后厂”式的互动方式在江宁开发区乃至南京其他开发区都是非常多见的，如旺旺集团、百事可乐、卫岗乳业等公司。它所带来的不仅是税收等经济上的贡献，更体现了原材料供给和成品销售引起的开发区与母城之间互动的增强。

3）江宁经济技术开发区典型企业与母城的研发功能互动

近几年，江宁开发区的产业正往研发型、技术型、知识型的方向发展，不断壮大成熟。2006 年全年新增高新技术企业 20 家，高新技术企业累计达到了 170 家，全年实现工业增加值 60 亿元，实现利税 58 亿元。由此可以看出，江宁开发区的科研力量正在不断增强。

特别是以熊猫、爱立信、华宝通讯、英华达科技等为重点的电子信息产业，2006 年成为全区的第一大产业，企业的自主创新能力及研发实力正不断增强，高新技术开发项目接近国际领先的水平。而其他如汽车产业、生物医药产业以及新材料产业也为开发区的科研创新能力的提升贡献了自己的一份力量。

2007 年，江宁开发区有科技人员 15 953 人，占总就业人数的 3.76%，相对于前几年来说有了一定程度的提高，但幅度不大（表 4-6）。因此，尽管其与南京高新区的人员构成类似，由企业管理人员、职工及科研机构人员组成，但其科研人员及实力与高新区均存在一定的差距。

表 4-6　江宁区科技实力变化

年份	2004	2005	2006	2007
科技人员（人）	15 011	15 173	15 529	15 953
总就业人数（人）	403 557	409 778	416 556	423 886
比例（%）	3.72	3.70	3.73	3.76

根据笔者在江宁开发区发放的问卷统计，江宁开发区企业中大学本科及以上学历的职工占所有职工的比例大约在 30%左右，有部分企业相对较高，如南瑞继保公司拥有职工 600 人，其本科及以上学历的职工占 85%，其中硕士生占将近 30%。

因此，开发区与母城之间研发功能的互动可以通过企业内研发与生产部门之间、企业与高校等科研机构之间以及孵化企业的空间扩散得到体现。

（1）开发区生产部门与母城总部研发部门的互动

随着南京主城"退二进三"政策的实施以及老城区工业用地更新进程的推进，越来越多的工业企业搬迁至城外的开发区内，其中有些企业只将其生产部门迁至开发区，而将企业总部及研发机构留在主城区。例如，金城集团只将其部分生产部门搬迁至开发区，而其行政管理及研发部门仍留在母城西安门厂区。再如航天晨光集团，其老厂区位于老城中华门地段，由于城市的扩张，原本位于城市边缘地段的土地不断升值，因此公司决定将部分生产基地搬迁至开发区，而将原址改造成都市工业园区，此举不仅得到了可观的经济回报，1865 园区也为晨光集团树立了一个对外宣传与展示的平台，提高了其在市民心中的知名度。而像北方信息产业集团那样将原厂区所在地段土地完全拍卖，公司各部门全部搬迁至江宁开发区的企业也不在少数。

据笔者对金城集团总部相关领导的访谈获知，金城集团最核心的生产及研发部门仍位于西安门厂区，尚未搬迁。今后，将会有部分高端的生产部门由于用地的原因陆续搬迁至开发区，但其研发部门将“驻守”主城内。究其原因，主要是因为主城内资讯的高度密集化以及交通等设施的便利度。同时，留在主城内的研发部门更方便与其他相关企业进行沟通与合作。随着金城大厦的落成，金城集团的研发部门将陆续搬进这座现代化的大楼，指挥着分散于各地的生产部门，进行技术指导及辅助。金城集团配有专门的技术咨询车辆，方便总部技术人员前往生产基地进行紧急指导，而同时，每天均会有部分研发人员前往生产部门进行相关技术的辅导。每当技术部门的新产品设计问世，便会送到生产部门进行产品实体的制造，而成品完成以后也会同时送回总部进行进一步的检测研究。于是，这种开发区与主城之间科研与生产部门的研发功能的互动，通过金城集团这种直接的技术、产品交流得到了直观的体现。企业的这种互动行为随着近几年城市工业用地更新步伐的加剧而愈加频繁。但是由于从主城搬迁至开发区的大型企业将研发部门设置在主城区的相对较少，因此江宁开发区企业与主城之间在研发功能的互动相对生产功能来说更弱一些(图 4 - 10、图 4 - 11)。

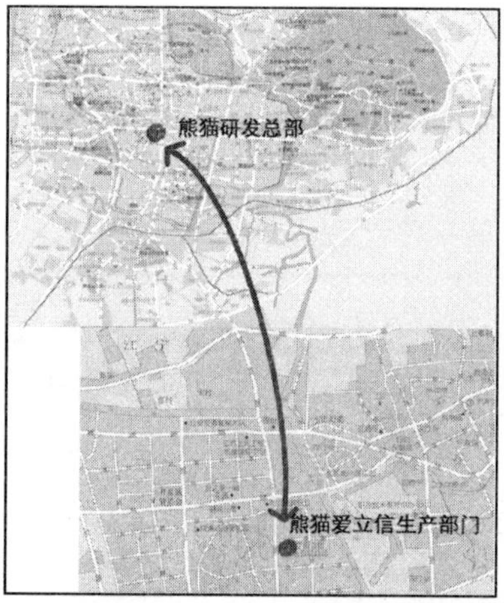

图 4 - 10　熊猫集团研发与生产部门的互动

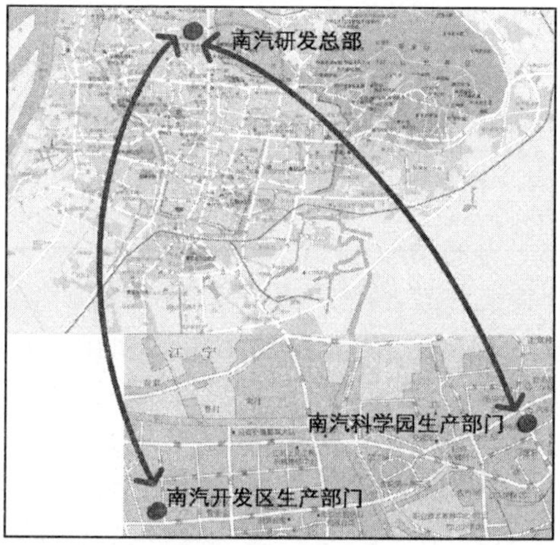

图 4 - 11　南汽集团研发与生产部门的互动

(2) 开发区企业与高校合作

江宁开发区内共有 15 所高校，其中大多位于江宁东部的大学城内。大学城拥有部属高校 3 所、省属高校 5 所、市属高校 3 所，分布较为集中，形成一个较为集聚的大学集中区及资源共享区。在江宁区政府的干预下，江宁开发区与南京的 13 所高校和科研院所签订了长期合作协议，与 40 多所高校和科研院所建立了稳定的合作关系。区政府聘请 24 位知名专家作为技术顾问，以提高科学决策水平。全区 150 家规模企业与国内 60 多所高校、科研院所建立了稳定的合作关系，300 多位专家参与了企业的产品开发、难题公关和成果转化工作(图 4 - 12、表 4 - 7)。

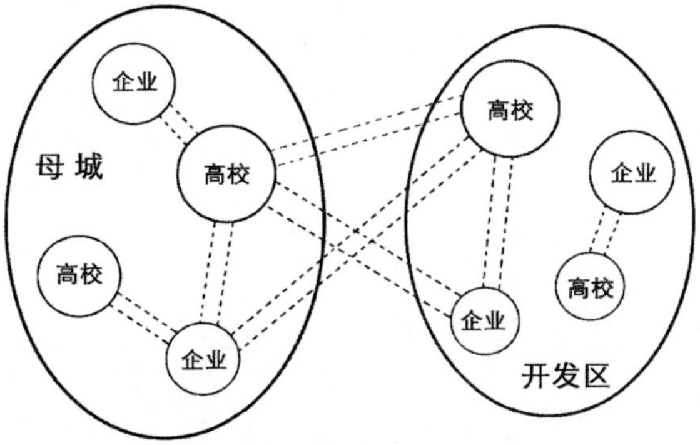

图 4-12　开发区与母城之间企业与高校之间的互动

这些企业以高校的一个系、一个学科或一个科研院所作为技术支撑，在科技成果转化、科研设备共享、人才流动方面形成协作关系，并建立以技术资本为纽带的股权关系，使企业具有较强的研究开发能力，许多拥有自主知识产权的科技成果具有国际竞争力。

表 4-7　江宁高校基本情况一览

序号	校名	占地面积(hm^2)	总招生规模(人)	总建筑面积(万 m^2)
1	中国药科大学	137	20 000	61
2	中国传媒大学南广学院	53	20 000	45
3	金陵协和神学院	14	1 000	4
4	南京医科大学	93	13 000	35
5	南京工程学院	119	30 000	60
6	江苏经贸职业技术学院	51	30 000	14
7	江苏海事学院	73	12 000	24
8	南京交通职业技术学院	56	10 000	24
9	南京晓庄学院	80	11 000	32
10	金陵科技学院	81	15 000	45
11	金陵旅游管理干部学院	26.7	6 000	15
12	南京航空航天大学	52	20 000	16
13	河海大学	66	18 000	25
14	东南大学	247	35 000	110
15	正德学院	17	7 000	15

如今随着高校在主城区内发展空间的受限，越来越多的学科部门搬迁到开发区内，如东南大学的绝大多数本科生以及大部分研究生都已搬迁到江宁开发

区的九龙湖校区内，因此江宁企业大多数情况下都是与本地的高校之间进行科研合作，而与主城区的高校之间的合作则相对较少。如江宁开发区中航第二集团与南京航空航天大学研发合作的航空电源配电系统技术，与其他多所高校共同研发合作的用于航天、国防、航空、电子、化工、机械、轻纺、环保、医药卫生、家用电器等领域的纳米材料，以及航天晨光集团与南航之间的合作都反映了江宁高校与其企业之间的科研合作与互动。而相反，企业与主城区的高校之间的合作现象却并非如此显著(图 4－13)。

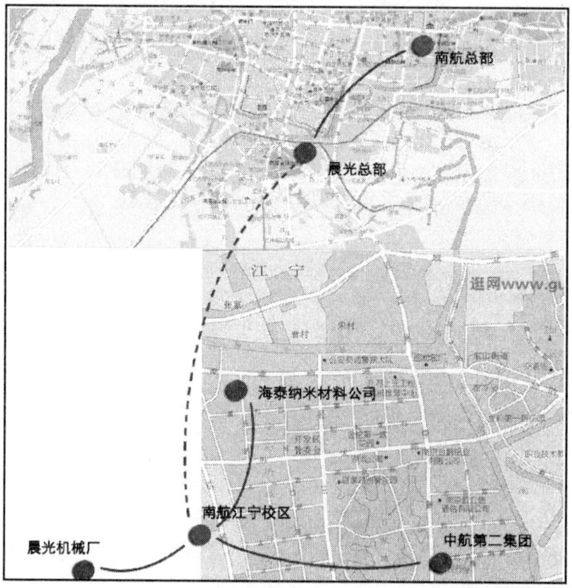

图 4－13　南航与部分企业之间的互动合作

但这并不代表江宁开发区内的企业与主城区的研发功能互动不存在，比如开发区内的企业与主城区的科研机构之间仍存在着一定的互动，只是相对其他开发区来说，由于江宁拥有众多优秀高校的入驻，其与主城之间的科研互动有所削弱。

另一种体现开发区与母城之间的研发功能互动现象的便是高校的产业化所带来的互动。例如东大“无线谷”——南京通信技术国家实验室项目便是其中较为典型的一例。该项目在江宁开发区东南大学九龙湖校区的南侧地块，该地块面积约为 500 亩，2008 年 10 月开工建设，一期建设投入不少于 6 亿元。项目特别重视高校与高新技术企业之间的合作与联系，所以特别设立了“企业联合研究中心”以及“跨高校联合研究中心”(图 4－14)。随着该项目的落成，东南大学九龙湖校区与“无线谷”之间的科研交流与合作、母城高校与开发区的国家实验室以及企业之间的研发功能的互动也将愈加增强。

总体来说，江宁开发区周边拥有多所高校，是南京市将经济与科教资源有效整合的实践之一，随着政府部门优惠政策的干预，大批高新技术企业、现代服务业企业入驻开发区，为开发区各高校提供了科研、实习基地。同时，高校为企业提供了高科技人才和尖端的科研成果，使得投资企业在科研成果转化、科研设备共享、人才流动等环节占有优势，因而具有较强的研究开发能力，有利于自主知识产权项目的研发与生产。因此就江宁开发区而言，其企业与开发区高校之间的互动相比与于城高校之间的互动更加频繁紧密一些。

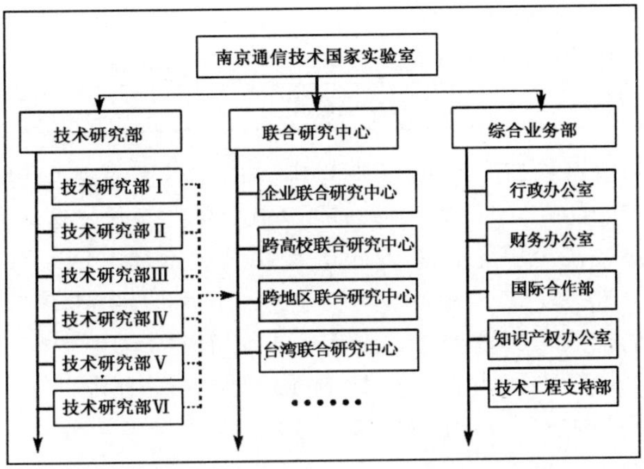

图 4-14　东大"无线谷"结构规划与设置

（3）孵化企业的扩散

另一种基于企业的开发区与母城之间的研发功能互动则主要是孵化企业的空间扩散所引起的。至 2008 年 8 月，江宁开发区科技创业服务中心在孵企业 18 家，已孵化企业 91 家，其中本地孵化企业 44 家，异地孵化企业 47 家（表 4-8）。

表 4-8　江宁开发区科技创业服务中心在孵企业一览

序号	单位	经营范围	注册资金（万元）
1	南京双豪机电一体化有限公司	工业自动化设备	50
2	南京东大金智科技股份有限公司	软件开发	2 000
3	江苏金智科技股份有限公司	软件开发	3 730
4	南京中电联电力工程有限公司	环保产品	1 350
5	南京瑞迅电子技术有限公司	电子产品	50
6	三泰电力技术（南京）有限公司	工业自动化设备	100
7	南京贝永亚科技有限公司	软件开发	50
8	南京江安智能控制系统有限公司	计算机软硬件开发	50
9	南京福瑞来数控设备有限公司	数控产品配件	50
10	南京谷峰信息技术有限公司	电子产品	—
11	南京威格德塑料科技有限公司	橡塑制品	50
12	南京科瑞达军维科技有限责任公司	电子产品	200

续表 4-8

序号	单位	经营范围	注册资金(万元)
13	苏源集团江苏信息技术有限公司	电子产品、软件开发	2 000
14	南京科奥数控自动化有限公司	工业自动化仪表	50
15	南京允升新能源开发有限公司	自主经营	1 000
16	南京国龙网络技术有限公司	软件开发	50
17	南京中为自动化工程有限公司	自动化仪表	10
18	南京智星智能系统工程技术有限公司	软件开发	50

通过江宁开发区科技创业服务中心提供的毕业企业名单可以看到,继续留在江宁开发区内的孵化企业较少,大多数均已经迁出开发区,并且有部分企业已经失去联系方式甚至停业。笔者通过互联网搜索及电话联系,对其中部分企业目前所在区位进行了进一步确认(表 4-9)。可以看到,其中有 3 家企业已经停业,有 11 家企业失去联系方式,仅有 4 家企业仍在区内,而搬迁至主城区的企业达到了 16 家,占所有企业总数的 40%左右。由此可知存在着一定数量的毕业企业由于各种原因从开发区搬迁到主城区。当然外地企业在科创中心的培育下孵化毕业的也不在少数,但由于难以跟踪记录,因此几乎没有准确实时的信息可供参考分析。

表 4-9 江宁开发区科技创业服务中心毕业企业状态一览

目前状态	企业数量	目前状态	企业数量
玄武区	3	秦淮区	3
栖霞区	1	白下区	6
鼓楼区	1	滨江区	1
建邺区	2	浦口区	1
开发区内	4	开发区外①	3
停业	3	注销	5
无法联系	11	—	—

总体来说,江宁开发区与母城之间存在着较为紧密的研发功能的互动,但由于江宁开发区内企业大多以外资企业为主,同时这些企业规模都较大,因此其与主城之间的研发功能互动只能通过几个大企业才能得以体现。又因为江宁高校众多,开发区内企业与江宁本地高校之间的互动远大于跟主城区内高校之间的互动,而开发区科创中心孵化企业的数量相对又十分有限,因此江宁开发区与母城之间的研发功能尚有待进一步强化。

① 此处主要是指孵化企业已经搬迁至开发区外,但无法确定具体位于哪个区。

4.3.2 南京高新区与城市的产业功能互动

南京高新技术产业开发区由江苏省政府、南京市政府共同创建于 1988 年 9 月，1991 年 3 月被国务院批准为全国首批也是江苏省首家国家级高新区。园区位于南京市长江以北的浦口区境内，北、南分别与南京大学、东南大学的浦口校区相接，拥有企业近 2 000 家。南京高新区从建区开始，就把“发展高科技、实现产业化”作为发展的根本，到目前为止基本形成了以电子信息、精密机械及机电一体化、精细化工和生物制药、新材料为主体的高新技术产业发展格局。

在高新区二十多年的发展历程中，一方面利用自身的政策优势、体制优势和环境优势吸引了一大批高新技术企业来此发展，也孵化培育了一大批高新技术企业；另一方面，高新区充分发挥自身的辐射带动功能，通过高新技术和高新技术企业的空间扩散，带动了整个城市和周边其他开发区产业结构的升级①。

1）南京高新区典型企业选取

为求作为研究对象所选取的企业具有代表性与典型性，高新区典型企业的选取方式与江宁开发区一样，采取以主导产业的典型企业为主。南京高新区的主导产业主要有软件和电子信息产业、生物医药产业、航空和车辆制造业以及新材料产业等。通过对不同主导产业以及其相关企业的分析，可知高新区内各主导产业的典型企业如表 4 - 10 所示。

表 4 - 10　南京高新区主导产业及典型企业一览

产业类别	典型企业
软件和电子信息产业	熊猫电子集团、南京东兴电力开发公司、同创集团
生物医药产业	南京大学生物化学厂、南京生物工程医药科技发展有限公司
航空、车辆制造业	南汽集团、南京机动车引擎（免拆）净化有限公司
新材料产业	南京科立化工技术开发公司、南京富瑞德无机材料科学公司、聚隆工程塑料有限公司

考虑到主导产业的部分企业的建成情况、调研可行性以及相关资料的可获得性，选取熊猫电子集团、同创集团、南汽集团、聚隆工程塑料公司共 4 家典型企业作为研究对象，另选取中萃食品公司、宏图集团（参考知名度及企业规模）作为其他两家典型企业，剖析南京高新区与主城之间的经济互动。

2）南京高新区典型企业与母城的生产功能互动

为了与江宁开发区进行对比研究，本小节对于高新区企业与母城的生产功能互动的分析同样从四个方面展开。

（1）经济贡献及产业结构调整

通过分析 2007 年南京各区在城市中的 GDP 构成可知，江宁区以极大的优

① 曹敏娜，王兴平. 高新技术产业开发区的功能定位研究[J]. 人文地理，2003(2)：37 - 41

势排在了首位，而高新区所在的浦口区仅次于六合区排在第三位，占南京 GDP 总量的 12%。

在《2006 年浦口区全部工业企业主要经济指标情况》(表 4－11)中，高新区的工业总产值排在全区的第二位，与排在第一位的江浦街道差距很大，而排在第三、第四和第五位的泰山街道、沿江街道和桥林镇也与高新区的总产值相当接近。利税与销售额的情况也是如此。

表 4－11　2006 年浦口区全部工业企业主要经济指标情况　(万元)

指标名称	工业总产值	产品销售收入	利税总额
全区总计	2 270 750	2 129 604	176 906
开发区	274 831	271 366	24 233
企业局	87 543	84 506	6 623
商贸局	1 235	730	63
农林局	1 757	1 734	117
交通局	496	499	9
水务局	2 370	1 670	359
江浦街道	400 800	332 207	27 666
桥林镇	223 701	227 095	14 545
乌江镇	135 400	130 996	13 280
石桥镇	105 773	102 000	7 338
星甸镇	112 088	109 300	10 029
汤泉镇	156 739	157 836	20 541
永宁镇	84 075	82 778	5 218
盘城镇	75 200	61 690	4 920
沿江街道	235 816	214 629	16 985
泰山街道	261 115	243 268	19 480
顶山街道	111 800	107 300	5 500

因此，江宁开发区在全区经济实力及工业发展水平方面可以代表江宁区，但高新区却还远不能代表浦口区。这一方面与浦口区省级开发区及乡镇经济发达有关，还与高新区自身的特点有关。高新技术开发区更多的是在全区起到一个增长极的作用，它是一个引擎，带动的不仅仅是浦口区，而是整个南京产业结构的优化以及企业研发实力的提高。进一步分析南京高新区在整个南京市中各项经济指标所占比例，通过表 4－12 可知，包括工业生产总值、财政收入在

内的四项指标均不超过全市的 5%，相比江宁开发区所占的份额，差距显然较大。因此，可以说南京高新区在工业产值及财政利税等方面对南京全市做出的贡献相对较小。

表 4-12 南京高新区部分经济指标在南京总量中的比例

	南京高新区	南京	比例(%)
地区工业生产总值(亿元)	27.4	1 605.0	1.7
工业增加值(亿元)	8.4	930.6	0.9
规模以上企业利税总额(亿元)	2.4	612.0	0.4
财政总收入(亿元)	19.1	628.5	3.1

同时，从浦口区各部门年产值 7 000 万元以上企业数量统计名单(表 4-13)中可以看出，高新区并没有占到绝对明显的优势，而且部分企业位于浦口经济开发区内而非高新区内。由此可见，高新区企业对于本地经济的贡献以及全市都相对较低。

表 4-13 浦口区各部门年产值 7 000 万元以上工业企业数量统计

主管部门	企业数量(个)	主管部门	企业数量(个)
在地企业	8	企业局	2
汤泉镇	4	泰山街道	9
江浦街道	7	桥林镇	4
开发区	9	乌江镇	3
顶山街道	1	星甸镇	2
沿江街道	7	永宁镇	1
市桥镇	1	盘城镇	1
石桥镇	3	—	—

同样结论可以从 2006 年南京工业企业 100 强名单中找到。在企业名单前 30 强中，完全没有高新区企业的踪影，直至第 41 位才找到了位于浦口区的浦镇车辆厂，但它却不在高新区内。第一个出现的高新区内企业南京中萃食品有限公司排在了第 51 位。从整体数量上来说，整个浦口区在全市 100 强企业中有 11 位，但其中大多数企业都未在高新区内。

但是，南京高新区对于整个南京产业结构的调整与优化却具有重要作用。南京高新区以建设创新性科技园区为目标，不断推进高新技术产业化和新型工业化，引进了一批原创型自主创新企业，对于南京整体产业结构的优化及企业自主创新能力的提高具有重要意义。如 2006 年高新区与中科院软件工程研制中心合作成立南京 BIOS 与嵌入式应用工程中心；与东南大学、熊猫集团合力推进 PDP 项目产业化；推进高中端应用领域电力自动化软件产业发展等等。

因此，尽管南京高新区在工业产值及其他经济指标的贡献上建树并不十分明显，但其在对南京整体产业结构的优化、企业自主创新能力的培育、国外先进技术的引进等方面却做出了重大贡献，这是其他开发区无法代替的。这也从一个方面反映出了高新区与主城在产业层面上的研发功能互动。

（2）土地价值及环境效益影响

由于高新区与经济开发区的开发性质不同，产业门类及构成也很不一样，因此造成大量主城工业企业将其工厂搬迁到江宁开发区，部分搬迁至新港地区，搬迁至浦口的则相对较少。几个具有典型性的大中型工业企业中，仅熊猫集团、南汽集团将其部分生产部门搬迁到了浦口区。这其中，熊猫电子集团主要搬迁至浦口经济开发区内而非南京高新区内，仅与高新区、东南大学合资在高新区内新建了 PDP 的生产车间。南汽集团在搬迁的过程中，仅将名爵（MG）汽车的生产线搬至高新区内，其余生产线大多都搬往了江宁开发区或仍留在主城内（图 4 - 15、图 4 - 16）。

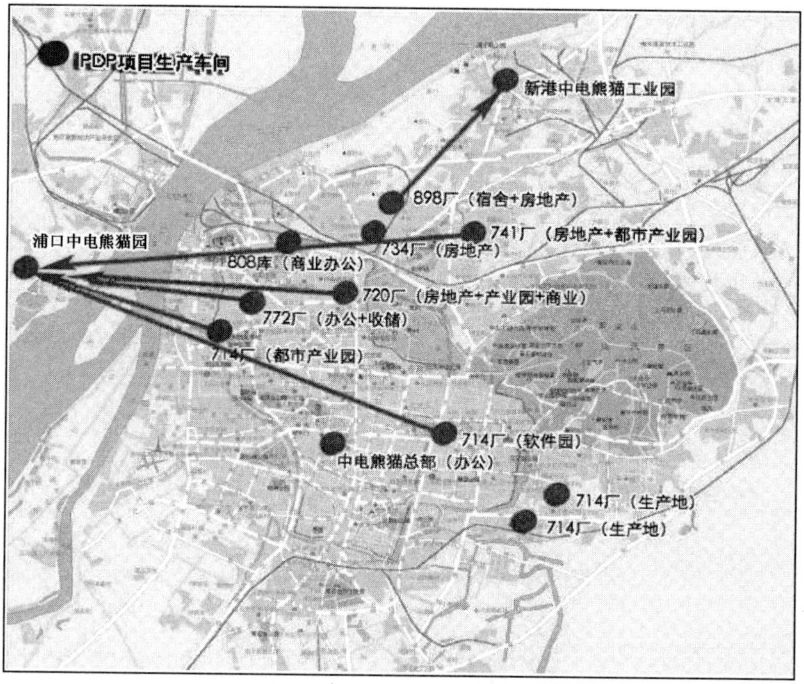

图 4 - 15　熊猫集团企业空间搬迁

由于南汽在高新区企业空间搬迁所带来的互动这一角度较为典型，本书就以南汽集团这一角度来分析高新区与母城之间的这一功能互动。

南汽集团在主城中央门、黑墨营以及雨花台这三个厂区除中央门地块发生较大变化外，其余都仍为生产用地。中央门地块的生产部门分别搬迁到了江宁开发区与高新区内。南汽高新区厂区的用地面积约 80 hm^2，于 2006 年开始动工建设，至 2007 年主城区的相关生产部门搬迁至高新区内开始投产运营。高

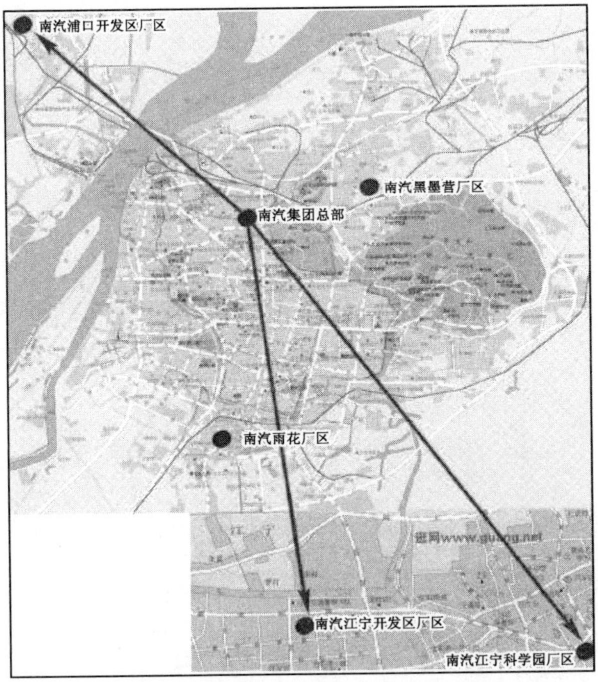

图 4-16　南汽集团企业空间搬迁

新区厂区主要作为名爵(MG)汽车的生产基地。

从图 4-17 可以明显看出,南汽中央门地块内工业用地已经大幅度减少,仅南部一块居住用地转变为产业用地,但已经不再进行生产,仅仅作为东华集团及南汽的办公及三产用地。北部工业用地改成了居住用地及先锋广场办公楼。中间大块的工业用地主要有天正湖滨、凤凰和鸣两个居住小区以及一所配套小学。最南部的一块工业用地现已划分为四块:西北部的居住用地、东部的时代超市、东南部的办公写字楼以及西南部的南汽办公大厦。

各种居住楼盘的落成、大型超市的入驻,以及一栋栋办公楼的建成,将原先南汽中央门地块内较为单一的生产空间转变成丰富而具有活力的开放空间,同时为该地段商业氛围的营造创造了条件。因此,在企业搬迁至高新区后,中央门地块的土地价值得到了充分体现,整体环境包括商业氛围也得到了一定的改善与提升。

据笔者与高新区相关负责人的访谈得知,在南汽搬迁至高新区之前,该地段主要是待出让的田地。在南汽入驻后,土地的价值一直在不断提升,同时周边的环境效益也得到了较好的提升。

就企业这一视角,自母城搬迁至南京高新区内的企业相对较少,在此方面对母城与开发区土地价值的提升以及对环境的改善均未有太大影响,也由此反映出高新区在此方面与母城之间的互动目前尚少。

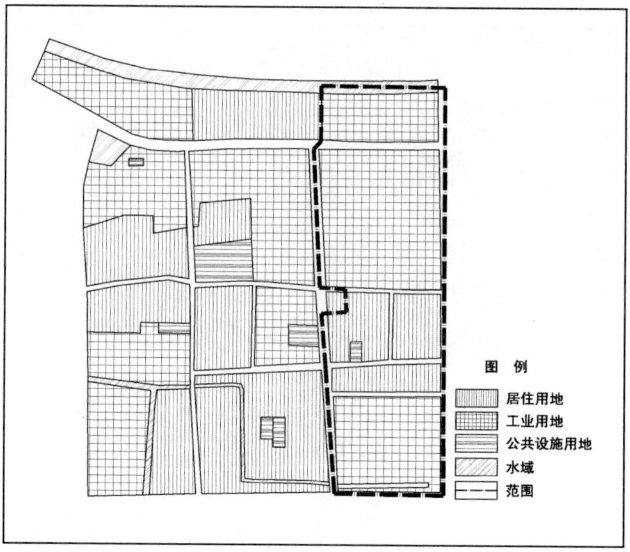

(a) 1980 年南汽地块用地性质图

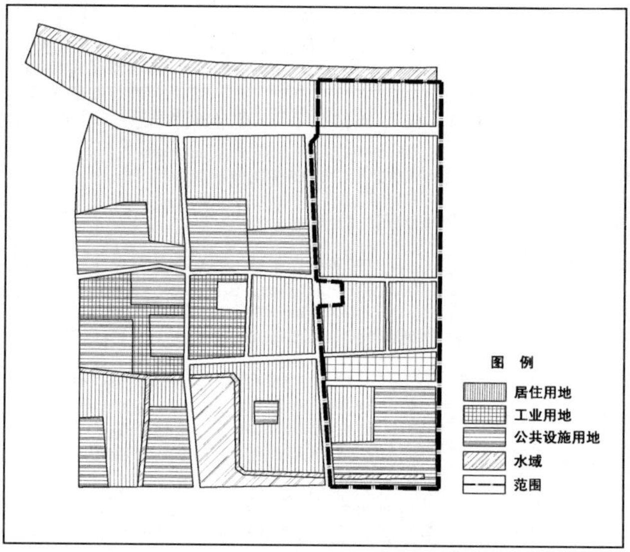

(b) 2008 年南汽地块用地性质图

图 4 - 17　南汽地块典型年份用地性质图

(3) 基于产品流线及公司合作的互动

分布在开发区与母城两地的企业与企业之间、企业内各部门之间的合作互动是开发区与母城之间经济互动较为直观的体现,而产品及科研信息是企业之间和企业内各部门之间交流互动的主要载体。本部分主要以高新区内的典型企业——聚隆工程塑料有限公司为例,分析高新区与母城之间基于产品流线及公司合作的互动。

南京聚隆工程塑料有限公司于1999年在国家级南京高新技术开发区注册成立，是以生产、经营、开发各类高性能改性工程塑料产品为主的高新技术企业。现生产及研发中心占地17 010 m^2，年产能1.5万吨。公司拥有多个分公司，遍布全国。公司本部拥有职工160人，其中研发人员30余人，占公司总人数的约19%，科研实力雄厚。公司由四部分构成，分别为聚隆化学实验有限公司、聚隆工程塑料有限公司、聚盈网络有限公司和聚丰新材料有限公司，4家公司都位于南京高新区同一厂区。

与金城集团不同，聚隆公司各部门由于基本位于同一厂区，因此公司内部各部门之间的合作未带动开发区与母城之间的互动，但其子公司与主城区之间的互动却十分明显，这主要与其特殊的产品及市场有关。

聚隆化学实验有限公司和聚隆工程塑料有限公司作为其主要的两个子公司，主要从事高分子材料、工程塑料生产，通过塑料高性能化和工程塑料的功能化，为制造业配套服务(表4-14)。公司的产品主要应用在高档轿车及电工电器上。据笔者与公司负责人的访谈了解，公司主要是通过“以塑代钢”的这一形式，给国际著名汽车厂商如通用公司做配套。同时其生产的部分产品如发动机罩盖、门把手等汽车零部件提供给南汽集团的部分生产车间作为配套产品；其生产的断路保护器、接插件、开关灯头等电子电器均作为南瑞集团部分生产车间的零部件，其他产品还与南京杰恩特机电有限公司、南京诺信化工有限公司有相关合作。通过聚隆集团与南京其他企业之间的合作，带动的不仅是企业与企业之间的科研及产品的交流，更是开发区与主城之间有形的功能互动。

表4-14　聚隆工程塑料有限公司企业构成

<table>
<tr><th>子公司名称</th><th>创立时间</th><th>合资方</th><th>主营业务</th><th>应用领域</th></tr>
<tr><td>聚隆化学实验</td><td>1999</td><td>13个自然人</td><td rowspan="2">生产、经营、开发各类高性能改性工程塑料</td><td rowspan="2">高档汽车以塑代钢、工程电器、铁路(如铁路绝缘套管)、军工(如军用工程箱)等</td></tr>
<tr><td>聚隆工程塑料</td><td>2000-06</td><td>由聚隆化学实业、高新区(2002年退出)和海外资本合资</td></tr>
<tr><td>聚盈网络</td><td>2000-08</td><td>中国工程塑料协会入股15%</td><td>中国工程塑料网</td><td>行业信息交流及招商引资</td></tr>
<tr><td>聚丰新材料</td><td>2002-07</td><td>—</td><td>以废旧塑料和农林废弃物为原料生产复合材料</td><td>以塑代木(高级游艇俱乐部、绿色奥运等)</td></tr>
</table>

通过对聚丰新材料公司与其他企业合作的分析可知，这个2002年才成立的子公司，在汽车产业领域交流较为频繁，主要是回收汽车配件、发展循环经济、利用农民废弃物、废旧塑料进行复合、研究新材料、生产新型产品，因此与南京母城的合作与互动较为频繁。据笔者调研，聚丰新材料公司与南京银河国际游艇俱乐部、南京卫岗工业园、扬子研究院以及南京铁路部门均有产品的供给

与合作(图 4－18)。

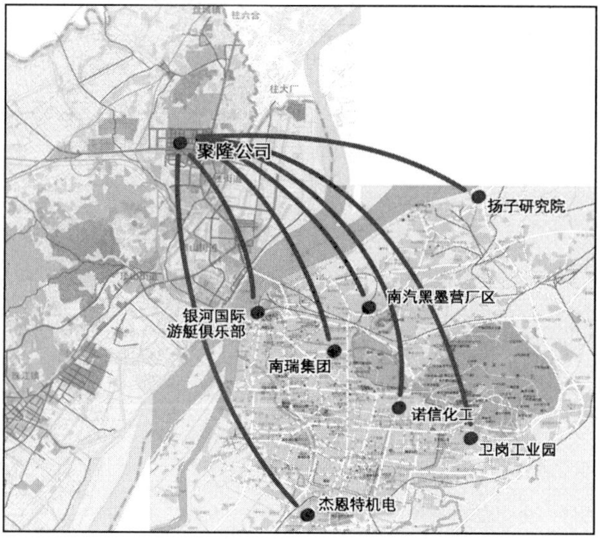

图 4－18　聚隆公司与其他企业合作关系

总体上来说,聚隆与南京以外的市场合作更加密切。例如其与美国百得、福特、通用以及其与广州军区之间均是重大项目合作。据聚隆公司高层领导透露,聚隆企业生产虽然都本地化,但客户在南京只有 3%,可见本地市场仍未完全打开。相信随着聚隆实力的不断提升以及其产品形象的不断提升,南京市场的份额也将不断提高,其与母城之间的产业功能互动也将更加频繁。

(4) 基于产品销售及供给的互动

通过企业产品的销售与供给来体现开发区与母城之间的产业功能互动,其实是基于企业产品互动的一个方面。由于开发区内有较多企业采用“前店后厂”的模式,因此通过产品的销售来分析开发区与母城的互动,是比较典型的方式。

与江宁开发区不同,南京高新区内食品饮料企业数量不多,仅有几家较为大型的企业。它们每天采购本地的生产原料在开发区内加工生产,最后将产品销往本地市场及国内外市场。中萃食品有限公司即是其中较具典型性的企业。

在南京高新区刚成立不久,南京中萃食品有限公司便在开发区投产,1997 年进行了厂区扩建,如今它已是江苏省最大的软饮料生产基地,主要生产经营国际品牌的“可口可乐”、“雪碧”、“芬达”以及中国品牌的“醒目”、“天与地”等软饮料。公司目前有四条生产线,全设在高新区内,年产量达 2 400 万元标准箱。中萃集团每天均有专门的班车将“天与地”饮用水运送到南京主城区的各大超市及大供应商处。由于饮料食品行业大多以本地市场为主,因此中萃集团所体现的这种基于产品销售的主城与开发区的互动,具有很强的代表性。

除了中萃食品有限公司这一类食品饮料企业之外，其他如同创集团、宏图高科集团等公司所采用的“城店园厂”的模式，更能凸显主城与开发区的互动正不断增强的趋势（图 4－19、图 4－20）。

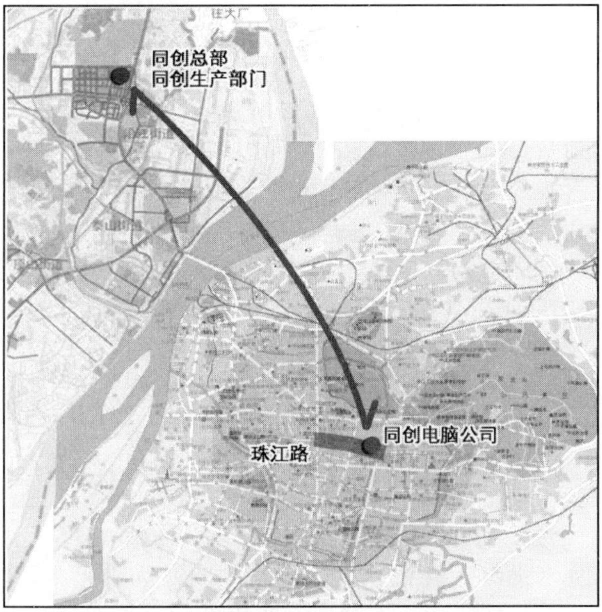

图 4－19 同创生产与销售、市场的互动

图 4－20 南京市区宏图销售服务网点布局

总体来说，南京高新区与母城之间生产功能的互动由于其大型工业企业的数量有限而受到一定的限制，或者说未能直观地体现出来。而纵观南京高新区近20年的发展，其高新技术企业数量在南京市是占绝对优势的，在2005年南京市高新技术企业分布情况的统计中，南京高新区占了52%。因此，从另一个角度来说，高新区与主城研发功能的互动必将强于其与主城之间的生产功能的互动。

3）南京高新区典型企业与母城的研发功能互动

南京高新区在经历了将近20年的发展以后，在园区创新创业环境以及整体经济实力方面均有显著的提高，在吸引了大量高新技术企业集聚在园区的同时，也孵化培育了较多中小企业，园区企业自主创新能力不断提高。根据国家高新区科技部高新区考核体系，在我国现有的55家国家级高新区中，南京高新区创新创业环境能力排名第三，技术创业环境能力排名第九。总体来说，南京高新区的研发实力在全国属于领先水平，也与高新区企业各部门间的互动合作以及南京高校资源丰富、科研实力强劲有关。2006年，园区内高新技术企业占总企业数的33%。全区200余家高新技术企业创全区经济总量的90%。现孵化企业占所有孵化企业的1/3，孵化出去的占1/4。经过十多年的发展壮大，如今电子信息、生物医药、新材料三大主导产业已成为园区的特色产业集群。其中高新区针对生物医药产业和软件产业还分别建立了南京医药生物工程科技园和南京软件园，形成具有特色的高新技术产业集群。

（1）高新区生产部门与母城总部研发部门的互动

在前面已经提到，高新区内大多数企业均是在区内直接投产或者直接引进外资进行生产研发，而从母城搬迁过来的工业企业相对较少，因此区内生产部门与母城的研发总部之间的互动自然就较为微弱。就笔者所调研的几个大型企业，仅熊猫电子集团与东南大学的合资公司——南京华显高科有限公司以及南汽的名爵生产基地与主城区的研发总部之间有相对紧密的互动联系，区内很少有其他企业与母城的研发部门存在密切的互动。

熊猫电子集团有限公司成立于1936年，被称为中国电子工业的摇篮，是中国最大的综合性电子骨干企业。在近几年南京主城工业用地更新大潮中，熊猫集团是其中重要的一员，其在主城区内拥有大量的工业用地。据熊猫集团相关负责人提供的数据，2008年熊猫电子所在的中电熊猫集团下属的8家企业在主城区内总计用地面积80 1090 m^2，已出让用地40%，划拨用地60%。

同时，熊猫集团在各开发区购买的土地已经达到了1 000亩左右，其中关键零部件产业主要位于浦口，3C终端产业位于新港，现代服务业主要是基于母城现在的老厂区展开。在高新区内的生产基地已经撤出，只留下合资公司南京华显高科有限公司这一PDP生产部门（图4-21）。

南京华显高科有限公司成立于2006年4月26日，由南京高新技术经济开发总公司、东南大学、南京熊猫电子股份有限公司和南京电子网板科技股份有限公司出资组建，注册资本5 000万元，其公司总部位于南京市长江后街6号，同时在南京高新区建设荫罩式等离子面板工厂。PDP项目的具体运营由熊猫电子集团

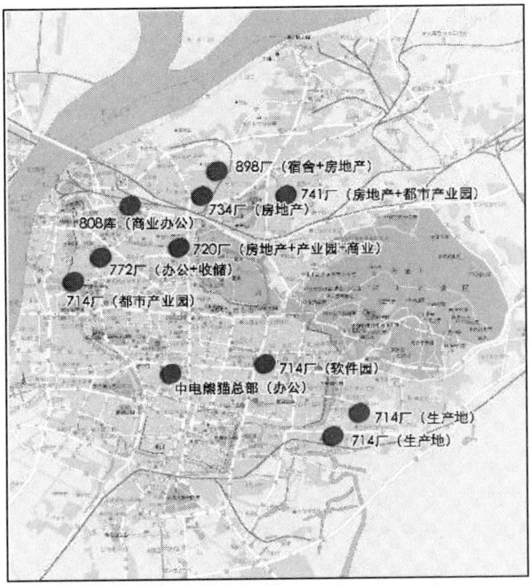

图 4－21　中电熊猫集团在主城内的企业布点

所属的南京华显高科有限公司负责，但主要的研发环节由东南大学及熊猫电子集团总部研发机构合作。因此，与其说位于高新区的华显集团的生产部门是与其公司的研发部门互动，不如说是其与高校东南大学之间互动合作与交流。

总体来说，高新区很少有企业与母城的研发部门存在密切的互动。究其原因，笔者认为首先主要是由于大多数企业已经将其企业的研发部门设置在高新区内，自然其生产部门与研发部门之间的合作互动只是高新区内企业间的互动行为，例如三星集团、南瑞集团等。其次，高新区建立的几个科学园如南京医药生物工程科技园、南京软件园均为一批软件、信息、医药等中小企业提供了优越的研发创业氛围，使其将研发中心设置在高新区内，甚至有企业最终将其研发总部从主城区迁到了高新区内，同创集团便是其中一个典型的实例。

（2）高新区企业与高校合作

企业与高校之间的合作是高新区科研水平及竞争能力提升的重要一环。据笔者统计，2007 年高新区全区拥有高新技术企业 200 余家，约占南京市全市高新技术企业总数的 40%，是全市高新技术企业最密集的地区，并且 90%以上的产品和技术具有自主知识产权，列入国家“863”计划、火炬计划的高科技项目近 30 项。如此密集的高新企业集聚在一个园区内，同时多数企业均与高校之间存在着合作交流，因此就南京高新区而言，其区内企业与高校之间的互动是相当频繁和剧烈的。

高新区周边有高等院校 7 所，其中产业区以北为南京大学新校区，以南为东南大学新校区。高新区内的企业多为高技术的研发机构，企业空间规模较小，不同于江宁经济技术开发区粗放式的空间布局，这是一种集约密集型的布局方式，其与高校之间的空间关系更加紧密。但是这仅仅是空间上所呈现的表象，实际并非如此。

东南大学在浦口的校区为其成贤学院，是一所独立的民办二级学院，其学科力量、师资配备、生源水平均远低于东南大学基本水平。自从东南大学将主校区搬至江宁之后，浦口校区的科研实力已经大不如前。南京大学自 2006 年将其主校区迁至仙林校区后，浦口校区的科研、学术实力也日渐低落。因此，尽管高新区周边有较多的高校，但由于大多为民办或二级学院，没有真正具有科研实力的院系驻扎，导致了高新区内的企业与主城区的高校之间互动合作频繁，而与区内的高校互动则非常有限。就笔者调研发现，仅南京大学与高新区共建的软件学院为高新区软件园提供一定的人才与技术支持，大多数企业与高校的互动都发生在高新区与母城之间。

进一步分析高新区内企业与母城高校之间的互动。首先是南京大学与高新区共建的国际知名、中国唯一的小白鼠基因库，正逐步成为中国生命科学和医药研发的重要支撑基地，而南京大学生命科学学院的研究团队仍位于鼓楼校区内。同样，南京工业大学与高新区共建的国家生化工程技术研究中心也是类似的情况。

东南大学与熊猫电子集团合资的华显高科有限公司又是其中典型的一例，在这次合资共建企业的过程中，东南大学主要是由王保平教授出任首席科学家，其带领的团队作为整合 PDP 项目研发的核心团队。而这个作为华显公司的核心研发团队主要是位于东南大学四牌楼校区的科研工作室内。

同创集团作为南京高新区内的典型企业，与母城高校之间的合作则更加频繁。公司与南京理工大学、河海大学、南京工业大学、解放军理工大学等联手共建了产学研基地，并且公司在江宁上峰镇拥有 100 亩的土地资源用于公司开放型、生态型软件企业孵化基地建设(图 4－22)。

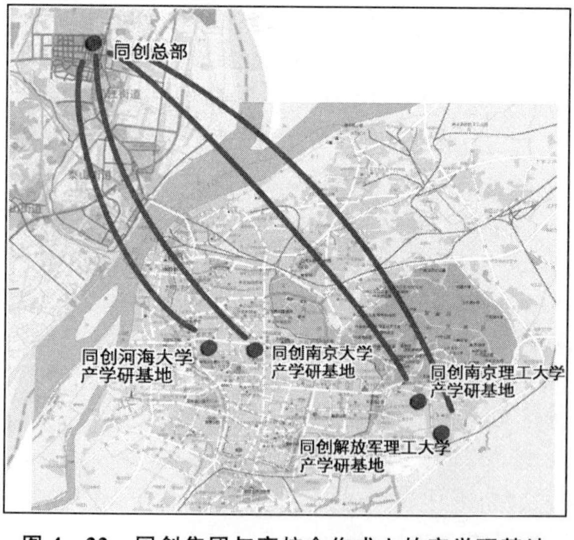

图 4－22　同创集团与高校合作成立的产学研基地

高新区有其明确的定位，即发展自主知识产权的产业，成为高新技术研发集聚区，引进和开发高新技术，促其产业化，包括含有高新技术的传统产业。因此，产、学、研结合是高新区的基本条件。南京高新区紧邻的两所知名科研型院校的浦口分校区之间并没有太多的合作，而高新区与东南大学、南京大学位于母城的本部校区之间却存在着紧密的联系，在多个领域都有合作。当然，这种互动不仅有以高新区为主体的整体性的合作，更多的是高新区内的企业为提高自身研发实力，与母城的高校之间频繁的科研互动与交流。

所以说，正由于南京高新区所在的浦口区没有真正实力强劲的科研院校，造成了高新区以及在其内的企业与母城内的高校之间的互动更加频繁紧密，同时也体现了高新区与母城之间的研发功能的互动。随着高新区高技术企业的不断入驻、内部企业自身科研水平的不断提高，其与母城高校之间的互动将更加剧烈。

(3) 孵化企业的扩散

作为高新技术园区，南京高新区技术创业服务中心(以下简称"创业中心")是其重要的组成部分。因为创业中心的建立是增强高新区技术创新能力的重要措施，同时创业中心在孵企业和毕业企业的数目均显示高新技术园区内企业的扩散能力与程度，从而反应南京高新区与主城区之间的这种互动。在2000年时，南京高新区已有两个创业中心——南京科技创业服务中心和南京高新区软件创业服务中心，孵化场地面积分别为15 000 m^2 和12 000 m^2，远大于南京其他的创业中心。当时南京高新区的创业中心毕业企业数累计已达68个，而当时在孵企业数合计为251个(表4-15)①。至2006年年底，南京高新区创业中心孵化器的总面积为45 000 m^2，在孵企业148家，累计毕业企业202家，孵化成功率70%～80%②。同年，西安高新区的创业中心孵化总面积达62 000 m^2，累计入驻企业数为248家，到2006年年底共有85家企业毕业。从这组数据的比较中可以看出：南京高新区创业中心集聚能力和孵化成功率较高。

表4-15　2000年南京高新区创业中心基本情况一览

创业中心	孵化场地面积(m^2)	毕业企业数(个)	在孵企业数(个)	创业基金(万元)
南京科技创业服务中心	15 000	68	237	3 000
南京高新区软件创业服务中心	12 000	—	14	—
新港高新园科技创业服务中心	5 000	—	—	5 000
江宁高新园科技创业服务中心	7 000	0	45	500
南京民营科技创业服务中心	5 000	0	5	—

分析南京高新区毕业企业与在孵企业的特点可知，大多数毕业企业均扩散

① 数据来源：国家高新技术产业开发区十年发展数据报告。

② 数据来源：南京高新区高新技术创业服务中心。

到了南京主城区内，这些企业具有较高的科技含量，例如斯威特公司曾收购过小天鹅品牌，而高新区典型企业聚隆集团也是创业中心的毕业企业之一，其科研实力可见一斑。同样的，毕业企业中有一些企业现已经具有非常强的实力，如冠亚电源设备有限公司，在其毕业后 3 年就达到了 2 亿元的销售额。

由于高新区孵化企业的空间扩散在一定程度上可以通过企业外迁数量的变化反映出来。通过"南京高新区企业空间扩散研究小组"于 2006 年在南京高新区管委会的协助下所进行的调研，得出了南京高新区当时部分毕业企业的空间扩散图。(从前面的图 4-20 中可以看到从高新区迁往主城区的企业的空间分布情况。)在迁出高新区的毕业企业中，绝大多数选择了南京主城区，总体由中心向边缘呈较均质分布，并无太大区位的差异，也没有明显的轴向，在迁出的高新技术企业中，南京主城对他们来说是个较均质的空间。

总体上来说，由于高新区自身具有的科研实力及优越的环境，其在孵企业及毕业企业的数量在南京各开发区占据绝对主导的地位。同时，这些企业大多都扩散搬迁到了主城区，而且企业在搬迁之后有部分仍与高新区存在一定的合作互动关系。因此，就孵化企业的扩散这一角度来说，相比江宁开发区，高新区与母城之间的科研互动更加频繁剧烈一些。

4.4 开发区与城市的生活功能互动

本章对于不同类型开发区与城市之间生活功能的互动主要是通过对开发区和母城典型住区内住户以及不同类型开发区内企业职工发放问卷，以问卷统计结果来反映开发区与母城之间的居住、就业功能的互动、交通联系及互动。

4.4.1 问卷发放基本情况

本次问卷调查主要分为两种类型，一种主要是针对开发区内企业的职工问卷(以下简称"职工问卷")，另一种主要是针对位于开发区与母城内的住区居民(以下简称"居民问卷")。其中，职工问卷主要是以江宁开发区、南京高新区以及主城区内典型企业的职工为对象。之所以选取典型企业，是为了问卷结果更加具有典型性，同时也更能反映开发区内企业职工意见的真实性。而居民问卷则是在江宁开发区、南京高新区以及母城各选择 2～3 个典型住区。为保证居民问卷的代表性，本书在选择住区时特别注意住区档次分布的合理性以及空间区位的典型性，使抽样问卷更加均衡。

本次问卷调查共发放问卷 342 份，其中职工问卷 130 份，居民问卷 212 份，共回收问卷 331 份，有效问卷 320 份，其中职工有效问卷 120 份，居民有效问卷 200 份。问卷发放时间为 2008 年 8 月至 10 月期间。职工问卷主要涉及江宁开发区的南汽跃进集团和雪花啤酒集团的部分职工，南京高新区的聚隆工程塑料公司和同创信息集团的部分职工以及主城区内的熊猫电子和金城集团的部分职工。居民问卷主要涉及江宁开发区的武夷花园和青年城住区的部分住户，南京高新区的明发滨江新城和高新花苑住区的部分住户以及主城区内熊猫电子集团白下区职工宿舍区、工人新村和逸景园内的部分住户(表 4－16、表 4－17)。

表 4－16　调查企业样本基本情况

	频数(人)	百分比(%)	有效百分比(%)	累计百分比(%)
南汽跃进(江宁)	19	15.8	15.8	15.8
雪花啤酒(江宁)	22	18.3	18.4	34.2
聚隆塑料(浦口)	21	17.5	17.5	51.7
同创信息(浦口)	19	15.8	15.8	67.5
熊猫电子(主城)	20	16.7	16.7	84.2
金城摩托(主城)	19	15.8	15.8	100.0
合计	120	100.0	100.0	

表 4－17　调查住区样本基本情况一

	频数(人)	百分比(%)	有效百分比(%)	累计百分比(%)
高新花苑(浦口)	29	14.5	14.5	14.5
明发滨江新城(浦口)	31	15.5	15.5	30.0
熊猫电子职工宿舍(主城)	21	10.5	10.5	40.5
工人新村(主城)	29	14.5	14.5	55.0
逸景园(主城)	25	12.5	12.5	67.5
武夷花园(江宁)	33	16.5	16.5	84.0
江南青年城(江宁)	32	16.0	16.0	100.0
合计	200	100.0	100.0	—

在整个问卷调查与发放过程中,原则上按照每个企业不少于 20 份不多于 25 份、每个住区不少于 30 份不多于 35 份(基于统计学的考虑)的要求。最终问卷回收的数量基本符合了统计学上的要求。问卷的统计采用了 SPSS 软件进行处理,保证了此次问卷调查的科学性。同时,此次选取的典型住区在楼盘的档次、区位以及与企业的关联度上均有考虑(表 4－18、图 4－23)。

表 4－18　调查住区样本基本情况二

		样本数(份)	百分比(%)
住区档次	低档	50	25.0
	中档	125	62.5
	高档	25	12.5
	合计	200	100.0
区位类型	主城区	75	37.5
	江宁区	65	32.5
	浦口区	60	30.0
	合计	200	100.0

注:主城区主要是指南京长江以南以东、南侧绕城公路以北以西的城市建成区。

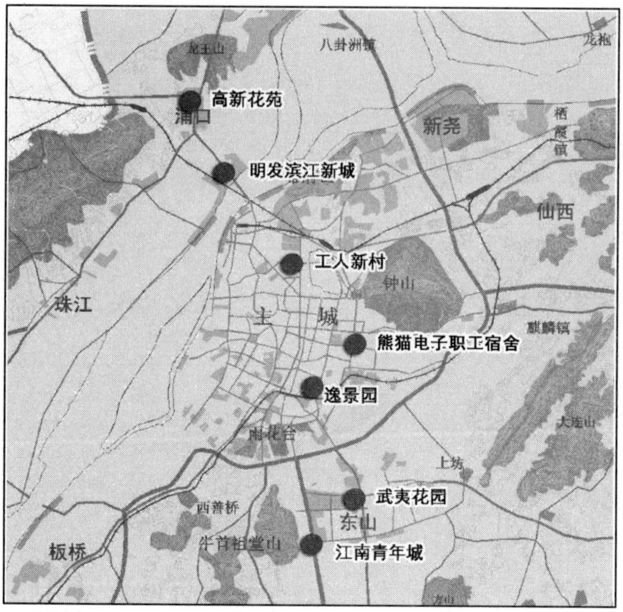

图 4 - 23　各典型住区在南京都市发展区内的分布

4.4.2　江宁经济技术开发区与城市的生活功能互动

江宁开发区在经过了近几年的发展建设以后，与母城之间的联系已经非常紧密，它们之间的互动也在此过程中不断增强。旧时的“宁要城中一张床，不要江宁一套房”的想法已经从南京人的购房观念中剔除。

在对江宁当时楼盘数量及布点进行调研时发现，江宁开发区内有百家湖花园、湖滨世纪花园、中国人家、翠屏国际城、江南文枢苑、武夷花园、科嘉花园、江南青年城等大量房产开发项目达 30 多处，分散于开发区内(图 4 - 24)。少数企业在厂区内还建有员工公寓，满足企业职工及外来人员的居住需求。同时，开发区包含了各种档次和条件的居住设施，有拆迁安置房、员工宿舍楼、高档商品房、别墅等多种不同的类型，充分考虑了当地不同人群的需求。

1) 江宁经济技术开发区与母城的职住功能互动

本次江宁与主城职住功能互动的调研主要选取了武夷花园及江南青年城两个住区。一是考虑到住区的档次和住户的收入水平的均衡，其次是考虑到与主城的空间距离。武夷花园位于东山新市区中心区位，交通便捷，周边基础设施均较为成熟，与主城区之间的联系更加紧密一些。而江南青年城位于江宁开发区西南角，将军山南侧，相比武夷花园其周边的基础设施相对较少，但佛城西路对面的河海大学江宁校区却为该住区带来了很高的人气(图 4 - 25)。典型企业主要是在企业互动调研所选取的企业中挑选了较具代表性的雪花啤酒及南汽跃进两家。

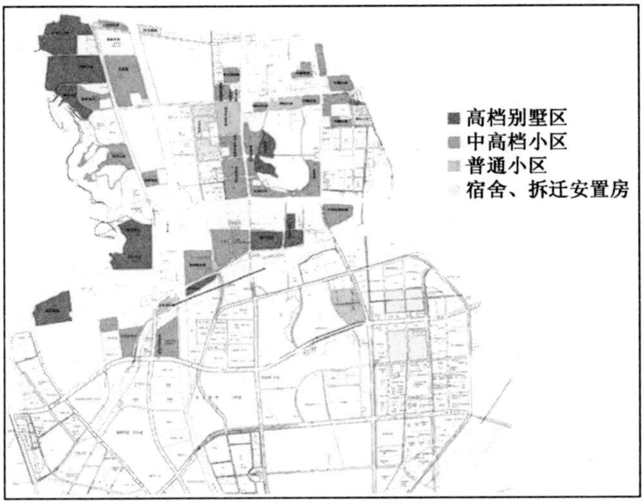

图 4－24　江宁开发区居住楼盘布点情况

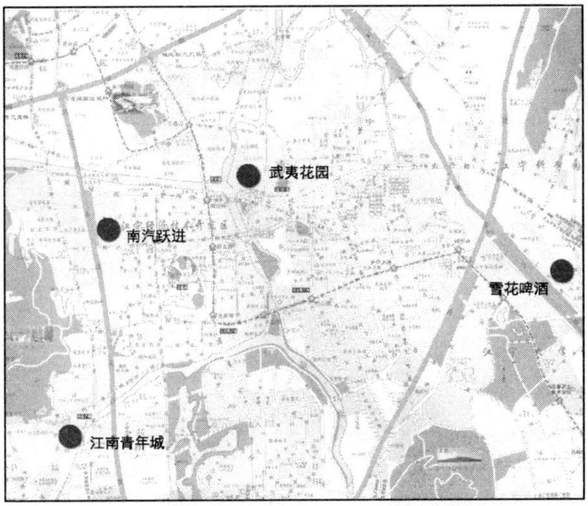

图 4－25　江宁典型住区及企业布点

由于上一节中已经对典型企业进行过较为系统的介绍，此处主要是对两个典型住区作简要的概述。

武夷花园的区位较为特殊，正好介于江宁开发区和中心区之间，更靠近开发区一些，是一个环境优美的中档环保型绿色住宅大型社区。住区占地 400 亩，有 2 000 多户，6 000 多居民，住区内户型有公寓、别墅、错层等多种形式。此次问卷的发放综合考虑了不同户型的住户的均衡性。由于地处东山新市区，因此住区配套设施完善，交通条件也在不断地改善。公交 101 路、103 路、新东线、南金线都设有武夷花园站，地铁 1 号线南延至江宁新区后，武夷花园与南京主城区的交通更加便捷，联系更加紧密。

江南青年城也属于一个中档住区，周边环境较好，配套设施也较为完善，交通较为方便。但区位相对来说没有武夷花园优越，位于江宁开发区的西南角。小区内与主城公共交通的联系主要是通过 105 路公交及小区内的自助巴士。佛城西路对面的河海大学校区为住区周边增添了不少生活和商业氛围。

首先对居民及职工问卷的基本问题的统计结果进行分析①。江宁开发区居民问卷共发放 67 份，其中武夷花园 35 份，江南青年城 32 份，最终有效问卷 65 份。通过对两个住区问卷的统计结果分析可知，问卷填写人大多为 25～50 岁的人，由此可看出新城区住区内主要是以年轻住户为主。住区内大多数居民为三口之家，其中户均就业人员大多为 2 人，家庭月总收入以 2 000～4 000 元为主，1 万元以上月收入的家庭很少，这可能与这两个小区均为中档小区有关。问卷结果同时显示，住区内住户的学历以高中及技校学历为主，本市户口的数量占到了大多数，但仍有较大比例的外省城镇和农村户口人员，外省人员的总数占到了 35%以上。在对住户的工作情况进行结果统计时，笔者发现小区内抽样所得的就业率接近 100%，大多数人均有工作，且半数以上的人拥有较为稳定的工作。这对于进一步分析住区内住户职住问题提供了一个重要的基础条件。

在对本次江宁居民调查的 66 人中，有 29 人在开发区内工作，有 21 人在开发区周边工作，在主城区工作的有 14 人，在郊县工作的有 2 人。因此有超过 3/4 的人在自己的居住地周边工作，而在主城工作的比例也超过了 20%，在郊县工作的人较少。而在江宁职工问卷调查的 41 人中，有 17 人在开发区居住，有 10 人在开发区周边居住，而有 13 人在主城区居住，比例高达 31%。由此可知，大多数在江宁买房的人有较大比例在开发区内或周边工作，仅部分在主城区工作。而在江宁工作的职工，有很大的比例是在主城购房。笔者认为，这与江宁企业对于高素质人才的需求及典型企业职工人才结构有关。

江宁职工问卷共发放 43 份，回收 41 份，其中南汽跃进 19 份，雪花啤酒 22 份，有效问卷 40 份。其中问卷填写人中，普通职工占到了 65%以上，其次为高层技术人员。大多数被抽样人的学历为大专及本科水平，而本科以上学历的人也占有相当比例，同时，在被调查的职工中，超过 70%的人是南京本市城镇居民。这也正是企业内大量职工居住在主城区内的主要原因之一。

由于本次居民问卷及职工问卷中关于职住通勤的问题完全一致，因此，对于这类问题，笔者运用 SPSS 的频数分析和交叉分析的方法进行统一分析，能够使分析结果更加直观与清晰。

江宁开发区居民与职工有效问卷共 106 份，其中有 46 人是在开发区内工作及居住，占总数的 43.4%。而居住在开发区而在开发区周边和主城区工作，或者居住在主城区和开发区周边而在开发区工作的，两者共占 54.7%（表 4 -

---

① 由于本书主要是针对开发区与主城之间的职住分离现象进行分析，居民及职工基本情况的统计结果不作详细展开，下同。

19)。因此可见，江宁开发区职住分离的现象还是较为普遍的。

表 4 - 19　开发区内职工/居民工作和居住地点统计

工作/居住地点	频数(人)	百分比(%)	有效百分比(%)	累计百分比(%)
开发区内	46	43.4	43.4	43.4
开发区周边	31	29.2	29.2	72.6
主城区	27	25.5	25.5	98.1
郊县	2	1.9	1.9	100.0
合计	106	100.0	100.0	—

在被问及上班的便捷度时，有超过 62%的人认为比较方便，仅有 18%左右的人认为不太方便。因此，相对于江宁开发区较为普遍的职住分离现象，上下班的便捷度并没有想象中那样不方便(表 4 - 20)。同时，在通勤时间的调查结果中，有 62.3%的人通勤时间在 30 分钟以内，81%的人通勤时间控制在 45 分钟以内。这应该与江宁和主城之间交通的便捷及交通方式的多样有关。在对职工通勤交通工具的问卷统计结果进行分析后可知，大多数职工选择公共交通作为主要的交通工具。

表 4 - 20　开发区内职工/居民上班便捷度统计

上班便捷度	频数(人)	百分比(%)	有效百分比(%)	累计百分比(%)
很方便	28	26.4	26.4	26.4
比较方便	38	35.8	35.8	62.3
一般	21	19.8	19.8	82.1
不方便	17	16.0	16.0	98.1
很不方便	2	1.9	1.9	100.0
合计	106	100.0	100.0	—

笔者采用 SPSS 的交叉分析，对问卷中关于职住通勤问题的几个选项结果进行交叉分析。从表 4 - 21 中可以看出，职住均在开发区内的所有人出行都非常方便，而职住在开发区内和开发区周边两地之间的人则稍有不便，但不方便的人比较少。在对主城区及开发区之间通勤的人的分析结果显示，有超过 55.6%的人认为不方便，比例超过一半。由此可见，虽然单纯从上班便捷度的统计结果看，江宁职工或居民的上班都较为方便，但主城区与江宁区之间的通勤便捷度却相对较低。笔者认为，尽管开发区与主城之间的交通联系正不断紧密，但缺乏快速的直接通道(比如地铁、轻轨)，从而降低了江宁与主城区之间的通勤便捷度。目前这一状况已有所改观。

表 4-21　开发区内职工/居民工作和居住地点与上班便捷度交叉分析

			上班是否方便					合计
			很方便	比较方便	一般	不方便	很不方便	
您的工作/居住地点	开发区内	频数(人)	22	24	0	0	0	46
		行百分比(%)	47.8	52.2	0	0	0	100.0
		列百分比(%)	78.6	63.2	0	0	0	43.4
	开发区周边	频数(人)	6	13	11	1	0	31
		行百分比(%)	19.4	41.9	35.5	3.2	0	100.0
		列百分比(%)	21.4	34.2	52.4	5.9	0	29.2
	主城区	频数(人)	0	1	10	15	1	27
		行百分比(%)	0	3.7	37.0	55.6	3.7	100.0
		列百分比(%)	0	2.6	47.6	88.2	50.0	25.5
	郊县	频数(人)	0	0	0	1	1	2
		行百分比(%)	0	0	0	50.0	50.0	100.0
		列百分比(%)	0	0	0	5.9	50.0	1.9
合计		频数(人)	28	38	21	17	2	106
		行百分比(%)	26.4	35.8	19.8	16.0	1.9	100.0
		列百分比(%)	100.0	100.0	100.0	100.0	100.0	100.0

综上所述，就江宁开发区而言，职住分离的现象较为普遍，由此所导致的开发区与主城之间的居住和就业功能的互动也较为明显。主城区与开发区之间通勤的职工，大多通勤时间在 45 min 以上，有的甚至超过 60 min，这与其交通工具有关，更与开发区和主城之间的空间距离、交通联系息息相关。同时，笔者在调研的过程中发现，对于居住在开发区而工作在主城区的人来说，开发区产业结构的不合理性是阻碍人们留此工作的重要障碍；对于工作在开发区而居住在主城区的人来说，开发区过于高昂的楼盘价格让他们望而却步，同时公共服务设施的缺乏也不尽如人意，如此形成的职住空间限制了良好人居环境的形成和开发区产业竞争力的提升，不利于城市空间格局的进一步优化。

2）江宁经济技术开发区与南京母城的交通功能互动

随着近几年的发展，江宁区自身交通体系已渐趋成熟。至 2005 年末，江宁区初步形成了放射加环形的公路网布局形态，公路通车总里程 1 842.98 km，城市道路面积 1 526.45 hm^2，人均 16.12 m^2。

尽管地铁一号线南延线路的开通给主城区与江宁开发区之间带来更多的

便利，也大大缩短了主城区与江宁之间的通勤时间，但就目前而言，江宁的城市道路以及其与主城之间的交通联系仍存在着许多问题。江宁城市道路主要集中在东山新市区、大学城、禄口镇及滨江开发区，以方格网加自由形态为主，各组团路网缺乏系统性，各自为政，断头路和丁字路口多，整个区缺乏快速路系统和区域性干道。尤其是江宁区与主城之间的联系通道不足，在一定程度上限制了江宁区的发展。从图 4 - 26 可以看出，对于开发区与主城之间通勤的职工来说，江宁开发区与主城区真正意义上直接连通的主要干道仅有两条，即将军大道和双龙大道。

依笔者切身体验，江宁开发区与主城之间避开出行高峰时段，乘坐公交车从主城区四牌楼到开发区管委会平均也需要一个多小时，其间要换乘几次公交车，交通不便利是最直接的感受。在前文的问卷分析中可知，开发区与主城之间通勤的职工最主要的交通工具为公交车，因此主要通过对江宁与主城区之间基于公交线路的联系来看一下其间交通功能的互动。

江宁开发区公交系统与主城区衔接得不够紧密，截至目前，区域内没有一条公交线路可直达市中心，通过开发区前往主城区的大部分线路的终点站都在雨花台和中华门附近（表 4 - 22）。

表 4 - 22　通过江宁开发区的主要市区公交线路

线路种类	线路名称	始发站（服务时间）	终点站（服务时间）	线路名称	始发站（服务时间）	终点站（服务时间）
市区线路	101	军师巷 5:00—24:00	东山总站 5:00—23:30	104	文化名园 5:30—20:00	公园路 6:10—20:40
	102	军师巷 6:30—22:00	江宁开发区 6:00—21:30	105	河海江宁分校东门 6:00—23:30	雨花西路 5:30—23:00
	103	武夷花园 5:40—20:20	白鹭花园 6:20—21:30	119	雨花台南门 6:00—20:00	武夷绿洲 5:30—19:30

目前，江宁的公交线路主要集中在纵向的将军路、苏源大道、双龙大道以及横向的胜太路和天元路等主干大道上，站点自然也集中于这几条路上。在百家湖片区的支路上，甚至整个九龙湖片区都很少见到公交站台，严重阻碍了人们的出行。同时，江宁开发区内没有一条直达市中心的线路，所以从江宁到市中心必须换乘市区其他线路，那么，市中心到江宁开发区所需时间＝步行时间＋车站候车时间（开发区内）＋乘车时间＋步行时间＋车站候车时间（主城区）＋乘车时间＋步行时间。

当然，根据南京市轨道交通线网规划，江宁区内将来主要有 6 条轨道交通线。地铁开通后，从江宁到新街口只需 35 分钟左右。但是，就目前而言，江宁开发区与主城之间的公交系统还存在许多问题。江宁开发区与主城之间的交通联系还有待进一步加强（图 4 - 27）。

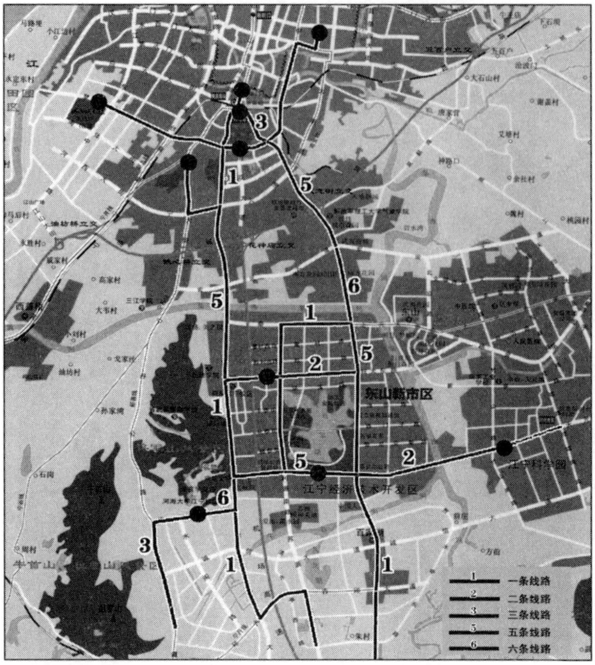

图 4－26　江宁区与主城之间的公交线路分布

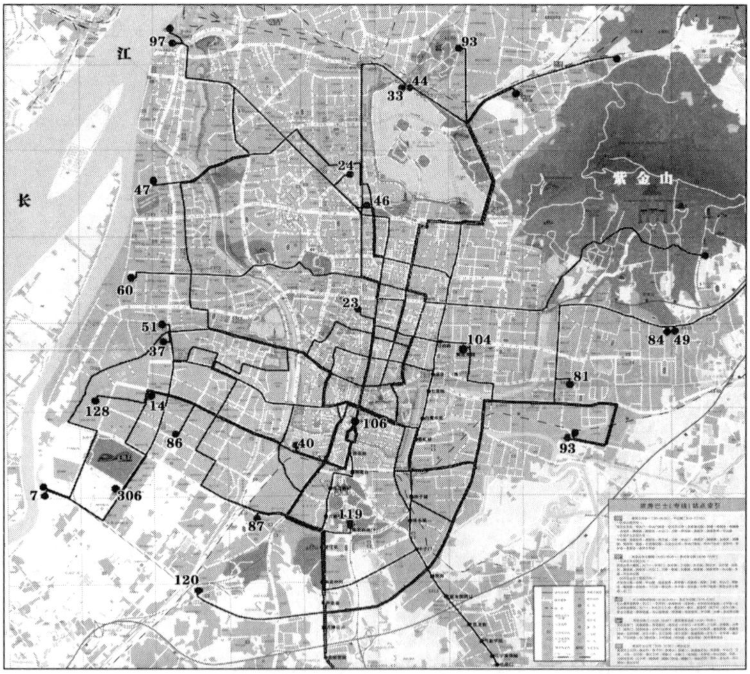

图 4－27　主城区与江宁之间的公交线路分布

4.4.3 南京高新区与城市的生活功能互动

20 世纪 90 年代，南京确立“一城三区”的城市发展规划，以河西新城建设为标志，新城区的发展迎来了历史性的机遇，但浦口由于各种原因一直没有崛起。就笔者对南京高新区的调研发现，高新区虽然南北紧邻东南大学、南京大学浦口校区，东侧有宁扬公路相邻，与沿江镇政府所在地隔路相望，但总体上仍比较孤立。区内北部约三分之二的用地是产业区，目前已基本开发完毕；南部三分之一的用地除了“软件园”外，主要是由几幢住宅楼及相关配套设施组成的生活区，还有一些土地尚在开发。因此，整个园区的科技研发功能主要还局限于区内的企业。随着近几年的发展，高新区的功能越加综合，但其园区的生活氛围仍然无法与江宁开发区相比。

1）南京高新区与母城的职住功能互动

本次高新区与母城之间职住功能互动的研究主要选取了明发滨江新城及高新花园两个住区。小区选择的原则与江宁开发区相同，两者均属于中档住区，且区位的不同能够更全面地代表高新区内的其他住区。典型企业主要是在企业互动调研所选取的企业中挑选了较具代表性的聚隆塑料和同创信息集团（图 4 - 28）。

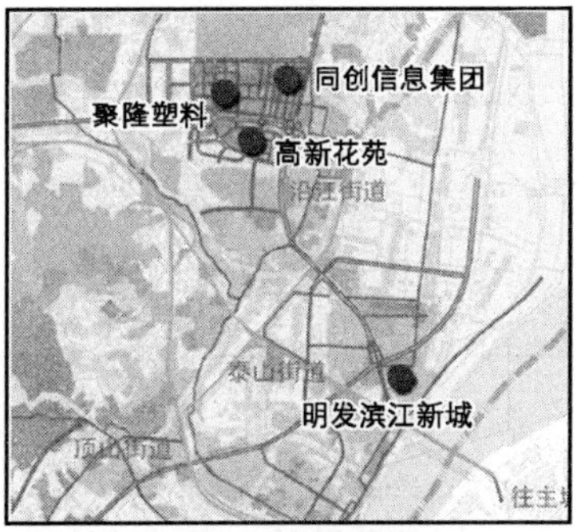

图 4 - 28 高新区典型住区及企业布点

高新花苑的位置位于南京高新区管委会的西侧，整个开发区南端，周边配套设施较好，绿化环境优美。同时，公交 131 路、159 路、盐葛线、盐工线、鼓扬线、汉元线等均设有站点，交通较为便利。明发滨江新城位于主城区前往高新区的路上，属于普通住宅项目，住宅得房率达到了 85%。小区的交通配套也相当完善，居民乘任何过江公交线路（鼓珍、鼓扬、鼓浦、131 路、132 路、159 路、中六、汉浦、汉江、盐轮、盐工、盐浦、盐葛等）均可以到达主城区。

首先对居民及职工问卷的基本问题的统计结果进行分析。南京高新区居民问卷共发放 70 份，其中高新花园 35 份，明发滨江新城 35 份，最终有效问卷 60 份。通过对两个住区问卷的统计结果分析可知，问卷填写人的年龄、家庭结构、就业人员、户口性质以及学历水平等均与江宁区两个住区相仿。在高新区居民调查中，居民的就业率达到了 100%，尽管拥有临时工作的居民占到了很大比例，但是总体上来说，高新区的就业率还是比较高的。

高新区职工问卷主要是在聚隆塑料和同创信息两家公司的职工内部进行发放，共发放问卷 46 份，最终有效问卷 40 份。高新区职工的基本情况统计与江宁开发区职工同样较为类似。在高新区职工学历构成的调查中发现，职工的学历水平仍然以高中及技校学历为主。在职位统计结果中，普通职工仍然是主要的构成，不过高层技术人员相对江宁开发区有一定的提高。

与江宁问卷一样，由于本次居民问卷及职工问卷中关于职住通勤的问题完全一致，因此，对于这类问题，笔者运用 SPSS 的频数分析和交叉分析的方法进行统一分析，能够使分析结果更加直观与清晰。

通过对高新区内职工和居民的职住地点统计，可知高新区职住分离的现象并不普遍，80%的人在高新区或高新区周边居住和就业，两者的空间距离并不遥远。而高新区内职工和居民在主城区工作和居住的比例并不高，仅占 12%。同时，在郊县①工作和居住的比例相对江宁来说有所提高(表 4-23)。

表 4-23　高新区内职工/居民工作和居住地点统计

工作/居住地点	频数(人)	百分比(%)	有效百分比(%)	累计百分比(%)
开发区内	36	36.0	36.0	36.0
开发区周边	44	44.0	44.0	80.0
主城区	12	12.0	12.0	92.0
郊县	8	8.0	8.0	100.0
合计	100	100.0	100.0	—

高新区内职工和居民上班便捷度普遍较高，认为上班很方便和比较方便的人的比例达到了 70%，上班通勤时间在 45 分钟以内的占到了 85%，这与“浦口和主城之间交通的不便捷”形成了相反的结论(表 4-24)。但笔者认为，由于高新区内职工和居民有很大比例在浦口及其周边工作居住，而在主城区就业居住的比例相对来说没有江宁开发区那么大，因此只需在区内或开发区周边工作，提高了上班的便捷度，同时也大大缩短了通勤时间。

表 4-24　高新区内职工/居民上班便捷度统计

上班便捷度	频数(人)	百分比(%)	有效百分比(%)	累计百分比(%)
很方便	54	54.0	54.0	54.0
比较方便	16	16.0	16.0	70.0
一般	19	19.0	19.0	89.0
不方便	6	6.0	6.0	95.0
很不方便	5	5.0	5.0	100.0
合计	100	100.0	100.0	—

为了能够将统计结果分析得更加透彻，笔者采用 SPSS 软件，对问卷中关于职住通勤问题的几个选项结果进行交叉分析。从表 4-25 中可以看出，在高

① 对于高新区来说，本文此处所指的“郊县”主要是指大厂、板桥、六合等地区。

新区以及高新区周边范围内工作及居住的职工上班均较为便捷，而对于在主城区与高新区之间通勤的职工来说，大多认为上班都不太方便，其中认为“很不方便”的人占有较大的比例。由此可见，由于浦口与主城区之间交通联系不太便捷所带来的职住通勤问题较为严重。相反，在高新区及郊县之间通勤的职工反而觉得上班较为便捷，笔者认为，这与高新区与大厂、板桥之间交通联系较为紧密相关。

表 4－25　高新区内职工/居民工作和居住地点与上班便捷度交叉分析

			上班是否方便					合计
			很方便	比较方便	一般	不方便	很不方便	
您的工作/居住地点	开发区内	频数(人)	30	6	0	0	0	36
		行百分比(%)	83.3	16.7	0.0	0.0	0.0	100.0
		列百分比(%)	55.6	37.5	0.0	0.0	0.0	36.0
	开发区周边	频数(人)	24	7	10	3	0	44
		行百分比(%)	54.5	15.9	22.7	6.8	0.0	100.0
		列百分比(%)	44.4	43.8	52.6	50.0	0.0	44.0
	主城区	频数(人)	0	0	5	2	5	12
		行百分比(%)	0.0	0.0	41.7	16.7	41.7	100.0
		列百分比(%)	0.0	0.0	26.3	33.3	100.0	12.0
	郊县	频数(人)	0	3	4	1	0	8
		行百分比(%)	0.0	37.5	50.0	12.5	0.0	100.0
		列百分比(%)	0.0	18.8	21.1	16.7	0.0	8.0
合计		频数(人)	54	16	19	6	5	100
		行百分比(%)	54.0	16.0	19.0	6.0	5.0	100.0
		列百分比(%)	100.0	100.0	100.0	100.0	100.0	100.0

由此可见，高新区与主城之间职住功能的互动并没有江宁开发区那么剧烈和显著。除了部分拥有私家车的人以外，很少有普通职工能够经受得住主城区与高新区之间漫长的通勤时间。因此有一定比例的开发区职工选择在浦口区买房，以减少通勤所消耗的时间。

2）南京高新区与母城的交通功能互动

高新区自 1988 年成立以来，随着园区的基础设施不断建设，区内的道路体系也不断得到完善，形成了多个等级的道路网体系。同时，高新区与外界联系的对外交通也不断得到加强，公路、铁路及水运多级交通体系使其与外界沟通更加顺畅。

但是，高新区与主城之间仅仅只有一条较为便利而快捷的通道，它成为了高新区与主城之间交通联系的一个重要瓶颈，导致了车辆的大量堵塞以及车速的降低。当然，随着轨道交通的建成，江北与主城之间的瓶颈自然会被打通，但到时江北的生活成本自然也会上升。

经过笔者的调研发现，高新区（包括新旧两区及周边）与主城区之间共有 14 条公交线路，另外还有两条是区间线路，一条是夜间线路，总共有 17 条公交线路（表 4－26）。这些线路就是南京职工或居民经常乘坐、往返于主城与高新区之间的主要交通工具。

表 4－26　通过南京高新区（包括新旧两区及周边）的主要公交线路

线路名称	始发站（服务时间）	终点站（服务时间）	线路名称	始发站（服务时间）	终点站（服务时间）
131 路	盐仓桥 6:10—23:00	高新区 5:30—22:30	中六	升州路 6:00—21:00	六合北站 4:30—20:00
132 路	长途客运北站 5:30—22:15	莲花桥 6:15—23:00	鼓扬	鼓楼 6:00—22:30	扬子乙烯 6:00—21:30
136 路	长途东站 6:40—21:00	长途客运北站 6:00—20:15	盐轮	大桥南路 6:00—20:00	轮渡桥 6:30—20:30
136 路区间	南京火车站 6:40—21:00	大桥北路 6:00—20:15	汉江	汉中门 5:00—22:00	江浦客运站 4:30—21:30
150 路	莫愁新寓 6:00—21:00	长途客运北站 5:10—20:10	汉门	汉中门 6:00—20:00	方州广场 5:30—19:30
151 路	鼓楼 6:00—21:00	明发滨江新城 5:20—20:20	盐工	盐仓桥 5:15—19:00	解放桥 5:15—19:00
151 路区间	鼓楼 6:00—21:00	长途客运北站 5:20—20:20	盐浦	盐仓桥 5:00—23:00	浦口公园 5:00—22:00
159 路	南京长途东站 6:30—20:00	高新区 5:20—19:00	盐葛	盐仓桥 5:00—23:00	葛塘 5:15—22:00
—	—	—	盐葛夜间线	盐仓桥	葛塘

通过图 4－29 不难发现，长江大桥是主城与高新区之间公交线路必经的“关卡”。当然，由于长江大桥优越的区位以及通过的零经济成本，绝大多数的人流、物流都从这一“关卡”通过，从而造成了其很大的交通压力，堵车是长江大桥的“家常便饭”。因此，普通职工的通勤时间往往会被不时地加上漫长的长江大桥上的堵车时间，于是通勤时间被无限加大。笔者认为，这也是造成浦口区大量居民选择在本地工作的一个重要原因。

同时，在这 17 条线路中，仅有 6 条是真正到达高新区的核心区域的，其他的 11 条线路均在长途客运站周边，即在高新区周边终止。所以，对于高新区的

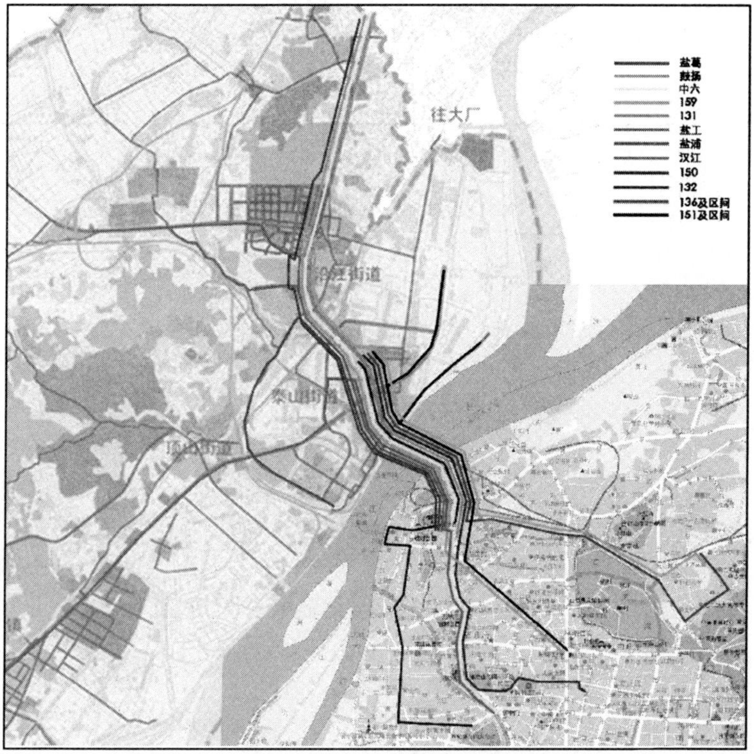

图 4-29　南京高新区与主城之间的主要公交线路

职工来说，可供选择的公交线路并不多，这更加重了这几条公交线路的负担和压力。因此，高新区与主城之间交通的互动由于自然屏障的原因受到了一定的限制，这也导致了主城与高新区之间职住功能的互动较弱。

4.4.4　主城区与开发区之间的生活功能互动

与国外不同，几乎每个中国的大城市居民都会有"中心区情结"，南京也不例外。在主城区置业安家一直是南京人无法割舍的情怀，但是主城区如此强大的吸引力到底在哪里？笔者认为，主要是由于主城区的区位优势、配套设施的完善以及职住通勤情况所决定的。

主城区典型住区的选取同样是基于区位、住区档次以及与企业的关系等几个因素，最终笔者选取了工人新村、熊猫电子集团职工宿舍以及逸景园三个典型住区。其中工人新村主要位于母城的北部，更靠近高新区，其所在地是中央门老工业基地，南汽、南瑞等大型企业的生产机构均在此驻扎过，与高新区的联系较为紧密。熊猫电子集团的职工宿舍更加靠近城南，与江宁开发区内的熊猫爱立信集团有更多的联系。选取逸景园是为了住区档次更加平衡，使问卷的统计结果更具有普遍性与代表性。逸景园位于南京市秦淮区江宁路 13 号，是一个高档智能化小区，生活交通极其便利，周边各种配套设施一应俱全。主城区典型企业主要是选择了与开发区具有产业功能互动的熊猫电子集团和金城集团(图 4－30)。

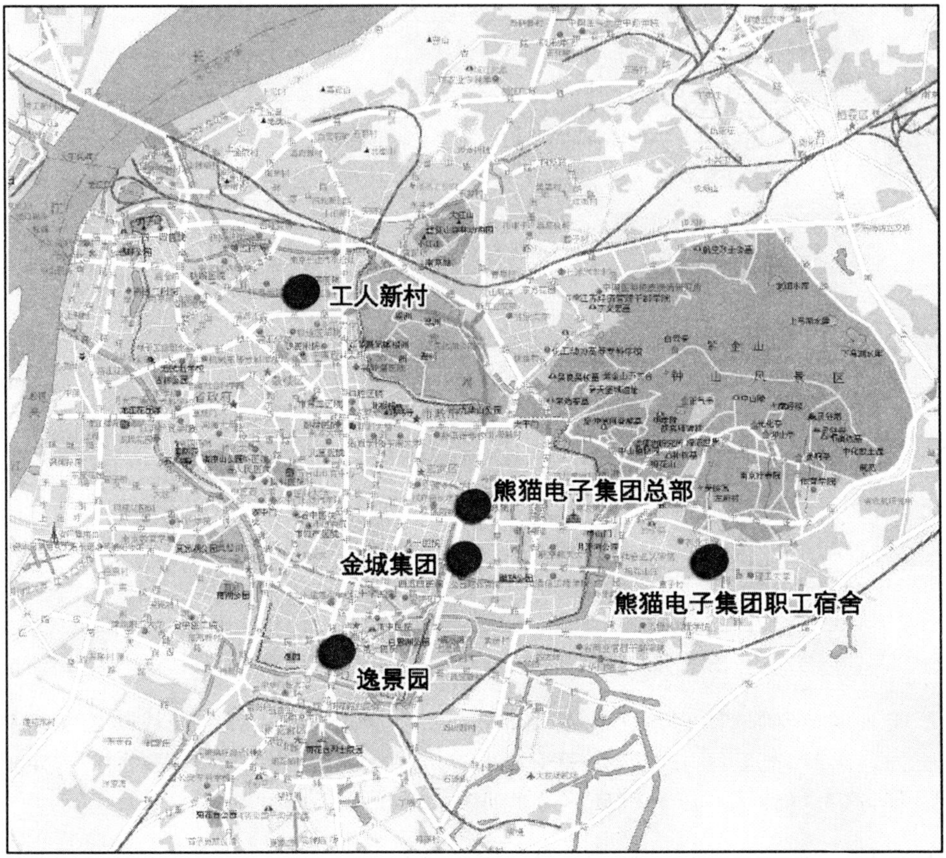

图 4－30　主城区典型住区布点

本次主城区居民和职工问卷共发放 116 份，最终有效问卷 114 份，其中，金城集团 19 份、熊猫电子集团 20 份、工人新村 29 份、逸景园 25 份、熊猫电子宿舍 21 份。由于主城区问卷发放的主要目的是为了从主城区角度看其与开发区之间的生活功能的互动，因此对于主城区典型住区及企业的问卷结果的分析，本小节选取与通勤相关的部分进行分析。

在对主城区内职工和居民职住地点进行统计后发现，在主城区内通勤以及在主城区和开发区之间通勤的职工各占一半左右，前者比例稍高于后者(表 4－27)。由此可知，主城区内有相当数量的居民在开发区内工作，而同时又有较多的主城区职工在开发区居住，这正反映了主城区与开发区之间职住功能的互动是广泛存在并且是较为频繁的。

表 4－27　主城区内职工/居民工作和居住地点统计

工作/居住地点	频数(人)	百分比(%)	有效百分比(%)	累计百分比(%)
开发区内	22	19.3	19.3	19.3
开发区周边	26	22.8	22.8	42.1
主城区	58	50.9	50.9	93.0
郊县	8	7.0	7.0	100.0
合计	114	100.0	100.0	—

在主城区 114 位居民和职工当中,对于上班便捷度的认识,各选项所占比例较为均衡,在此并没有显示出主城区内通勤的便捷度高于开发区。但笔者认为,这可能是因为有较多人在主城区和开发区之间通勤所导致的。而当用 SPSS 软件对主城区内职工和居民的职住地点与上班便捷度进行交叉分析后可以清晰地看到,在开发区和主城之间通勤的职工有将近一半的人认为上班不方便,仅有20%左右的职工认为上班方便(表 4－28)。同时,在主城区内通勤的职工九成以上都认为上班较为便捷。这可以看出,主城区内交通的便利及其魅力所在。

表 4－28　主城区内职工/居民工作和居住地点与上班便捷度交叉分析

			上班是否方便					合计
			很方便	比较方便	一般	不方便	很不方便	
您的工作/居住地点	开发区内	份数(人)	5	0	7	10	0	22
		行百分比(%)	22.7	0.0	31.8	45.5	0.0	100.0
		列百分比(%)	13.5	0.0	22.6	55.6	0.0	19.3
	开发区周边	份数(人)	0	4	14	8	0	26
		行百分比(%)	0.0	15.4	53.8	30.8	0.0	100.0
		列百分比(%)	0.0	14.3	45.2	44.4	0.0	22.8
	主城区	份数(人)	32	22	4	0	0	58
		行百分比(%)	55.2	37.9	6.9	0.0	0.0	100.0
		列百分比(%)	86.5	78.6	12.9	0.0	0.0	50.9
	郊县	份数(人)	0	2	6	0	0	8
		行百分比(%)	0.0	25.0	75.0	0.0	0.0	100.0
		列百分比(%)	0.0	7.1	19.4	0.0	0.0	7.0
合计		份数(人)	37	28	31	18	0	114
		行百分比(%)	32.5	24.6	27.2	15.8	0.0	100.0
		列百分比(%)	100.0	100.0	100.0	100.0	0.0	100.0

综上所述,从主城区这一角度看其与开发区之间的生活功能的互动,通过典型企业和典型住区的调查,可知其间的互动是较为频繁的。特别是职住分离现象的普遍存在是主城与开发区之间互动的重要体现。笔者相信,随着开发区与主城之间轨道交通的建成,将会有更多的通勤人群。届时,主城与开发区之

间的职住、交通功能的互动将愈加剧烈。

笔者同时还对主城区及两个开发区内的职工和居民就影响其购买住房的因素进行了调查。在回收的300份问卷中，选择超过200次的影响因素为区位、工作地点、住房面积以及一系列配套设施。可见，对于居民选择居住地点来说，住房的区位、职住之间的距离、便捷性是最重要的影响因素。

4.5 开发区与城市功能互动的模式总结

前面通过企业以及企业职工、居民这些载体，采用实证研究的方法，对江宁经济开发区以及南京高新区这两个不同类型的开发区进行了深入的剖析。经过分析发现，不同类型的开发区，其与母城之间产业功能、生活功能的互动是不尽相同的。因此，不同类型的开发区就形成了自身独特的与母城互动的模式。这种互动模式与开发区的产业门类、企业类型、科研实力、基础设施建设、职工素质等都息息相关。

对前面所分析的南京高新区和江宁开发区与母城之间不同的功能互动过程、方式加以理解和概括，去除一些特殊的影响因素，形成两者与母城不同的互动模式及其特点，以期看清这两种不同类型的开发区之间与母城不同的功能互动方式。

1）经济技术开发区与城市功能互动的模式——“以生产与居住功能互动为主的经济互动模式”

通过前面对江宁经济开发区与母城功能互动的实证研究发现，经济开发区与母城之间生产功能的互动联系非常紧密。特别是在主城区“退二进三”的过程中，经济开发区在接收搬迁企业方面扮演着十分重要的角色。因此，造成了经济开发区与母城企业之间的密切联系，尤其是企业与企业之间、企业内部各部门之间的联系十分频繁，也使得开发区与母城之间生产功能的互动十分明显。同时，经济开发区在对母城的经济贡献方面也占有举足轻重的地位，对于母城经济的反哺很强，是城市经济极其重要的一个组成部分。而由于经济开发区内企业的科研实力相对较弱，孵化企业数量较少且缺少活力，其与母城之间的科研功能的互动便相对较弱。

在开发区与母城生活功能互动方面，由于经济开发区与母城企业之间的互动频繁，母城有大量就业岗位外迁至经济开发区内，造成经济开发区职住分离的现象十分普遍，由此导致了开发区与母城之间较为明显的生活功能互动。

总的来说，经济开发区是城市经济发展的重要增长极，在反哺城市、接收城市外迁企业、扩大城市就业等方面具有十分重要的作用，而其相对较弱的科研实力也是导致其与母城较弱的研发功能互动的主要原因。综上所述，经济技术开发区与母城之间的功能互动主要是一种“经济互动模式”（图4-31）。

2）高新技术开发区与城市功能互动的模式——“以研发功能互动为主的科研互动模式”

通过前文对南京高新区与母城功能互动的实证研究发现，高新区与母城之间的研发功能的互动十分明显。这主要与高新区注重不断提高自身的自主创

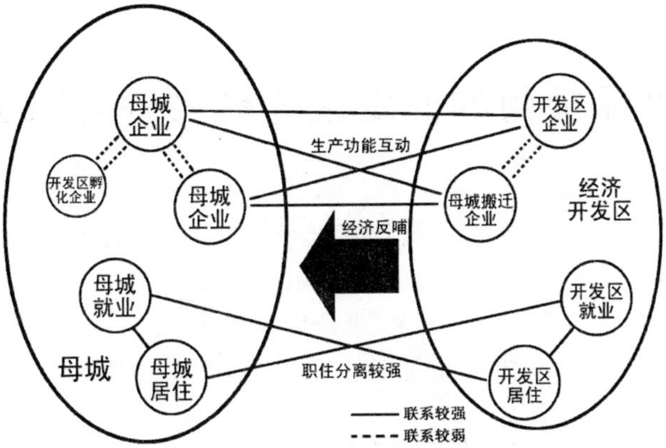

图 4－31　经济互动模式图

新能力，培育孵化中小企业，不断提高自身的科研水平，大力引进高新技术企业有关。同时也跟其与外部的科研单位、高校之间保持频繁的科研交流与互动有关。而相对经济开发区，由于其对母城的经济反哺相对较弱，与母城的企业之间也缺少一定的“血脉”联系，因此生产功能的互动就相对较弱。

在高新区与母城生活功能互动方面，因为高新区很少承接主城的搬迁企业，大多数企业为直接投资创办或外资引进，所以与母城企业之间的联系远没有经济开发区那般紧密，由此造成了高新区与母城之间较少的职住分离现象，由此使得高新区与母城的生活功能互动相比经济开发区要更加微弱一些。综上所述，高新技术开发区与母城之间的功能互动主要是一种“科研互动模式”(图 4－32)。

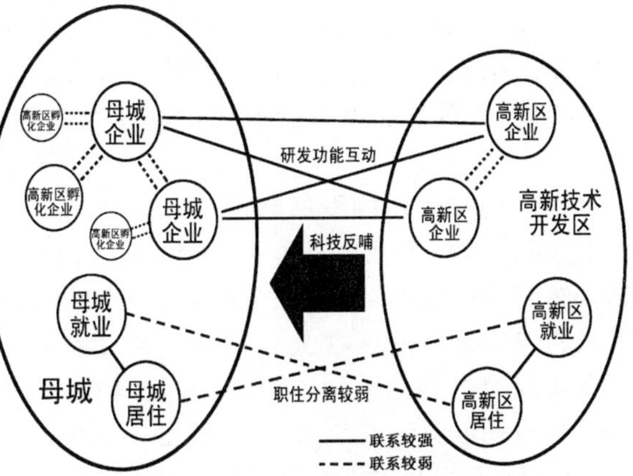

图 4－32　科研互动模式图

不管是高新技术开发区还是经济技术开发区，随着它们的不断发展壮大，开发区与城市之间的产业和生活功能的互动必定会不断增强，开发区将不再“脆弱”，必将成为其所在城市推进工业化、城市化和全面建设小康社会的重要引擎。

5 公共产品视角的开发区与城市整合研究

公共产品作为城乡空间发展的重要支撑系统，是现代城市发展重要的物质条件和基础，公共产品在开发区与城市动态整合的过程中起到积极的引导作用。本章从公共产品的视角，构建开发区与城市整合的基本机制、评价体系，结合案例进行分析，并在此基础上对开发区公共服务体系建设提出建议。

5.1 开发区与城市整合量化评价的技术路线

5.1.1 基于公共产品配置的开发区与城市整合基本机制

在开发区建设初期，常常通过建设重大基础设施等公共产品拉动“生地”的发展。随着开发区的发展壮大，开发区与城市之间的互动不断增强，并在互动基础上实现其自下而上的自组织整合：一方面，开发区由单纯的生产空间逐步向综合城市空间转型提升，对公共产品的需求也日趋多样化；而另一方面，随着地域空间的不断融合，城市与开发区的公共产品体系存在统筹规划、整体供给的必要性和可能性。开发区公共产品在不同阶段分别显现“可建性—可达性—均等化—一体化”配置需求。随着城市与开发区互动的不断深化，开发区与城市在实现区域公共产品一体化共享的同时，形成“公共产品—功能—空间”三位一体的互动整合机制。由于开发区与城市动态整合具有阶段性，在不同阶段整合的主体和侧重点不同，因此在公共产品配置中应注重根据其发展阶段进行合理配置。

在一般的工业化带动城市化的发展路径中，产业空间→居住空间→公共服务空间这一空间生长顺序，符合城市功能阶段性拓展过程，也是土地开发价值时空统一的体现。然而，这也使得公共服务配给在开发区自组织发展过程中处于相对被动和滞后的状态。开发区在其早期开发的过程中，由于产业空间区位选择的趋利性和公共政策引导的缺位，公共服务空间本应体现的引导作用不得不让位于招商引资的短期效益。工业空间和低层次居住配套往往占据了开发区最核心的地段，由此导致的开发区空间无序拓展成为其功能进一步提升的障碍。不少开发区在快速发展时期同时出现了“未老先衰”的局面，开发区内部的“退二进三”现象时有发生。

因此，在开发区与城市整合发展的过程中，有必要充分发挥公共服务空间的引导作用，借由城市规划和宏观政策等调控手段，构建合理有序的功能结构，结合空间的自组织整合机制，促使开发区合理有序健康发展。

5.1.2 基于公共产品配置的开发区与城市整合评估路线

开发区与城市整合既可以是一个过程，也可以认为是一种理想状态。“整合”作为开发区与城市互动发展的结果，其发展程度具有一定的评价标准。本书试图构建具有可操作性的指标体系和评价模型，从公共产品配置的角度对开发区与城市动态整合程度进行定量评价。

开发区与城市整合，其本质是都市区范围内的城市功能空间重构，是“外延整合”和“内构整合”相互糅合作用的产物。基于开发区与城市整合的“外延整合”和“内构整合”的两重内涵，开发区与城市整合评估也应当涵盖这两方面的评价。其中，“外延整合”评价的评估重点在于开发区与主城区公共服务配置水平的差异度，即都市区范围内的公共服务均等化水平，是一个相对水平，适合在某一城市内部进行比较；而“内构整合”的则是基于开发区功能空间自身的综合化程度进行评估。评估路线见图 5－1。

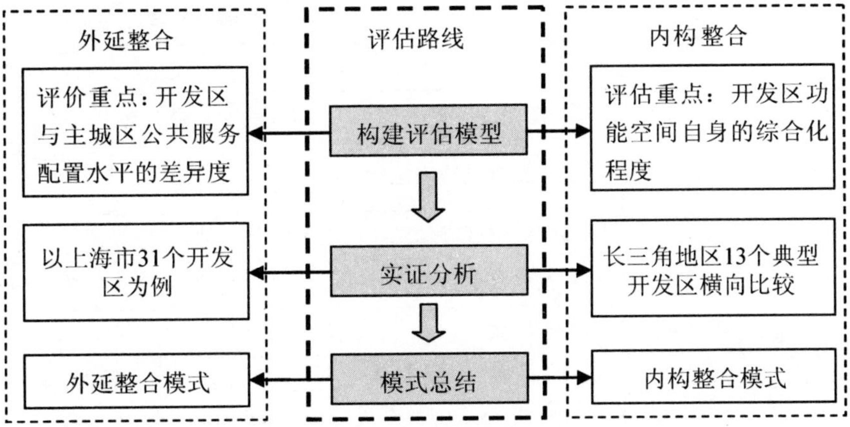

图 5－1 基于公共产品配置的开发区与城市整合评估路线

5.2 基于公共产品配置的开发区与城市外延整合评价

“外延整合”是开发区和主城之间通过功能定位的整体把控、发展机制的互动协调，弥合不同主体之间的非合作博弈，促进主城与开发区形成系统有机的一体化发展格局。因此开发区与城市外延整合的评估应能够体现开发区与城市公共产品供给水平的差异性。

5.2.1 评价模型的构建

1）评估指标体系

根据各指标的内涵及其数据获取方式的差异性，可将外延整合评价指标体系划分为三个子系统（表 5－1）。

表 5-1　基于公共产品配置的开发区与城市外延整合评价指标体系

子系统	目标层	指标层	指标计算
开发指数	开发强度	土地开发率	累计开发面积/规划面积
		土地批租率	累计批租面积/累计开发面积
		土地建成投产率	累计建成面积/累计批租面积
	投入强度	地均固定资产投资	累计固定资产投资/累计开发面积
		地均基础设施投资	累计基础设施投资/累计开发面积
		地均前期开发投资	累计前期开发投资/累计开发面积
		土地开发投入强度	(累计基础设施投资+前期开发投资)/累计开发面积
通达指数	空间可达性	公共交通可达性	与最近公共交通站点距离
		与中心城区距离	与中心城区距离
服务指数	公共教育	人均教育经费支出	教育经费总支出/常住人口
		人均财政性教育经费支出	财政性教育经费支出/常住人口
		财政性教育经费支出比	财政性教育经费支出/地区财政支出
		教育机构密度	教育机构数/土地面积
		万人教育机构数	教育机构数/常住人口数×10 000
		生均教师数	教师数/学生数
	公共卫生	人均医疗卫生经费支出	医疗卫生经费总支出/常住人口
		人均财政性教育经费支出	财政性医疗卫生经费支出/常住人口
		财政性教育经费支出比	财政性医疗卫生经费支出/地区财政支出
		医疗卫生机构密度	医疗卫生机构数/土地面积
		万人医疗卫生机构数	医疗卫生机构数/常住人口数×10 000
		万人医疗卫生床位数	医疗卫生床位数/常住人口数×10 000
		万人卫生技术人员数	医疗卫生技术人员/常住人口数×10 000
		千人公共文化设施数	公共文化设施数/常住人口数×1 000

续表 5 - 1

子系统	目标层	指标层	指标计算
服务指数	其他公共服务	居民人均文教娱乐支出占家庭消费支出比重	居民人均文教娱乐支出/家庭消费总支出
		人均园林绿地面积	园林绿地面积/常住人口数
		生活用燃气普及率	—
		有线电视入户率	—
		污水处理率	—
		垃圾无害化处理率	—

(1) 开发区的开发指数

反映开发区的投资建设强度和基础性公共产品供给情况，主要包括土地开发率、地均固定资产投资、地均基础设施投资等 7 个指标。本子系统相关指标可通过开发区相关统计年鉴获得。

(2) 开发区的通达指数

反映开发区与中心城区的通达程度，包括公共交通可达性、开发区与中心城区距离两个指标。从公共产品的严格意义上来讲，本子系统应当归并至服务指数系统中。但公共交通作为一种特殊的公共产品，其供给水平不仅反映了开发区在本区域内享用公共服务的程度，还反映了其享用中心城区优质资源的便利程度；开发区与城市通达指数得分越高，说明开发区与城市一体化程度越高。因此，本书将本子系统指标单独列出。本子系统无可直接引用的数据，需通过空间数据转化。本研究借助 ArcGIS 空间分析软件，将公共交通线路图、开发区空间分布图、城市行政边界图进行矢量化，提取空间距离数据转化为数值数据。

(3) 开发区的服务指数

这一子系统反映的是开发区在本区域内所能享有的公共服务。主要包括人均教育经费支出、教育机构密度、医疗卫生机构密度等 20 项指标。就笔者实地调研和文献检索的结果来看，目前我国开发区的公共服务设施供给水平缺乏相应的统计口径，为确保指标体系的一致性和可比性，本子系统的相关指标数据采用该开发区所在区(县)的相应指标进行计算。

2) 数据处理方法

为了消除各项指标之间量纲不一致的影响，对原始数据进行标准化处理，使得标准化后的数据均值为 0，方差为 1。为体现开发区和主城公共服务供给水平的差异度，本文采用主城供给水平作为数据标准化基准指标，具体的标准化公式如下：

$$X'_{ij} = X_{ij} / X_j (i = 1,2,\cdots,n; j = 1,2,\cdots,m) \quad (1)$$

其中：X'_{ij} 表示第 i 个开发区第 j 项指标标准化后数值；

X_{ij} 表示第 i 个开发区第 j 项指标原始数值；

X_j 表示第 j 项指标主城区平均值。

该评估服务水平综合得分为：

$$F = \sum A_j X'_{ij} (i = 1, 2, \cdots, n; j = 1, 2, \cdots, m) \tag{2}$$

其中：F 表示该评估单元综合得分，得分越高说明该开发区与城市外延整合程度越高；

A_j 表示第 j 项评价指标权重。

本文运用层次分析法①进行权重计算。考虑到各地区统计口径不同，在实际运算中，指标体系选取必然根据数据的可获得性有所调整，指标权重也应随之转化。为保证本评估体系的科学性和可推广性，本指标体系权重计算采用弹性计算方法，即当评估区域有指标缺失时，在保持各子系统分权重不变的前提下，根据调整后的指标体系对权重进行换算（表 5－2）。权重运算步骤如下：

表 5－2　外延整合评价体系各子系统分权重计算

评价子系统	成对比较矩阵			标准化权重[η]
	A1	A2	A3	
开发指数[A1]	1	1/2	1/3	0.16
通达指数[A2]	2	1	1/2	0.30
服务指数[A3]	3	2	1	0.54
总计	6.00	3.50	1.83	1.00

首先，计算各子系统分权重；

其次，将分权重用同样的方法分解至指标层，即得到各指标的参考权重；

最后，实际权重换算与参考权重换算，根据实际选取的指标调整指标体系对权重进行换算得到实际权重。

$$A'_{ij} = A_i \times \frac{A_{ij}}{\sum_{j=1}^{n}(A_{ij} \times \theta)}, \theta = \begin{cases} 0, & \text{不存在} \\ 1, & \text{存在} \end{cases} \tag{3}$$

其中：A'_{ij} 表示指标调整后第 i 个子系统第 j 个评价指标的实际权重；

A_{ij} 表示第 i 个子系统第 j 个评价指标的参考权重；

A_i 表示第 i 个子系统分权重；

θ 表示存在度，如该项指标存在，$\theta=1$，不存在，则 $\theta=0$。

---

① 层次分析法（Analytic Hierarchy Process，AHP）由 T. L. Saaty 等人在 20 世纪 70 年代提出，是一种定性和定量相结合的，系统化、层次化的分析方法。

5.2.2 开发区与城市外延整合评价

由于开发区与城市外延整合水平是一个相对概念，同时基于数据的可获得性，本书选取同一城市的不同开发区进行横向比较。上海市作为我国开发区最集中的城市，市域范围内共有 5 个国家级开发区①和 26 个市级开发区。本章节以上海为例，对上海市开发区与城市外延整合水平进行评估。基于数据的可获得性②，将表 5－1 的评价体系进行简化（表 5－3）。

表 5－3 简化后的开发区外延整合评价体系

子系统	指标层	指标计算
开发指数	土地开发率	累计开发面积/规划面积
	土地批租率	累计批租面积/累计开发面积
	土地建成投产率	累计建成面积/累计批租面积
	地均固定资产投资	累计固定资产投资/累计开发面积
	地均基础设施投资	累计基础设施投资/累计开发面积
	地均前期开发投资	累计前期开发投资/累计开发面积
	土地开发投入强度	（累计基础设施投资＋前期开发投资）/累计开发面积
通达指数	公共交通可达性	与最近公共交通站点距离
	与中心城区距离	与中心城区距离
服务指数③	教育机构密度	教育机构数/土地面积
	万人教育机构数	教育机构数/常住人口数×10 000
	生均教师数	教师数/学生数
	医疗卫生机构密度	医疗卫生机构数/土地面积
	万人医疗卫生机构数	医疗卫生机构数/常住人口数×10 000
	万人医疗卫生床位数	医疗卫生床位数/常住人口数×10 000
	万人卫生技术人员数	医疗卫生技术人员/常住人口数×10 000
	人均园林绿地面积	园林绿地面积/常住人口数×1 000

① 根据发改委、国土资源部、建设部公布的《中国开发区审核公告目录（2006 年版）》，上海市域范围内共有 15 个国家级开发区，而《上海市开发区统计手册（2009）》中仅统计其中 5 个国家级开发区，而将其他工业集中区数据归并处理，本评价体系中采用后者的统计方式。

② 主要数据来源：上海市开发区统计手册（2009），上海市统计年鉴（2009），上海市轨道交通现状图（2010 年）。

③ 由于开发区公共服务设施供给水平缺乏相应的统计口径，因此公共服务水平子系统的相关指标数据采用该开发区所在区（县）的相应指标进行计算。

计算结果见表 5－4。

表 5－4　上海市开发区外延整合评估一览表

	序号	名称	开发指数		通达指数		服务指数		综合整合度	
			得分	级别	得分	级别	得分	级别	得分	级别
国家级	1	外高桥保税区	2.13	好	1.51	好	0.74	中	1.20	好
	2	金桥出口加工区	1.40	好	1.40	好	0.74	中	1.04	好
	3	张江高科技园区	1.80	好	1.63	好	0.74	中	1.18	好
	4	漕河泾高新技术开发区	1.21	好	1.87	好	1.35	好	1.49	好
	5	闵行经济技术开发区	1.63	好	1.63	好	0.55	差	1.04	好
市级①	6	市北工业园区	0.86	中	1.87	好	1.04	好	1.26	好
	7	未来岛高新技术产业园区	1.31	好	1.87	好	0.83	好	1.22	好
	8	新杨工业园区	0.60	差	1.53	好	0.83	好	1.00	好
	9	宝山工业园区	0.96	中	0.82	中	0.85	好	0.86	中
	10	月杨工业园区	0.88	中	1.39	好	0.85	好	1.02	好
	11	崇明工业园区	0.98	中	0.23	差	0.65	差	0.58	差
	12	富盛经济开发区	0.87	中	0.23	差	0.65	差	0.56	差
	13	浦东合庆工业园区	0.71	中	0.93	中	0.74	中	0.79	中
	14	浦东空港工业园区	0.81	中	1.16	中	0.74	中	0.88	中
	15	嘉定工业园区	0.90	中	0.94	中	0.63	差	0.76	中
	16	嘉定汽车产业园区	0.52	差	1.39	好	0.63	差	0.84	中
	17	莘庄工业园区	1.17	好	1.63	好	0.55	差	0.97	中
	18	紫竹高新技术产业园区	0.57	差	1.17	中	0.55	差	0.74	中
	19	青浦工业园区	0.62	差	0.47	差	0.68	差	0.60	差
	20	西郊经济开发区	0.79	中	1.39	好	0.68	差	0.91	中
	21	松江工业园区	0.70	中	0.81	中	0.54	差	0.65	差
	22	松江经济开发区	0.63	差	1.39	好	0.54	差	0.81	中
	23	浦东康桥工业园区	0.71	中	0.94	中	0.60	差	0.72	中
	24	南汇工业园区	1.04	好	0.58	差	0.60	差	0.66	差
	25	星火工业园区	0.66	差	0.23	差	0.66	差	0.53	差

① 上海市级开发区相当于省级开发区。

续表 5-4

序号	名称	开发指数		通达指数		服务指数		综合整合度	
		得分	级别	得分	级别	得分	级别	得分	级别
26	奉贤经济开发区	0.65	差	0.58	差	0.66	差	0.64	差
27	奉城工业园区	1.23	好	0.23	差	0.66	差	0.62	差
28	金山工业园区	0.84	中	0.23	差	0.73	中	0.60	差
29	枫泾工业园区	0.74	中	0.23	差	0.73	中	0.58	差
30	朱泾工业园区	1.32	好	0.46	差	0.73	中	0.74	中
31	化学工业园区	1.72	好	0.23	差	0.73	中	0.74	中

依托 ArcGIS 空间分析软件，以各开发区所在位置为源点(point)，分别以开发指数、通达指数、服务指数和综合整合指数得分做插值图。

从开发指数插值图(图 5-2)来看，开发区开发指数得分主要受开发层级影响，国家级开发区的开发指数得分普遍比市级开发区高，其开发强度和投入强度等指标均较高，基本实现了其作为带动区域发展的增长极的职能。同时，位于市域西南远郊的上海化学工业园区、枫泾工业园区等开发区的开发指数得分也较高，承担城市远郊增长极的作用。

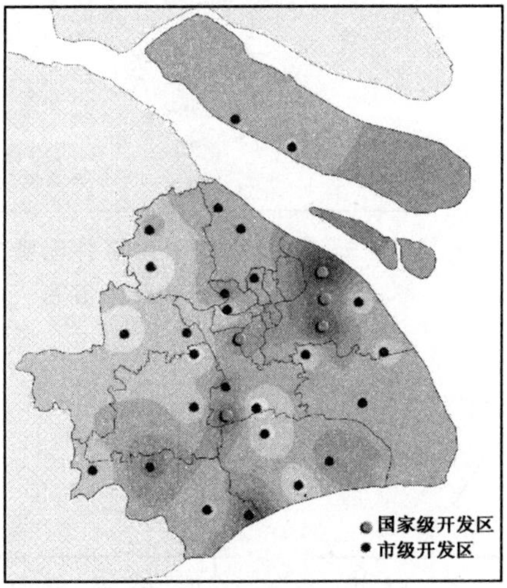

图 5-2　上海市开发区外延整合开发指数插值图

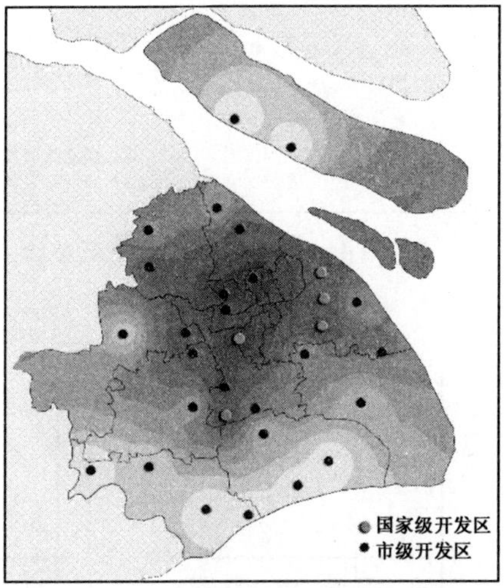

图 5-3　上海市开发区外延整合通达指数插值图

就通达指数而言(图 5-3)，开发区通达指数得分呈现明显的沿主城向外圈层衰减和沿地铁公交线路指状延伸相叠加的态势。同时从开发区的现状空间布局来看，边缘型和近郊型开发区基本都临近地铁站点和主要对外交通廊道设置，体现出明显的公交导向特征。

从服务指数分布(图 5-4)来看，明显可分为三个圈层：临近中心城区的闸北区、普陀区、浦东新区的开发区由于受主城强力辐射，服务指数得分最高，与主城基本实现整合发展、一体化配置；南汇区、闵行区、松江区等位于城市近郊的开发区依托公共交通辐射，与主城实现公共服务设施共享，其自身的服务指数得分较低；而位于城市远郊(如普陀区、金山区、奉贤区等)的开发区由于离主城较远，公共交通相对不便，公共服务配置以自给自足的模式为主，体现出较为明显的远郊独立发展特征。

就综合整合度来看，上海市国家级开发区普遍比市级开发区的综合整合程度高；同时开发区距离主城越近，交通越便利，其综合整合程度也越高(图 5-5、图 5-6)。

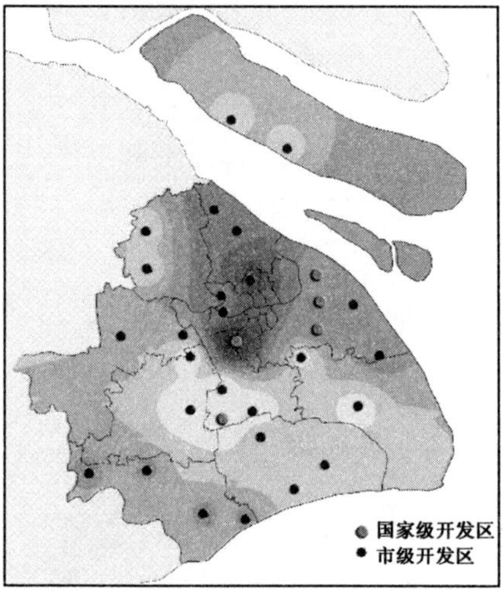

图 5-4 上海市开发区外延整合服务指数插值图

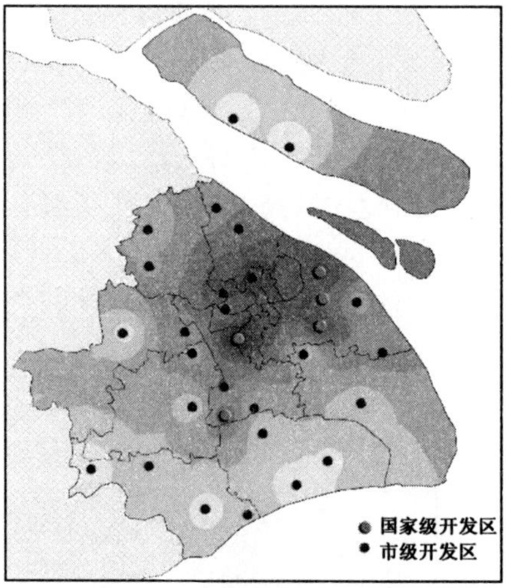

图 5-5 上海市开发区外延整合综合整合度插值图

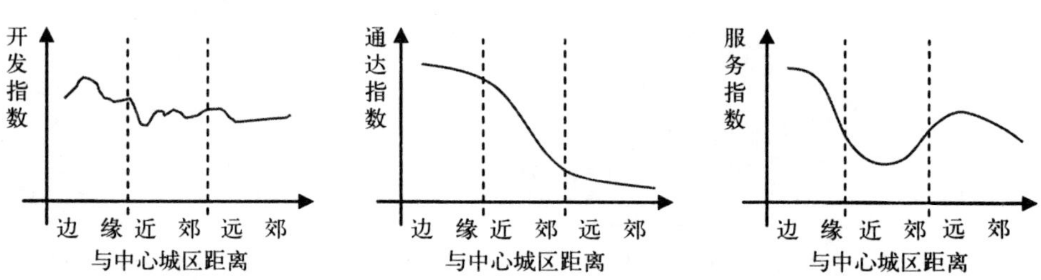

(a) 开发指数　(b) 通达指数　(c) 服务指数

图 5-6 外延整合指数与空间距离相关性

5.2.3 基于公共产品配置的开发区与城市外延整合类型

将前面计算所得的开发强度指数、通达度指数和区域服务水平指数导入SPSS 13.0 for Windows分析软件，进行聚类分析，由聚类树形图(图5-7)可以看出，可将上海市31个开发区分为三种类型：

(1) 边缘融入型：这类开发区大多位于城市边缘区，受到主城的强力辐射。随着中心城区范围的不断扩大，逐步纳入主城公共设施一体化发展的范围，外延整合程度较高。如漕河泾高新技术开发区、张江高科技园区、外高桥保税区、市北工业园区等。

(2) 交通依赖型：这类开发区大多位于城市近郊区，公共服务水平较城区低，居民职住分离现象较为明显。如新杨开发区、宝山开发区、嘉定开发区等。

(3) 远郊独立型：这类开发区大多位于城市远郊，由于距离中心城区较远，与主城实现设施共享难度较大，需独立配置公共服务设施，常依托远郊的卫星城镇配置，形成功能相对完善的新城，以满足居民发展的需求。如上海化学工业园区、青浦工业园区、崇明工业园区等。

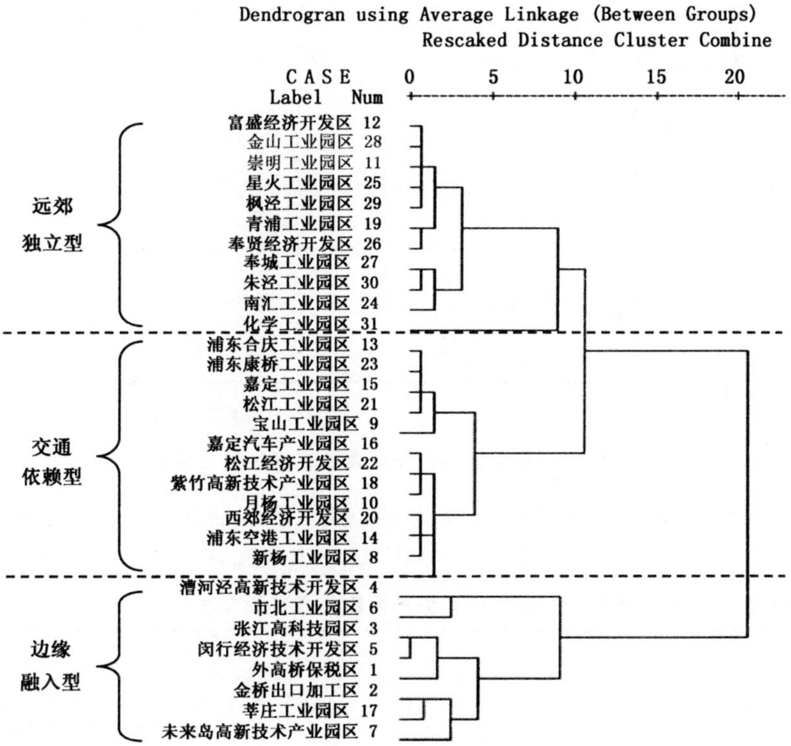

图5-7 上海市开发区外延整合聚类分析图

5.3 基于公共产品配置的开发区与城市内构整合

开发区与城市“内构整合”是开发区的功能空间顺应其自身发展需求，不断完善提升，由单一的产业空间向新城市空间转型提升的过程，即开发区空间的自组织完善机制。开发区通过自身功能完善，减少与主城区的落差，促进一体化发展。因此，开发区与城市内构整合评价即是基于开发区功能空间自身的综合化程度进行评估。

5.3.1 评价模型的构建

基于开发区功能空间自身的综合化程度对开发区公共产品配置水平进行评价，需要考虑两个方面的发展水平：其一是开发区空间功能发展的综合度，其二是公共产品的供给程度。在一般发展路径中，开发区逐步由单一的生产空间向综合城市空间转化，与此同时，公共产品的供给不断完善。以各开发区为分析单元，以横坐标表示开发区功能综合程度，纵坐标表示公共产品的供给程度，建立坐标体系，对公共产品供给程度和开发区功能综合度进行交叉分析。根据公共产品供给度和开发区功能综合度的契合关系，可将开发区分为综合供给型、服务带动型、居住引导型和单一发展型 4 种类型(图 5－8)。

图 5－8　基于公共产品配置的开发区整合模式

公共产品供给程度和开发区功能综合度主要包括支出评价、空间评价、用地评价三种量化评价方法，这三种评价方法的主要优缺点如表 5－5 所示。

表 5－5　开发区与城市内构整合评价方法比较

评价方法	数据类型	方法评述
支出评价	根据公共财政支出结构衡量	由于公共财政一般是以城市或区县为统计单元，开发区缺乏独立的统计口径，同时由于大多数开发区的统计数据侧重于经济，对于公共产品缺乏开发区层面的统计数据，公开数据获取难度较大

续表 5-5

评价方法	数据类型	方法评述
空间评价	根据公共服务设施的空间布局均等化程度衡量	借助 ArcGIS 空间分析模块，对公共服务设施的空间布局均等化程度进行评估，这一方法需要较为确切的公共服务设施布局的空间数据，数据处理难度较大，适合典型案例调研分析
用地评价	根据开发区现状用地构成进行评价	可利用开发区用地现状图获取数据，数据可获得性较高，操作简便

由于支出评价和空间评价的数据获取难度较大，相对适用于典型案例分析，横向比较难度较大。考虑到数据的可获得性和不同分析样本统计口径的一致性，本章节采用用地指标进行量化评价。而在第 5 章的典型案例分析中采用空间评价法进行量化评估。

开发区主要功能空间按其功能属性可大致分为三大类功能空间：公共服务空间、居住空间和产业空间。根据《城市用地分类与规划建设用地标准》中的用地分类，公共服务空间主要包括公共设施用地（C）、对外交通用地（T）、道路广场用地（S）、市政公用工程设施用地（U）和绿地（G）；居住空间主要指居住用地（R）；产业空间主要包括工业用地（M）和仓储用地（W）；特殊用地（D）、水域和其他用地（E）不纳入考虑范围。其中：

公共产品供给程度＝公共服务空间比重；

开发区功能综合度＝开发区居住空间比重/产业空间比重。

5.3.2 长三角典型开发区与城市内构整合评估

根据长三角地区典型开发区用地现状，计算其内构整合程度，计算结果如表 5-6 所示。

表 5-6 长三角典型开发区用地现状一览表 单位：ha

名称	年份	建设用地	公共服务用地	居住用地	产业用地
苏州新区	1999	1 556.00	41.52	15.15	42.93
南京高新区	2000	279.00	46.90	15.90	37.20
南通市开发区	2001	1 225.00	26.48	14.86	58.66
苏州中新合作区	2002	1 635.00	40.65	12.06	47.29
常州武进高新区	2003	—	46.00	34.60	19.10
漕河泾高新技术开发区	2005	567.84	31.70	4.90	63.40
无锡新区	2005	—	29.60	11.30	52.40

续表 5-6

名称	年份	建设用地	公共服务用地	居住用地	产业用地
连云港经济技术开发区	2005	—	46.52	16.68	31.74
金桥出口加工区	2006	1 662.22	32.00	9.42	46.89
闵行经济技术开发区	2006	350.00	24.83	6.05	67.03
南京江宁经济技术开发区	2006	—	47.00	31.70	21.30
常州高新区	2006	—	26.42	7.86	65.72
常州东南开发区	2006	751.54	25.73	19.07	55.05

根据计算结果，以功能综合度为横轴，以公共产品供给程度为纵轴，绘制交叉分析图(图 5-9，表 5-7)。

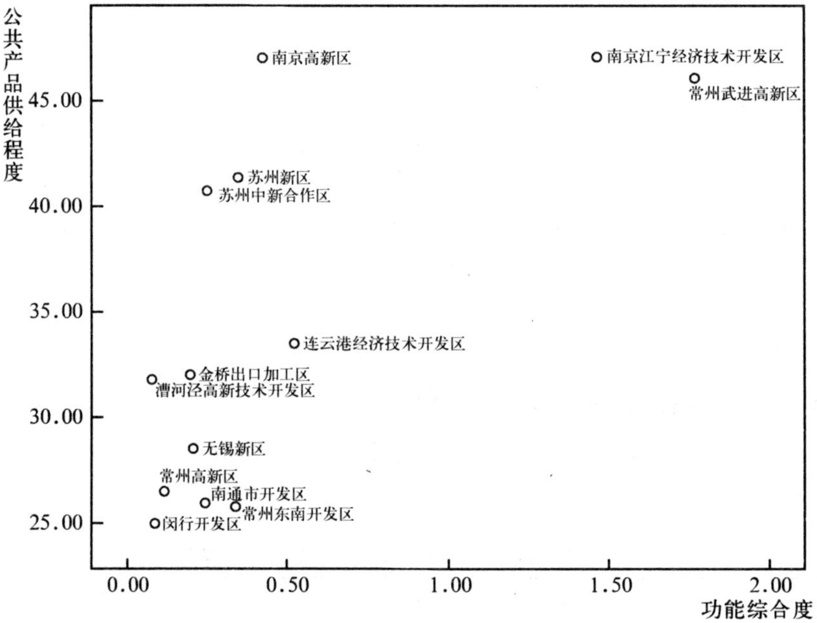

图 5-9 长三角典型开发区内构整合评价图

表 5-7 长三角典型开发区与城市内构整合状态一览表

类型	典型开发区
综合供给型	南京江宁经济技术开发区、南京高新区、连云港经济技术开发区、常州武进高新区
服务引导型	苏州中新合作区、苏州新区、漕河泾高新技术开发区、金桥出口加工区
居住引导型	无锡新区、南通市开发区、常州东南开发区
单一发展型	闵行经济技术开发区

需要注意的是，由于资料可获得性的限制，开发区空间数据统计缺乏统一的时间口径，因此根据该数据计算结果划定的内构整合类型划定仅能反映该时期的开发区整合状态，随着开发区的发展，其内构整合模式和路径也会发生转化。

5.3.3 基于公共产品配置的开发区与城市内构整合类型

根据公共产品供给度和开发区功能综合度的契合关系，可将开发区分为综合供给型、服务带动型、居住引导型和单一发展型四种类型。

1）综合供给型（Ⅰ型）

综合供给型指的是公共产品配置与开发区综合开发基本配套均衡的开发区发展状态，即开发区的各项功能和公共服务设施配给达到基本平衡（图 5－10）。

这种模式一般出现在发展较为成熟，与城市有一定距离的开发区，如江宁经济技术开发区。另外，也有一些开发区借由行政区划调整，整合周边乡镇的居住和服务功能，实现区域整体协调发展，如杭州经济技术开发区将下沙镇纳入其管辖范围，并进一步整合区域内的各类功能空间，打造下沙新城。

2）服务带动型（Ⅱ型）

服务带动型开发区是指公共产品配置优先于开发区综合开发的开发区（图 5－11）。

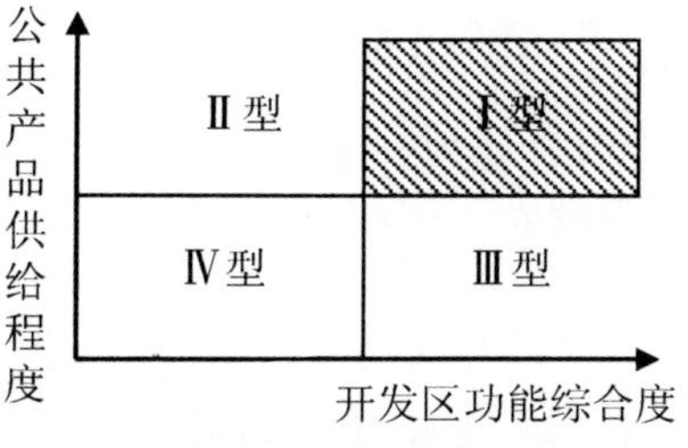

图 5－10 开发区与城市整合类型之一：综合供给型

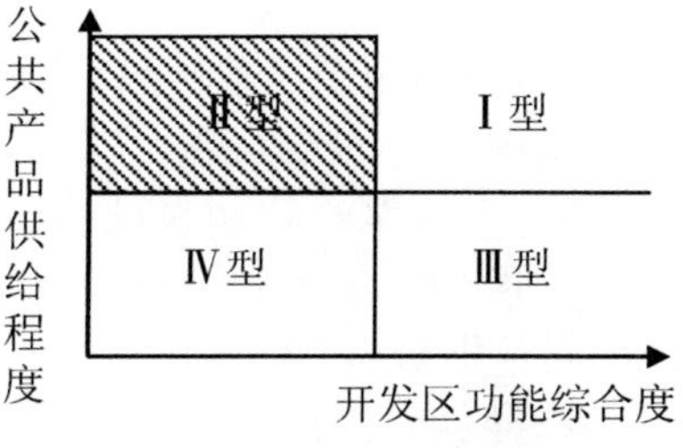

图 5－11 开发区与城市整合类型之二：服务带动型

这一类型多出现于通过政府强势政策引导下的开发区建设，通过大型公共设施（如地铁、体育中心、大学城等）的配给带动产业和人口集聚。远郊型开发区常采用这种开发区模式，由于远郊型开发区距离主城较远，无法依托主城的公共服务设施和基础设施辐射，必须配备相对完善的服务体系，满足开发区正常建设运行的需求。

3）居住引导型（Ⅲ型）

居住引导型开发区是指公共产品配置相对滞后于开发区综合开发的开发区（图 5－12）。

这一类型多出现在位于城市边缘型开发区的发展起步阶段，由于距离城市较近，开发区建设初期可以依托主城的公共服务设施和基础设施。事实上，这一类型在长三角地区开发区中最为常见。由于工业用地和居住用地的市场机制驱动，公共服务配套在开发区空间配置常常处于相对被忽视的地位，发展相对滞后。

4）单一发展型（Ⅳ型）

开发区以单一的生产功能为主，居住功能和服务配套功能外置（图 5－13）。

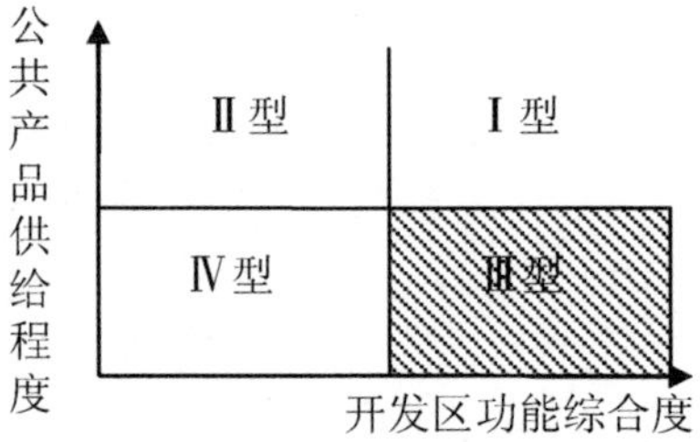

图 5－12　开发区与城市整合类型之三：居住引导型

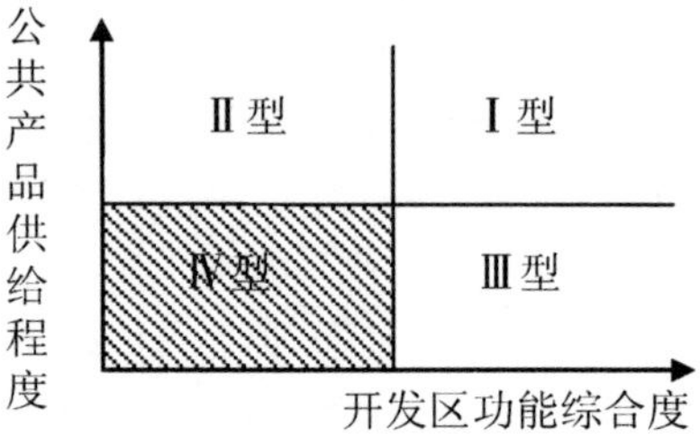

图 5－13　开发区与城市整合类型之四：单一发展型

这一模式多出现在早期的开发区或是规模较小的开发区，以上海闵行开发区为典型代表。

5.3.4　基于公共产品配置的开发区与城市内构整合路径

开发区与城市整合是一个动态发展的连续过程，在同一开发区的不同阶段，常常呈现不同的开发区与城市整合模式。根据其演化发展的路径，可将开发区与城市内构整合的动态过程概括为以下四种发展路径：同步供给式、前置带动式、后置补充式、单一发展式。

1）同步供给式（Ⅳ→Ⅰ）

开发区发展与公共服务配套同步协同发展的发展路径。随着开发区建设的不断推进，逐步促进公共服务体系的配套完善。通过分期开发、逐步配套，开发区逐步由“单一发展型”向“综合供给型”转型（图 5－14）。

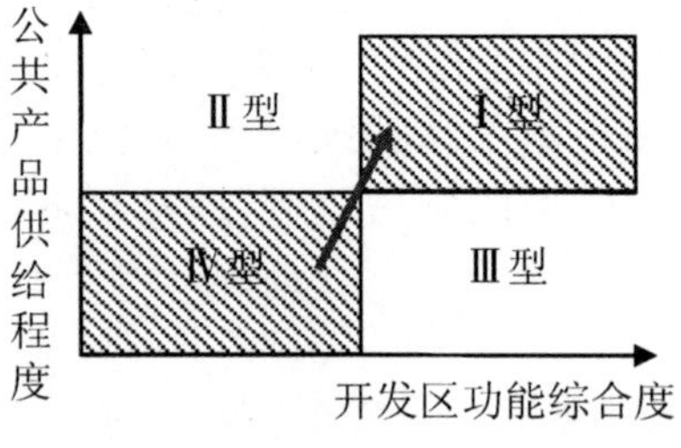

图 5－14　开发区功能整合路径之一：同步供给式

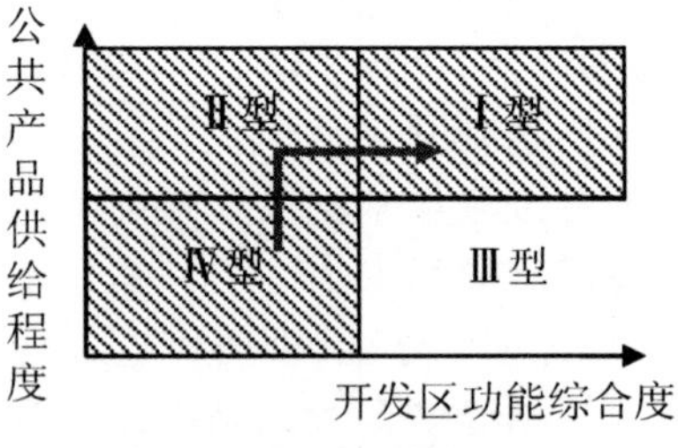

图 5－15　开发区功能整合路径之二：前置带动式

这一发展模式适合于面积较大的开发区，有利于开发区各项功能的整体协调，但一般开发周期较长。

2）前置带动式（Ⅳ→Ⅱ→Ⅰ）

这一发展模式是以公共服务设施为先导，引导开发区建设，通过高等级公共服务设施的带动，在较短时间拉动人口的集聚（图 5－15）。

这一发展模式的前期投入较大，资金依赖较高。适用于距离城市较远，功能相对独立的开发区。

3）后置补充式（Ⅳ→Ⅲ→Ⅰ）

在开发区发展初期，以工业空间和居住空间为主，公共服务功能依托主城或周边城镇解决；当开发区建设相对成熟后，再对公共服务设施进行配套。这一发展模式适用于位于城市边缘型开发区建设前期（图 5－16）。

这一发展模式的前期投入开发较快，同时可借由居住用地的出让缓解开发区发展资金短缺的问题。但在发展初期不利于人口集聚，短期内容易造成职住分离现象。

4）单一发展式（Ⅳ）

开发区始终保持相对单一的生产功能，居住功能和公共服务配套功能外置（图 5－17）。

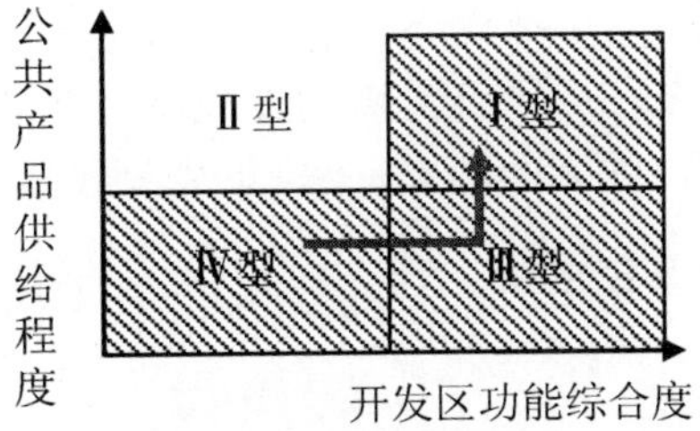

图 5－16　开发区功能整合路径之三：后置补充式

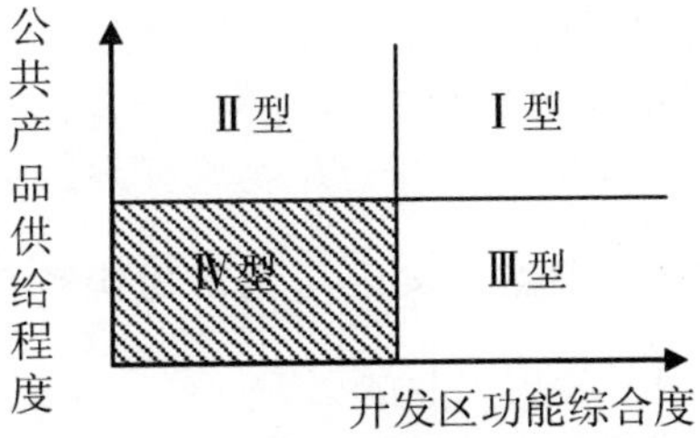

图 5－17　开发区功能整合路径之四：单一发展式

这一发展模式适用于城市内部且面积较小的街区型开发区。这类型开发区功能纯粹，有利于维持开发区高效快速的建设发展。

四种不同整合路径的优缺点及适用类型对比分析总结如表 5－8 所示。

表 5－8　开发区与城市动态整合路径对比分析

发展路径	优点	缺点	适用类型	典型案例
同步供给式	有利于开发区各项功能的整体协调	开发周期较长	适用于分期滚动开发、面积较大的开发区	南京江宁经济技术开发区

续表 5-8

发展路径	优点	缺点	适用类型	典型案例
前置带动式	以公共服务设施引导开发区建设,有利于在较短时间拉动人口集聚	前期投入较大	适用于距离城市较远,功能相对独立的开发区	杭州经济技术开发区
后置补充式	前期投入开发较快,利于开发区快速启动	不利于人口集聚,短期内容易造成职住分离现象	适用于位于城市边缘型开发区建设前期	苏州中新合作区
单一发展式	保留单一的开发区功能,有利于开发区的快速启动	功能相对单一,规模不宜过大	适用于面积较小、位于城市内部的街区型开发区	上海闵行经济技术开发区

需要说明的是:

① 开发区与城市内构整合并没有唯一正确的发展模式和路径,由开发区的性质和所处的发展阶段决定。

② 开发区与城市"内构整合"是一个螺旋上升的动态演化过程,在同一开发区的不同发展阶段开发区与城市整合的状态及其所选择的发展路径也会有所差异,在一些滚动开发的开发区内的不同区块,也会选择不同的发展路径。

5.3.5 典型开发区与城市内构整合类型和路径剖析

1) 苏州工业园区

苏州工业园区于 1994 年 2 月经国务院批准设立并于同年 5 月实施启动建设。辖区面积达 288 km^2,其中中新合作区 80 km^2,下辖三个镇,户籍人口 31 万,曾经是中国和新加坡两国政府间最大的合作项目。园区的发展目标是:建设成为具有国际竞争力的高科技工业园区和现代化、国际化、信息化的创新型、生态型新城区①。

在《苏州工业园区中新合作区规划调整》中明确提出,园区应承担疏解古城功能与人口的职能,市级公建陆续落户园区,园区成为体现苏州现代化风貌的新城区之一。园区功能用地布局以轴向布局形式为主:商业用地居其核心,其两边是生活居住用地,再外围为工业用地。在动态开发时序上按照由外向内、由西向东、由产业区开发到商住用地开发再到中心服务区开发的功能空间开发时序。这种开发时序体现了城市功能、结构与土地价值在时空上的统一②。

① 资料来源:苏州工业园区官方网站(http://www.sipac.gov.cn)

② 王兴平.中国城市新产业空间——发展机制与空间组织[M].北京:科学出版社,2005

从开发区的发展模式来看，苏州工业园区在起步阶段，采用的是公共产品“后置补充式”的发展路径。开发区的一期用地紧临苏州市区启动，以工业用地开发为先导，居住和服务功能依托苏州市区解决，园区启动两年来，大多数人仍居住在老城区，是典型的“单一发展型”。这一发展模式使得开发区在其起步阶段得以快速启动，减轻了政府的财政压力。

在产业开发形成规模、土地价值上升且房地产需求市场成熟后，启动商住用地开发，完善园区的城市功能。这一时期的发展模式为“居住引导型”，公共产品配置采取的是“同步供给式”的发展路径，以邻里中心为单元，满足居民对公共服务设施的基本需求（图 5－18）。

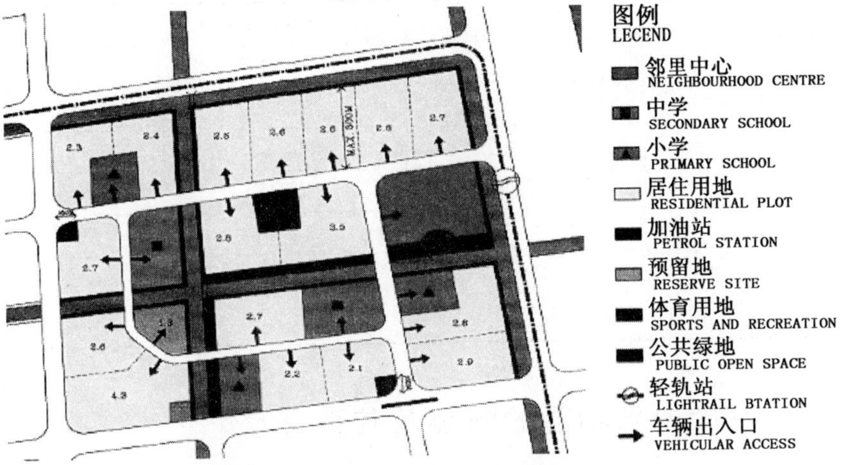

图 5－18　苏州工业园区典型邻里规划

随着居住人口的不断集聚，当外围的产业用地和商住用地形成规模后，开发价值最大化的中心商务区，建设科技文化中心等市级公共服务设施，以高水平的公共服务设施提升开发区的综合服务功能，呈现“服务带动型”模式的典型特征，成为疏解古城功能与人口的反磁力中心。公共产品配置转向“前置带动式”的发展路径。

总体而言，苏州工业园区是由单一发展型—居住引导型—服务带动型，公共产品配置由后置补充式—同步供给式—前置带动式的演化路径，是一个螺旋上升的动态过程。

2）上海闵行经济技术开发区

上海闵行经济技术开发区创建于 1983 年，1986 年 8 月经国务院批准为国家级经济技术开发区，由上海闵行联合发展有限公司（下称闵联公司）以企业化、市场化的方式，负责规划建设、经营管理。现在的闵行经济技术开发区总面积 3.5 km^2，是国家级开发区中占地面积最小的工业开发区，是单一发展模式的典型代表。

闵行开发区大规模的招商引资已经完成，土地开发利用率达到 100%，是国家级工业开发区中占地最小而单位面积企业利润、上缴税收和工业增加值最高的开发区。

从用地构成来看，闵行经济技术开发区的工业用地高达67.03%，占了开发区总用地的一半以上，而住宅、公共设施等配套用地不超过10%。开发区内的住宅用地除少量农民拆迁安置区外，仅有少量新建商品房，位于昆阳小区周边。开发区内部配备了少量以行政管理类的公共服务设施为主的公共服务中心和以社区商业设施为主的商业街区（表5-9）。开发区内部没有特定的配套居住区，职工的居住和公共服务需求通过开发区周边的城市社区解决。

表5-9 闵行经济技术开发区用地平衡表

用地代号	用地名称	面积(hm^2)	比例(%)
R2	住宅用地	21.18	6.05
C	公共设施用地	4.19	1.20
M	工业用地	234.63	67.03
S	道路用地	49.46	14.13
G	绿地	33.26	9.50
E	河流水域	7.31	2.09
现状总用地		350.03	100.00

5.4 开发区内部功能的断裂及其整合①

开发区的空间配置虽然"综合齐全"，然而空间使用存在着非常明显的"断裂"现象，具体表现在两个方面：各开发区内就业、居住与服务功能的"断裂"和开发区与大学功能的"断裂"。也就是说具有20多年历史的开发区虽然躯体已经长大，但是在功能上依然处于"儿童期"，离不开主城区的"哺育"，无法"断奶"而走上自我发展之路。

5.4.1 开发区内在功能配置的"断裂"

开发区内在功能配置的"断裂"表现在开发区就业功能与居住、服务功能三者的错位。调查发现，在开发区就业的人群大多数并不在开发区居住和进行日常购物、就医，子女就学也多不在开发区；在开发区居住的人群有相当比例不在开发区就业和进行日常购物等消费活动。如果将开发区居民和职工分为三类：在开发区居住而不工作的人(A)、在开发区居住且工作的人(C)、在开发区工作而不居住的人(B)，则开发区居民由前两者构成，开发区职工由后两者构成。

① 王兴平.中国开发区空间配置与使用的错位现象研究——以南京国家级开发区为例[J].城市发展研究，2008(2)：85-91

(A)类人占开发区居民总人数的 32.77%,即近 1/3 的人居住在开发区但不在那工作;(B)类人占开发区职工总人数的 34.90%,即约 1/3 的人在开发区工作但不居住在那。选择在开发区居住的人群,要么是低薪阶层的职工,为了工作的方便;要么是高薪阶层的高档别墅居住区,作为周末假期的去处。

通过对开发区职工问卷的整理,可以发现在开发区就业的人群中,接近或者超过一半的人群现住址在开发区以外,其中新港开发区职工问卷由于主要在打工楼附近发放,因此现住址在开发区的职工比例较高,但是依据访谈情况看,开发区管理部门和企业管理层员工基本在主城区居住。职工的日常购物、就医、就学等活动超过 60%在开发区以外满足,其中许多活动在主城区(表 5-10)。

表 5-10 南京三大国家级开发区职工相关活动在开发区以外进行的比例 (%)

	现住址	日常购物	日常就医	子女就学
江宁开发区	47.7	66.5	60.3	72.6
浦口开发区	64.4	87.3	74.5	93.9
新港开发区	40.2	70.4	88.9	93.8

通过对开发区居民问卷的整理可以发现,在开发区居住的居民中虽然在开发区工作的比例较高,但并不说明开发区居住小区与产业园区的匹配较好,在问卷发放过程中我们了解到,开发区购房者主要为市区居民,而且现有住房的闲置率较高(表 5-11),若加上这些因素,在开发区拥有自有住房的人群在区内就业的比例将大打折扣。以江宁为例,江宁开发区是南京江宁房地产开发的主要区域,南京江宁区房管局局长孙永安的说法支撑了我们的调研观点,他认为"在'十五'期间,全江宁共建新的商品房 1100 万 m^2,而前三年买江宁商品房的购房者中有 90%是南京主城人口,2004 年这个比例为 88%,去年这个比例维持在 80%左右"①。说明目前在开发区就业的开发区居民,仅仅是开发区购房者中很少的一部分,开发区购房者中还有大量不在开发区就业的人群和在开发区就业但不在此居住的人群。同时,问卷结果显示,开发区常住居民日常购物活动多数在开发区外,前往主城区中心(新街口、湖南路、夫子庙)的频率也较高。即开发区居民的主要服务性消费在开发区以外进行(表 5-12)。

表 5-11 江宁经济技术开发区房屋闲置现象统计(2007)

楼盘名称	明月港湾	天地新城	欧陆经典花园	21 世纪现代城	百家湖花园	市政天元城	武夷绿洲	翠屏国际城	翠屏清华园
闲置率(%)	34.9	30.9	55.1	42.1	49.1	45.2	65.2	62.1	57.2

注:房屋闲置现象指已交付给购房者的房屋长期未有人入住的现象。

① 365 专访:江宁房管局局长孙永安透露楼市"秘密"[EB/OL]. http://bbs.house365.com/Printthread.php? thread;d=1313178

表 5-12　南京两大国家级开发区居民相关活动的比例　(%)

	现工作地不在开发区的比例	日常购物不在开发区的比例	去主城中心频率每两周高于一次的比例
江宁开发区	36.4	61.3	50.2
浦口开发区	18.4	82	56.8

5.4.2　开发区与大学功能的"断裂"

我国大中城市的开发区与大学城相伴相生已经是一种普遍现象，在部分开发区，大学城、大学新校区已经成为开发区的重要组成部分。南京作为我国重要的科教中心城市，原来的老城区密集分布着大量的高等院校，其密度之高本身就是世界上独一无二的"大学城"。随着新时期"大学城"建设热潮的兴起，伴随着城市新区和开发区的建设步伐，南京市在城市外围的国家级开发区周边已经形成三大比较集中的大学城，即浦口大学城、江宁方山大学城、仙林大学城，此外，还有许多分布在开发区内或者周边而不在大学城、相对独立的大学新校区，如在江宁开发区的东南大学、河海大学、南京航空航天大学新校区等。从大学城和大学新校区建设的出发点看，一方面固然要满足大学扩招对空间的需求，但同时也应试图通过大学与开发区的结合，实现高等教育科研资源与开发区生产力的优势互补，提升开发区的发展层次和推进科技向生产力的转化。调研也发现，大学城、大学新校区建设与开发区发展存在明显的"断裂"现象，即大学教职工在开发区创业、居住和进行服务性消费的比例极低，高校学生在开发区消费和实习、打工的比例也不高，两者之间在一定程度上处于相互封闭、割裂的状态。

据对江宁经济技术开发区和南京高新技术产业区的南航和河海大学江宁校区、南京大学浦口校区的调查，在开发区的高校多以低年级本科生教学为主，教职工多生活在南京市区，工作穿梭于学校本部与开发区校区之间。通过开发区高校教职工和学生进行问卷调查发现，50%的人表示对开发区不太了解，60%以上的人选择在主城区进行日常购物，53%的学生对开发区的学习环境感到满意，仅有2%的人对开发区的就业环境感到满意。同时，调查发现，71%的人不知道本校与开发区是否有合作项目，52%的人认为大学与开发区毗邻对自己没有影响。

调查结果表明，高校与开发区的相互影响没有达到规划和预期的效果。虽然南京的开发区与周边高校有科研生产合作项目，但合作项目数量占高校科研项目成果总数的比例不高，所取得的经济效益也相对较小；另一方面，开发区周边的高校通常开展的是本科生的教学，硕士研究生、博士生及有更高科研能力的人员并不在开发区就学，与企业合作项目的实验室、研究院多数也设置在主城区内，并非与企业生产产生直接的空间关系，这其实违背了将开发区和高校在空间上结合布置的初衷，高校的人力资源没有充分被利用。

5.4.3　开发区空间配置与空间使用错位的原因分析

由此可见，开发区空间配置与空间使用存在明显的错位现象，即在空间配置上开发区已经基本实现综合性与多样化，建区初期以工业用地为主、空间配置类型残缺、居住及服务空间短缺的现象已经得到较大改善；但是，这些多样化的空间在使用上存在“断裂”，即不同类型空间并没有构成一个整体，产业空间的就业人群不在居住空间居留以及在服务空间消费，居住空间的许多居住人群不在就业空间就业和在服务空间消费，就业、居住、服务三大空间没有在区内形成匹配，而是分别与主城区形成较强的区际关联关系。开发区在空间配置上虽然形成了良好、规范的“用地平衡”，但是在空间使用上没有形成“功能匹配”，整个开发区实际上是主城区不同单项功能空间的“飞地”的拼合与嵌套。

形成这种空间配置与空间使用错位、特别是导致其内部空间使用“断裂”现象的主要原因有以下几个方面。

（1）开发区曾经被作为工业卫星镇和郊区卧城，定位偏离导致产业空间与居住空间的“二元化”发展。我国的绝大多数开发区建立之初定位为城市发展外向型或高新技术型的工业基地，不配套相应的非生产性功能；随后开发区开发建设的住宅小区则定位为疏解中心城市人口的卧城，其目的也不是解决开发区就业人口的居住问题，因此，发展壮大以后的开发区虽然既有产业区也有居住区，但是两者并没有内在关联，而是主城区工业基地与郊区卧城在空间上的拼合。

（2）开发区作为上级政府和外来投资在郊区的“飞地”和特区，先天地诱使开发区脱离当地社区、依托外来力量支撑发展。国家和省级开发区的建设管理与运行均由一个高规格的开发区管理委员会负责，这些管委会直属于省市政府，是省市政府在城市郊区的“飞地”。其运行与所在社区政府没有关系，在许多审批事项方面甚至被授予省市级政府的权限，规划自定、项目自批、资金自筹、设施自建、行政自管，是不折不扣的游离于当地体制之外的一个个“小特区”。这种外来植入性的管理模式，导致开发区在建设工业园区、居住小区和商业设施时，均由“特区”型政府运作和吸纳外来不同的力量进行建设，这样由不同外部主体建设的不同功能区自然无法实现内在的“黏合”。

（3）开发区进入发展期后，对其“孤岛效应”矫枉过正，导致其对主城区的过度依赖。作为“飞地”和“特区”的开发区在进入发展期以后，形成了比较明显的所谓“孤岛效应”，对其发展形成比较明显的制约①。为了克服“孤岛效应”，各开发区大多选择了强化和主城区联系、最大限度地共享主城区已经成熟的生活服务设施以及为主城区承担疏解压力的方法，这种方法在开发区发展期虽然有效降低了其开发建设成本，提高了城市生活服务设施的使用效益，减轻了主城区旧城改造的压力，但是当开发区形成较大规模、达到成熟期以后，过度依赖主城区的发展模式导致开发区自身空间整合度下降，即使有健全的空间功能配置，发展的惯性也会导致无法实现空间的综合利用。而且，虽然主城区的产业功能和居住功能向开发区分散疏解，但是优质的服务资源依然集聚在主城区，因此，即使部分

---

① 皮黔生，王恺．走出孤岛——中国经济技术开发区概论[M]．北京：生活·读书·新知三联书店，2004

开发区人群在开发区就业、也在开发区拥有住房,但是由于子女教育、老人就医必须在主城区,也就只能住在主城区,更加剧了开发区空间使用的错位。

(4) 开发区独特的土地利用与财政体制以及开发模式,导致产业空间与居住空间开发目的不一,使命不同,产业空间与居住空间分别对外而不是互相支持。我国开发区的发展和建设都走的是一种以地养区、滚动发展、盈亏自负的“土地财政”模式。开发区管委会所掌握的发展资源只有土地和税收优惠政策,而为了吸引工业项目和投资,必须提供开发区良好的基础设施环境、低廉的工业用地和优惠的税收政策,这样,开发区所需的庞大建设资金就只能通过商住用地的市场化运作来筹集。各开发区建区之初通过各种融资进行园区基础建设,进而吸引工业项目入驻;然后将开发成熟的土地作为商住用地挂牌出让,获取的土地收益用于偿还融资和园区基础设施的进一步开发。这种开发模式注定了园区的产业空间与居住空间并不具有目的和功能上内生的联系,对园区管委会而言,建设居住小区的目的在于筹集建设资金而不是为工业区进行居住配套,对房地产开发商而言,要利用开发区土地地处郊区、价格相对较低而生态环境较好、升值潜力较大的“高值低价”优势,获取地产开发收益,对许多购房者而言,则主要看重开发区住房价格较低、生态环境好的优势,作为郊区“第二套住宅”。这种模式导致开发区住宅开发档次越来越高,而开发区就业者主要是外来动工者,即使想购房置业也无能为力。因此,园区居住用地与产业用地在使用人群上的“分离”成为必然。

5.4.4 由“断裂”走向“融合”:开发区功能转型的必然要求

开发区空间配置与空间使用错位、特别是内部空间使用的“断裂”现象带来许多问题,一方面导致开发区无法形成一个有机体,同时导致开发区过度依赖主城区,造成不必要的通勤和交通压力,导致土地资源、能源资源浪费以及交通与环境的恶化。要力促开发区各功能空间在使用上的区内融合与协调,促进产业空间与居住生活空间就近匹配,使开发区空间综合化的空间配置能够在空间利用上真正发挥综合效益(图 5-19)。

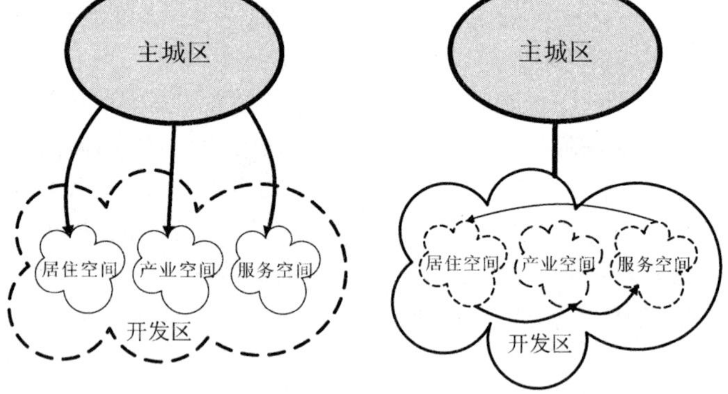

图 5-19 开发区空间由“断裂”走向“融合”的示意图

5.5 典型案例:江宁经济技术开发区与城市整合研究

上文从纵向演化和横向评估两个维度,基于公共产品的研究视角对开发区与城市整合的演化过程、动力机制、整合水平、整合模式和整合路径进行了系统的梳理。基于以上分析,下面以南京市江宁经济技术开发区(简称为“江宁开发区”,下同)为典型案例,从公共产品的空间均等化和供需平衡两方面对江宁开发区与南京主城的动态整合程度进行具体研究。

5.5.1 江宁开发区基本概况

从地理区位来看,江宁开发区地处沿海和长江经济发展带的交汇处,位于华东中心城市南京市都市圈内,距市中心仅 7 km,是南京主城南向拓展的核心区域。广义上的江宁开发区包括江宁开发区、江宁科学园和空港开发区三个园区(图 5－20)。其中,空港开发区管委会为江宁开发区管委会下属机构,而江宁科学园与江宁开发区为托管关系,在对外口径上,江宁科学园列入江宁开发区经济统计口径。

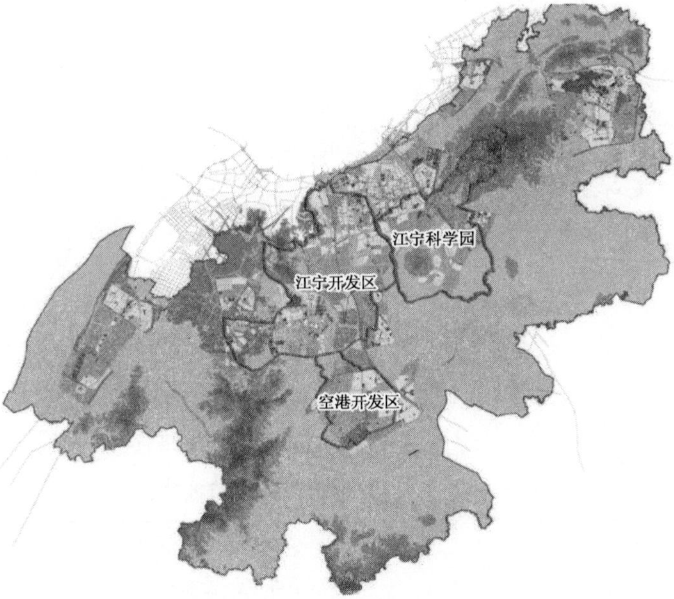

图 5－20 江宁开发区三园区分布图

江宁开发区总体规划的功能定位为:具有鲜明特色的国际化、现代化、生态型的南京新市区;以高新技术产业、高科技企业、高科技人才为支撑的经济园;与国际惯例接轨、与现代市场经济接轨的创业园;人与自然和谐共生的城郊休闲旅游生态园;人居环境清洁优雅、文化气息浓郁、充满生机活力的文化园。《南京市城市总体规划(2007—2020)》中将依托江宁开发区发展的东山副城定位为“承担主城综合功能扩散和辐射南京都市圈南部地区的区域副中心”，提出“加快用地调整，优化工业用地布局，大力增加商业金融和社区配套等公共设施用地”，“加快副城中心功能建设，全面提升综合服务功能”。

考虑到空间发展主体的多样性和公共产品的区域共享性，同时结合行政管理边界，本章界定的江宁开发区研究范围为：北向参考《南京市城市总体规划（2007—2020）》中所划定的东山副城边界，东西两侧以秣陵街道行政区划范围为界，南向以江宁开发区和江宁科学园规划管理边界为参考，并结合各社区的行政边界予以调整，总面积 147.2 km²。包括东山老县城部分地区、江宁开发区一二期用地、江宁科学园一期用地和江宁大学城①。在本章节中如无特别说明，所指“江宁开发区”即本研究范围（图 5－21）。

图 5－21　典型案例研究范围示意图

根据江宁开发区的开发时序，以秦淮河、牛首和天元路为界，江宁开发区可以划分为四个片区（表 5－13）。

表 5－13　江宁开发区分片区用地范围

片区名称	用地范围
东山片区	以原东山老集镇为主
百家湖片区	江宁开发区一期用地
九龙湖片区	江宁开发区二期用地
大学城片区	江宁大学城、江宁科学园一期

---

① 考虑到禄口空港地区基本为独立发展地区，未纳入本研究范围内。

5.5.2 江宁开发区与南京主城动态整合演化过程

江宁开发区是我国较早成立的开发区，自 1992 年成立以来，历经近 20 年的发展历程，正面临着由功能单一的开发区发展模式向内涵生长的综合化新城模式转型。由江宁开发区与南京主城的动态整合关系，可将江宁开发区的演化过程分为四个发展阶段（表 5－14）。

表 5－14　江宁开发区与南京主城互动整合演化过程

发展阶段	南京都市区发展演化趋势	江宁开发区发展演化趋势	公共产品配置
1992—1995 年（外溢）	南京开始在主城以外，特别是沿主要的对外交通线指状扩展。主城区工业用地增速趋于停滞，以开发区为代表的新工业空间开始发育	1992 年，江宁开发区成立。居住空间沿百家湖外围东西安置，以拆迁安置房为主；产业空间主要位于秦淮路以南、胜太路以北地区	以基础设施建设为主，依托东山老镇发展
1996—1999 年（带动）	1995 年，南京主城通过城区行政区划调整，城市发展空间大为拓展。外围县城发展和开发区建设出现新高潮，通过“一区三园”的区划调整，形成了南京南北呼应、联动发展的开发区发展新格局，开发区成为南京经济新的增长点	开发区迅速发展，带动了东山新市区的形成。建设重点为百家湖片区和江宁科学园，通过开发区建设，城镇空间由东山老镇向西跨过秦淮河拓展到将军山地区，向南拓展到天元路以南一带。基本完成一期 25 km^2 开发建设	百家湖环湖地带初步形成，与县城衔接的天元路公共服务轴线形成，纵向轴线双龙大道加强了开发区与主城的联系
2000—2005 年（提升）	南京市提出积极推进“一个疏散、三个集中”的城市发展新布局，加快城市扩张、着重抓好“一城三区”（河西新城区、仙林新市区、东山新市区和江北新市区）建设的新重点	2000 年江宁实现撤县建区，进一步融入南京主城区。开发区发展方向转为“西进南拓”，百家湖板块发展初具规模，将军山板块逐步兴起。东山被定位为南京新市区，开始进入城市化与工业化互动的全新阶段。开发区并逐步由单一的工业园区向综合新区提升	与各房地产楼盘相配套的教育、医疗等基本公共服务设施逐步配套
2006 年至今（整合）	随着南京南站和地铁一号线的建设，都市区南向拓展趋势明显。南京进入了新一轮都市区空间重构的阶段	空间向牛首河以南地区的二期用地拓展，产业空间发展弱于居住空间；空间格局以牛首山河为界，南侧以产业空间为主，北侧以居住空间为主	城乡基本公共服务均等化配置稳步推进，高水平公共服务设施逐步引入

由南京城市空间拓展与江宁开发区的动态演化过程来看，近 20 年来，开发区建设已经成为拉动南京都市区化的核心动力。南京主城与江宁开发区的关系，从周边独立发展的县城开发区到自下而上的功能和空间的外溢区，再到自上而下的综合型片区和区域副中心定位，经历了独立发展到统筹协调的过程。从公共服务配置的阶段来看，江宁开发区正处于由功能提升向区域整合过渡的发展阶段。

借由东山、仙林、浦口三个副城与主城的功能整合提升，南京进入了新一轮都市区空间重构的阶段。2007 年修编中的《南京市城市总体规划》在原“一城三区”的基础上，将上一版规划中确定的三个“新市区”调整为“副城”，提出强化资源的高度整合与功能的进一步提升，三个副城要加快培育次区域中心，提升综合服务功能，以形成多中心格局，共同承担南京区域中心职能；并指出，南京都市区是南京高度城市化的地区，是高层次产业承载区、也是南京城乡空间一体化高品质的地区。

5.5.3 基于公共产品视角的江宁开发区整合模式

1）江宁开发区外延整合模式

由江宁开发区动态整合的动力机制上来看，江宁开发区是由一个县办自费开发的开发区起步，因此在其发展建设初期，其发展动力更多由江宁区内部来推动，是一个相对封闭的空间组织结构。在撤县设区后，随着交通日益通畅和外来动力的加强，江宁开发区本身的空间结构正在南京主城的轴向扩展及圈层扩展影响下发生转变。“主城功能外拓”和“本地城市化”成为推动江宁开发区由工业化带动城市化、由开发区向城市综合新区转型的两大动力机制。因此，江宁开发区的外延整合具有“江宁开发区与东山老县城互动整合”“江宁开发区与南京主城互动整合”的两个整合层次。

就江宁开发区与东山老县城的整合关系而言，开发区与其所依托的老县城已经形成一体化发展的城市新区格局，其外延整合模式逐步由发展起步期的“边缘融入型”向一体化发展转变；然而就其内部功能空间而言，各个片区仍具有相对的独立性和分异性，整体空间结构的整合度低、体系感较弱，亟须进一步整合发展，以形成强有力的都市发展区的辐射和增长反磁力中心。

而就江宁开发区与南京主城的动态整合关系而言，江宁开发区地处南京大都市主城区边缘，随着南京城市的发展，正在迅速演化为南京主城区的重要组成部分，江宁开发区及依托其发展起来的东山副城（原东山新市区）是南京都市区吸收外来人口和承接主城人口和功能外溢的主体，其与南京主城的整合关系也由建立初期的“远郊独立型”逐步向“边缘融入型”演化。

2）江宁开发区内构整合模式

从江宁开发区的总体发展来看，居住空间、工业空间、服务空间基本达到均衡配置，基本公共服务设施基本达到均等化配置，基本满足开发区居民的基本需求，其内构整合模式为“综合供给型”；就其发展过程而言，开发区的公共服务配置是与开发区功能空间开发和人口集聚过程相适应的，为“同步供给”的配置路径。

而从不同分区来看，东山片区依托其老城镇发展，相较于其他片区而言，各类用地相对均衡，公共设施较为齐全，服务等级较高，且各项比例相对较为合理，就其内构整合模式为“综合供给型”，其配置路径基本为“同步供给式”。百家湖片区作为江宁开发区的一期用地，经过近 20 年的发展历程，开发区内的各项配置已基本完善，其内构整合模式为“综合供给型”；然而就其发展路径来看，公共服务配套相对于居住空间和工业空间呈现相对滞后的现象，为“后置补充式”的配置路径。九龙湖片区和科学园片区作为江宁开发区的二期用地，与一期用地相比，仍处于开发建设阶段，现状人口密度相对较低；依托江宁大学城的建设，其公共服务配置明显偏重于教育科研，基层公共服务设施相对缺乏；而就公共服务水平而言，江宁区近期投资建设的同仁医院、南师附中江宁分校、体育中心等高水平公共服务设施基本布局在这两个片区，公共产品配套水平优先于片区综合开发水平，呈现出“服务带动型”发展模式的典型特征；其公共服务设施配置呈现出明显的高起点配置、以公共服务引导城市开发的特征，为“前置带动式”的配置路径。

5.5.4 江宁开发区公共产品配置的空间均等化评价

公共产品布局的空间均等化程度是衡量公共产品空间配置公平性的重要指标，本研究以前文所定义的研究范围为研究基底，运用 ArcGIS 空间分析工具，以教育设施和医疗卫生设施为例，对江宁开发区公共产品配置的空间均等化程度进行定量分析。主要从服务半径、空间可达性、服务人口三个方面对开发区公共产品空间均等化程度进行分析，具体分析思路如图 5－22 所示。

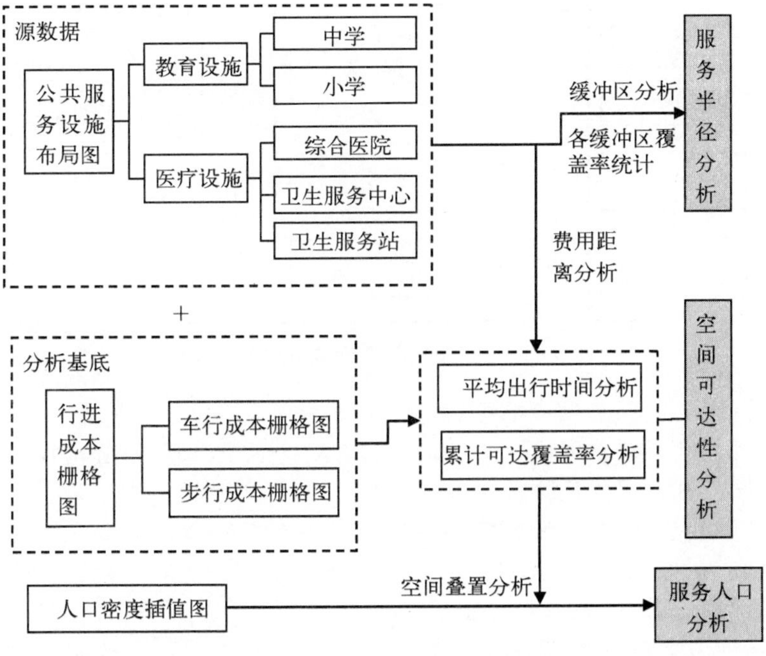

图 5－22 基于 ArcGIS 的公共产品空间均等化水平评价方法

本章分析所用的数据主要包括：

①《南京市城市总体规划(2007—2020)》都市区土地用地现状图；

②《江宁区城乡统筹规划(2008—2020)》道路交通现状图；

③ 江宁开发区基本公共服务设施布局图(实地调研绘制)；

④ 江宁区分社区人口统计相关资料。

1）江宁开发区公共产品空间配置现状

从教育设施的布局来看，目前江宁全区义务教育基本已实现均等化布局。其中，小学和初中依托原中心镇，形成一镇一校的分布格局，基本满足义务教育就近就学的需求。而高中则相对集中布局于东山老镇区周边。截至 2009 年底，江宁全区共有各类幼儿园 68 所，小学 33 所，普通中学 34 所(其中高级中学 8 所，初级中学 25 所，九年一贯制学校 1 所)。同时，为提升开发区基本教育设施水平，开发区近年来新建了 6 所民办中小学，其中，小学至高中段 2 所(21 世纪双语学校、华夏实验学校)；完全中学 4 所(英华学校、东山实验中学、南师附中江宁分校、东山外国语学校)。同时依托科学园建设，引进了东南大学主校区、河海大学江宁校区、南京航空航天大学将军路校区、正德学院等 15 所高等院校，形成了从小学到大学较为完备的教育体系(图 5－23)。

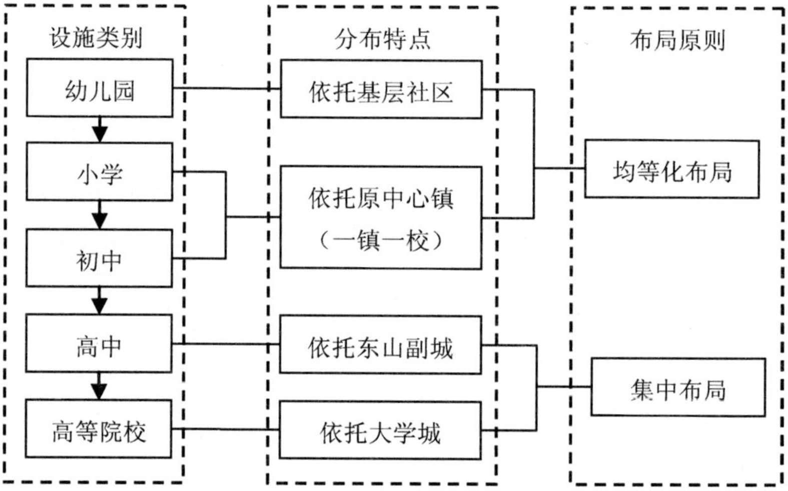

图 5－23　江宁区教育设施分级布局原则

在医疗卫生设施方面，根据《南京市“十一五”卫生事业发展规划》提出的“全面启动郊区县基本现代化医疗建设和农村社区卫生服务建设”，江宁区现已建成“以区县基本现代化医院建设为龙头，以社区卫生服务中心为主体，以社区卫生服务站为基础”的三级医疗卫生服务体系(图 5－24)。截至 2009 年江宁全区已建成 3 个二级医院、23 个社区卫生服务中心和 168 个社区卫生服务站，街道社区医疗机构就医人数占就诊总人数的 60％以上。从空间布局上看，综合医院全部位于东山副城内，其近期主要发展方向为提升服务能级、缩小与南京主城区的差距。其中，区人民医院提升为省附属医院，江宁中医院升级为省级附属医院，另外在九龙湖片区，由社会企业投资新建三甲同仁医院。基础卫生服务设施在江宁全区实现均等化布局。其中，卫生服务中心依托江宁原各中心镇设置，平均服务人口约为 40 000 人；社区卫生站依托基层社区建设，平均服务人口约 1 500 人；各基础卫生设施点保证 15～20 min 内通达。

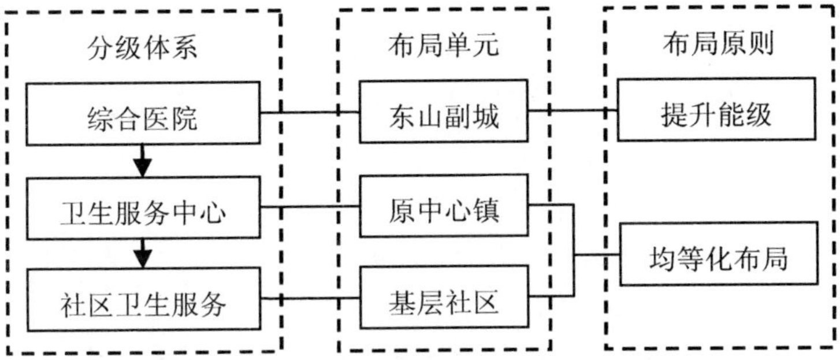

图 5-24　江宁区医疗卫生设施分级布局原则

2）基于服务半径的公共产品均等化评价

公共产品的服务半径是衡量公共产品空间布局均等化程度的重要指标。其分析方法是运用缓冲区分析方法，以公共服务设施的所在位置为研究基点，计算一定服务半径距离内所覆盖的空间面积。

（1）公共产品的服务半径分析

参考《南京市教育设施布局规划（2006—2020）》、《南京新建地区公共设施配套标准规划指引》中对于教育设施和医疗卫生设施服务半径的规定，以教育和医疗各级服务设施的所在位置为源（点数据 point），分别以 100 m、500 m、1 500 m、2 500 m 为半径作缓冲区（Distance→straight distance），绘制各单要素服务半径分析图，分析结果如图 5-25、图 5-26 所示。

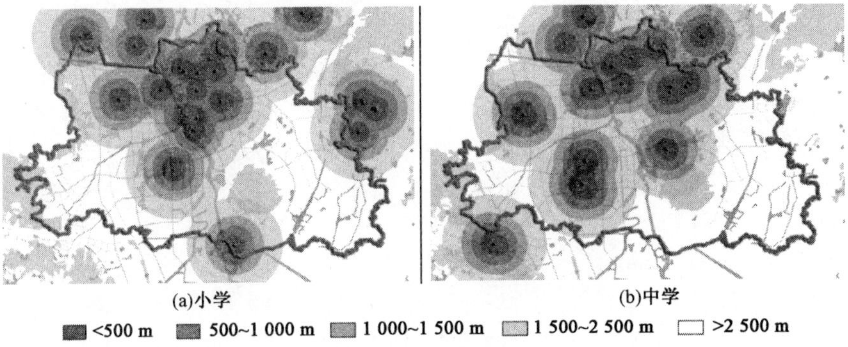

图 5-25　江宁开发区教育设施的服务半径分析

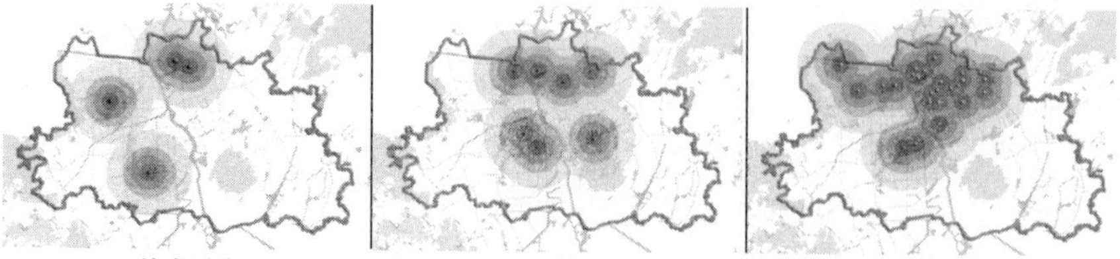

图 5－26　江宁开发区医疗卫生设施的服务半径分析

(2) 基于公共产品服务半径的累计覆盖率统计

运用 ArcGIS 的栅格统计功能，计算各级缓冲区可达的服务面积，并统计各级缓冲区累计覆盖面积占总研究区域面积的比重(表 5－15)。

表 5－15　江宁开发区公共服务设施服务半径统计分析　(%)

设施类别		500 m	1 000 m	1 500 m	2 500 m	>2 500 m
体育设施	小学	8.86	22.12	35.50	59.39	100.00
	中学	10.02	24.56	40.30	65.27	100.00
医疗卫生设施	综合医院	2.16	7.62	16.14	38.19	100.00
	卫生服务中心	3.72	12.95	24.17	45.11	100.00
	卫生服务站	9.66	23.04	32.74	47.82	100.00

注：表格中的数值反映的是不同服务半径内累积覆盖面积。

由空间分布来看，东山片区的公共服务设施覆盖率最高，基本能够满足公共服务设施的服务半径要求，而其他片区的服务半径覆盖率不尽理想，大学城片区的教育设施和医疗卫生设施均较为缺乏。

从各类设施的服务半径累计覆盖率统计来看，江宁开发区各类公共服务设施的服务半径与相关标准规定有一定差距。其中，小学 500 m 服务半径内的覆盖率不到 10%，中学 1 000 m 服务半径内的覆盖率约 25%；医疗卫生设施中基层卫生站的均等化水平最高，但 500 m 服务半径内的覆盖率也不到 10%。总体而言，教育设施的服务半径较医疗卫生设施理想。

3) 基于空间可达性的公共产品均等化评价

理论上，公共产品的服务半径分析是基于直线距离来表征公共服务设施的覆盖率，而在现实使用中，公共服务设施的辐射面积往往受到交通设施和交通工具的影响。因此，将行进成本纳入公共产品空间布局的均等化评价中，能够更好的拟合公共产品的现实使用情况。基于空间可达性的公共产品均等化分析的计算方法如下：

① 将分析基底转换为栅格图像：基于 ARC/INFO 软件平台，以《南京市城

市总体规划(2007—2020)》市域土地利用现状图(江宁区部分)为基础数据,使用正交网格分割将研究基底转换为 10 m×10 m 的栅格图像。

② 绘制行进成本栅格图:考虑到不同交通方式对于公共产品可达性的影响(表 5-16),分别绘制车行成本栅格图和步行成本栅格图。在车行成本值设置中,快速路、城市主干路和其他道路的平均时速分别为 40 km/h、30 km/h 和 20 km/h;而在步行成本值设置中,设定各级道路上的步行平均时速均为 4 km/h;对于没有道路的陆地部分,假设其为均质地面,即在其上可以向任意方向行动,但是行动方式受到限制,其平均时速为 3 km/h。

表 5-16　不同土地利用类型的行进成本值设置

土地利用类型	快速路	城市主干路	其他道路	无道路陆地	山体	水域
车行平均时速(km/h)	40	30	20	3	—	—
步行平均时速(km/h)	4	4	4	3	—	—
车行行进成本值	15	20	30	200	1 000	800
步行行进成本值	150	150	150	200	1 000	800

注:没有道路的陆地部分,假设其为均质地面,即可向任意方向行动,但是行动方式受到限制。

③ 生成成本加权距离栅格图:采用成本加权距离方法,选择 0～5 min、5～10 min、10～15 min、15～30 min、30 min～1 h、1 h 以上六个圈层结构计算各级各类设施的单要素成本加权距离,并生成各类设施的成本加权距离栅格图。

④ 统计各类设施不同出行时间的可达覆盖率:运用 ArcGIS 统计分析工具对各类设施不同出行时间的可达覆盖率进行统计。

(1) 江宁开发区教育设施的空间可达性分析

《南京市教育设施布局规划》以及《南京市新建地区公共服务设施标准》中规定,中学服务半径不大于 1 000 m,小学不大于 500 m(小学生步行不得超过 15 min,原则上不跨越主干道)。

从可达性分析的结果来看(图 5-27 至图 5-29,表 5-17),小学以车行和

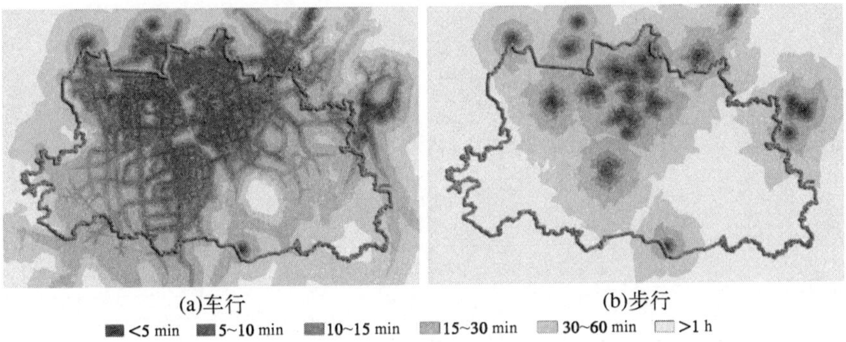

图 5-27　小学的空间可达性分析

步行方式计算，平均出行时间约为 17 min 和 53 min，车行 15 min 累计可达面积占研究范围的 57.65%，而步行 15 min 累计可达面积仅占13.47%。中学的车行和步行平均出行时间分别为 17 min 和 51 min，中学车行 30 min 累计可达面积超过研究范围的 80%，而步行 30 min 累计可达面积约占研究范围的 50%。

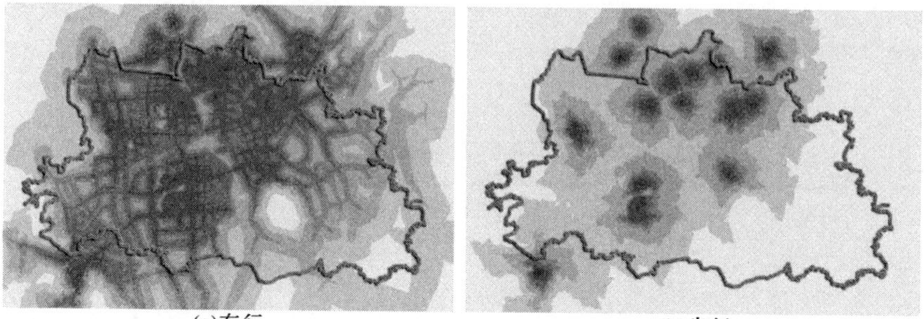

图 5－28　中学的空间可达性分析

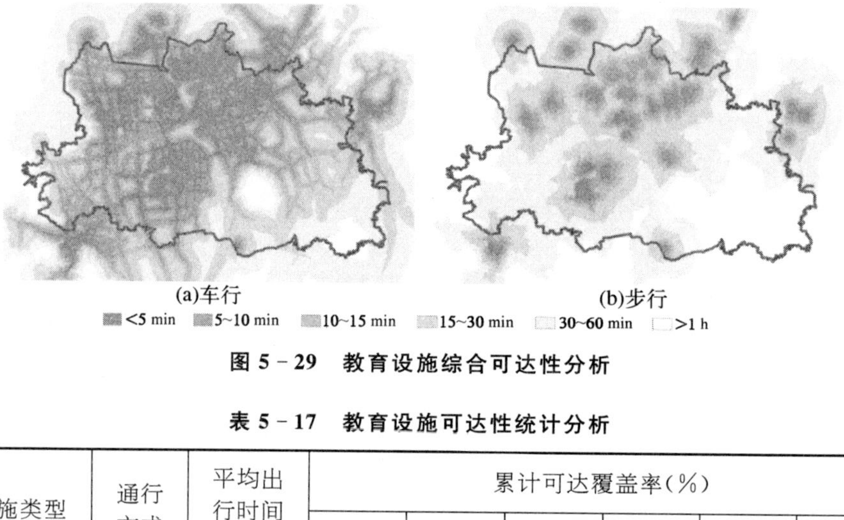

图 5－29　教育设施综合可达性分析

表 5－17　教育设施可达性统计分析

设施类型	通行方式	平均出行时间(min)	累计可达覆盖率(%)					
			<5 min	<10 min	<15 min	<30 min	<1 h	>1 h
小学	车行	17.61	18.99	41.23	57.65	83.92	96.30	100.00
	步行	53.32	2.83	7.81	13.47	31.91	62.01	100.00
中学	车行	17.13	23.21	49.91	65.48	84.13	95.77	100.00
	步行	51.22	3.62	8.61	14.75	36.67	69.53	100.00
教育设施综合可达性	车行	15.25	27.41	51.80	67.42	83.04	93.69	96.91
	步行	40.35	5.78	13.37	21.64	45.11	78.59	100.00

(2) 江宁开发区医疗卫生设施的空间可达性分析

就医疗卫生的可达性分析结果来看(图 5－30 至图 5－32,表 5－18),各级医疗卫生设施的平均车行时间均在 20 min 以内,综合可达性车行半小时覆盖率约为 80%,步行半小时覆盖率约为 40%。从综合医院布局来看,车行 15 min 覆盖率约为 50%,30 min 覆盖率接近 80%,总体通达性较好。而社区卫生服务中心和社区卫生服务站旨在打造 15 min 基本卫生服务健康圈,因此按照车行 15 min 计算,覆盖率分别达到 56.94%和 57.94%。

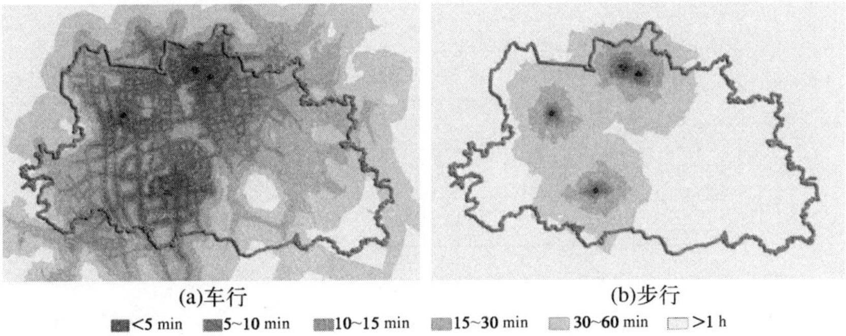

图 5－30　综合医院空间可达性分析

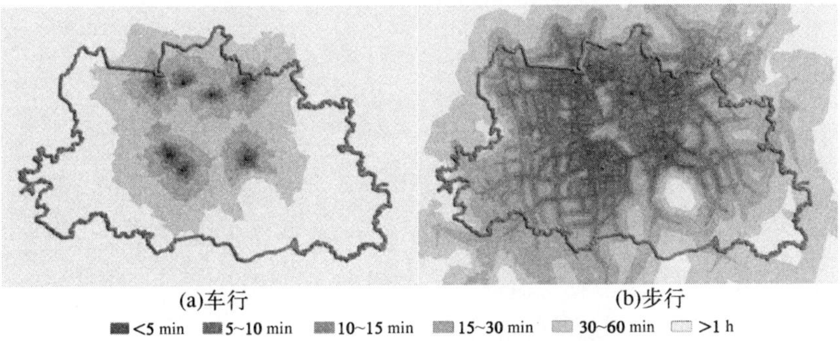

图 5－31　卫生服务中心空间可达性分析

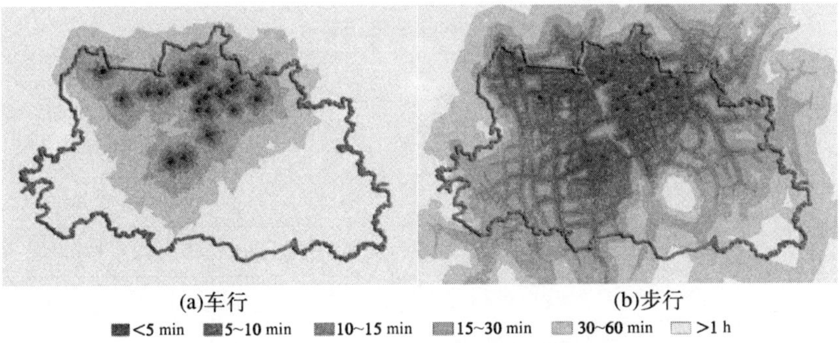

图 5－32　卫生服务站空间可达性分析

表 5－18　医疗卫生设施可达性统计分析

设施类型	通行方式	平均出行时间(min)	累计可达覆盖率(%)					
			<5 min	<10 min	<15 min	<30 min	<1 h	>1 h
综合医院(区级)	车行	22.46	5.89	28.42	48.27	76.91	93.07	100.00
	步行	83.75	0.44	1.77	3.81	14.15	45.72	100.00
卫生服务中心(社区级)	车行	18.86	12.19	37.04	56.94	82.99	95.19	100.00
	步行	64.39	0.77	3.15	6.86	22.72	51.51	100.00
卫生服务站(基层社区级)	车行	18.67	18.54	40.53	57.94	81.91	95.19	100.00
	步行	64.90	2.38	7.98	14.68	31.48	53.35	100.00
医疗卫生设施综合可达性	车行	17.13	22.73	46.21	63.07	83.76	95.69	100.00
	步行	52.46	3.38	10.53	18.50	40.29	64.13	100.00

(3) 江宁开发区公共服务设施的综合可达性分析

将教育设施可达性分析结果和医疗卫生设施可达性分析结果(图 5－33)进行叠合分析，计算江宁开发区公共产品布局的综合可达性。计算结果如表 5－19 所示。

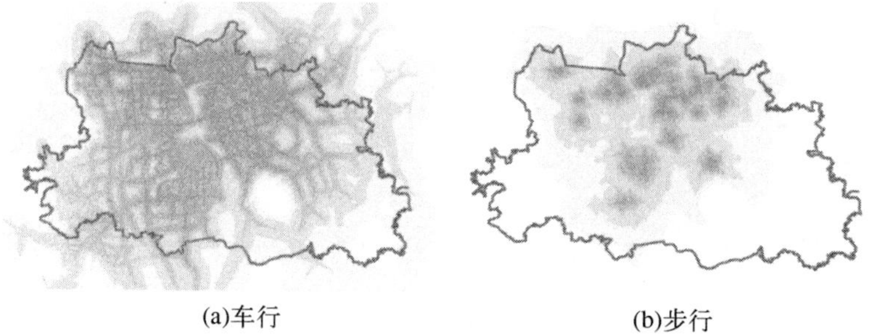

图 5－33　医疗卫生设施综合可达性分析

表 5－19　综合可达性统计分析

设施类型	通行方式	平均出行时间(min)	累计可达覆盖率(%)					
			<5 min	<10 min	<15 min	<30 min	<1 h	>1 h
教育设施综合可达性	车行	15.25	27.41	51.80	67.42	83.04	93.69	100.00
	步行	40.35	5.78	13.37	21.64	45.11	78.59	100.00
医疗卫生设施综合可达性	车行	17.13	22.73	46.21	63.07	83.76	95.69	100.00
	步行	52.46	3.38	10.53	18.50	40.29	64.13	100.00

续表 5-19

设施类型	通行方式	平均出行时间(min)	累计可达覆盖率(%)					
			<5 min	<10 min	<15 min	<30 min	<1 h	>1 h
平均可达性	车行	16.19	25.06	48.45	65.36	84.96	96.39	100.00
	步行	46.41	2.25	11.27	19.24	42.41	68.97	100.00

从教育设施和医疗卫生设施的综合可达性来看(表 5-19),江宁开发区的教育设施均等化布局程度要略优于医疗卫生设施,同时各级设施的平均车行时间均在 20 min 以内。而从不同出行方式来看,公共服务设施车行和步行的平均出行时间分别为 16 min 和 46 min,平均可达性车行半小时覆盖率超过 80%,步行半小时覆盖率将近 50%,基本能够达到"半小时综合服务圈"的要求。

4) 基于人口分布密度的公共产品均等化评价

服务半径和空间可达性都是基于空间全区域覆盖的角度对公共设施的均等化程度的评价指标,而另一方面公共设施配置还应当与人口分布密度相协调。基于人口分布密度的公共产品均等化评价的方法步骤如下:

(1) 人口密度插值图生成。根据江宁各社区人口数据绘制人口密度插值图(kring 插值)。由人口密度插值图(图 5-34)可以看出,江宁开发区的人口分布呈现明显的由东山老县城向外围圈层递减的规律,其中大学城片区人口密度最低①。

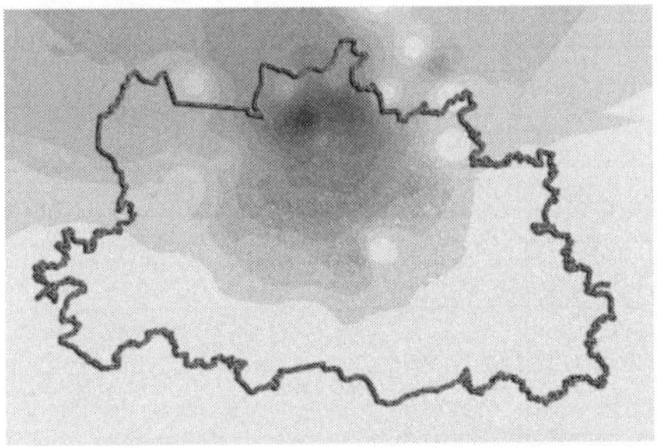

图 5-34　人口密度插值图

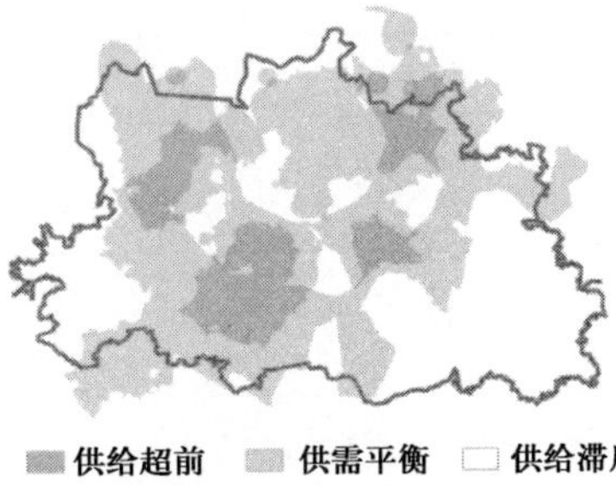

图 5-35　基于人口密度的公共产品均等化分析

(2) 根据将人口分布密度将研究区域划分为高密度区、中密度区和低密度区三个等级;根据公共产品综合可达性程度,将研究区域划分为可达性好、可达性中等、可达性差三个等级(表 5-20)。

① 由于统计口径不同,同时考虑到高等院校学生基本不享用基础教育和基础医疗设施,此项分析忽略高等院校学生人数。

表 5-20 基于人口分布密度的公共产品均等化评价

可达性＼人口密度	高	中	低
好	平衡	超前	超前
中	滞后	平衡	超前
差	滞后	滞后	平衡

(3) 将人口分布密度和公共产品综合可达性进行叠加分析，根据其供需情况将研究区域划分为供给超前、供需平衡、供给滞后三个等级(图 5-35)。

从人口密度和公共服务可达性的交叉分析可以看出，开发区现有的公共产品配置基本与人口分布密度相符。而就各片区的具体情况来看，东山片区依托老县城的发展基础，公共服务设施配给与现状人口分布基本实现供需平衡；百家湖片区作为江宁开发区一期用地，公共服务配给较为理想；九龙湖片区作为开发区二期用地，配备了如同仁医院、南师附中江宁分校等高水平的公共设施，呈现明显的服务引导趋势；而大学城片区由于人口构成相对单一，公共服务配套基本依托高等院校内部自主配置，社会公用型服务设施相对缺乏。

5.5.5 江宁开发区公共产品需求研究

开发区公共产品需求分析主要通过问卷调查和访谈法相结合的方式。共发放居民问卷 300 份，回收有效问卷 282 份，有效率 94%；发放学生问卷 60 份，回收有效问卷 54 份，有效率 90%(表 5-21)。

表 5-21 江宁开发区问卷发放情况一览表

编号	发放地点	问卷发放对象	问卷份数(份)	备注说明
A—东山片区：合计回收有效问卷 97 份				
A—01	武夷花园	小区居民	25	中高档小区
A—02	21 世纪假日花园	小区居民	9	物业管理问题
A—03	明月新寓花园	小区居民	31	经济适用房
A—04	市政天元城花园	小区居民	23	高档小区
A—05	各社区服务中心	管理人员	9	各社区随机发放
B—百家湖片区：合计回收有效问卷 95 份				
B—01	太平花苑	小区居民	29	拆迁安置小区
B—02	翠屏东南	小区居民	11	教师公寓
B—03	百家湖花园/白龙广场	小区居民	25	商品房
B—04	托乐嘉	小区居民	6	商品房
B—05	华润苏果超市	来此购物的消费者	24	超市

续表 5－21

编号	发放地点	问卷发放对象	问卷份数（份）	备注说明
C—九龙湖片区：合计回收有效问卷 54 份				
C—01	殷巷小区	小区居民	28	拆迁安置房，部分为打工楼
C—02	江南青年城	小区居民	9	租赁为主
C—03	龙湖文馨苑	小区居民	3	刚开始入住，入住率低
C—04	—	—	—	—
C—05	东南大学	学生、教师	14	—
D—大学城片区：合计回收有效问卷 88 份				
D—01	莱茵东郡	小区居民	7	共四期，一期为拆迁安置房，二期以后为商品房
D—02	潭桥公寓	小区居民	14	拆迁安置小区
D—03	义乌小商品城	来此购物的消费者	17	以服饰、小家电、小百货为主的零售批发商场
D—04	江苏经贸职业技术学院	大学生	17	—
D—05	南京工程学院	大学生	14	—
D—06	中国药科大学	大学生	19	—

1）基于问卷样本的江宁开发区人口构成

江宁开发区地处南京大都市边缘区，开发区及依托其发展起来的东山副城（原东山新市区）是南京都市区吸收外来人口和承接主城人口和功能外溢的主体。工业化带动城市化、开发区带动城市新区建设是东山副城发展的主导方向，其城市化是由南京主城的近域城市化、本地人口的就地城市化、外来就业人口城市化三重作用下共同推动的。因此，江宁开发区的人口构成主要包括以下四个群体：原住地拆迁安置农民、外来购房者、外来务工人员和大学城师生。这四个群体具有鲜明的群体特征，对于公共服务需求也各自有所侧重。

根据问卷统计的结果，从常住居民的户口原籍构成来看，江宁本地居民约占调研样本数的 43.2%，其中，东山片区这一类别的比例最高，约占东山片区样本数的 58.3%，其余三个片区基本占本区样本数的 35%左右。而在迁入者构成来看，由南京市域（南京主城及其周边区县）约占样本数的 25.1%，江苏省内和省外迁入的各占 14.3%和 17.4%。其中，东山片区和百家湖片区的外来购房者中以南京主城的近域购房者为主，九龙湖片区和大学城片区则以省外购房者为主。高等院校学生集中分布在九龙湖片区和大学城片区的方山大学城内(图 5－36)。

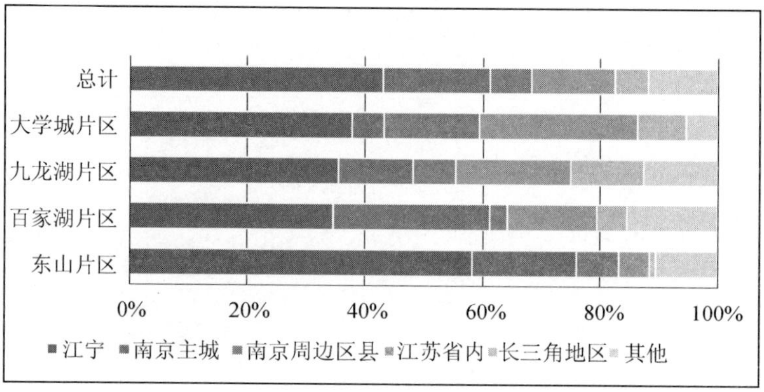

图 5－36　江宁开发区户口原籍构成分片区统计

2) 公共产品需求的总体评价

根据公共设施综合需求度统计结果(图 5－37)可以看出,开发区居民对于公共交通、商业金融和教育、医疗等设施的需求度最高。在公共设施需求迫切程度上,几乎所有的调研者都认为公共交通需求最为迫切。而问及公共服务设施配置目前存在的最主要问题时,43％的居民选择“服务网点覆盖面不全”,有23％的居民反映公共服务的“服务水平不高”。

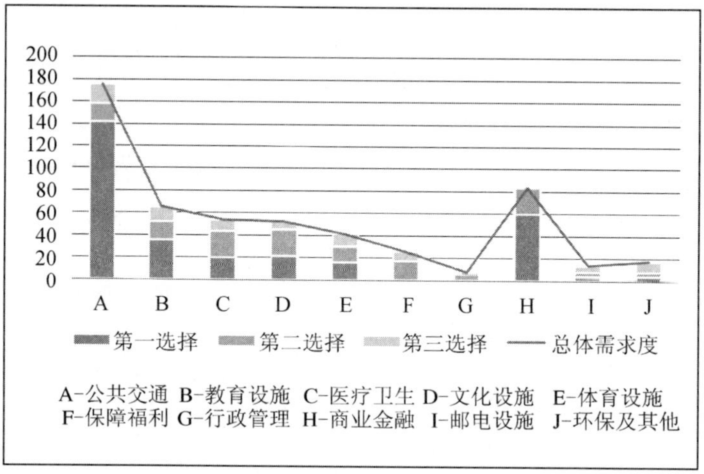

图 5－37　江宁开发区公共产品需求度评价

根据问卷统计结果,开发区居民对教育设施和医疗卫生设施基本满意。就教育设施而言,幼儿园、小学、初中、高中的满意度均达 60％以上(图 5－38)。对于医疗卫生设施非常满意和比较满意的累计约占调研样本数的 70％(图 5－39)。然而,当地居民也指出,开发区的公共服务水平距离主城仍有较大差距，一些高档社区的居民宁可到主城就医就学，也不愿就近选择当地的公共服务设施点。由于建设时序的差异性，东山片区和百家湖片区的总体满意度比九龙湖片区、大学城片区高。

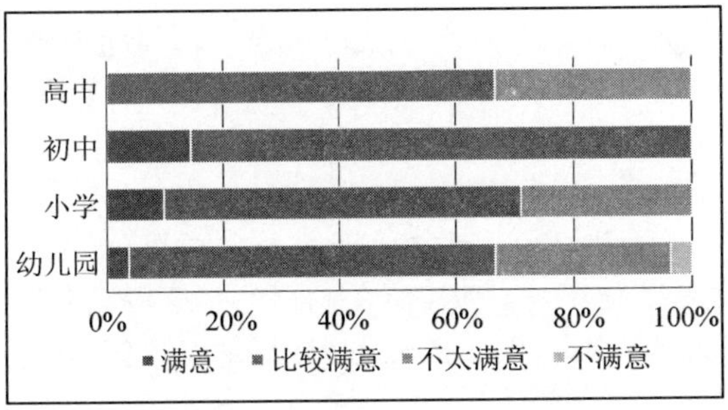

图 5－38 教育设施满意度调查

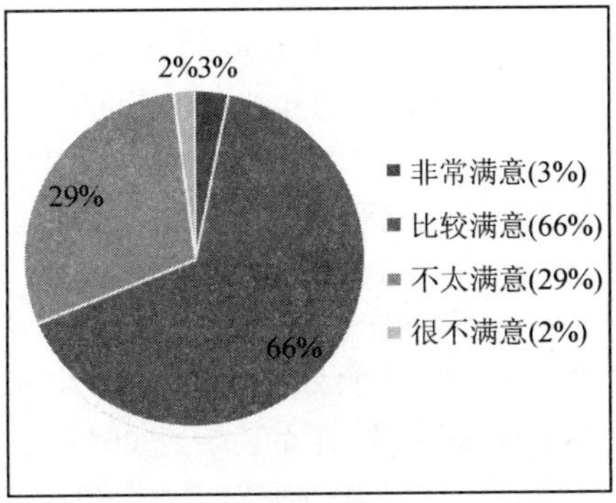

图 5－39 医疗卫生设施满意度调查

3）公共产品需求的群体差异

从公共产品的需求来看，开发区不同群体间存在明显的群体差异。总体而言，拆迁安置农民作为开发区建设前期的“原住民”，对开发区的公共服务依赖程度和满意度要高于其他群体；商品房小区居民对公共服务水平的要求较高，倾向于选择主城的优质资源；而外来务工人员和大学城学生对开发区公共服务的依赖度有限。下面将对开发区各群体的主要特征和公共产品需求进行阐述。

（1）拆迁安置农民

江宁开发区内典型的农民拆迁安置小区包括东山片区的骆村社区、百家湖片区的太平花苑、九龙湖片区的殷巷小区、大学城片区的天景山小区等。这些小区的社区居委会一般由原村委会组建而成，承担起行政管理和物业管理的双重职责。居民社会关系仍维持一部分原村民小组的组织关系。这类居民虽在居住形式上完成了从农民到居民的转变，但其生活方式依然没有发生根本改变。因此在身份认同上，大部分居民仍不认为自己是南京人，本地归属感较强。从工作地点上来看，超过 90％以上的居民在江宁区工作，其中在开发区工作的约占调研总数的 87％，基本上不存在职住分离的现象。就问卷调查的统计结果来看，拆迁安置居民的平均年龄为 49 岁。从家庭结构来看，以主干家庭和核心家庭为主，三代居和两代居家庭比重较大。

而从对公共服务设施的需求来看，这部分居民对居住现状满意度较高，迁居意愿不大，对于公共服务设施也没有太高的要求。由于社会活动相对封闭，基本公共服务需求均在社区内部解决，开发区现有的基本公共服务设施基本能够满足居民的需要。百家湖片区的太平花苑，是江宁开发区最典型的拆迁型农民复建小区，小区内有太平、湖滨、牛首 3 个居民社区，居住人口达 2.6 万人。社区内部配备有翠屏山小学、翠屏山幼儿园、社区卫生服务站、老年活动中心、残疾人康复中心等。为保障农民的基本生活，这部分公共服务设施优先对本社区居民开放。就调查统计，大部分居民对于公共服务设施的满意度较高，基本上没有择校和跨区就医的现象。

社会保障方面，对于失地农民，江宁区有统一政策，比如开发区和科学园在招聘劳动力时，将优先考虑拆迁户的就业问题。而老年人作为弱势群体，通过发放土地补偿费和生活补助的形式来维持生活，经济上得到保障。同时所有农业户口居民将享受新型农村合作医疗的优惠政策，社区也在财政上给予支持，减少居民就医压力和健康风险。

（2）商品房小区居民

从入住时间上看，超过 95.5％的居民为 2000 年之后迁入。就总样本数来看，每年迁入的样本数占总样本数比重变化不大；但其存在明显的片区差异，百家湖片区和东山片区超过 60％的居民为 2005 年之前入住，而九龙湖片区和大学城片区的居民则有超过半数为 2005 年之后入住。

在迁入原因中，工作原因和房价是江宁开发区居民选择在此居住的最主要原因，两者占样本数的近一半比重；除此之外，子女教育、服务设施水平和居住环境的改善也是影响开发区居民选择居住地的重要原因。在问及搬迁意向时，79.8％的居民表示没有搬迁的打算，20.2％的居民表示未来 5 年内有迁居的打算。其搬迁的主要原因为子女教育问题，约占样本总数的 29％。受访者表示虽然江宁开发区的教育水平近年来已得到较大提高，但与主城相比仍存在一定的差距。

在外来住房者中，以核心家庭为主，三代同堂的现象较少，普遍年龄在25～45 岁，以青壮年为主。从职住分离的情况来看，外来购房者中在江宁本地工作的约占调研样本数的 66.3％，在南京其他地区的约有 33.6％，同时在区域构成上，雨花区和鼓楼区的职工所占的比重最高（图 5－40）。

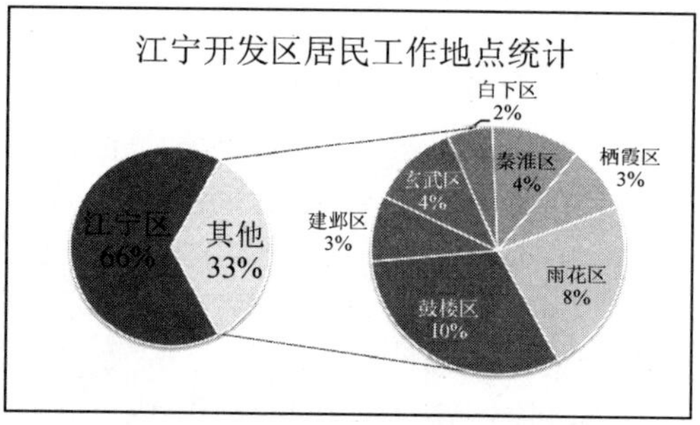

图 5－40　江宁开发区居民工作地点统计

从公共服务的需求来看，这一群体对公共服务水平要求较高，倾向于选择主城的公共服务设施。在问及公共服务设施配给方面，受访者普遍反映虽然开发区的公共服务设施配置水平近年来已有显著的提升，但仍与主城有较大的差距，跨区就学和就医现象较为明显。由于公共服务设施的缺乏，一些新建小区的入住率不高（表 5－22）。

表 5－22 江宁开发区楼盘基本情况一览表

楼盘名称	所处社区	主力均价（元/m^2）	开发时间（年）	入住率（%）	居民户籍构成（%）		
					江宁区	南京市	其他地区
百家湖花园	太平社区	住宅 2 900 别墅 20 000	1999	70	30	60	10
托乐嘉	秦淮社区	4 400	2006	50	40	50	10
翠屏东南	东南社区	—	2006	40	20	70	10
21 世纪花园城	胜太社区	6 500	—	70	30	60	10
武夷花园	中前社区	6 800	2002	60	20	60	20
21 世纪假日花园	外港社区	7 000	2003	65	—	70	—
市政天元城	科苑社区	5 700	2005	50	—	—	—
江南青年城	牛首社区	3 500	2003	70	—	—	—
龙湖文馨苑	九龙社区	4 900	2008	30	—	—	—
莱茵东郡	桥头社区	5 400	2008	30	—	—	—

（3）外来务工人员

江宁开发区的务工人员主要有三种职住形式。

① 在开发区工作，居住在南京主城，每日通过企业班车往返于主城和开发区之间，定点接送，这一群体约占江宁开发区职工的 10%。一些早期由主城搬迁而来的企业主要采用这种形式，如金城集团、晨光集团等。由于企业成立时间较早，企业职工往往以南京本地人为主，这一群体大多在主城已有较稳定的住房，同时考虑到子女就学以及主城公共服务相对成熟等因素，在开发区内居住意愿不大。这部分人群的居住和公共服务需求主要由主城解决，对开发区内的公共服务依赖程度较低。

② 居住在企业配置的职工宿舍或租赁开发区周边的农民拆迁安置房（如殷巷小区等），这种形式约占开发区职工的 60%。这部分群体以普通蓝领工人为主，年龄结构较年轻化，未婚比例较大，群体构成相对单一。由于企业内部配备一定的公共服务设施，企业职工的医疗和社会保障需求主要通过企业内部解决，同时由于收入的限制，对开发区内部的公共服务水平没有太高的要求。对这一群体，开发区公共服务供给的重点是满足基本生理需求的物质供给为主（如餐饮、居住等），在此基础上通过医疗健康、教育培训、基本社会保障等同步配套完善公共服务体系。

③ 在开发区周边自主购买商品房解决居住问题，这一群体主要为企业的

管理人员或是中高级技术人员。随着开发区现代服务业的快速发展和企业的升级换代，这一比例正逐年加大。这一群体与上文中所提及的商品房小区居民有所重叠，在此不再赘述。

（4）大学城学生

江宁大学城的建设及其所带动的人口集聚，极大地促进了江宁开发区由单一功能区向综合城市新区转变。江宁大学城目前已有包括东南大学、河海大学等 15 所高校入驻。从对公共产品的需求来看，高等院校学生的公共服务需求较为单一，除购物需求外，医疗卫生、文化体育等公共服务需求均在校园内部解决。学生的购物和休闲活动主要依托东山老县城和天元路附近的义乌商品城，日常休闲购物选择在大学城周边和开发区内的约占调查样本数的 80%。

从大学城学生与南京主城的联系来看，大学生到南京主城的主要目的是休闲购物，其中进城频率每月 1 次的约占调查总数的 50%，交通方式几乎完全依托公共交通。在公交满意度调查中，74%的大学生表示对公共交通不满意或很不满意。据了解，江宁大学城目前公交站点主要分布于天元路附近，区域内存在很大的公交线路空白区。如地理位置较偏远的中国药科大学，因与大学城其余地块的联系仅靠一条公交线路，且车次间隔时间达 30 min，导致这条线路在周末几近瘫痪。每次同时在药大门口公交车站等车的人达 30 人之多。公共交通的缺乏导致学生们只能选择乘坐私人经营的面包车。

在产学研合作方面，在问及是否有意愿在开发区的企业中实习和工作时，多数同学表现出观望的态度，24%的同学明确表示不愿意，而 40%的同学表示有待考虑。而对于高校与开发区的产学研合作关系，66%的同学表示不太清楚。说明在高校学生的认知上，开发区与高校的产学研合作关系不够紧密。当然，这一调查结果也与大学城内的学生多为本科低年级学生、参与实践研究课题较少有关系。

从设施共享程度来看，尽管江宁大学城在规划建设时，就有意识地划出一块资源共享区，希望实现高校间师资交流、学分互认和教育资源共享。但就目前的发展状况来看，共享区内规划建设项目中只有江宁体育中心已投入使用。原本构想的“高校集中、资源共享”理念仍未在大学城得以实施。各高校在管理上仍相对封闭，同区域内的设施等级、体育项目等都非常类似，相似资源重复建设现象严重，几乎每个大学都在新校区配备了超过 2 000 m^2 的体育场馆。且很多学校按远景规划建设的体育设施远远大于现状使用需求，是运营管理的负担。同时，由于周边楼盘与大学城的交通联系不便且路程遥远，周边居民对大学城内部配备的体育等公共服务设施使用率较低。

5.5.6 江宁开发区公共产品配置总体特征

1）发展路径：由自发供给模式向规划引导模式转变

从发展路径上看，江宁开发区在其发展初期，公共产品供给主要依托开发区周边乡镇和东山老县城配置，是典型的自下而上的自发供给模式。公共产品布局缺乏统一规划，设施布局零散，不成体系，服务水平相对较低，体现出明显的城乡二元结构的特征。随着开发区空间的不断拓展和功能内涵的提升，开发区公共服务需求逐步趋于多样化，需求层级提高，原本相对零散的自发供给模式已不能满足开发区发展的需求。以规划为引导，整合原有资源，实现高效率、高水平、无差别的公共服务均等化配置成为开发区公共服务配置的发展方向。即在开发区空间拓展、功能整合的过程中，完成公共产品整合。

以教育设施为例，江宁开发区在建立初期，教育设施主要依托周边乡镇的村办中小学，空间布局零散，服务质量不高。2003—2008 年，江宁开发区的基础教育设施以资源整合、集聚发展为原则，对各村办中小学进行调整。中小学、幼儿园数量总体呈下降趋势，"规模化办学"的效果明显。通过设施撤并重组、师资力量整合，江宁开发区教育质量有了大幅提升，空间上分散布局的状况有所改善。

2）服务层级：公共服务体系基本成型，但层次有待提升

从江宁开发区公共服务层级来看，江宁公共服务设施的种类已相对齐全，"地区级—片区级(社区级)—基层社区级"三级公共服务体系已基本成型，但中心体系层次相对模糊、地区级公共服务中心缺位。

依托社区居委会和社区服务中心，基层社区级公共服务配置基本完善，教育、医疗等基本公共服务设施基本达到均等化配置。但就服务水平来看，江宁开发区的总体服务水平与主城仍存在较大差距，教育、医疗等设施仍较为紧张，跨区就学和就医的现象较为明显。

而地区级公共服务设施主要位于东山老县城，依托县域经济时期形成的各级中心雏形，公共服务配置被动滞后，现有的公共设施集聚轴主要沿秦淮路、金箔路、天元路等城市主要道路展开，与各级中心缺乏紧密的关联性，体现出明显的工业园区带动和远郊县城的特征。高等级公共服务资源缺位，尤其是能够承载江宁开发区内涵提升的优质服务资源相对缺乏，没有发挥出公共服务在引导开发区由"建区"向"造城"功能转型、内涵提升过程中的积极作用，亟待培育服务于都市区南部的市级公共设施和集中的公共服务中心区。

3）空间布局：服务半径较大，但与人口密度分布基本相符

从江宁开发区公共服务体系的空间布局来看，既有的空间结构相对分散，基本公共服务设施的服务半径较大，所需通勤时间较长。例如，江宁开发区内小学 500 m 服务半径的覆盖率不到 10%，中学 1 000 m 服务半径内的覆盖率约 25%；小学车行和步行平均出行时间约为 17 min 和 53 min，中学的车行和步行平均出行时间分别为 17 min 和 51 min。但是也应当指出，江宁开发区作为城市边缘区，人口密度较低，一味追求与主城相当的服务半径并不现实。从人口密度和公共服务可达性的交叉分析也可以看出，开发区现有的公共产品配置基本与人口分布密度相符。因此，可以根据各类公共服务设施的有关标准，在服务半径指标上适度放宽。

而就各片区的具体情况来看，东山片区依托老县城的发展基础，公共服务设施配给齐全，与现状人口分布基本达到供需平衡；百家湖片区为江宁开发区

一期用地，已有一定的发展积累，公共服务配给也较为理想；九龙湖片区作为开发区二期用地，配备了如同仁医院、南师附中江宁分校等高水平的公共设施，呈现明显的服务引导趋势；而大学城片区由于人口构成相对单一，公共服务配套基本依托高等院校内部自主配置，社会公用型服务设施相对缺乏。此外，在长期分片区差异化的发展背景下，加上自然要素（秦淮河、牛首山河）的分割，各片区发展相对独立，开发区与东山老城区之间的东西向联系性不强，内部通道建设滞后，没有为新老城区融合发展创造机会。

4）区域共享：缺乏整合，设施共享程度较差

从江宁开发区内部的设施共享程度来看，江宁开发区公共服务设施缺乏与浪费的问题同时存在。公共服务配套不成体系，同区域内的相似资源重复建设现象严重，人为准入壁垒和公共交通制约限制了公共服务设施的共享程度。如对于大量居住在开发区的外来务工人员，他们的医疗保险和子女上学等问题存在着很多门槛限制。

另外，江宁开发区与南京主城的公共服务配置缺乏统筹，服务对象以本地人口为主，尚未考虑到南京主城郊区化所带来的居住主体需求，也未达到服务都市区以南地区的水平。已有的设施规模小、发展空间不足，设施老化和设备陈旧等问题也不容忽视。

5.5.7 公共产品视角的江宁开发区与城市整合发展建议

1）能级跨越，打造南京都市区南部副都心

打造强有力的公共服务中心既是江宁开发区自身功能完善、内涵提升的需要，也是培育南京都市区反磁力中心的必要条件。强有力的中心应该是具备充足的发展空间、多元化的功能、良好的通达性和相互之间便捷的联系，为新市区及周边提供完善便利的生活配套和生产服务。

江宁开发区要抓住南部新城和南京南站建设的机遇，完善功能、提升能级，由建区向造城转变。通过构筑行政办公、商务商业、文化体育等多功能复合的公共中心，加快江宁开发区的功能转型和内涵提升，打造南京都市区南部副都心，形成主城南拓的辐射中心和增长中心。

2）整合提升，提高基层公共服务水平

开发区作为调整城市空间和产业结构、促进都市区空间统筹发展的核心地区，也是区域公共产品由城市化地区向乡村地区拓展延伸的过渡地区。因此，开发区的公共服务配置不仅要体现其作为城市新区的示范作用，也要突出开发区作为城乡过渡空间的引导作用。而基层社区级公共服务作为开发区公共服务体系中最基本的构成单元，其服务水平是衡量开发区公共服务均等化程度的重要指标。提高基层社区公共服务水平，打造基层社区公共服务中心是有效推进公共服务均等化的手段。

基层社区公共产品配置可结合社区居委会，把握集聚优化原则，统一规划、合理布局。鼓励同一级别、功能和服务方式类似的公共设施（如文化娱乐设施、

体育设施、商业金融服务设施等）集中组合设置，形成相对完善的社区服务中心。功能相对独立或有特殊布局要求的公共设施（如教育设施、医疗卫生设施、派出所等）可相邻设置或独立设置。

3）统筹协调，实现区域公共产品的均等化配置

第一，提高公共服务设施的共享性。在为新建小区配置公共服务设施时，应优先考虑将具有共享性的设施布局于小区边缘地带，与周边小区实现共享，避免同类资源重复建设，提高公共服务设施的利用效率。

第二，消除人为准入壁垒。充分考虑外来务工人员等“准市民”、外来购房者等“新市民”的实际需求，为其提供基本公共服务（尤其是基本教育、医疗保险、社会保险等福利型公共服务）保障的衔接。

第三，在都市区范围内实现整合发展。加大都市区范围内的公共服务资源整合力度，提升完善开发区公共服务功能，缩小开发区与主城之间公共服务水平差距，促进主城优质资源有序扩散和转移。建立区域协调发展机制，促进资源整合和共享，推进基本公共服务的区域一体化和均等化配置。

5.6 模式构建：开发区公共产品配置标准研究

基于对开发区与城市整合的纵向演化、横向评估和典型案例研究的分析基础，借鉴国内主要城市公共产品现行的相关配套指标，对开发区公共产品配置标准进行探讨，为国内开发区建设中的公共产品配置提供参考。

5.6.1 影响开发区公共产品配置的主要因素

由前面的分析可知，开发区公共产品配置主要受到以下三方面的影响：配置对象（公共产品自身）的类型差异、需求主体（使用者）的群体差异、承载空间（开发区）的发展时序差异。下文将分别从以下三方面进行研究：

1）开发区公共产品配置的类型差异

公共产品配置的类型差异主要是基于公共产品的自身属性而言，主要表现在不同公共产品的公益属性差异和不同公共产品的空间适配性差异。

（1）不同公共产品的公益属性差异

根据公共产品的基本服务属性和政府规划职能的不同，可将公共产品分为公益性公共产品与经营性公共产品两大类（表 5－23）。公益性公共产品由于其易受市场力侵蚀，应由政府作为供给主体，主要包括教育、医疗卫生、文化、体育、社会福利、行政管理、社区服务、邮政电信等设施；而经营性公共产品易受市场力推动，应充分发挥市场的作用，拓宽融资渠道，主要包括各类商业服务业设施、金融设施等①。

---

① 此分类参照《北京市居住公共服务设施规划设计指标》和《南京市新建地区公共设施配套规划指引相关分类》。

表 5－23　公共产品公益属性及投资分类

属性特征		供给主体	服务类型
公益性公共产品	福利性公共产品	主要为政府机构投资，重视发挥民间机构的作用	面向老人、儿童、残疾人等特殊群体的设施，如老年人或残疾人活动中心等
	基础性公共产品	政府与市场化经营并存，但政府仍然是投资建设和经营的主体	教育设施
			文体设施
			医疗设施
			行政管理与社区服务
			邮政电信
经营性公共产品		市场化经营的赢利性设施，完全受市场机制的调节	商业金融

公益性公共产品又可进一步分为基础性公共产品和福利性公共产品两种：其中基础性公共产品包括基础教育、医疗卫生等设施，其作为体现社会公平的重要内容，要求在空间布局和服务质量上都较为均衡，不应有明显差异，政府是投资建设经营的主体；福利性公共产品是面向老人、儿童、残疾人等特殊群体的设施，例如老年人或残疾人活动中心等，福利性公共产品的设施规模主要取决于规划区域内特定群体的规模，服务具有特殊的准入机制和福利性特征，主要由政府供给。

公共产品的社会属性要求公共产品在配置过程中要将公共利益作为首要价值取向，各级政府要充分发挥其公共利益协调者的角色，积极引导公共产品配置的公平性。因此在开发区公共产品配置中，应根据不同公共产品的公益属性差异，实现公平和效益的合理配置。对于公益性公共产品，尤其是基础性公共产品，应首要确保其公平性；而对于经营性公共产品，可发挥市场力量与民间社会组织的灵活性，积极拓宽融资渠道。

（2）不同公共产品的空间适配性差异

不同公共产品对空间适配性需求有着明显的差异（表 5－24），在开发区公共产品配置中，应遵循公共产品空间适配性的内在规律，统筹安排（表 5－25）。

表 5－24　公共产品空间适配性差异

设施类型	设置要求	布局要求	经营主体
公共交通	较高	宜结合区域公共服务中心配置	政府＋市场
教育设施	较高	宜独立设置	政府＋市场
医疗卫生设施	较高	宜独立设置	政府＋市场
文化娱乐设施	一般	可与体育设施配套设置	政府＋市场
体育设施	一般	可与教育设施、文化设施配套设置	政府＋市场

续表 5-24

设施类型	设置要求	布局要求	经营主体
社会福利与保障	一般	可与其他设施配套设置	政府
行政管理与社区服务设施	一般	可与其他设施配套设置	政府
商业金融服务设施	一般	宜集中设置，形成综合中心	市场
邮电设施	一般	可与其他设施配套设置	政府＋市场

表 5-25 公共产品间的相互适配性

	公共交通	公共教育	医疗卫生	文化娱乐	体育设施	社会福利保障	行政管理服务	商业金融服务	邮电
公共交通	—								
公共教育	○	—							
医疗卫生	●	○	—						
文化娱乐	●	●	◎	—					
体育设施	●	●	◎	●	—				
社会福利保障	◎	◎	●	◎	◎	—			
行政管理服务	◎	●	●	●	●	●	—		
商业金融服务	●	○	○	●	◎	◎	◎	—	
邮电	◎	◎	◎	◎	◎	◎	◎	◎	—

注：●表示适宜配套布局；◎表示不冲突，可配套布局；○表示冲突，宜分开配置。

一般而言，教育和医疗卫生等设施在空间适配性上有较高要求，不管在空间布局、服务半径、设置规模上都有相对严格的标准，设置门槛较高。如小学、中学、九年一贯制学校等教育设施宜独立设置，托儿所、幼儿园应按服务范围均匀分布，独立设置于阳光充足、接近公共绿地、便于家长接送的地段。医疗卫生设施应该根据合理的服务半径，构建完善的医疗救助体系，按照医院（综合医院、专科医院）、卫生服务中心、社区卫生服务站三级合理分工医疗卫生服务体系。

因此，在公共产品配置中，应对空间适配性敏感程度较高或对服务半径有严格要求的公共设施优先布局，在体现社会公平的要求下，进行分等级的均衡设置；而对空间无特殊要求的其他设施，应把握集聚优化原则，结合各层级区域公共服务中心进行合理的安排，设置综合的分层分级的公共服务设施体系。鼓励同一级别、功能和服务方式类似的公共设施（如文化娱乐设施、体育设施、商业金融服务设施等）集中组合设置。功能相对独立或有特殊布局要求的公共设施（如教育设施、医疗卫生设施、派出所等）可相邻设置或独立设置。

2）开发区公共产品配置的群体差异

从开发区的人口构成来看，主要有以下四个群体：原住地拆迁安置农民、外来购房者、外来务工人员和大学城师生①。这四个群体具有鲜明的群体特征，对于公共服务需求也各有侧重（图 5－41）。

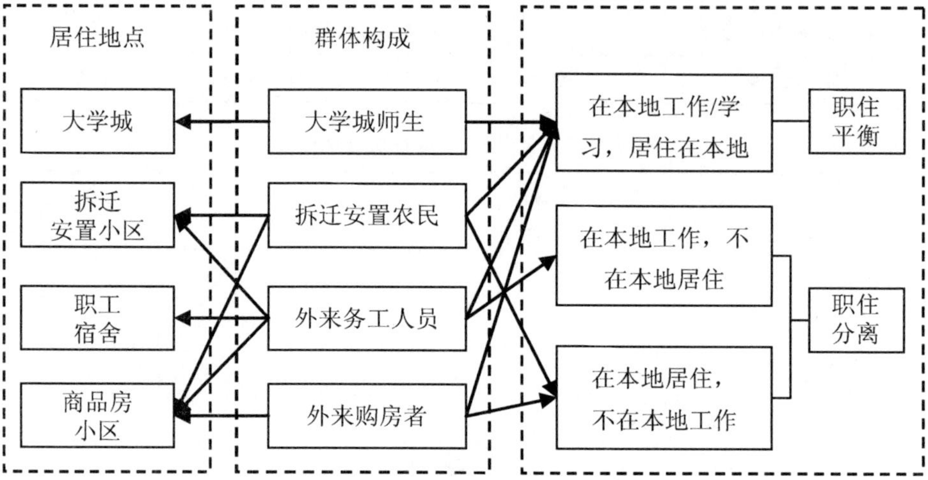

图 5－41　开发区人口构成及其职住状态

针对开发区上述四种群体类型，从开发区常住人口的群体特征以及开发区公共产品使用状况的群体差异进行综合分析评价（表 5－26 至表 5－28）。

表 5－26　开发区常住人口的群体特征分析

	拆迁安置农民	外来购房者	外来务工人员	大学城学生
家庭构成	核心家庭和主干家庭为主，家庭构成相对复杂	核心家庭为主（多为年轻夫妇和老年夫妇）	未婚为主	未婚为主
职住分离状况	职住相对平衡	职住分离现象较明显	职住相对平衡	职住相对平衡
年龄结构	年龄跨度较大	以青壮年为主	以青壮年为主	相对年轻化
收入水平（元/月）	1 000～3 000	4 000～6 000	1 000～3 000	1 000 以下
公共服务需求	对开发区公共服务依赖程度较高，总体满意度较高，基本选择本地就学就医	对公共服务水平要求较高，倾向于选择主城的公共服务设施	对开发区公共服务依赖程度较低，基本依托企业内部配套	对开发区公共服务依赖程度较低，基本依托大学城内部配给

① 依托开发区建设是我国大学城建设的主要方式，但并非所有的开发区都设有大学城，国内大学城主要分布于省会城市。一方面大学城师生相对于开发区内其他人口，在公共服务设施需求上具有较大的差异性，另一方面大学城本身作为一种特殊的公共产品，与周边地区具有一定的共享性，因此，本书将大学城师生作为开发区公共产品需求的使用群体单独列出。

表 5－27　开发区公共产品使用状况的群体差异分析

	拆迁安置农民	外来购房者	外来务工人员	大学城师生
公共交通	☆	★	☆	★
公共教育	★	☆	☆	×
医疗卫生	★	☆	☆	☆
文化娱乐	☆	☆	☆	☆
体育设施	☆	☆	☆	☆
社会福利与保障	★	☆	★	☆
行政管理与服务	★	☆	☆	☆
商业金融	★	☆	★	★
邮政电信	★	☆	☆	☆

注：★表示使用率高，☆表示使用率低，×表示基本不使用。

表 5－28　开发区公共产品需求的群体差异分析

	拆迁安置农民	外来购房者	外来务工人员	大学城师生
公共交通	☆	★	☆	★
公共教育	★	★	☆	×
医疗卫生	★	★	☆	☆
文化娱乐	★	★	☆	☆
体育设施	★	★	☆	☆
社会福利与保障	★	★	★	☆
行政管理与服务	★	★	☆	☆
商业金融	★	★	★	★
邮政电信	★	★	★	★
配置重点	公共服务均等化配置	提升配置水平	解决基本生活需求	大学城内设施共享

注：★表示需求度高，☆表示需求度低，×表示无需求。

3）开发区公共产品配置的时序差异

由对公共产品配置的动态演化机制分析可以看出，开发区与城市动态整合具有明显的阶段性。由于不同阶段开发区公共产品需求存在时序差异，因此在公共产品配置中应注重根据其发展阶段进行合理配置。

从开发区与城市互动发展的过程可以看出，公共产品配置在推动开发区向综合城区转型的过程中起到关键作用，往往是制约开发区功能跃升的门槛性要素，在不同阶段分别显现“可建性—可达性—均等化——体化”配置需求（表 5 - 29）。

表 5 - 29 开发区公共产品配置的时序差异

发展阶段	外溢	带动	提升	整合
供给主体	开发区管委会	开发区管委会，周边乡镇提供一部分供给支撑	开发区管委会、区级政府、社区居委会多级供给	与主城实现一体化配置
需求主体	以拆迁安置农民为主	大量企业职工/大学城师生进驻	外来购房者进驻	人口构成多元化
需求重点	基础性设施	交通设施，尤其是公共交通的完善	教育设施、医疗设施等基本公共服务设施的完善	提升能级，高水平公共产品由主城向新城倾斜
配置要求	可建性	可达性	均等化	一体化
配置层级	基层社区级	基层社区级	基层社区级 居住社区级	新城级(地区级)

在开发区公共产品配置的过程中，应注意其时序性（图 5 - 42）。一方面，开发区在不同发展阶段对于公共产品的需求侧重不同；另一方面，公共产品供给有其自身经济效益发挥的最佳门槛。开发区公共服务体系的建构是需求层次由低级到高级，功能类型由单一到多元，空间布局由分散到网络化的动态过程①。开发区公共产品配置应注意结合开发区自身发展的规律，逐级引导，适度超前，采用渐进优化的空间功能改进策略，保证公共服务供给的有效性（表 5 - 30）。

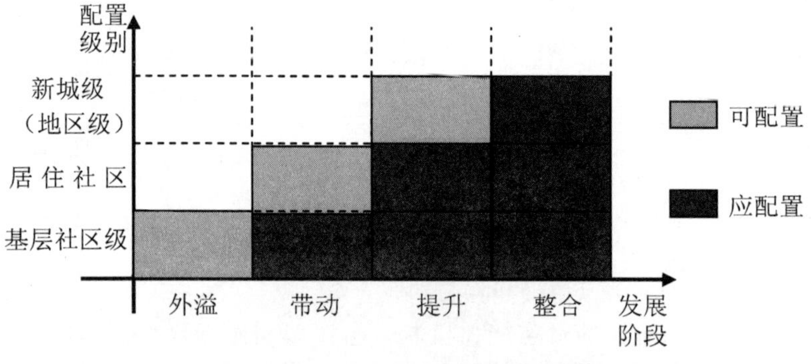

图 5 - 42 开发区公共产品配置层级的时序差异

① 陈弋. 开发区公共服务设施体系研究[D].[硕士学位论文]. 杭州：浙江大学，2009

表 5-30　基于时序差异的开发区公共产品配置建议

序号	配置项目	配置内容	开发区与城市整合阶段			
			外溢	带动	提升	整合
1	公共交通	公共交通枢纽及线路	☆	★	★	★
2	公共教育	幼儿园、托儿所		☆	★	★
		小学		☆	★	★
		中学		☆	★	★
3	医疗卫生	社区卫生服务站	☆	★	★	★
		社区卫生服务中心		☆	★	★
		综合医院		☆	★	★
4	文化娱乐	文化活动站	☆	★	★	★
		社区文化活动中心		☆	★	★
		综合性文化活动场所		☆	☆	★
5	体育设施	体育活动站	☆	★	★	★
		社区体育活动中心		☆	★	★
		地区级综合体育场馆		☆	☆	★
6	社会福利保障	托老所		☆	★	★
		养老院			★	★
		地区级社会福利院			☆	★
7	商业金融	小吃店		★	★	★
		小卖部、便利商店	☆	★	★	★
		储蓄所、ATM 自助取款机	☆	★	★	★
		菜市场		★	★	★
		社区商业金融服务设施		☆	★	★
		大型超市、大型商场		☆	★	★
		银行、保险公司、证券公司等金融设施		☆	★	★
8	邮政电信	邮政所	☆	★	★	★
		邮政支局、电信分局等		☆	★	★

配置刚度：★表示刚度需求，☆表示可根据地区实际情况选择性配置。

5.6.2 开发区公共产品配置层级

综合参考《城市居住区规划设计规范》《北京市居住公共服务设施规划设计指标》《南京新建地区公共设施配套标准规划指引》等国内主要城市相关标准中设定的公共产品配置层级，将开发区公共产品配置在以下三个层级进行配置：新城级（地区级）、居住社区级、基层社区级。考虑到开发区人口集聚较主城相对松散，因此除服务人口基本参照城市标准外，服务半径、出行时间在城市标准上适度放宽（表 5－31），其中：

新城指的是开发区全区及依托开发区发育起来的综合性新城（区），人口 10 万～30 万人。新城级公共设施应结合轨道交通和公交枢纽站点在交通便捷的区域中心地带设置，形成综合性新城公共设施中心。

居住社区是以社区中心为核心，由城市干道或自然地理边界围合的以居住功能为主的片区。居住社区级公共服务半径为 500～1 000 m、服务人口为 3 万～5 万人，步行 15 min 内可达。

基层社区是由城市支路以上道路围合的城市最小社区单元，人口规模为 0.5 万～1 万人，3～6 个基层社区构成居住社区。基层社区级公共服务规划半径 200～500 m，步行 5 min 内可达。

表 5－31 开发区公共产品配置层级

		新城级	居住社区级	基层社区级
用地规模(hm^2)		21～25	3～5	0.6～0.7
服务人口(万人)		10～30	3～5	0.5～1
服务半径(m)		—	500～1 000	200～500
出行时间(min)	步行	30	15	5
	机动车	10	5	—

5.6.3 开发区公共产品配置标准

综合参考《城市居住区规划设计规范(GB 50180－93)》《北京市居住公共服务设施规划设计指标》《上海市城市居住地区和居住区公共服务设施设置标准(DGJ08－55－2006)》《南京新建地区公共设施配套标准规划指引》《杭州市城市规划公共服务设施基本配套规定》等国内相关规范标准，按新城级、居住社区级、基层社区级三级配置层级设定开发区公共产品配置标准如下：

1）新城级（地区级）

地区级公共设施应结合轨道交通和公交枢纽站点在交通便捷的区域中心地带设置，形成综合性新城公共设施中心。根据开发区所处的区位条件，应优先完善公共交通设施，以公共交通引导城市开发（表 5－32）。

表 5-32　新城级(地区级)公共设施配置标准

序号	配置项目	配置内容	用地规模(hm²)	配置刚度	配置时序	配置要求
1	公共交通	轨道交通和公交枢纽站点	—	★	●	在交通便捷的区域中心地带设置,与其他公共设施相结合,形成区级公共服务中心
2	公共教育	科教馆、职业技术教育学校、成人教育机构、专业培训机构等	3～5	★	◎	结合大学院校布局,适宜集中布局
3	医疗卫生	综合医院	6～8	★	◎	在交通便利、环境安静地段,应有对外方便的出入口和无障碍通道,配备停车场
		专科医院		☆	◎	
		区级卫生防疫设施等		★	◎	
4	文化娱乐	地区级文化中心	2	★	○	可结合大学院校布局
5	体育设施	地区级体育中心	3～5	★	○	可结合大学院校布局
6	社会福利与保障	地区级社会福利院	1～2	★	◎	可结合行政管理或医疗卫生设施布局
7	行政管理与社区服务	管委会	2	★	●	交通便利地段
		工商等相关管理部门派出机构、区级社区服务中心等		★	●	
8	商业金融	大型综合超市、购物中心、专业商场、旅馆及餐馆、美容、摄影等休闲服务设施	5	★	◎	与公共交通枢纽结合,宜集中布局,形成区级公共服务中心
		银行、保险公司、证券公司等金融设施		★	◎	
9	邮电设施	邮政支局、电信分局等		★	◎	
10	公共绿地广场	公共绿地、公共活动广场等	3	★	○	结合文体设施布局

注:① 配置刚度:★表示刚度需求,☆表示可根据地区实际情况选择性配置。
② 配置时序:●表示适宜超前配置,◎表示应及时配置,○表示无明确配置时序要求。

2)居住社区级

居住社区级公共服务设施中的教育设施宜独立设置。其他公共服务设施,如医疗卫生设施、文化娱乐设施、体育设施、行政管理设施、商业金融服务设施等宜以综合体的形式集中布局形成社区服务中心。同时,根据居住社区及周边具体情况可适当增加或调整部分公共设施内容(表 5-33)。

表 5－33　居住社区级公共设施配置标准

序号	配置项目	配置内容	建筑规模（m^2）	用地规模（m^2）	配置刚度	配置时序	配置要求
1	公共交通	公交站点	—	—	★	●	结合公交站点，形成社区综合服务中心
2	公共教育	中学	10 000～20 000	20 000～40 000	★	◎	宜独立设置
		小学	5 000～10 000	10 000～20 000	★	◎	宜独立设置
3	医疗卫生	社区卫生服务中心	2 500～3 500	3 000～5 000	★	◎	设在交通便利、环境安静地段，应有对外方便的出入口和无障碍通道
4	文化娱乐	社区文化活动中心	4 000～5 000	3 500～5 000	★	◎	可结合社区体育活动中心设置
5	体育设施	社区体育活动中心	1 500	10 000～15 000	★	◎	当学校体育运动场向社会开放时，可适当缩减室外场地的用地
6	社会福利与保障	养老院	1 500	10 000～15 000	★	◎	可结合行政管理和社区服务设施设置
7	行政管理与社区服务	街道管理中心	1 200～1 700	1 000～1 500	★	●	如人口规模较小，根据行政管理需要，可两个或两个以上居住社区共同设置一处
		社区服务中心	1 000～3 000	—	★	●	形成综合服务中心
		派出所	1 500	600	★	●	如人口规模较小，可两个或两个以上居住社区共同设置一处
8	商业金融	菜市场	2 000	—	★	◎	宜设在底层，运输车辆易于进出的相对独立地段；与住宅有一定间隔；应配置停车场
		社区商业金融服务设施	17 200～23 200	—	☆	◎	应布置在二层以下，超市在底层设置独立的出入口，有一定面积的停车场地
9	邮政电信	邮电综合业务点	250	—	★	◎	应设在建筑一层，宜结合建筑平面布局提供一定面积的停车场地

注：① 配置刚度：★表示刚度需求，☆表示可根据地区实际情况选择性配置。
② 配置时序：●表示适宜超前配置，◎表示应及时配置，○表示无明确配置时序要求。

3）基层社区级

基层社区级公共服务设施主要为居民提供最基本的日常生活服务项目。基层社区中心应集中布局，形成社区综合服务站（表 5－34）。

表 5－34　基层社区级公共设施配置标准

序号	配置项目	配置内容	建筑规模（m^2）	配置刚度	配置时序	配置要求
1	公共教育	幼儿园、托儿所	2 700～4 700	★	◎	独立设置或结合小学设置
2	医疗卫生	社区卫生服务站	120～300	★	◎	可与社区服务中心结合设置
3	文化娱乐	文化活动站	400～600	★	◎	可与社区服务中心结合设置
4	体育设施	体育活动站	400～600	★	◎	可与绿地结合设置，用地中应保证不小于 150 m^2 的全民健身点
5	行政管理与社区服务	社区居委会	350～600	★	●	可与社区服务中心结合设置
6	社会福利保障	托老所	600～1 000	★	◎	可与社区服务中心结合设置
7	商业金融	小型商业金融服务设施	500	☆	●	可配置于小区周边，与其他小区实现共享

注：① 配置刚度：★表示刚度需求，☆表示可根据地区实际情况选择性配置。
② 配置时序：●表示适宜超前配置，◎表示应及时配置，○表示无明确配置时序要求。

5.6.4　开发区公共产品整合配置策略

1）规划引导，以公共服务构建合理的空间格局

以规划为引导，根据开发区和城市的功能定位及其互动整合关系，统筹安排、合理布局，构建有机互动协调发展的区域功能空间。通过设置公共服务设施和基础设施廊道，以公共服务为引导，对未来的需求作规划上的用地预留。统筹安排公共服务设施的规模和服务半径，积极推进义务教育、公共卫生、公共文化、公共安全等基本公共服务的均等化和一体化配置，提升开发区综合服务能力。按照规划总量、优化增量、盘活存量、提升质量的原则，提高公共服务设施配置效率。统筹规划区域内不同隶属关系的公共服务资源，促进资源整合和共享，实现空间与功能的有机生长。

2）有序开发，注重公共产品配置的时序性

在开发区公共产品配置的过程中，应注意其时序性。一方面，开发区在不

同发展阶段对于公共产品的需求侧重不同；另一方面，公共产品供给有其自身经济效益发挥的最佳门槛。开发区公共服务体系的建构是需求层次由低级到高级，功能类型由单一到多元，空间布局由分散到网络化的动态过程①。开发区公共产品配置应注意结合开发区自身发展的规律，逐级引导，适度超前，采用渐进优化的空间功能改进策略，保证公共服务供给的有效性。

3）公平优先，统筹协调公共产品配置的公平与效率

公共产品的社会属性要求公共产品在配置过程中要将公共利益作为首要价值取向，将社会公平作为其首要原则，注重公共产品配给过程中的群体均等化和地区均等化。开发区建设作为经济发展主导下的产物，在市场化的推动下，利益分化不可避免。各级政府要充分发挥其公共利益协调者的角色，积极引导公共产品配置的公平性。

4）统筹协调，实现公共产品的区域均等化配置

加大都市区范围内的公共服务资源整合力度，提升完善开发区公共服务功能，缩小开发区与主城之间公共服务水平差距，促进主城优质资源有序扩散和转移。建立区域协调发展机制，促进资源整合和共享，推进基本公共服务的区域一体化和均等化配置。

5）体制完善，保障基本公共服务均等化

充分发挥政府在公共产品配置中的主导作用，依托公共政策引导，通过制定基本公共服务专项发展规划、服务标准，完善相关措施，加强对基本公共服务项目、服务质量、供给情况的监督，鼓励社会组织和公众参与对基本公共服务项目、服务质量、供给监督；完善公共财政制度，大力拓宽公共产品的融资渠道；根据公共产品的市场特性，建立政府主导、多元化契约合作的公共产品供给机制；通过财政补贴、公私合营（PPP 模式）、特许经营、贷款贴息、政策扶持等方式，引导社会主体参与公共服务设施的建设和运营。

---

① 陈弋.开发区公共服务设施体系研究[D].[硕士学位论文].杭州:浙江大学,2009

6 长三角开发区群的发展与整合

长三角核心区开发区类型繁多，分布稠密，开发区之间联系密切，形成了类似于城市群的开发区群系统。本章在界定开发区群概念和特征的基础上，对长三角开发区群的发展进行实证研究，对开发区群与城市群的互动影响进行分析，对开发区群优化发展的方向与趋势进行明确。

6.1 开发区群概论

6.1.1 开发区群概念界定

1）相关概念：产业集群与城市群

产业集群：是一组空间相近且相互联系的公司和关联的机构，它们同处或相关于一个特定的产业领域，由于具有共性和互补性而联系在一起。产业集群侧重于观察分析集群内的行业联系，揭示相关产业联系和合作，从而获得产业竞争优势的现象和机制。产业集群理论自从 20 世纪 90 年代引入中国之后，引起我国学者的积极深入研究。王缉慈从创新和网络的角度研究产业集群和产业集聚，认为产业集群是有利于创新的空间产业组织形式，提出发展企业集群，营造创新环境，走多样化的具有特色的区域发展道路①。魏守华等从区域经济发展的角度研究产业集群，认为产业集群既强调了区域分工，又进一步强调了发挥区域内各种资源的整合能力的作用，尤其是技术进步和技术创新的作用②。

城市群：城市群可以概括为在特定的地域范围内具有相当数量的不同性质、类型和等级规模的城市，依托一定的自然环境条件，以一个或两个超大或特大城市作为地区经济的核心，借助于现代化的交通工具和综合运输网的通达性，以及高度发达的信息网络，发生与发展着城市个体之间的内在联系，共同构成一个相对完整的城市"集合体"③。人们的第一需求、我国社会的商品交换、地域条件影响、交通网络的发展是我国城市群的演化机制与原动力④。

2）概念界定：开发区群

参考城市群与产业集群的概念，给出开发区群概念如下：开发区群指集中

① 王缉慈. 创新的空间：企业集群与区域发展[M]. 北京：北京大学出版社，2001

② 魏守华，王缉慈，赵雅沁. 产业集群：新兴区域经济发展理论[J]. 经济经纬，2002(2)：18 - 21

③ 姚士谋，陈振光，朱英明，等. 中国城市群[M]. 合肥：中国科学技术大学出版社，1992

④ 姚士谋，陈爽，陈振光. 关于城市群基本概念的新认识[J]. 现代城市研究，1998(6)：15 - 17

在一定地域内，规模和职能各不相同，但相互之间交通便利，产业联系密切而又相对独立的若干开发区的组合①。

开发区群与城市群的联系主要体现在：从形态特征上看，开发区群是以城市或区域为范围界限的资源极化发展集合，城市群是开发区群形成依托的母体。区别在于，开发区群的出现有很强的政策导向，是公共政策的影响结果；而城市群的出现可以说是以经济自然发展为主、政策引导为辅的结果。开发区群作为城市产业空间的集合，是为城市产业集群发展的重要空间载体和政策平台。

6.1.2 开发区群形成的判定标准

为了提出区域范围内的开发区由离散的开发区个体演化发展为有机的开发区群的判定标准，本书对相关群落概念的基本特征进行了梳理，如表 6－1 所示。

表 6－1 群落基本特征

名称	基本特征
生物群落	类型多样性、优势种群、具有一定群落特征、不同物种间相互影响、形成群落环境、动态发展
社会群体	有联系纽带、有共同的期待和行动能力、有群体规范、有共同的身份和群体意识、有一定的群体边界
城市群	类型多样性、中心城市、彼此联系紧密、共同对区域发展产生影响
产业集群	特定区域范围内、地理集中、企业联系紧密

类型的多样性、核心成员的存在、不同成员之间的紧密联系是构成群落概念的基本条件，同时，作为“群”，一般还具备动态的发展特征以及对区域环境产生共同的影响。据此，提出开发区群的判定标准如下：

标准 1：类型的多样性。类型的多样性是开发区群存在的基础，既包括功能类型的多样性，如高新区、经开区、出口加工区等的共存，也包括区位类型的多样性，如边缘型、近郊型、远郊型以及城市内部的街区型等，多样化的类型决定了开发区群对城市空间和功能的影响力。

标准 2：地理联系的便捷性。区域开发区群存在的客观基础条件是开发区之间交通方便、地理联系紧密。有效的交通网络为产业发展提供交通支撑条件，同时拉近开发区之间的距离，降低交易成本，使开发区之间协调综合发展，促进开发区群的形成。

标准 3：产业的关联性。即开发区之间形成了相互关联配套的产业。产业功能是开发区功能的核心，通过产业链的联系，区域内形成若干产业集群，既增

① 王兴平，许景. 中国城市开发区群的发展与演化——以南京为例[J]. 城市规划，2008(2)：25－32

进了开发区内部企业之间的协作，也提高了开发区群的整体竞争优势。

标准4：核心开发区的存在。即区域范围内中存在着发展势头良好、竞争优势明显的重点开发区。这类开发区的存在会激发整个区域的经济活力，引起聚集效应，使得开发区群拥有竞争优势。同时，区域中的次级开发区受其扩散影响，与其在某一产业中分工协调，最终形成区域开发区群。

标准5：具备输出功能。由于开发区群是产业集群的空间载体，因此也应该具备产业群落衍化的特性。产业群落规模的扩大不可能无限进行下去，到达一个特定临界点附近，群落规模的扩张就会逐渐停滞，从而进入稳定运行的阶段①。进入了成熟壮年期，产业群落的发展也开始以"异地孵化"为主②。开发区群的衍化亦如此。在进入成熟期的"异地孵化"阶段之后，开发区群不但向外输出商品，而且开始向外输出资金、技术人才和品牌。"输出"功能是开发区群是否具有生命力的重要标志。

6.1.3 开发区群形成的阶段

开发区群的形成是一个动态延续的过程，根据以上提出的开发区群的五条判定标准，开发区群形成的阶段如下：

（1）雏形期

区域范围内开始出现多个开发区，依托所在城市呈现群体密集分布，这些开发区类型多样、大小不同、承担功能各异。同时，由于这些开发区创建时间都还较短，开发区之间的联系还没有系统建立起来，基本处在独自发展状态。但区域开发区群"空间成群"的态势已经初步呈现，即基本达到上述标准1——类型多样性的要求。

（2）成长期

随着区域开发区群的发展，群内发展较早较好的开发区逐渐演化成了区内的核心开发区，群内开发区的数目进一步增多，开发区之间的交通联系、产业联系都在进一步加强，有序、互动的群内结构初步呈现。即已经达到上述标准1——类型多样性，标准2——地理联系便捷，标准4——核心开发区的存在，同时，标准3——产业关联性及标准5——具备输出功能也在进一步增强中。

（3）成熟期

随着区域开发区群的进一步发展，以产业联系为主的群内开发区的联系增强。开发区群内完善的产业集群出现，同时，群内一些发展良好的开发区外溢输出发展态势明显。开发区群形成的五条标准逐一符合。

以上提出区域开发区群发展的三个阶段，并不是说所有的区域开发区群发展都会经过这三个阶段，开发区群的发展也需要外力的促动，有些开发区群可能只是停留在空间成群上，远不能到达产业成群的阶段。

---

① 郭利平.产业集群成长的自组织机制研究[J].当代经济，2006(8)：22－23

② 李永刚，陈寿灿.浙江小企业群落系统活力探源[J].浙江学刊，2002(5)：91－103

6.2　长三角开发区群的发展概况

位于江浙沪两省一市的长三角 16 市是我国经济社会最发达、人口和产业最密集、发展最具活力的地区之一，正在成长为具有重要国际影响的世界级城市群①，同时也是我国开发区空间最密集、群体发育最成熟的区域。

6.2.1　长三角开发区群的发展现状

经历 20 余年的发展，长三角开发区群的空间格局已经初步显现。截至 2008 年，长三角地区 16 市共有各类国家级开发区 54 个，省级开发区 159 个，约占全国国家级开发区的 24%，省级开发区的 12%，国省两级开发区总数的 14%。16 市国省两级开发区的平均密度达到 19.89 个/万 km^2，是国家平均水平的 6 倍（全国平均水平为 3.27 个/万 km^2）。一个城市拥有 2 个及 2 个以上省级以上开发区已成为长三角 16 城市的常态，其中，江苏开发区较浙江开发区更为密集（表 6－2）。

表 6－2　全国—长三角开发区类型与数量对比（2008 年）

等级	类型	长三角数量（个）	全国数量（个）	备注
国家级开发区	合计	54	234	
	经济技术开发区	11	54	含享受国家级经济技术开发区政策的苏州工业园区、上海金桥出口加工区、宁波大榭经济技术开发区、厦门海沧台商投资区、海南洋浦开发区
	高新技术产业开发区	7	54	—
	出口加工区	22	57	上海金桥出口加工区因享受国家级经济技术开发区政策而列入经开区之列
	保税区	6	27	含截至 2008 年 11 月批复的 12 个保税港区
	保税物流园区	2	6	—
	台商投资区	0	4	共有 5 个台商投资区，厦门海沧台商投资区因享受国家级经济技术开发区政策而列入经开区之列
	海峡两岸科技工业园	1	2	—

① 国家发展和改革委员会．长江三角洲地区区域规划（2006—2010 年），2006

续表 6 - 2

等级	类型	长三角数量（个）	全国数量（个）	备注
国家级开发区	边境经济合作区	0	14	—
	边境互市贸易区	0	2	—
	国家旅游度假区	4	12	—
	跨境工业区	0	1	珠澳跨境工业区（珠海、澳门）是国内唯一跨越两个行政地域的国家级开发区
	金融贸易区	1	1	上海浦东陆家嘴金融贸易区是国内唯一的以“金融贸易”为主要功能的国家级开发区
省级开发区	合计	159	1 345	—
	经济开发区	96	810	—
	工业园区（产业园区）	63	535	其中，长三角省级高新技术产业园 8 个，全国高新技术产业园区 64 个
合计		213	1 579	—

除了数量众多之外，长三角开发区的类型亦十分多样，形成了以国省两级高新技术开发区、经济技术开发区、工业园区为主，包含出口加工区、保税区、保税物流园区、旅游度假区、海峡两岸科技工业园等多种类型的开发区群体系，涵盖了除跨境工业区及台商投资区之外我国开发区的所有类型，并拥有国内唯一的以“金融贸易”为主要功能的国家级开发区——上海浦东陆家嘴金融贸易区。同时，长三角地区的出口加工区数量几近全国之半，是我国对外开放的重要窗口（表 6 - 3）。

表 6 - 3　长三角 16 市开发区数目统计（2008 年）

城市名称	国家级开发区数（个）	省级开发区数（个）	国省两级开发区合计（个）
上海	15	26	41
南京	4	10	14
苏州	13	11	24
无锡	3	9	12
常州	2	8	10
南通	2	9	11
泰州	0	8	8
扬州	1	8	9

续表 6-3

城市名称	国家级开发区数（个）	省级开发区数（个）	国省两级开发区合计（个）
镇江	1	7	8
江苏 8 市小计	26	70	96
杭州	5	9	14
宁波	7	10	17
舟山	0	4	4
嘉兴	1	11	12
湖州	0	7	7
绍兴	0	11	11
台州	0	11	11
浙江 7 市小计	13	63	76
合计(个)	54	159	213
占全国开发区的比重	24%	12%	14%

从长三角开发区的核准面积看，基本在 500～1 500 hm^2，平均核准面积为 901.95 hm^2，但实际开发区的圈地面积远远超过这个数字。

6.2.2 长三角开发区群的发展历程

开发区群是开发区发展到一定阶段之后才出现的产物，自从 1984 年宁波经济技术开发区（长三角第一个开发区，但到 1992 年才被审核批准为国家级）成立以来，长三角开发区大致经历了从起步期的窗口示范（1984—1992 年）到作为大规模的开发区兴起的扩张期（1993—2003 年）再到从 2003 年之后逐步开始走向转型这样的三段历史。数目到达一定规模是开发区群出现的基础——长三角开发区群即出现在长三角开发区发展的扩张期。

本书借助国家发展和改革委员会、国土资源部、建设部公布的《中国开发区审核公告目录（2006 年版）》中提供的基础资料，对长三角 16 市国家级及省级开发区的发展情况进行纵向脉络梳理，并结合近两年开发区实际的发展态势，进行局部修正。梳理发现，长三角开发区数目的变化存在 20 世纪 90 年代初和 21 世纪初期这两个明显增长节点：前者以国家级经开区、高新区、省级经开区的兴起为特征；后者则以出口加工区、工业园的兴办为代表，反映了国家对外开放层次不断升高的政策思路，也反映了长三角各市工业发展的星火燎原之势（图 6-1、图 6-2）。

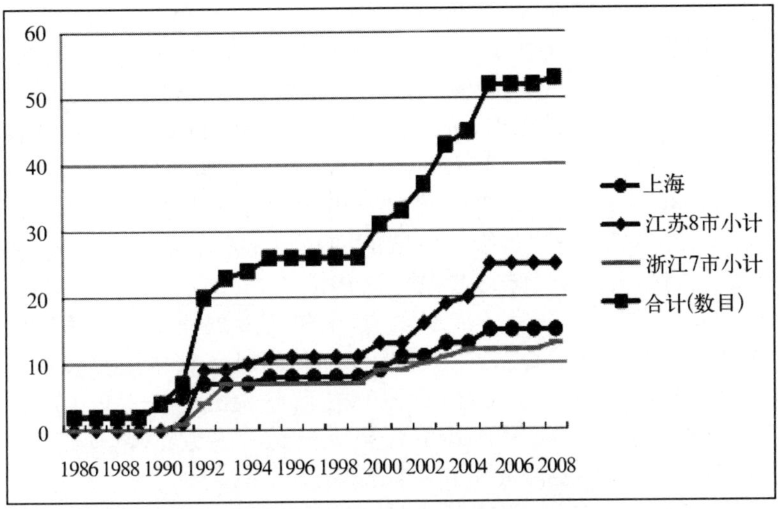

图 6－1 长三角国家级开发区数量变化情况(1986—2008 年)

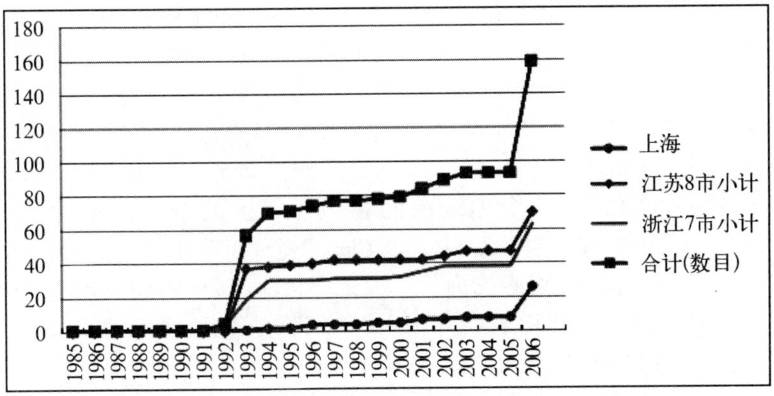

图 6－2 长三角省级开发区数量变化情况(1984—2004 年)

结合以上两个开发区数目变动的转折点、不同时期国家对长三角开发区的政策引导及开发区群自身发展的自组织作用,将迄今为止长三角开发区群的发展划分为以下两个阶段:

1) 开发区群的雏形期:空间成群(1992—2003 年)

自 1993 年到 2003 年国务院对开发区整顿的这段时期,可以总结为以要素聚集和数量扩张为特征的长三角开发区“第一次创业”①。自从浦东开发战略实施以来,上海的快速发展带来了外部资本大量进入长三角地区,面临对外开

① 吴正懿. 长三角“内忧外患”催生变局之年[N]. 东方早报,2008－11－12

放的国内形势，作为中国历史延续下来最富庶地区的长三角各城市纷纷跃跃欲试。随着国家政策的放开，在内外因共同作用下，长三角的各级开发区如雨后春笋般纷纷出现。1991 年之后各地级市纷纷设立国家级经开区、高新区；1993 年左右，各县级市纷纷设立省级经济开发区。经过这一轮开发区的快速设立，到 1994 年末，上海、苏州、无锡、杭州、宁波等 5 个城市拥有国家级开发区超过 2 个，上海更是达到 7 个国家级开发区之多，而 16 市的省级开发区在这一年全部超过 2 个。2003 年，7 个城市的国家级开发区超过 2 个，上海和苏州更是多达 13 个和 8 个，除舟山外，省级开发区的个数更是全部超过 5 个/地级市。自此，长三角开发区群空间成群的态势初步形成。

截至 2003 年国家对开发区清理之前，十年的发展使得长三角开发区群成为长三角地区新的经济增长点、主要的出口创汇基地、高科技发展基地和城市土地扩张的“引擎”。2003 年，拥有 12 个国家级开发区的长三角 16 市 GDP 总量达到 23 766.6 亿元，实际利用外资总额达到 258 亿美元，占全国的 48.2%，也就是有将近一半的外资流向了长三角地区。

2）开发区群的成长期：内联外拓（2003 年至今）

（1）开发区群落式增长趋势明显

2003—2006 年，为了遏制开发区快速扩张引起的土地低效利用，国家对开发区进行了清理整顿，一批市级以下工业园此时被强制摘牌，但国家级开发区和省级开发区的设立势头依然不减。这一现象尤其突出表现在 2006 年，在这一年，很多市级工业园被迅速冠以省级工业园的帽子。从数目变化情况看，2008 年，8 个城市的国家级开发区超过 2 个，16 个城市中有 12 个城市拥有国家级开发区，排名前三名的上海、苏州、宁波更是分别多达 15 个、12 个和 7 个。2006 年，除舟山外，各个地级市的省级开发区的个数都超过 7 个，一些条件较好的县级市的省级开发区也开始超过 2 个，如苏州的常熟、吴江，无锡的江阴、宜兴，泰州的靖江，南通的海门，宁波的余姚，嘉兴的桐乡等等，苏州的张家港和昆山借助河港之利和地利之便更拥有多个国家级开发区。

（2）开发区群内部的产业联系在增强

从区域层面上看，通过交通条件的改善，长三角 16 市的经济一体化态势逐渐明朗，而开发区正是推行长三角各市产业协作的主战场。从城市层面看，前 10 年撒点式的工业用地圈地式扩张和随意性的产业布局带来了工业用地的恶性膨胀和产业的恶性竞争，出于城市协调发展的要求，将开发区一盘棋考虑已经迫在眉睫。在这一阶段，各级省市政府出台了一批针对市总体开发区或全市整体工业布局的规划和研究，促进工业向产业基地及省市级以上开发区集中，推动开发区之间的错位发展：如《南京市工业布局规划》（2006）、《上海产业园区规划发展研究》（2006）、《镇江市开发区发展规划（2006—2010）》（2006）、《杭州新市区产业布局调整的基础研究》（2004）等。

（3）开发区群中开始出现外拓型开发区

2003 年，江阴—靖江工业园成为第一个异地兴办的工业园，随后又出现了外高桥—启东产业园、江苏一系列南北共建园区等。发展较好的16市长三角开发区开始走出本市甚至走出小长三角的地理范畴。

长三角开发区群的发展由点到面、由远郊区到近郊区到目前的旧城区，由政府举办为主、开放为主、二产为主，发展到多元主体、创新开放并举、二三产业并举，类型逐步丰富，与城市的关系逐步密切化，在城市发展中的角色也在变化，由带动新城开发的主体发展到目前参与旧城改造与更新的重要载体，在塑造城市新结构、培育新功能、拓展新空间等方面发挥着重要的作用①。

这一阶段是开发区从成长期走向成熟期的关键阶段，也是本书研究的重点所在。如何加强开发区群成员之间的内部联系，如何促进群中先"走出去"成员的良性发展是当前长三角开发区群面临的关键问题，前者是为了促进长三角地区产业的整体良性增长，后者则是为了促进传统意义上的长三角与外部地区的联系，也是为了延长个体开发区的生命周期。

6.2.3 长三角开发区群空间分布的影响因素

1）研究方法

为了验证长三角不同经济地理区域和各市GDP对于开发区群空间分布情况的影响，本书运用计量经济学软件EVIEWS 5.1，应用相关分析和回归分析方法进行数据判读。本书按照我国目前省级行政区划，将16市分别划归上海、江苏、浙江三地。为了便于将不同经济地理区域的影响引入回归方程中，引入3个虚拟变量(Dummy Variable)D1、D2、D3来分别表示上海、江苏、浙江3个不同的经济区域。本书采用分步引入自变量的分步回归方法来研究各自变量对因变量的影响(表6-4)。

表6-4 长三角地区开发区—城市基本数据表(2007年)

	全市(GDP1)(万元)	国家级开发区数(NUM1)(个)	省级开发区数(NUM2)(个)	开发区合计(NUM3)(个)
上海市	121 888 500	15	26	41
南京市	32 837 300	4	10	14
苏州市	57 008 500	15	11	26
无锡市	38 585 400	3	9	12
常州市	18 812 800	2	10	12
南通市	21 118 800	2	9	11
泰州市	12 018 200	0	8	8

① 王兴平，许景.中国城市开发区群的发展与演化——以南京市为例[J].城市规划，2008(3)：25-32

续表 6-4

	全市(GDP1)(万元)	国家级开发区数(NUM1)(个)	省级开发区数(NUM2)(个)	开发区合计(NUM3)(个)
扬州市	13 118 900	1	8	9
镇江市	12 066 865	1	7	8
杭州市	41 001 722	5	9	14
宁波市	34 350 042	7	10	17
舟山市	4 083 700	0	4	4
嘉兴市	15 853 145	1	11	12
湖州市	8 920 238	0	7	7
绍兴市	19 720 520	0	11	11
台州市	17 218 413	0	13	13

2）实证分析结果

（1）相关性分析

2007 年各地方 GDP(单位:万元)、国家级开发区数量、省级开发区数量相关系数如表 6-5 所示。从相关系数表中可以明显看出，地方 GDP 总量、国家级开发区数量、省级开发区数量两两之间均存在着明显的正相关关系(相关系数显著性 $p<0.05$)。从散点图分析和相关系数表可初步判定：总开发区个数和 GDP 的分布有较强的拟合关系。接下来本书将应用回归分析对各研究变量之间的关系进行实证检验。

表 6-5 研究对象相关系数表

	GDP1	NUM1	NUM2	NUM3
GDP1	1.000 000	0.884 550	0.881 391	0.968 411
NUM1	0.884 550	1.000 000	0.662 621	0.915 909
NUM2	0.881 391	0.662 621	1.000 000	0.907 520
NUM3	0.968 411	0.915 909	0.907 520	1.000 000

（2）单变量的 OLS 分析：GDP 量对国、省两级开发区数的影响

通过 GDP 与国、省两级开发区数之间的三个回归分析可见，GDP 量与国省两级开发区数总体情况的拟合效果很好，修正后的 R^2 达到 0.937 819，T 检验、F 检验均通过；对于省级开发区的拟合效果同样良好，修正后的 R^2 达到 0.766 888，T 检验、F 检验均通过；而对于国家级开发区的拟合则失败(下表均

自制）。

① GDP（自变量）—国省两级开发区总数（因变量）回归分析

因变量：NUM3
方法：最小二乘法
样本数：16

变量	系数	标准差	T 统计量	概率
常数项	4.917 516	0.827 982	5.939 156	0.000 0
GDP1	0.002 994	0.000 206	14.530 97	0.000 0
拟合优度	0.937 819	因变量均值		13.687 50
修正拟合优度	0.933 377	因变量标准差		8.784 219
回归标准差	2.267 324	赤池信息准则		4.591 546
残差平方和	71.970 62	斯瓦茨准则		4.688 120
对数似然比	−34.732 37	F 统计量		211.149 2
杜宾沃森统计量	3.027 723	P 值		0.000 000

② GDP（自变量）—国家级开发区数目（因变量）回归分析

因变量：NUM1
方法：最小二乘法
样本数：16

变量	系数	标准差	T 统计量	概率
常数项	−0.992 246	0.868 551	−1.142 416	0.272 4
GDP1	0.001 534	0.000 216	7.095 538	0.000 0
拟合优度	0.782 428	因变量均值		3.500 000
修正拟合优度	0.766 888	因变量标准差		4.926 121
回归标准差	2.378 415	赤池信息准则		4.687 215
残差平方和	79.196 03	斯瓦茨准则		4.783 788
对数似然比	−35.497 72	F 统计量		50.346 66
杜宾沃森统计量	2.123 501	P 值		0.000 005

③ GDP(自变量)—省级开发区数目(因变量)回归分析

因变量:NUM2
方法:最小二乘法
样本数:16

变量	系数	标准差	T 统计量	概率
常数项	5.909 762	0.840 614	7.030 293	0.000 0
GDP1	0.001 461	0.000 209	6.981 271	0.000 0
拟合优度	0.776 850	因变量均值		10.187 50
修正拟合优度	0.760 911	因变量标准差		4.707 706
回归标准差	2.301 914	赤池信息准则		4.621 828
残差平方和	74.183 33	斯瓦茨准则		4.718 401
对数似然比	−34.974 62	F 统计量		48.738 15
杜宾沃森统计量	1.256 455	P 值		0.000 006

(3) 引入虚拟变量后的 OLS 分析

以 D1(上海市)为基准对象,研究引入虚拟变量后,国省两级开发区总数与 GDP 之间的关系,江苏与浙江与上海均差异明显,D2 与 D1 均通过 T 检验。

因变量:NUM3
方法:最小二乘法
样本数:16

变量	系统	标准差	T 统计量	概率
GDP1	0.003 331	0.000 176	18.878 02	0.000 0
D2	3.940 480	0.945 795	4.166 317	0.001 1
D3	4.426 056	0.956 012	4.629 706	0.000 5
拟合优度	0.938 096	因变量均值		13.687 50
修正拟合优度	0.928 572	因变量标准差		8.784 219
回归标准差	2.347 671	赤池信息准则		4.712 085
残差平方和	71.650 28	斯瓦茨准则		4.856 946
对数似然比	−34.696 68	杜宾沃森统计量		2.947 338

3) 分析结论

(1) 经济发展水平对开发区群空间分布正向影响明显

市域范围的经济差异对长三角开发区群的总体空间分布存在正向影响:经济实力越强,开发区分布越多。但国家级开发区的分布与之并没有绝对关系,国家级开发区的分布可能更多与科技实力、区位条件、历史渊源有关。

（2）国、省两级开发区群的分布不存在必然联系

即国家级开发区群的分布对省级开发区群的分布不存在正向影响，并不是国家级开发区多就一定省级开发区多。原因有二：一是国家级开发区的替代效应，如上海；二是国家级开发区的分布与省级开发区的设立要因不同。

（3）省域的差异影响到开发区群的分布

省域的差异对长三角开发区群的分布有影响：江苏和上海的分布更为相似，浙江与之有异，推测其原因来自江苏和上海自上而下、政府主导的力量更强，而浙江民营经济发展、自下而上的力量更为显著。

6.2.4 长三角开发区群的作用

开发区群通过其产业、空间的发展，对推动区域一体化也发挥着积极的作用。

1）开发区群推动区域空间一体化

沪宁线是开发区群稠密的区域，大小各类开发区特别是镇开发区沿沪宁线连绵发展，部分区域已经形成密集的园区带，开发区的蔓延扩张使得区域中各行政单元界限模糊，开发区与城镇、开发区与开发区已经逐渐跨行政界限在空间上连为一体。

沪宁高铁是长三角区域一体化重要的基础设施走廊，其在建设的同时，也带动了沿线开发区的发展，如高铁沿线的昆山花桥经济技术开发区受到上海的辐射往东发展，空间上已经和上海的安亭镇融为一体；而淀山湖镇工业园区和青浦工业园区两个开发区相向发展促使淀山湖镇与青浦几乎完全融合。

2）开发区群推动区域经济的一体化

长三角开发区在经历的高度竞争后，相互之间正在逐步形成基于各自优势的产业链合作与分工关系，并由此推动区域经济一体化进程。上海等发达地区通过开发区产业的转移，大力发展现代服务业，2008 年，上海开发区第三产业实现营业收入 8 388 亿元，同比增长 16.97%，比工业生产增速高 8 个百分点，第三产业已经成为开发区产业经济的重要组成部分和新的增长极①，而其他城市开发区则适当承接上海的制造业，同时长三角地区作为一个整体，在转型升级中向周边的苏北地区以及安徽皖江城镇带转移一般制造业，区域内通过开发区群产业的转移和关联逐渐强化区域经济一体化。一个突出的现象是，长三角地区一些具有竞争力的产业集群或者产品，其生产链或者协作在整个长三角区域不同开发区之间展开，跨国公司和江浙沪企业的多区位分布及同产业不同类型企业之间形成的产品供需网络是促使这一区域一体化生产的重要实现途径。

---

① 上海市经济和信息化委员会，上海市统计局. 上海市开发区协论. 上海市开发区统计手册，2009

3）开发区群正在构建区域一体化的合作框架

长三角地区在 1990 年代初还是处于"行政区经济"时期，行政区划对区域经济具有主导作用。长三角开发区群的发展却逐渐改变了这种现象，部分城市由于开发区的迅速发展使得可利用空间急剧减少，产业面临升级改造，而同时另外的部分城市则由于发展偏慢，其劳动力、土地资源丰富，产业规模偏小，对产业的需求较急切，因此，两类城市的政府进行跨区域的合作，制定相关制度促进产业的转移和开发区的共建，如江苏省的南北共建开发区、江阴—靖江经济技术开发区、苏州宿迁工业园区就是在江苏省"区域共同发展"的战略思想下产生的。

苏州宿迁工业园区位于宿迁市宿城区境内，2006 年开发建设正式启动。宿迁市委、市政府授权苏州宿迁工业园区党工委、管委会在规划建设、土地管理、经济管理、环境保护、招商、财政、外事、组织人事等方面，代表宿迁市委、市政府行使省辖市管理职能和管理权限。党工委、管委会内设机构享有与宿迁市对应职能部门同等的管理权限。规划总面积 10 km^2，通过实施先进制造业、服务业等城市功能的综合开发，把苏州宿迁工业园区建设成为产业转移的集聚区①。

6.3 长三角开发区群的特征研究

作为长三角工业产业的主要载体，长三角开发区群的属性主要体现在其空间用地和产业构成两方面，本节即主要从空间属性和产业属性两方面来展现长三角开发区群的宏观特征。

6.3.1 空间特征：长三角开发区群的地域空间结构

在省级开发区均质拓展的基础上，长三角开发区群的空间结构仍体现出明显的"点—轴"体系，可概括为："五心三轴＋网络化基底"。五心是指长三角开发区群主要分布的五个节点城市（都市圈）：上海、苏锡常都市圈、南京、杭州、宁波，三轴即为滨海发展轴、沿江发展轴、沿路发展轴，网络化基底是指省级乃至以下开发区、工业园区的星罗棋布，已遍至长三角 16 市的每一个角落（图 6－3）。

1）长三角开发区群的五个节点

上海、苏锡常都市圈、南京、杭州、宁波是当前长三角发展的五个主要节点，从图 6－3 可以明晰地看到，在历史渊源、交通条件、经济水平、科研实力的多方面影响下，长三角开发区群的国家级开发区基本都位于这五个区域之内，占 16 市的比重超过了 90％，国省两级开发区占 16 市的比重为 61.8％。这五个节点

① 苏州宿迁工业园区 http://www.ssipac.gov.cn/ParkProfile/

的开发区类型都涵盖了国家级高新技术开发区、经济技术开发区、出口加工区、省级开发区与工业园等，上海还拥有国内唯一的以“金融贸易”为主要功能的国家级开发区——上海浦东陆家嘴金融贸易区（表 6-6）。由于开发区类型多样、体系完整，节点城市一般也都形成了较为成熟的城市开发区群。以下各图（图 6-4 至图 6-8）分别具体显示了这五个节点的开发区分布情况。

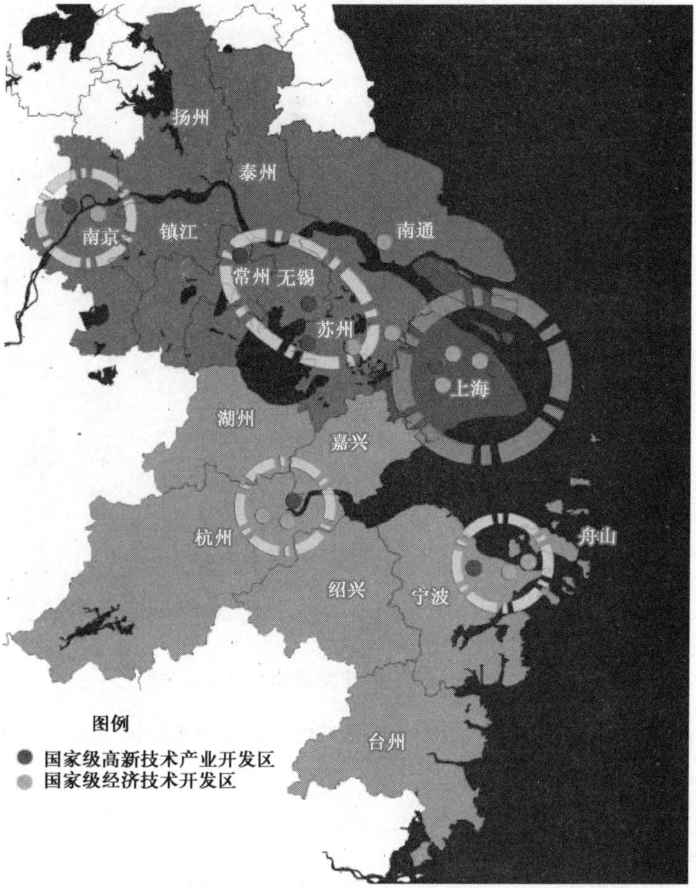

(a)

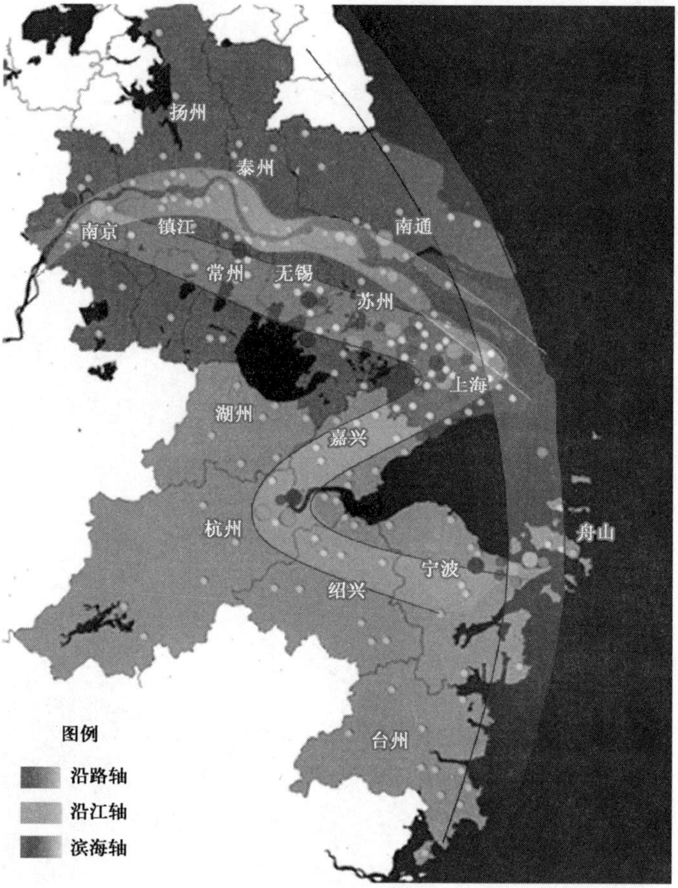

(b)

图 6-3 长三角开发区群的五心三轴

表 6-6 五个节点区域的开发区分布明细

名称	功能	国家级开发区数(个)	省级开发区数(个)	国省两级合计(个)
上海	国际金融中心、经济中心、贸易中心及知识创新中心,国家级信息枢纽,国际航运中心	15	26	41
南京	区域性中心城市,全国综合性交通枢纽和重要的物流中心,区域信息枢纽,现代制造业和科教创新基地	4	10	14
苏州—无锡—常州	苏:上海都市圈副中心城市、国家旅游城市,技术创新基地 锡:新兴制造业与研发中心,区域物流中心城市 常:现代制造业与技术创新基地,以高新技术产业为先导的长三角重要的经济中心城市之一和历史文化名城	18	28	46

续表 6-6

名称	功能	国家级开发区数(个)	省级开发区数(个)	国省两级合计(个)
杭州	区域性中心城市,知识创新中心和信息枢纽,国际性风景旅游城市	5	9	14
宁波	现代化国际港口城市,长江三角洲南翼中心城市	7	10	17
合计	—	49	83	132
占16市比重(%)	—	90.6	52.2	61.8

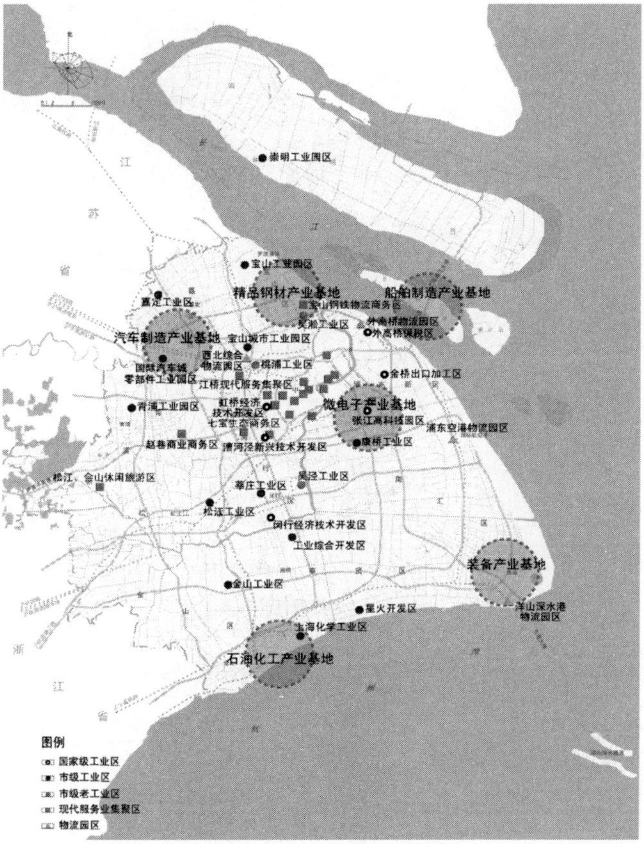

图 6-4 上海市级以上开发区分布(市域)

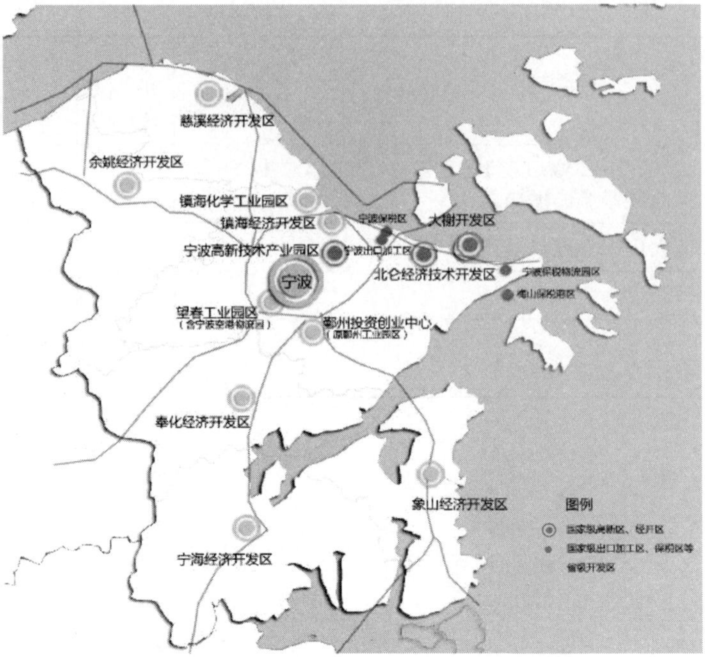

图 6-5　宁波市省级以上开发区分布（市域）

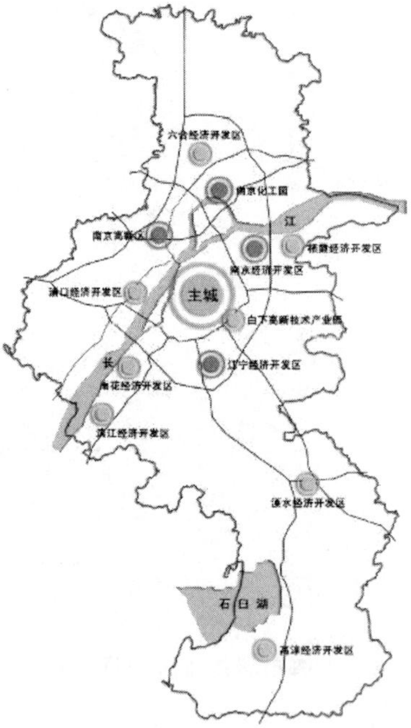

图 6-6　南京市省级以上开发区分布图（市域）

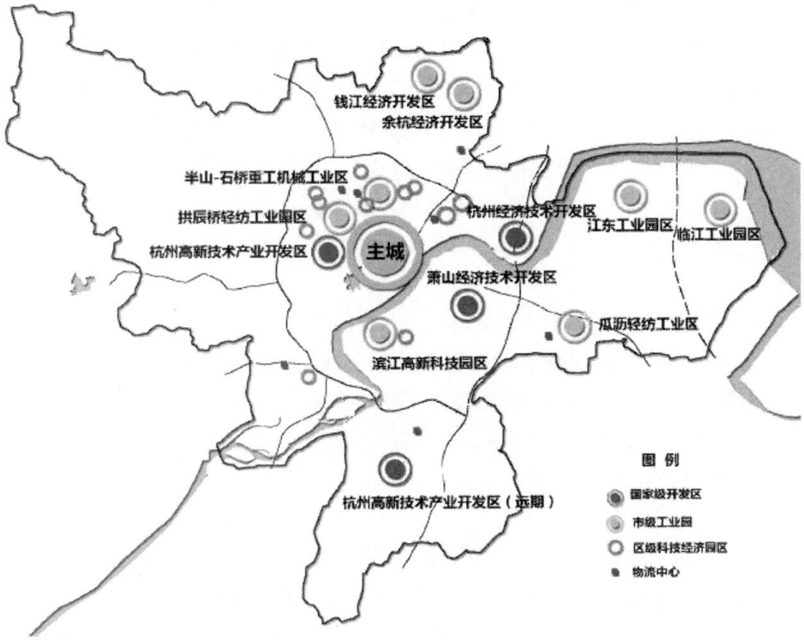

图 6－7　杭州市市级以上开发区分布图(市区)

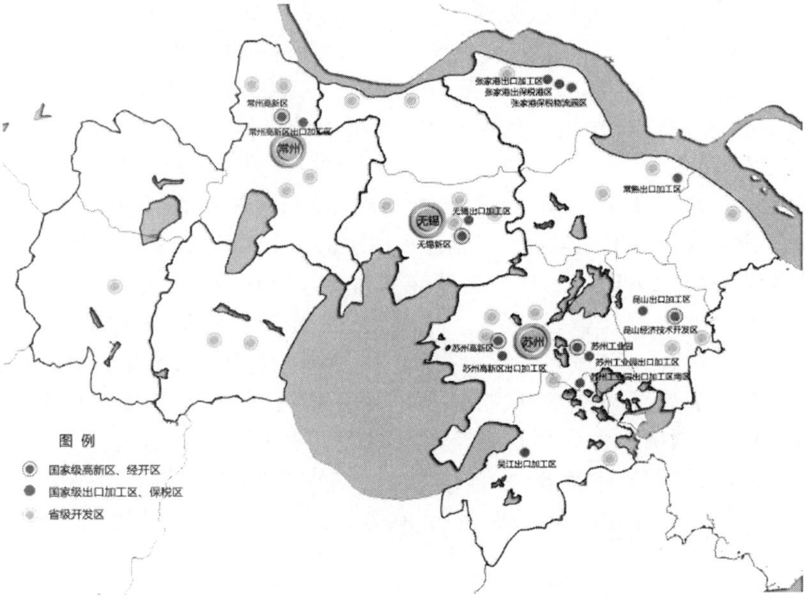

图 6－8　苏锡常省级以上开发区分布图(市域)

以南京为例，南京市区的国家和省级开发区群在空间分布上基本形成了“绕城、沿路、沿江”的分布特点。绕城地带为南京开发区最为密集的区域，有6个开发区分布在南京市公路二环和绕城公路之间的环带状区域内。而绕城的开发区环带内侧就是计划经济时期形成的南京重要的工业基地布局区域，因此，以开发区为主体的新产业空间与传统产业空间具有较为密切的空间关系。有7个开发区分布在沿江地带，其中除了南京高新区以外其余6个直接滨江布局，是南京沿江产业带的重要组成部分。省级以上开发区基本都位于南京不同方向的放射状对外交通干道两侧地区，构成了南京主城区指状外扩的发展态势①。

2）长三角开发区群的三条轴线

长三角开发区群呈现出很明显的轴线特征，主要体现在沿江（长江）、滨海（东海）、沿路（沪宁—沪杭—杭甬）三方面，既体现了开发区群所依托的长三角城市群的传统“沿路之字形”特征，又多出了由于工业产业属性为主而自身特有的滨海沿江特点。

（1）滨海和沿江轴

长三角开发区群的滨海沿江特征与长三角地带河海港密布的特征紧密相关。长三角港口群连续多年成为我国五大港口群中集装箱发展最快的港口群，2007年上半年，港口集装箱吞吐量更是在去年增长的基础上增速再次提升，累计完成集装箱吞吐量1 994.48万TEU，同比增长29.8%，高于全国增幅5.7个百分点。集装箱吞吐量占全国比重已达37.96%，比上年同期提高了1.6个百分点，高位增长态势充分表明长三角港口群在全国经济发展中的地位进一步提升②。城由港兴，港城共荣，作为城市工业发展高地的开发区更是与港口密不可分。几乎长三角所有的港口旁周边都有国家级或省级的经济技术开发区分布，并且集聚着长三角所有的保税区、保税物流园区、保税港区以及大部分的出口加工区。

滨海轴。长三角16市的海港有上海洋山港、宁波—舟山港、台州港、嘉兴乍浦港、南通洋口港等，其中尤以洋山港和宁波—舟山港为最（图6-9）。根据美洲港务局协会（AAPA）发布的世界港口排名，2007年，上海洋山港和宁波—舟山组合港分列总吞吐量世界第一和第三、集装箱吞吐量分列第二和第十二位。依托这些海港，长三角各开发区在东海沿岸一线排开、密集分布，如宁波港附近就集聚着宁波经济技术开发区、宁波保税物流园区、宁波出口加工区、大榭经济技术开发区、梅山保税港区这5个国家级开发区。

沿江轴。长三角16市的河港有太仓港、南通港、张家港、江阴港、扬州港、常熟港、常州港、泰州港、镇江港、南京港等，在长三角区域格局内反映为由上

---

① 王兴平，许景. 中国城市开发区群的发展与演化——以南京为例[J]. 城市规划，2008(3)：25-32

② 中华人民共和国交通运输部网站[EB/OL]. http://www.moc.gov.cn/zhuantizhuanlan/shuilujiaotong/zhongguodalu_GKTP1YT/gangkoufengcai/gangkoujieshao/200712/t20071204_450352.html

海—南京方向延伸。截至 2004 年底，江苏省境内沿江开发区有 18 个，国家级开发区 4 个，即南京经济技术开发区、常州高新技术产业开发区、张家港保税区、南通经济技术开发区①。由于靠近出海口、出江口，排污较易，因此长三角滨海和沿江开发区的产业特征一般都是以电力、石化、钢铁、冶金、装备制造等重工业为主，形成长江三角洲地区原材料、能源产业和先进装备制造业走廊。

（2）沿路轴

由沪杭—杭甬组成的之字形沿线小城镇稠密且分布均匀，平均每 30 km 一座城市，基本形成了大中小城市梯度发展的城市连绵区②。正因为如此，在几乎市市都有开发区、镇镇都有工业园的这一地区，沿线开发区分布也十分稠密。尤其在苏锡常地区，许多城市工业区与小城镇几乎沿着铁路、大运河和高速公路发展，形成"交通走廊式"的分布格局③。由于公路、铁路的运输特点，长三角沿路密集开发区一般以制造类为主。

沿路开发区的聚集可以分为南线和北线：南线即沪杭甬高速公路及铁路沿线形成的密集带，包括上海—嘉兴—湖州—杭州—绍兴—宁波的各类开发区、工业园；北线即以沪宁铁路及高速公路为线的沿线密集带，大致为上海—苏州—无锡—常州—镇江—南京；另一条是上海—南通—泰州—扬州—镇江—南京等地区开发区所构成。

3）长三角开发区群的空间发展均质基底

长三角开发区群的均质特征体现在省级开发区的均质化拓展上，几乎每个县级市都有一个或两个省级以上开发区，更不用提遍及各个乡镇的工业园区和零散工业用地斑块，如苏南县级市的常熟就有 2 个省级经济开发区 10 个乡镇工业园区，以及遍地的零散工业斑块（图 6－9）。

长三角开发区群的均质基底的形成主要有两方面原因，其一是乡镇工业经济的发达激发了包括县市政府、乡镇政府、村委、较大的企业等各类行为主体通过圈地发展工业用地的欲望，同时工业用地的扩展确实也促进当地的经济发展，这样就形成了促进各类开发区、工业园的建设循环；其二是由于长三角地区较为完善的城际基础设施建设，因为道口经济对于开发区、工业园区的形成作用很大，而以铁路、高速公路、内河航运、远洋运输、航空、跨海大桥、跨江通道共同构建的现代化交通系统形成了长三角纵横交错的区域网络，成为了开发区群分布的依托，同时也促进了开发区群成员之间的物流联系。

---

① 李娜，陈雯，禚振坤. 江苏省沿江开发区制造业空间分工初探[J]. 中国科学院研究生院学报，2007(1)：51－57

② http://www.tranbbs.com/Techarticle/Techarticle_12497.shtml

③ 张祥建，郭岚，徐晋. 长江三角洲城市群的空间特征、发展障碍与对策[J]. 上海交通大学学报（哲学社会科学版），2003，34(6)：57－62

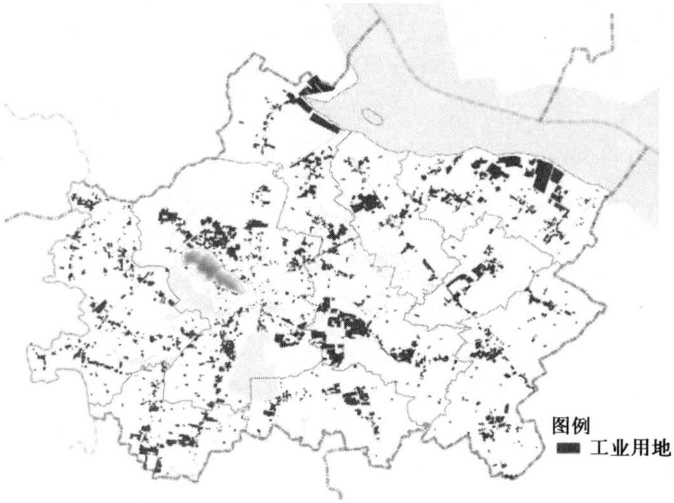

图 6-9　常熟市工业用地分布图

6.3.2　产业特征:长三角开发区群的产业分工

从发展过程来看,国内区域产业分工的演变大体经历了三个阶段:第一个阶段为部门间或产业间分工,就是不同区域发展不同的产业部门,进行专业化生产,这种专业化可称之为部门专业化,它是经济发展早期阶段的产业分工形式;第二个阶段为部门内或产业内分工,就是不同区域都在发展同一个产业部门,但其产品种类是不一样的,这种专业化可称之为产品专业化;第三个阶段为产业链分工,也就是说,虽然很多地区都在生产同一产品,但是各个区域按照产业链的不同环节、工序甚至模块进行专业化分工①。

本部分将从传统区域分工和新型区域分工两方面来研究长三角开发区群之间的产业分工(表 6-7)。

表 6-7　区域产业分工的基本类型和特点

分工类型	传统区域分工	新型区域分工	
	部门间分工	部门内分工	产业链分工
专业化形式	部门专业化	产品专业化	功能专业化
分工特点	在不同产业之间进行	在同一产业不同产品之间进行	按产业链的不同环节、工序、模块进行
产业边界	清晰	较清晰	弱化

① 魏后凯.大都市区新型产业分工与冲突管理——基于产业链分工的视角[J].中国工业经济,2007(2):29-33

续表 6-7

分工类型	传统区域分工	新型区域分工	
	部门间分工	部门内分工	产业链分工
分工模式	以垂直分工为主	以水平分工为主	混合分工
空间分异	不同产业在空间上的分离	同一产业不同产品在空间上的分离	价值链的不同环节、工序、模块在空间上的分离
形成机理	地区比较优势或资源禀赋差异	产品差别、消费者偏好差别、需求的重叠、规模经济	资源禀赋和技术水平差异、规模经济、产业关联经济

1）传统分工层面：宏观产业结构的趋同

（1）研究方法

目前国内外学者对产业空间分工评价方法较多，主要有"相似系数"、"分工指数"、"专业化系数"等，相似系数是将各地区产业结构同全国产业结构进行对比，从而得出各地区产业结构同全国产业结构的"相似系数"。专业化系数是通过测定各行业（产业部门）在各地区的相对专业化程度，间接反映区域间经济联系的结构和方向①。但是由于长三角 16 市开发区数目众多，在保证数据口径一致的前提下，涉及具体产业层面的数据获取有一定困难，因此，笔者参照李国武②在论述我国省级开发区主导产业时的做法，借助 ROST WordParser 软件，采用《中国开发区审核公告目录（2006 年版）》中提供的关于长三角 212 个国家级和省级开发区的相关信息，对其主导产业定位的总体情况进行研究。

在《中国开发区审核公告目录（2006 年版）》中对每个开发区的主导产业定位都进行了说明。但是根据国民经济行业分类国家标准，很多开发区所公告的主导产业定位在产业分类和名称上很不规范、不统一，给研究省级开发区的产业定位问题带来不便。因此本书在国民经济行业分类标准的基础上对各开发区所公告的产业定位进行了重新编码。总的编码原则如下：首先，基本上按照二级行业分类进行编码；其次，有些产业定位出现频次较高，但很难归入具体的行业分类，比如机械、新材料、包装、旅游、光伏、精细化工等，则保留这样的分类提法；第三，对一些二级分类进行合并，主要是将银行、证券、保险合并到其一级行业金融下；第四，把分类标准有些明显属于两个二级分类的产业定位进行拆分，主要是将电子信息业拆分为两个二级分类：其一为通信设备、计算机及其他电子设备制造业，其二为软件业。

由于《中国开发区审核公告目录（2006 年版）》中一些开发区的主导产业可

① 李娜，陈雯，禚振坤．江苏省沿江开发区制造业空间分工初探[J]．中国科学院研究生院学报，2007(1)：51－57

② 李国武．中国省级开发区的区位分布、增长历程及产业定位研究[J]．城市发展研究，2009(5)：1－6

能反映的是其当时申报时候的情况，所以这种研究方法得出的开发区主导产业可能存在一定的滞后性：比如2008年根据笔者实地调研，在长三角新兴的光伏产业在公告目录中就并没有得到反映；按二级分类编码的一个主要缺陷是无法体现开发区之间在三级甚至四级行业上的差别。但由于其口径一致，而且得到主管部门的审批，数据的可信度较高。

（2）总体产业定位

总体来看，编码后主导产业数量均值基本类似，都在2.76左右，说明拥有多个属于同一个二级分类的产业的开发区并不多。重新编码后共有45种产业类型（表6－8）。排名前10位的产业累计占产业总频次的75.49%，机械行业和通信设备、计算机及其他电子设备制造业占开发区总数的比例都达到50%左右，可见有一半的开发区都选择了机械和电子信息制造业作为其主导产业。可见长三角开发区群基本形成了以下四大产业集群特色：电子信息产业（外向型）、化工行业（滨海沿江特色）、机械制造行业（滨海沿江特色）、纺织及服装业（传统劳动密集型）。符合长三角资源禀赋特色，但产业同构现象普遍。

表6－8　长三角开发区群主导产业频次统计　（%）

排名	行业名称	词频统计（次）	占开发区总数的比例（N＝212）	占产业总频次的比例（N＝587）
1	机械	112	52.83	19.08
2	通信设备、计算机及其他电子设备制造业	97	45.75	16.52
3	纺织业	51	24.06	8.69
4	交通运输设备制造业	45	21.23	7.67
5	医药制造业	42	19.81	7.16
6	新材料	27	12.74	4.60
7	纺织服装、鞋、帽制造业	19	8.96	3.24
8	精细化工	18	8.49	3.07
9	化学原料及化学制品制造业	16	7.55	2.73
10	电气机械及器材制造业	16	7.55	2.73
11	非金属矿物制品业	15	7.08	2.56
12	金属制品业	15	7.08	2.56
13	食品制造业	12	5.66	2.04
14	软件业	9	4.25	1.53
15	仓储物流	9	4.25	1.53
16	农副食品加工业	9	4.25	1.53

续表 6－8

排名	行业名称	词频统计	占开发区总数的比例(N＝212)	占产业总频次的比例(N＝587)
17	专用设备制造业	8	3.77	1.36
18	塑料制品业	7	3.30	1.19
19	石油化工	6	2.83	1.02
20	通用设备制造业	5	2.36	0.85
21	仪器仪表制造业及办公用机械制造业	5	2.36	0.85
22	造纸及纸制品业	4	1.89	0.68
23	旅游	4	1.89	0.68
24	商务服务业	3	1.42	0.51
25	计算机服务业	3	1.42	0.51
26	批发业	3	1.42	0.51
27	家具制造业	2	0.94	0.34
28	皮革、毛皮、羽毛(绒)及其制品业	2	0.94	0.34
29	有色金属冶炼及压延加工业	2	0.94	0.34
30	工艺品及其他制造业	2	0.94	0.34
31	印刷业	2	0.94	0.34
32	金融	2	0.94	0.34
33	木材加工及木、竹、藤、棕、草制品业	2	0.94	0.34
34	装备制造业	2	0.94	0.34
35	研究与试验发展	1	0.47	0.17
36	新能源	1	0.47	0.17
37	包装	1	0.47	0.17
38	材料工业	1	0.47	0.17
39	饮料制造业	1	0.47	0.17
40	光伏产业	1	0.47	0.17
41	光电子	1	0.47	0.17
42	化学纤维制造业	1	0.47	0.17
43	电力热力的生产和供应业	1	0.47	0.17
44	建筑装饰业	1	0.47	0.17
45	橡胶制品业	1	0.47	0.17

(3) 分区域的产业定位

选取出现主导产业占总频次＞5％的产业来比较上海、江苏、浙江三地开发区群在主要产业定位上的异同。通过表6－9可以看出，三地的主要开发区群产业类别在内容上相差不大，主要涉及7种产业，这在一定程度上说明三地开发区群在产业定位上存在很高的同质性，尤其体现在通信设备、计算机及其他电子设备制造业和机械产业上。

表6－9　上海、江苏、浙江三地占开发区主导产业频次＞5％的产业列表　(％)

	行业名称	占开发区总数的比例	占产业总频次的比例
上海	通信设备、计算机及其他电子设备制造业	63.41	24.76
	机械	48.78	19.05
	交通运输设备制造业	26.83	10.48
	精细化工	14.63	5.71
江苏	机械	52.63	19.01
	通信设备、计算机及其他电子设备制造业	51.58	18.63
	医药制造业	25.26	9.13
	纺织业	25.26	9.13
	交通运输设备制造业	20.00	7.22
浙江	机械	52.63	18.26
	纺织业	35.53	12.33
	通信设备、计算机及其他电子设备制造业	28.95	10.05
	交通运输设备制造业	19.74	6.85
	医药制造业	18.42	6.39
	纺织服装	15.79	5.48

但三地主要产业在顺序上存在一定差别：与江苏和浙江相比，上海的密集产业以资本密集型为主，劳动密集型产业相对较少，如纺织业和纺织服装业的排名相对靠后，均没进入产业总频次的5％。与上海和江苏相比，浙江的通信设备、计算机及其他电子设备制造业重要性相对降低，而纺织业和纺织服装业的排序相对靠前，这也和浙江传统服装制造发达的特色有关。

2) 新型分工层面：产品间分工和产业链分工的持续发展

从以上对长三角开发区群部门间产业结构的研究可以看出，长三角开发区群总体产业结构确实存在同构现象，但需要指出的是，如果深入到制造业内部产品结构的分析，产业同构现象并不那么明显，相反，长三角开发区群之间的产品间分工和产业链正在持续发展。

以浙江省开发区群的服装工业为例：目前，浙江省纺织服装工业的85%集中在绍兴、宁波、杭州、嘉兴、温州、湖州等地。虽然同样在发展服装工业，这些城市的产品却差异较大，部门间分工和产品间分工在进一步深化：宁波侧重男装，是我国大规模、大品牌的西装、衬衫生产与销售基地，知名品牌有雅戈尔、杉杉等；温州侧重于男装和休闲服；杭州侧重女装，围绕女装形成了综合配套的城市产业体系；湖州织里是我国最大的童装生产销售基地，2007年，其产量为3.2亿件（套），国内市场占有率达26%，国内市场覆盖率达98%以上；诸暨大唐镇已形成集轻纺原料、袜子生产和销售及印染、定型包装一条龙服务的经济格局，奠定了全国最大袜业生产基地的龙头地位；嵊州主打产品为领带，年产量达3.5亿条，占全国总产量的90%，世界总产量的40%①。

再以江苏省苏州常熟市各镇的产业集群为例：在以镇区为单元比较其某行业产值占常熟市该行业产值的比重和该行业在常熟范围内的区位熵，并结合各镇区的主要工业产品门类，得出各镇区工业集中区的产业集群和特色情况如表6-10所示。常熟各工业集中区和开发区的主导产业主要集中在纺织、机械、化工、冶金等行业，但其细分产品却大不相同：如碧溪工业集中区、虞山工业集中区、古里工业集中区、海虞工业集中区同样将服装业作为其主导产业，但其产品特色却大不相同，分别为毛衫、防寒服装、羽绒服、休闲服。同中存异，相似的产品较少。

表6-10　常熟市各镇区的产业集群和特色情况

工业集中区名称	主导产业	产品特色
碧溪镇工业集中区	服装	毛衫
支塘镇工业集中区	纺织、建材	无纺布及其设备制造、彩钢板
虞山镇工业集中区	纺织、服装、电子、机械	纺织面料、家纺等，防寒服装，电子信息，机电
梅李镇工业集中区	纺织、冶金	经编纺织、钢管
古里镇工业集中区	服装	羽绒服
海虞镇工业集中区	服装、化工	休闲服装、氟化工和新材料
沙家浜镇工业集中区	电子、机械	通信电子材料、电器制造
辛庄镇工业集中区	电子、冶金	光伏电子、特种钢
董浜镇工业集中区	冶金	钢板钢材
尚湖镇工业集中区	机械	钢构
常熟经济开发区	化工、冶金	精细化工、钢铁精加工
东南经济开发区	电子、机械	电子设备制造、紧固件

① 浙江产业集群网2006年数据，http://www.zjsme.gov.cn

同时，在长三角开发区之间，近年来也已经出现了按产业链不同环节和阶段进行分工的趋势。跨国公司和江浙沪企业的多区位分布及同产业不同类型企业之间形成的产品供需网络促进了这一现象的形成。

3）结论与讨论

首先，由于长三角 16 市内部经济发展水平相当接近，基本处于相同或相近的发展水平和发展阶段上，其供给结构和需求结构必然具有很高的相似性，进而形成相似的资源结构、生产函数和需求偏好①。其次，拥有相似的资源禀赋，在市场经济条件引发的开发区个体利益的驱动下，产业同构和重复建设是一种常态行为。基于以上两点原因，长三角开发区群的产业同构是不可避免的。

同时，随着经济社会的不断发展，从大的行业来看，不同地区产业结构的相似系数将日益提高，区域产业结构趋同将不可避免；同时，经济发展水平越接近，产业相似系数越高也被许多学者以计量经济学手段予以证明。事实上，发达国家制造业大多以技术密集型和资本密集型以及知识密集型产业为主。按照《国际统计年鉴》(1999) 提供的数据，美国/德国、美国/法国、德国/法国的当年产业结构相似系数分别为 0.93、0.95 和 0.94，产业同构程度甚至比长三角内部各省市还高②。

虽然长三角开发区群内部成员之间的产业同构确实导致了一些"重复建设"和"恶性竞争"，但是我们也应该看到，开发区群之间一定程度的产业同构亦有相当正面作用，这是形成行业集聚、提升产品竞争力的有力途径，也是长三角开发区群得以存在的产业联系基础。产业结构的趋同并非意味着地区间分工和专业化的弱化，对于长三角开发区群而言，当前最重要的是形成群内有效的产业联系网络，并输出一部分不适宜当前发展水平的产业至其他地区，促进部门内部的产品间分工和产业链分工。

6.4 基于生产要素流动的长三角开发区群体化发展行为分析

在开发区群中，开发区是其基本微观单位。要开发区之间产生联系，就必然有各种生产要素在开发区内部或开发区之间进行流动，即生产要素的流动是开发区群形成与演变的重要微观机制。如果说上一节是从宏观上描述长三角开发区群的空间特征和产业特征，那么本节则是从生产要素流动的角度出发分析长三角开发区的群体化发展行为，为开发区群的研究提供微观基础。

所谓生产要素，是指进行社会生产经营活动时所需要的各种社会资源，其内容随着时代的发展也在不断发展变化。不过大多数学者均认同生产要素包括资本、土地、劳动力、管理经营、知识/技术/科技、信息等。其中资本又

① 陈建军.长三角地区的产业同构与产业定位[J].中国工业经济，2004(2)：19－261

② 李庆华，王文平.长三角地区产业同构问题研究综述[J].华东经济管理，2006(11)：67－71

可以表示为实物形态和货币形态，实物形态又被称为投资品或资本品，如厂房、机器、动力燃料、原材料等等；资本的货币形态通常称为货币资本①。为了研究的方便，本研究参照上述定义，将资本拆成实物资本和货币资本两部分，界定生产要素内容如下：土地、实物资本、货币资本、劳动力、技术、管理和信息。要素的流动主要包括两个方面②：要素的空间转移，即指劳动力、资本、技术等流动性生产要素的空间位置发生移动；要素使用权的转移，即指土地使用权的流动。

从不同空间层级上看，开发区群体化发展涉及的行为主体不一样，影响到的区域范围及其影响方式亦不同。根据笔者对长三角主要城市开发区的实践考察，其群体化发展不仅存在跨省跨市的品牌输出、产业转移上，也存在于同城的不同开发区之间。

6.4.1 区域层面的群体化行为

这种类型的开发区群体化发展组合由同一区域内不同城市的开发区组成，在长三角地区的空间表现为跨省跨市，运作模式表现为开发区的异地飞地开发。由于跨省跨市的行政壁垒一般较高，所以这类群体一般是经济能级相差较大的省市级政府之间出于地方经济发展的考虑大力推进兴办的：经济能级较高城市的开发区需要土地空间、面临产业转移的内外双重压力；而经济能级较低的城市需要承接产业转移，依靠兴办开发区发展地方经济，同时引进发达地区的开发区管理团队不仅有利于提高当地效率，也有利于发达地区开发区产业群的整体搬迁。按照空间拓展模式的不同，区域层面的群体化行为可分为"自主飞地式"与"帮扶飞地式"两种。需要指出的是，纵观长三角开发区的实际发展经验，虽然政府间的外部推动力是区域开发区群形成的关键因素，但是这一推动力只有在充分地考虑到群内双边开发区自身利益的情况下，才能有效地发挥作用，否则，单纯以"扶贫"为目的的异地开发而形成的"开发区群"是没有生命力的。区域层面的群体化行为当前在江苏、上海发展较成熟，在浙江也有一些发展势头。

1）区域层面群体化行为之一：自主飞地式

该种拓展方式的表现特征为几乎不存在地理隔离或原有地理隔离受交通条件改变而变得很弱，仅存在行政隔离。这种拓展方式源于两地空间相近、人缘相亲和交通互联，是上级政府的要求、发达地区的开发区和相邻不发达地区强烈的主观意愿下共同作用的结果。

江苏江阴—靖江工业园即是这种拓展方式的典型。江阴和靖江仅一江之隔，分属江苏苏南的无锡市与苏中的泰州市，2003 年 2 月，江阴、靖江两市确立了建设江

① 高鸿业. 西方经济学（宏观部分）[M]. 4 版. 北京：中国人民大学出版社，2007

② 陆晓芳，赵树宽. 流动性生产要素区域竞争力影响因素研究[J]. 工业技术研究，2002(5)：87－88

阴—靖江工业园的意向，靖江园区位于靖江长江岸线，总体规划面积 60 km^2，首期实施 8.6 km^2。江阴—靖江园区在机制上完全创新。园区成立了江阴经济开发区靖江园区投资有限公司，首期注册资本金 1 亿元，江阴出资 90%，靖江出资 10%。投资公司收益全部留在园区滚动开发，江阴、靖江 10 年内均不从园区分取一分收益，10 年后收益对半分成。在行政审批上，园区不对江阴也不对靖江，不对无锡也不对泰州，直接对省政府部门，享受地级审批权限①（图 6－10）。

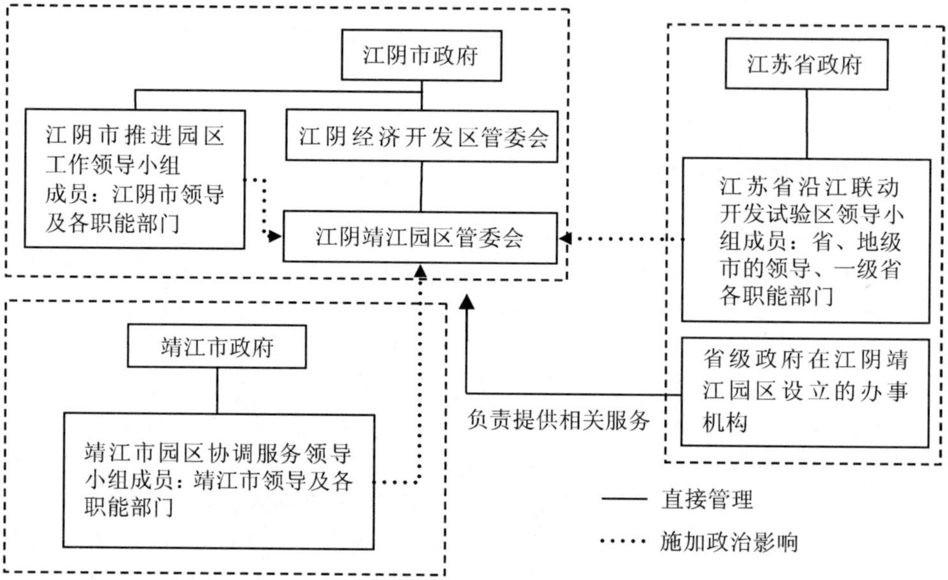

图 6－10　江阴—靖江园区管理体系示意图

在这个案例中，生产要素的流动包括有土地、实物资本、货币资本、劳动力、技术、管理和信息多方面。通过包括地方企业、地方政府、省政府的多方努力，江阴—靖江的联动发展取得了令人瞩目的成效：企业投产增值，沿江滩涂变成现代化工业园区。联动的效果还体现在了园区之外，2007 年，靖江 GDP 达 200 亿元，人均地区 GDP 3.1 万元，分别是 2002 年的 2.44 倍和 2.43 倍。

2）区域层面群体化行为之二：帮扶飞地式

该种拓展方式的特征表现为地理隔离与行政隔离同时存在，与地方政府的推动关系密切。典型案例如江苏自上而下的推进的 15 对南北共建开发园区等，被拓展园区区位上、实际隶属关系上均在原来的市县。这能吸引一定输出园区的企业转移，但更主要是借助输出园区的品牌招商引资。

以江苏首个南北挂钩共建园区锡丰工业园为例，该园区属于丰县经济开发

① 陈晨星. 不一般的江阴靖江园区[J]. 财经界，2004(3)：33－34

区的区中园，作为当地政府的派出机构，管委会主任由无锡方担任，双方选调素质高的业务骨干到管委会工作。工业园实行市场化和封闭式管理，无锡方侧重负责园区规划、建设、招商引资、财政和融资管理，徐州方侧重负责园区的征地、拆迁安置、基础设施及社会事务管理等工作。当地政府充分授权，享受当地开发区同等管理权限，同时获得国家开发银行江苏分行贷款。即运用苏南开发区的知名品牌、招商管道和商业信誉，加大先进产业引进的力度(图 6－11)。

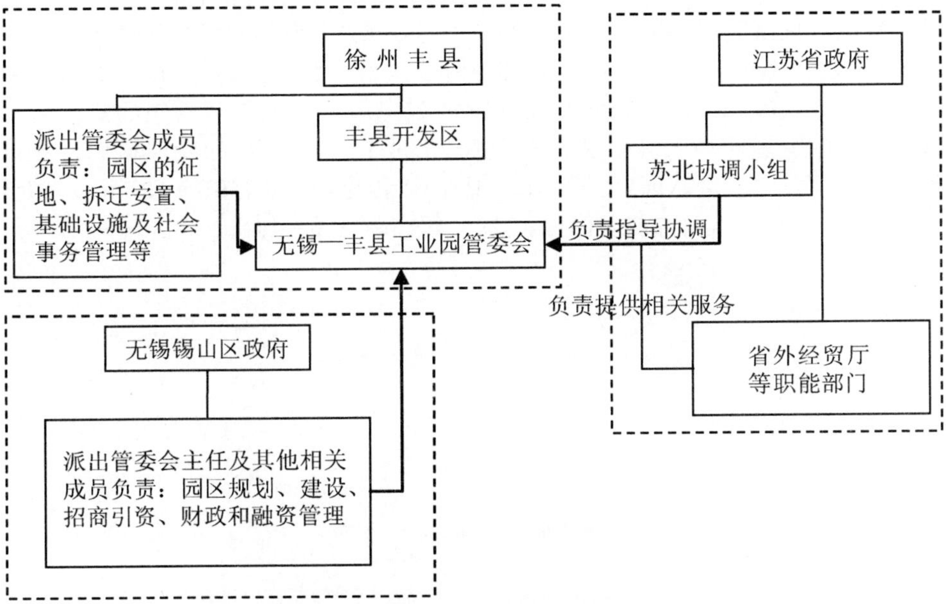

图 6－11　锡丰工业园管理体系示意图

在这个案例中，生产要素的流动包括管理和信息。苏南苏北的联动带来了开发区管理水平的提升和信息的共享，但是到目前为止，因为厂商的市场行为具有不可强制性，尽管开发区南北共建，但从苏南开发区迁移到对口苏北开发区的企业是非常少的，而由于政策的导向作用和管理信息带来的软环境的提升，无形中也促进了共建开发区的苏北方总体招商引资的较大提升。

6.4.2　城市层面的群体化行为

这种类型的开发区群体化发展组合由同一城市的不同主体的开发区组成。其形成一般与产业联系相关，也与政府推动有部分关系。其拓展方式有四：一是松散联盟式，成立目的一般是为了提升城市某类产业的总体品牌；二是产业集群式，其形成以产业集群为核心的开发区群；三是极核扩散式，是核心开发区产业扩散和周边开发区对其进行自然产业配套的双向选择结果；四是跳跃拓展式，品牌开发区在区外建设“飞地”。总体而言，城市层面开发区群体化发展中的政府主导的因素总体弱于区域开发区群。

1）城市层面群体化行为之一：松散联盟式

该种拓展模式普遍存在长三角的主要城市——特别是拥有国家级高新区的城市，通常将几个属性相似园区挂在一个牌子之下，以政府行为推进园区优势品牌、优惠政策的共享扩散。

为了形成上海市整体高新技术产业的集群效果和品牌效应，打造与北京中关村遥相呼应的高新技术高地，上海市政府将张江高科技园区、漕河泾新兴技术开发区、金桥现代科技园、上海大学科技园、中国纺织国际科技产业城和嘉定民营科技密集区等（简称“一区六园”）统一挂牌在“上海国家级高新技术产业开发区”的名下（图 6 - 12）。2006 年，国务院正式批准将“上海高新技术产业开发区”更名为“上海张江高新技术产业开发区”，先后将科教资源密集的紫竹园和杨浦知识创新基地纳入高新区管理范畴，形成“一区八园”的发展格局。2011 年，高新区再从“一区八园”的 63 km^2（其中国家级高新区面积约 42 km^2），扩大到“一区十二园”和紫竹高新区，面积 296.4 km^2（表 6 - 11）。

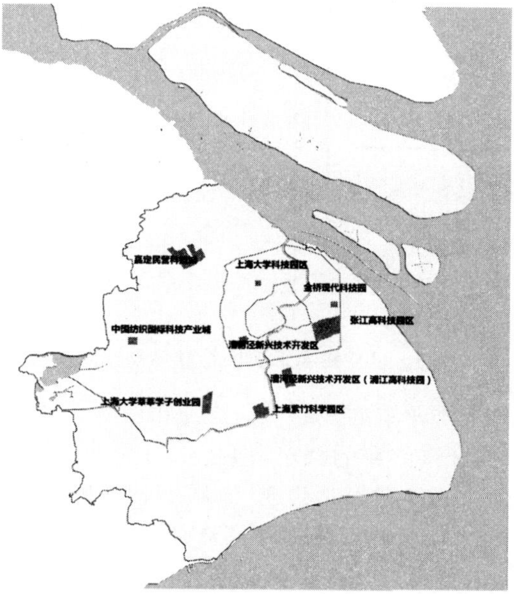

图 6 - 12　上海张江高新技术产业开发区成员分布图

表 6 - 11　上海张江高新技术产业开发区成员构成

名称	全称	成立时间	规划面积（km^2）	主导产业
张江高新区核心园	张江高科技园区	1992 年 7 月	25	生物医药、信息技术、新材料产业、环保产业
漕河泾园	漕河泾新兴技术开发区	1988 年 6 月成立，1991 年 3 月纳入	5.98	信息、新材料、生物医药、航天航空

续表 6-11

名称	全称	成立时间	规划面积 (km^2)	主导产业
金桥园	金桥现代科技园(金桥出口加工区内)	1998 年 4 月	6	电子信息、汽车及零部件、现代家电、生物医药
上大园	上海大学科技园区	1992 年 9 月	1	培育、孵化高新技术科研项目
中纺城园	中纺国际科技产业城(青浦中国纺织城)	1994 年 2 月	1	纺织新材料的研发、生产及应用
嘉定园	嘉定民营科技园	1994 年创建,1998 年 4 月纳入	2	汽车研发、光机电一体化
紫竹园	上海紫竹科学园区	2001 年 9 月	13	集成电路与软件研发、航空航天、新能源、新材料、生命科学和动漫
杨浦园	杨浦科技创业中心	1997 年	23.04	科技创新孵化基地

这种类型的开发区群体化联系松散性很强,各个园区之间均以独立个体存在,只是因为属性相似所以被政府归为一类,生产要素的流动主要包括信息的共享,当然也不排除多区位企业、集团控股公司在这些开发区之间的多点布局或多点投资引起的实物资本和货币资本的流动。

2) 城市层面群体化行为之二:产业联盟式

这种扩展模式以产业集群为核心、市场力量为主、政府引导为辅,内部企业联系紧密,是自下而上的开发区群拓展方式。典型案例如苏州市的苏州高新区、苏州工业园区、吴江开发区、昆山开发区、常熟东南经济开发区(图 6-13)组成的以 IT 产业(尤其是台资计算机产业)为凝聚点的开发区群落。企业行为在这一开发区群的形成中发挥了主要作用。如台资企业在苏州各开发区的投资,体现了显著的跟随效应。如 1993 年,以生产计算机整机而著称的台湾宏基计算机公司,在苏州新区成立了明基电通公司,同时有 10 余家台资配套厂商落户吴江经济开发区。以生产扫描仪著称的台湾力捷计算机公司在苏州新区投资后,带进了 10 余家台资配套企业①。以生产 PCB 为主的台湾台耀电子在常熟东南开发区投资后,也带来了一些台资配套企业。

这种类型的开发区群体化联系为自下而上型,由企业形成的产业纽带将这些园区紧密联系在一起,成员之间的生产资料流动以实物资本、货币资本、劳动力、技术、管理为主。产业集群式的联系带来资金的流动、企业实体的扩张,进而带来了熟练劳动力的交互流动、整体科技水平的提升以及园区管理模式——政策的均质化。

① 张晓平. 跨国公司在开发区的投资模式及区域影响[J]. 地理研究,2005(7):631-639

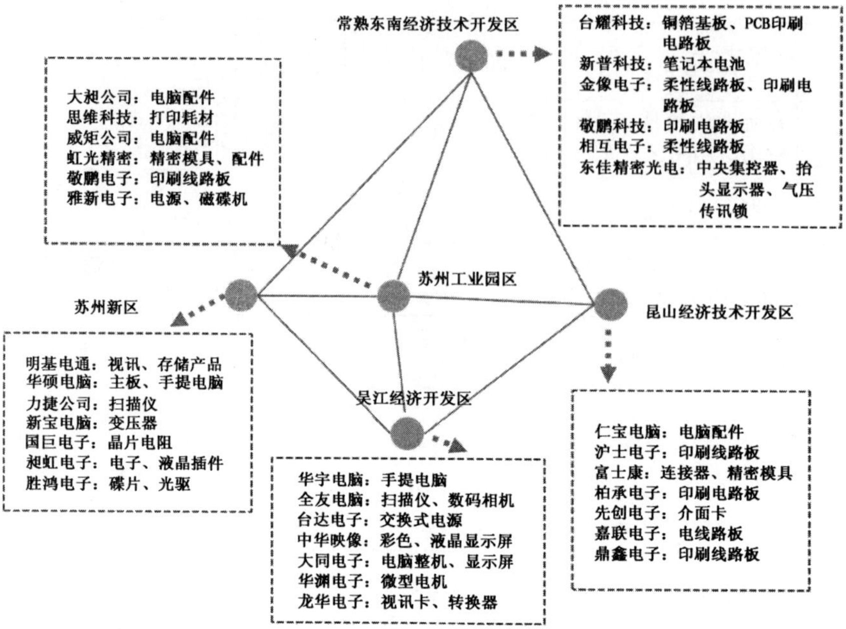

图 6－13　苏州由于台资计算机企业集群而形成的开发区群

3）城市层面群体化行为之三：极核扩散式

开发区拓展区块与原始开发区属于城市的同一区块。该拓展模式是以发展较成熟的高等级开发区带动周边发展，拓展区块往往承担着原始区块的产业拓展与产业发展功能。实际形式或者为高等级开发区将周边低等级的开发区以托管等方式使之成为与自己几乎“同体”的一部分，或者为高等级开发区在其周边的继续开发。

前者如南京新港开发区将托管同在栖霞区境内的栖霞经济开发区、三江口工业园、龙潭物流基地、仙林高校科技产业园，规划建设电子信息、生物医药、清洁能源、装备制造、服务外包产业园，使之成为南京新港开发区“东区”，总面积达 100 km^2，以上所有园区进行统一发展规划、统一产业布局、统一优惠政策、统一招商引资、统一环境改善、统一管理服务。

后者如杭州萧山经济开发区的“三步拓展”：从市北片扩展到桥南片，再到江东片。很多企业存在发展到一定阶段扩展到本开发区新片区的现象，如建盛、友佳从市北片转移到江东片。也有企业是从市内搬到萧山经济开发区的市北片，再扩展到桥南片（图 6－14）。

这种类型的开发区群体化发展实质是原有开发区自身发展的扩容，带来的生产资料流动包括土地、实物资本、货币资本、劳动力、技术、管理、信息等多方面。在一定程度上节约了土地资源和产业的集聚，并发挥了原有开发区的品牌作用。

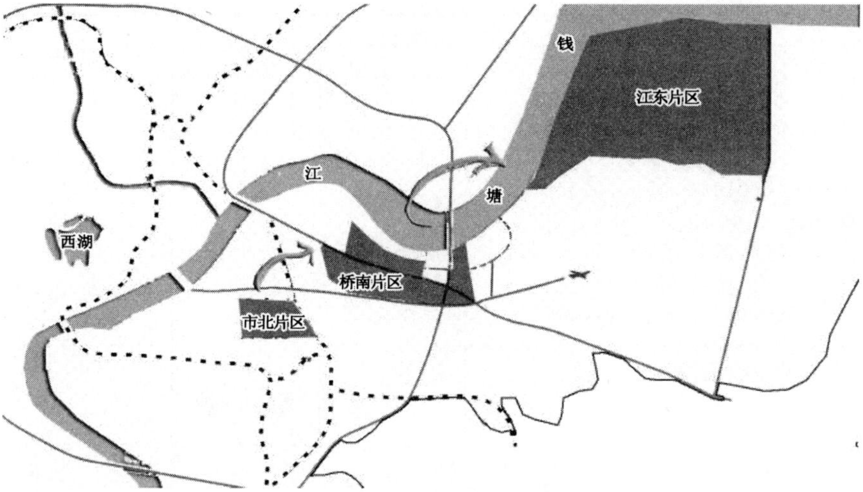

图 6－14　萧山经济开发区拓展示意图

4）城市层面群体化行为之四：跳跃拓展式

与原始开发区属于城市的区块不同，拓展区块与原始开发区管委会之间的隶属较复杂，受政府力量的干预甚于本地拓展式。这类拓展往往是当地政府为了借助当地知名开发区的优势管理资源、人力资源、品牌资源，在当前意欲开发的重点区块中划一片地给该知名开发区进行开发。由于地理区位改变较大，拓展部分与原始园区的产业关联并不大。这种类型的开发区群体化发展带来的生产资料流动主要包括土地、管理、信息等方面。

上海闵行开发区的临港园区部分，2006 年 2 月，经国务院批准，商务部、国土资源部和建设部联合发文，国家级上海闵行经济技术开发区（简称闵行开发区）扩区开发临港新城，扩区面积 13.3 km^2，是原闵行开发区建设面积的近 4 倍。

杭州经济技术开发区的江东片（市本级区块），2001 年 3 月杭州市委、市政府为解决杭州城市工业发展空间不足的矛盾，提出建设江东工业区、临平工业区的发展设想，为了呼应这一设想，随后的 2004 年和 2006 年，杭州经济开发区临平园区、杭州经济开发区江东园区（市本级江东园区）的选址工作相应展开。而今，江东园区通过钱江九桥与对岸的杭州经济技术开发区连成一体，并与临江新城、空港新城和前进工业园区一起，三城一区构成了大江东新城的城区范围①。

基于以上描述，将基于生产要素流动的长三角开发区群体化发展行为总结如表 6－12 所示。

① 可参见 2009 的《杭州市大江东新城发展战略规划》。

表 6－12　长三角开发区群空间类型

空间层级	拓展方式	描述	作用路径	流动的生产要素	示意图	典型案例
区域层面	自主飞地式	自下而上的推进，可以视为输出园区城市空间边界的“增长”，带来的企业转移较多	企业自发协作—当地政府推动—省级政府协调—园区管理输出—企业转移	土地、实物资本、货币资本、劳动力、技术、管理和信息	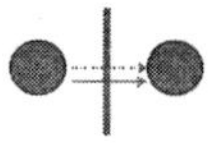	江苏江阴—靖江工业园
	帮扶飞地式	自上而下的推进。被拓展园区区位上、实际隶属关系上均在原来的市县。能吸引一定输出园区的企业转移，但更主要是借助输出园区的品牌招商引资	省级政府促成—当地政府落实—园区管理输出	直接带动管理和信息流动，间接带动资本流动		江苏15对南北共建开发园区、上海外高桥（启东）产业园、大丰上海杨浦工业园
城市层面	松散联盟式	政府行为推动下各相似功能开发区的名义联合。以高新技术产业园兴办的“一区多园”为主	地方政府推动—开发区名义联合	信息	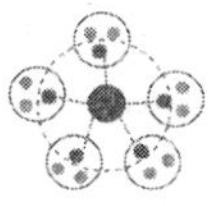	南京高新技术产业开发区的一区多园、上海张江高新技术产业开发区的一区六园、宁波高新区的一区多园
	产业联盟式	以产业集群为核心，市场力量为主，政府引导为辅，内部企业联系紧密	产业联系—开发区之间联系	实物资本、货币资本、劳动力、技术、管理	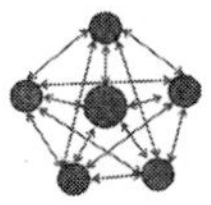	苏州高新区、苏州工业园区、吴江开发区、昆山开发区组成的以IT产业为凝聚点的开发区群
	极核扩散式	发展较成熟的高等级开发区带动周边后发地区，将其一起整合发展	开发区自身发展需要—地方政府推动—开发区拓展—产业转移	土地、实物资本、货币资本、劳动力、技术、管理、信息	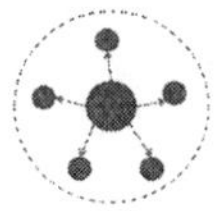	南京新港开发区整合周边开发区发展，杭州萧山经济开发区的三步发展（市北区块、桥南区块、江东区块）

续表 6-12

空间层级	拓展方式	描述	作用路径	流动的生产要素	示意图	典型案例
城市层面	跳跃扩散式(类“飞地”)	地方政府欲借助本地知名开发区品牌的行为导致。空间距离一般较远。由于区位条件不一样，往往并不带来产业的有效转移	地方政府推动—开发区扩张	土地、管理、信息		闵行开发区的临港园区部分、杭州经济技术开发区的江东片(市本级区块)

根据以上分析，从群内成员间关系(水平式—垂直式)、群形成主导力量(政府—企业)、群内成员空间距离(近域联动—远域联动)三方面，总结长三角开发区群内部特征如表 6-13 所示。

表 6-13　长三角开发区群内部特征

空间层级	拓展方式	群内园区关系	主导推动力量	空间距离
区域层面	自主飞地式	垂直式	政府+企业	近域联动
	帮扶飞地式	垂直式	政府	远域联动
城市层面	松散联盟式	水平式	政府	远域联动
	产业联盟式	水平式	企业	远域联动
	极核扩散式	垂直式	政府+企业	近域联动
	跳跃扩散式	垂直式	政府	远域联动

6.5　长三角开发区群形成发展的动力机制

本节从经济全球化背景下产业转移的影响、国家宏观调控、地方政府行为、开发区自身、开发区内部细胞——企业行为五方面，宏观—中观—微观三层次对开发区群形成动力机制进行分析。

6.5.1　经济全球化背景下产业转移的影响

在经济全球化背景下，受资源要素禀赋比较优势的驱动，包括资本、劳动、技术、管理的资源要素在全球范围内进行流动和配置，随即带来了制造业从西方发达国家转移到日本、韩国、新加坡、中国台湾、中国香港等东亚先发国家及地区，再到中国大陆沿海地区的转移浪潮。以制造业为主业的长三角开发区群的兴起正是20世纪90年代以来全球制造业向我国大陆沿海转移浪潮的直接影响产物。

而2005年以来,长三角开发区外资投入逐渐减少。2007年金融危机爆发以来,长三角各开发区受到明显冲击,外资退出、内资中小企业的倒闭现象增多。同时,金融危机的爆发也促使长三角各开发区从"引资"走向"选资",将部分产业外迁至后发地区工业园区,进行新一轮的产业转移和产业分工,从而促进开发区群之间的内部联系产生。

6.5.2 国家宏观政策调控的作用

国家调控对开发区群的形成影响主要体现在土地政策、产业政策两大方面。

就土地政策而言,继1993年国务院发出《关于严格审批和认真清理各类开发区的通知》后,时隔10年国家再次对开发区进行清理整顿。2003年,国家针对各地开发区的"圈地热"出台了一系列的土地利用从紧政策。根据国务院的部署,国土资源部、国家发改委、建设部、监察部、审计署(五部委)发布了《国务院办公厅关于清理整顿各类开发区加强建设用地管理的通知》(国办发〔2003〕70号)和《国务院关于加大工作力度进一步治理整顿土地市场秩序的紧急通知》(国发明电〔2003〕7号)。同时,开发区用地规划被纳入到城市总体规划中,新颁布实施的《城乡规划法》(2008) 第三十条就明确规定:"在城市总体规划、镇总体规划确定的建设用地范围以外,不得设立各类开发区和城市新区。"可见,国家加大了对开发区粗放式用地的整治力度和决心。

就产业政策而言,十届人大五次会议审议的企业所得税法规定,内资、外资企业使用统一的企业所得税税率,新税率确定为25%。并且,新税法改变过去区域优惠的做法,代之以产业优惠。"两税合并"突出了产业优惠政策,为开发区转型提供了契机。

此外,在2008年9月发布的《国务院关于进一步推进长江三角洲地区改革开放和经济社会发展的指导意见》有关"继续推进重大改革试验"的众多表述中,明确地提出了"有序推动异地联合兴办开发区"。国家宏观调控带来的压力与动力无形中促进了长三角开发区群的内联外拓,强化了其"群"的特征。

6.5.3 地方政府对辖区经济综合发展的统筹引导

1) 省级政府对开发区群跨界增长的推动

虽然江浙沪地区在全国经济较发达,但就其各自境内经济而言仍存在较大省内较大差异,江苏有南北之异、浙江有山海之别、上海亦有中内环与外环以外的差异。因此,为了推动省域经济综合发展,以江苏率先,长三角省级政府大力响应国务院号召,推行开发区的异地开发:江苏南北挂钩共建苏北开发区的基本思路是由苏北地区在本地设立的省级以上开发区中,划出一定面积的土地作为区中园，由苏南地区的开发区负责规划、投资开发、招商引资和经营管理等工作①，苏南苏北共建园区主要以结对子的形式呈现，苏州对应宿迁，无锡对应徐州，常州对应盐城，南京对应淮安，镇江对应连云港。而且输出地以苏州为主(7 个园区，除 6 个对应宿迁外，还有一个对应连云港)，接收地以宿迁为主。仅次于苏州的输出地级市为无锡(3 个园区)，再次为南京和常州(2 个园区)，最后为镇江(1 个园区)，属于长三角的苏中三市南通、泰州、扬州不参与本次共建。可以看到，这是与各地的经济发展水平直接相关的(图 6-15，表 6-14)。据江苏省外经贸厅统计，2009 年 1—2 月，苏北地区基础设施投入同比增长 79.1%，高出全省开发区增幅 35 个百分点，而共建园区成为建设热点。这些省级层面的统筹无形中推动了长三角的区域产业转移，也推动了长三角 16 市开发区群跨界增长，进行“自我复制”。

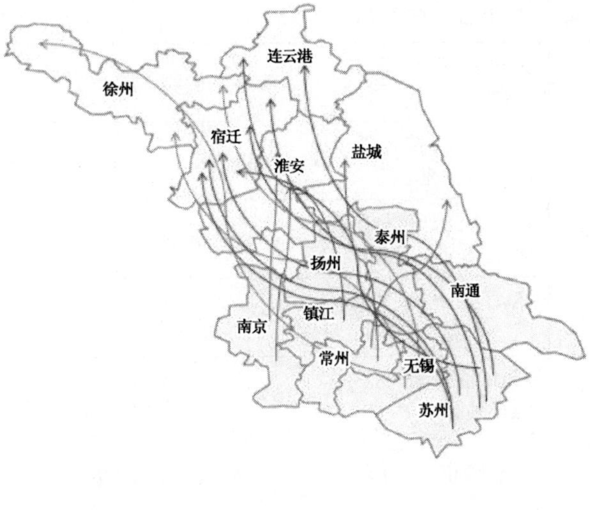

图 6-15　苏南苏北园区共建流向示意图

表 6-14　江苏南北挂钩共建苏北开发区名单

序号	共建园区名称		批准时间	主要产业
1	苏州宿迁工业园区	苏州—宿迁	2007-06-06	电子机械、新材料、轻工食品、纺织服装
2	张家港经济开发区宿豫工业园	苏州—宿迁	2007-05-23	机械、汽配产品加工产业
3	无锡—新沂工业园	无锡—徐州	2007-06-06	石英制品精加工、机械、电子、纺织、精细化工等
4	无锡锡山—丰县工业园	无锡—徐州	2007-04-30	纺织、服装、机械加工及电动车业
5	常州高新区大丰工业园	常州—盐城	2007-05-23	纺织服装、机械电器、新型材料

① 可参见江苏省政府关于支持南北挂钩共建苏北开发区政策措施的通知.苏政发〔2006〕119 号，2006 年 9 月 15 日。

续表 6-14

序号	共建园区名称		批准时间	主要产业
6	武进高新区阜宁工业园	常州—盐城	2007-06-06	电子信息、纺织服装、机械电器、新型建材等
7	南京经济技术开发区涟水工业园	南京—淮安	2007-05-23	纺织服装、机械电子
8	江宁经济开发区淮阴工业园	南京—淮安	2007-05-23	以先进制造业为主，电子、IT 等高科技产业等为辅
9	昆山经济技术开发区连云港工业园	苏州—连云港	2007-05-23	机械、电子
10	镇江经济开发区东海工业园	镇江—连云港	2007-05-23	硅产业、农副产品、纺织、服装、机械、电子等
11	江阴睢宁工业园	无锡—徐州	2007-09-21	机械电子、纺织服装、板材家具
12	昆山高新技术产业园区沭阳工业园	苏州—宿迁	2008-04-06	纺织、服装、电子、机械加工
13	吴江经济开发区泗阳工业园	苏州—宿迁	2008-07-08	纺织服装、电器照明、木材加工等
14	常熟东南经济开发区泗洪工业园	苏州—宿迁	2008-07-08	纺织服装、轻工食品、电子和机械制造业
15	吴中经济开发区宿城工业园	苏州—宿迁	2008-09-24	纺织服装、机械电子

此外，2009 年底，来自盐城的 11 个省级开发区与上海漕河泾新兴技术开发区、上海西郊经济技术开发区、上海嘉定工业区等园区共商园区共建，这批项目总投资为 41.2 亿元。据悉，盐城市是国务院出台《关于进一步推进长江三角洲地区改革开放和经济社会发展的指导意见》后，第一个到上海来进行园区合作共建专题签约的城市①。同时，浙沪两地的开发区共建也在逐步展开，2009 年 12 月，浙江省海宁市政府、海宁经济开发区与上海漕河泾新兴技术开发区在杭签署全面合作协议，标志着沪浙首个国家级开发区合作项目——上海漕河泾新兴技术开发区海宁分区的开发建设全面启动。这些都为长三角积极探索异地园区共建模式做出有益的尝试。

2）地市级政府对城市开发区群发展的推动

首先，对于长三角 16 市的各地级市、县级市级政府而言，虽然面临着需要产业转移的大环境，但是出于其自身经济考核指标的考虑，还是希望"留住好项目、吸引好项目"，需要转移但是条件还不错的企业首先还是希望其在本市就地

① 江苏沿海开发规划专题[EB/OL]. http://yhkf.lyg.gov.cn/news/view.asp?id=1674

解决，同时也希望利用发展成熟开发区的品牌和经验继续引进项目、继续管理项目。这些因素促进的长三角的城市开发区群及开发区内部的群体化行为通常以开发区跳跃式扩区的形式出现。

其次，地市级政府为了增强城市的某方面实力，促进集群效应和品牌效应的产生，通常会将具有相似属性、具备独立主体的各种开发区统一到一个名号下，产生松散的“联盟式”开发区群体。这种模式普遍存在长三角的主要城市高新技术产业园为主——特别是拥有国家级高新区的城市。

6.5.4 开发区自身“腾笼引凤”的需求

首先，开发区在同一区位的规模扩大不可能无限持续。在达到一个特定的临界点附近，其空间规模就会逐渐停滞，新进的项目、原有的企业扩地存在用地难的问题。历经十多年高强度的开发和招商引资，长三角耕地已逼近底线，据统计，1999—2008 年期间长江三角洲地区耕地面积净减少量达到53.76×10^4 hm^2，从近十年间耕地减少的去向来看，主要以农业结构调整和建设占用为主，其中建设占用耕地 50×10^4 hm^2，共占去耕地减少总量的43.50%①。沿袭多年的“招商引资，土地先行”策略已难以为继，开发区土地供应量的扩大余地已经很小，不少地方遭遇“发展极限”的问题。目前长三角各开发区已普遍存在企业排队等地的现象。在这种情况下，长三角各开发区对内通过增资扩股、增资技改、互惠整合等盘活存量土地、严抓土地利用效率、回收低效利用的土地、促进产业集群的形成，加强产业链配套与协作；对外促进传统制造业的区域外转移以实现开发区自身的产业升级。

其次，城市发展带来开发区区位的改变使得许多开发区的工业用地性质发生变化。原本处在城市外围的开发区由于城市空间的扩展逐渐被城市包围，其用地属性也随之从适宜工业生产转向适合商住开发，许多原有的工业企业面临搬迁。如 1992 年成立的常州高新技术产业园区初期规划以工业生产功能为主，2000 年之后，有关部门对通江路沿线地块进行城市设计，确定以商务和商住为主导功能，采取积极措施促进沿线地块的建设开发。此后，新的市级行政、文化及体育中心纷纷建起，与该块最近处距离仅 1 km 左右。随着区位的改变，该地块内出现了较为明显的从工业朝着服务业，特别是生产性服务业发展的趋势，多功能混杂现象日益突出②。

综上所述，作为全国开发区发展的先发地区，长三角开发区有群体化向外输出企业、输出管理、输出品牌的动力（表 6 - 15）。同时，通过对上海市开发区的类型梳理，可以发现，具备输出潜力的主要是发展历史较长（一般达 10 年以

---

① 肖立群，陈伟，吴群，等. 未来 10 年长江三角洲地区耕地数量变化对区域粮食产能的影响——基于耕地质量等别的视角[J]. 自然资源学报，2010(4)：565 - 575

② 栾峰，何丹，王忆云. 先发地区开发区的局部地段转型发展调查研究——以常州高新技术产业园区为例[J]. 城市规划学刊，2007(5)：109 - 113

上)，主要在2000年之前成立的园区(表6-16)。

表6-15 上海市不同时期工业区的动力机制

时期	开发区成立的主要类型	开发区成立的主要动力
1994年之前	国家级大型开发区	半计划、半市场经济体制下的任务
1994—1998年	市级开发区	市场经济深入后的城市政府用来把握发展机遇的合理手段
1998—2002年	区级开发区	区县政府为经济利益而对内部资源进行整合、对外部资源进行争夺的方式
2002年以后	市级试点开发区	市政府针对区县政府竞争行为的整顿和对全市资源的再整合

表6-16 上海市不同时期成立的工业区的开发特征

时期	数量(个)	工业用地比例(%)	土地净利用率(%)	未来可能发展模式
1994年之前	13	55.5	98	仍以制造业发展为基本路线，在"做强"上下功夫
1994—1998年	13	66.5	68.9	配合全市产业布局，争取引进高端产业
1998—2002年	32	62.5	68.9	引进高端产业较缺乏竞争力，应发展特色制造业
2002年以后	15	66.1	54.7	首先应提高土地利用效率，再考虑产业进步

注：土地利用率(净)=已建成投产面积/已批租面积

6.5.5 开发区内部细胞：企业的行为影响

1) 跨国公司的多区位布局：促进开发区群内产业集群的形成

在比较优势的驱动下，拥有多部门多个法人主体的跨国公司有着空间扩张的内在需求，由于开发区的各项优惠政策及中国政府企业入区入园的政策驱动，它们在中国的全球生产网络基本是依托开发区搭建起来的。长三角地区作为我国外资最为集中的地区，跨国公司通过独资、合资的方式在长三角开发区之间多区位布点尤为密集。表6-17显示了1999年部分在两个以上长江三角洲经济技术开发区投资的世界500强企业，可见当时跨国公司在长三角开发区的投资还是以上海、宁波、南京、杭州、苏州等核心城市为主。但进入2000年以来，跨国公司在长三角开发区群的投资逐步开始从中心城市走向面向扬州、泰州、绍兴、嘉兴等中小城市。跨国公司在长三角开发区群的多区位布局，促使开发区群内产业集群的形成(图6-16)。

表 6－17　1999 年在两个以上长江三角洲经济技术开发区投资的世界 500 强企业

所投资的开发区	日本三井物产	日本三菱商事	日本伊藤忠商事	日本九红	英国石油	日本日立	德国西门子	美国惠普	美国杜邦	法国阿尔特尔	日本三菱电机	法国罗纳普郎克
南通			*	*								
闵行		*				*					*	
宁波	*	*	*	*								
昆山	*	*	*						*	*		
杭州							*				*	*
萧山			*									
苏州工业园					*	*	*			*		
大榭					*							
金桥		*	*			*	*	*		*		*
漕河泾	*							*	*			

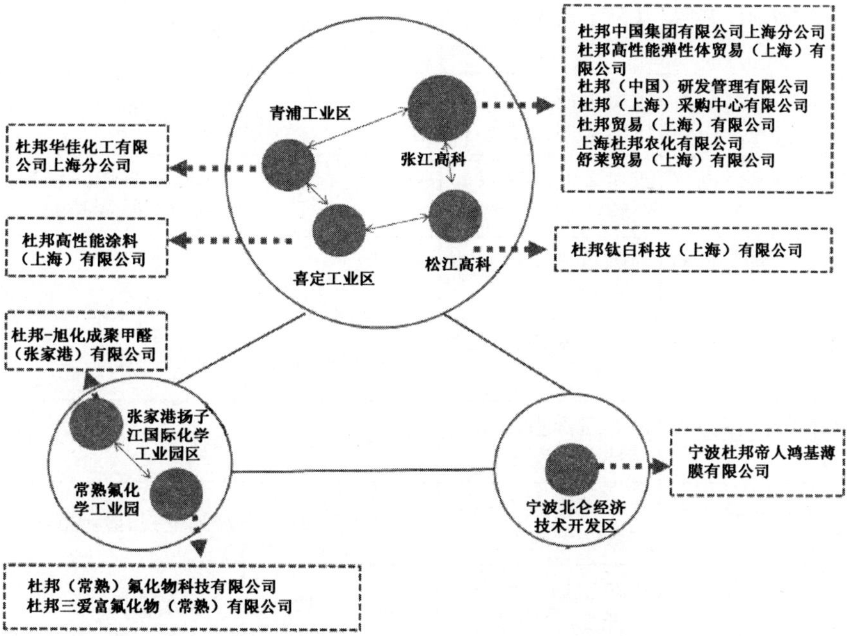

图 6－16　杜邦(中国)当前在长三角 16 市开发区的分布示意(2009 年)

首先，通过跨国公司自身的生产网络，开发区群内产业集群的骨架得以搭建。知名跨国公司的产业发展通常专业性较强，而且通常是所在行业的龙头企业。通过同一行业中一家或几家跨国公司的在开发区群内企业布局，带动群内该产业发展的各个基点被成功串起。下文以化工行业的杜邦公司和电子行业的 LG 电子公司的布点为例，展示跨国公司自身生产网络在开发区群中的发展。

杜邦公司在中国共有 18 家独资企业、21 家合资企业，其中 8 家独资企业、6 家合资企业在长三角 16 市范围。这 14 家企业分布在长三角上海、苏州、宁波三市的 7 个开发区中，类型各异，基本呈现以上海为核心（涵盖地区分公司、研发、贸易、采购、生产等多个部门），其他城市为制造分支的态势。从这些公司的主营业务也可见其涉及涂料、薄膜、氟化物等各个化学行业的产品。LG 电子在中国共有 13 家独立法人，其中有 7 家分布在长三角的上海、南京、泰州、苏州、杭州五市的各类开发区（工业园区）内，其产品也涉及 DVD/VCR、洗衣机、液晶电视、显示器、笔记本电脑等电子行业的多类分支（表 6－18）。

表 6－18　LG 电子中国生产法人情况（2009 年）

法人名称	所属开发区	成立日期	主要产品
LG 电子（惠州）有限公司	广东省惠州市仲恺开发区	1993－10	音响、CD－ROM
LG 电子（沈阳）有限公司	沈阳市南湖新开发区浑南产业区	1994－11	CRT 电视
上海 LG 广电电子有限公司	上海市浦东新区金桥出口加工区	1995－8	DVD/VCR
LG 电子（天津）电器有限公司	天津市北辰区兴淀公路	1995－12	空调、微波炉、吸尘器、压缩机、电机、磁控管
南京 LG 熊猫电器有限公司	江苏省南京市白下区海福巷	1995－12	洗衣机
泰州 LG 电子冷机有限公司	江苏省泰州市经济开发区	1995－12	冰箱、压缩机
LG 电子（秦皇岛）有限公司	河北省秦皇岛市经济技术开发区	1995－12	铸物
LG 南京新港显示系统有限公司	江苏省南京市栖霞区尧新大道	1997－9	液晶电视、显示器
浪潮 LG 数字移动通信有限公司	山东省烟台经济技术开发区	2001－12	CDMA 手机
青岛 LG 浪潮数字通信有限公司	山东省青岛市城阳新城工业园	2002－3	GSM 手机

续表 6-18

法人名称	所属开发区	成立日期	主要产品
乐金电子(南京)等离子有限公司	南京经济开发区	2003-5	等离子电视
昆山 LG 微永电脑有限公司	江苏省昆山市经济技术开发区	2003-5	笔记本电脑
LG 大自然(杭州)纪录媒体有限公司	杭州市经济技术开发区	2003-9	光盘

其次,跨国公司的入驻带动了当地相关上下游企业的配套投资,产业集群的血肉得以填充。跨国公司投资对长三角地区的资本形成体现在产业连锁效应上,主要表现为跨国公司投资通过带动前后辅助性投资而对国内投资产生乘数效应①。李清娟②的研究结果可以说明产业连锁效应的存在。她对上海市产业集聚化的研究结论显示,跨国公司的进驻,有助于上海各个开发区形成产业集群,带动当地相关上游或者下游企业的配套投资,如惠普公司和通用汽车落户上海,带动了数家相关配套企业的成群相聚。李锋、赵曙东等的研究表明,苏州在电子信息产业已经形成围绕跨国企业配套协作的本地企业集群,目前已经建立起鼠标、彩显、液晶显示器等多个大规模生产基地③。

总而言之,通过跨国公司自身在长三角开发区群的多区位布局以及由此产生的对当地企业的带动效应,长三角开发区群的产业集群特征得以加强。

2) 本地企业的群外扩张:形成开发区群"走出去"的先导力量

长三角开发区的本地企业在发展壮大之后,而今受到土地成本、能源成本、劳动力成本快速上升和生态环境约束,产业结构优化升级压力增加,企业走出去、梯度转移的步伐开始加快。当前,长三角开发区群中的这类企业产业类型主要集中在劳动密集型传统产业上,尤其体现在长三角传统的纺织服装业。浙江省现代纺织工业研究院 2009 年的研究成果显示长三角开发区群中纺织服装企业走出去的方向主要有三类④。

第一,就近转移,大长三角"两省一市"的"内陆"地区成为梯度转移的第一站。如苏南企业到苏北开发:2007 年 8 月,总投资 10 亿元的波司登泗洪工业园开业,与此同时,梦兰集团、恒力集团等一批大型企业也在加快向苏北转移的步伐,开辟工业园。苏北正成为苏南大型民营纺织服装企业新的主战场。

第二,向中西部转移。如温州法派集团投资达 25 亿元在四川简阳打造"中

---

① 万军. 长三角地区跨国公司投资的资本效应[J]. 国际经贸探索,2007,31(1):47-50

② 李清娟. 集聚化:上海产业布局的调整方向[J]. 上海工业,2003(8):34-35

③ 李锋,赵曙东,等. 集聚经济、商务成本与 FDI 流入:理论分析与来自长江三角洲地区的经验证据[J]. 南京社会科学,2004(5):12-17

④ 浙江省现代纺织工业研究院[EB/OL]. http://info.china.alibaba.com/news/detail/v0-d1006465598.html

国西部服装产业园"；宁波培罗成集团迁往江西九江；太平鸟集团、洛兹集团迁往湖北宜昌；"东业西进 8+1 战略联盟"在重庆启动等等。

第三，向以东南亚为主的海外国家转移。由于东南亚国家对欧美出口可享受最惠国待遇，这些国家向企业提供税收优惠政策，以及可利用更低廉的劳动力，越南、柬埔寨、孟加拉国等国已经成为纺织服装企业走出去的首选。如江苏AB集团在柬埔寨金边设立境外加工贸易企业，红豆集团在柬埔寨控股兴建西哈努克工业园等。

作为长三角开发区群内细胞的重要组成部分，企业向开发区群外的迁徙也使得开发区群"走出去"，向外发展不仅仅只是停留在政策层面的号召，开发区群走出去不仅输出技术、管理水平、人才，也输出了企业。

除以上三类情况外，长三角开发区群还存在着"珠三角企业向长三角转移""本地企业总部向上海迁移"这两类现象，前者如 2008 年以来，湖州织里镇新增童装生产企业 800 余家，绝大部分是从广东省转移而来；后者如"杉杉""波司登"等服装业内知名品牌，先后把营销、研发、物流中心迁往上海境内的创业园区。同时不同园区企业也通过产品链、技术链、资金链等的跨区合作，这些也从强化群内产业凝聚程度、促进群内产业链上下游分工等方面促进了长三角开发区群的进一步发展。

6.5.6 小结

本节从经济全球化背景下产业转移的影响、国家宏观调控的作用、省市政府出于境内经济综合发展的统筹考虑、开发区出于自身发展的需求、开发区内部细胞——企业行为的影响五方面对长三角开发区群形成的动力机制进行梳理如下：

(1) 经济全球化背景下产业转移的影响——促使长三角开发区群的形成与"转型"；

(2) 宏观环境带来的压力——促使长三角开发区内联外拓；

(3) 省市政府的政策导向——促使长三角开发区跨界增长；

(4) 开发区自身的发展需求(特别是发展较好较成熟的开发区)——使得开发区具有"输出"原动力；

(5) 开发区内企业行为——促进产业集群的形成，企业行为导向下的园区"走出去"。

开发区群的形成是这些要素综合作用的结果，表 6-19 将本节分析的内容与第 5 节所表述的基于生产要素流动的长三角开发区群体化发展行为结合起来，展现了不同动力机制在不同群落化行为中的作用。可发现政府作用十分重要，并且其在区域层面开发区群体化行为中的作用强于其在城市层面开发区群体化行为的作用。但无论如何，发展真正成功的开发区群仍离不开开发区群内部产业的有效联动(图 6-17)。

表 6-19 不同群落化行为对应的动因分析交叉表

空间层级	拓展方式	全球金融危机	国家宏观调控	地方政府行为	开发区自身需求	企业行为
区域层面	自主飞地式		*	* *	* *	* *
	帮扶飞地式	*	* *	* *	*	*
城市层面	松散联盟式			*		
	产业集群式	*	*	*		* *
	极核扩散式		*	*	* *	* *
	跳跃扩散式			* *		

注：* * 表示影响较大，* 表示影响较小，空白表示基本没有影响。

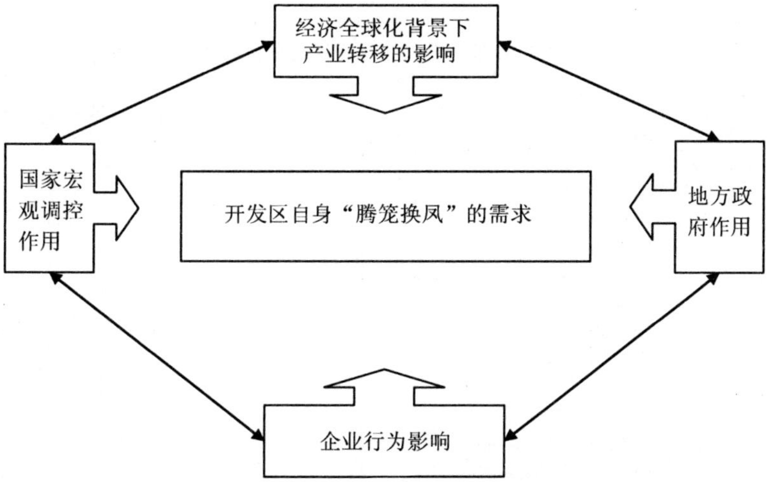

图 6-17 长三角开发区群形成的"五要素"动力机制图示

6.6 开发区群建设对长三角城市群演变的影响

在本章前几节讨论长三角开发区群的宏观空间特征及产业特征、微观行为、形成动力机制的基础上，本节简要探讨开发区群建设对长三角城市群演变的影响。开发区群对城市群演变的影响主要依托于其自身的工业空间及产业集群两个方面。从开发区群的工业空间属性上看，自工业化初期以来，作为区域城市社会经济组织的主导力量，工业空间拓展成为城镇群体空间演化的主要推动力量；随着生产技术的进步带来产业结构的调整升级，中心城市内部空间进入置换发展期——服务业功能内聚而工业功能外溢，城市功能在更大的区域范围内进行重组，引起城镇群的空间结构更新，外溢的以工业为主导的产业园区成为新的就业中心和具备综合功能的城市节点，带动城市及城市群朝多中心发展。从开发区群的产业集群属性来看，产业集群由于集聚效应实现外部经济效益，通过发挥产业集群效应来推动城市群的发展，其形成与发展是城市群经济一体化的核心动力，是提高城市群综合竞争力的重要途径。

6.6.1 圈地型扩张：长三角城市群连绵发展的主导力量

改革开放后，长三角城市空间扩张十分明显。自 1995 年至 2007 年的 12 年间，长三角 16 市市辖区的建成区出现了大规模扩张①：1995 年，16 市市辖区建成区总面积为 1 156 km^2，到 2007 年，这一数据扩大为 3 253 km^2，是 1995 年的 2.8 倍。就单个城市而言，扩张面积自 8 km^2（南通）到 536 km^2（上海）不等。上海、南京、苏州、无锡、泰州、杭州、宁波、舟山、嘉兴、湖州、绍兴、台州等 12 市的扩张面积都超过了 1995 年面积的原值，相当于进行了城市的再造。同样的情况也广泛存在 16 市的下辖县市（图 6－18）。

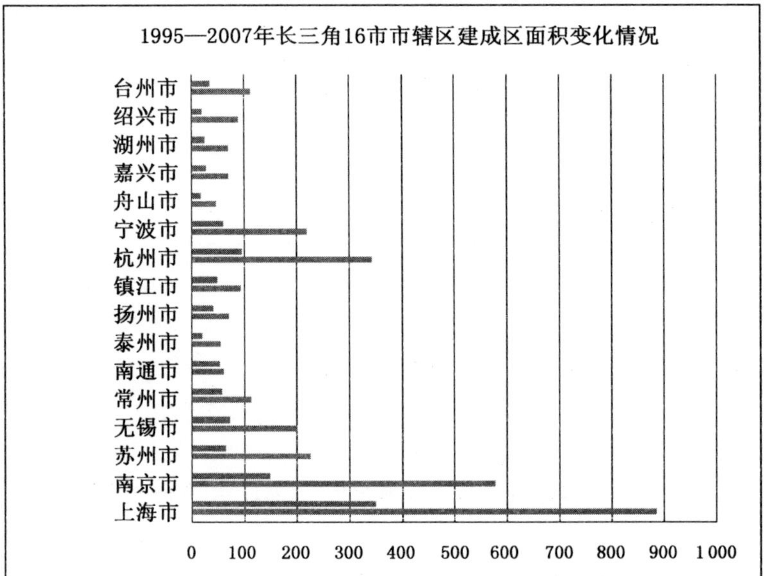

	上海市	南京市	苏州市	无锡市	常州市	南通市	泰州市	扬州市	镇江市	杭州市	宁波市	舟山市	嘉兴市	湖州市	绍兴市	台州市
■ 1995年建成区面积	350	150	66	74	57	53	22	43	50	96	61	20	28	27	22	37
■ 2007年建成区面积	886	577	228	203	113	61	56	72	94	345	221	49	72	72	90	114

单位：km^2

图 6－18　1995—2007 年长三角 16 市市辖区建成区面积变化

① 笔者无法找到 1984 年改革开放之初的城市数据，用目前能找到的最早数据 1995 年数据进行分析。

除此之外，作为工业生产的主要集聚地，长三角开发区群还聚集了长三角城市群的主要工业外来就业人口，在带来职住分离等问题同时也催生了以开发区建设为导向的城市新区建设——这是当前长三角城市空间扩展的主要形式。通过部分长三角城市开发区与城市面积的对比，可见，开发区已成为长三角城市空间拓展的重要力量(表 6-20)。上海开发区已建成面积达 220.42 km^2，达到市辖区建成区面积的 1/4；同时，以浦东—浦西的对比来看，浦东新区行政总面积为 522 km^2，超过浦西老市区的 324 km^2。而苏州市市区两翼的苏州工业园及苏州高新区的已开发面积分别为 70 km^2 及 36 km^2，新增面积超过老城区。这些开发区或在城镇边缘布局，或依托城镇对外交通通道形成组团或新城，规模往往超过了原城镇建成区，开发区成为城镇的新增长空间和扩张牵引方向，推动了区域城镇群的演化①。

表 6-20　长三角部分城市开发区与城市面积对比　(km^2)

城市名称	城市行政区域土地面积				开发区相关指标		
	全市	市辖区		规划土地面积	已开发土地面积	已批租土地面积	已建成土地面积
		总面积	建成区面积				
上海市	6 340	5 155	886	560.11	452.24	302.83	220.42
南京市	6 582	4 723	577	—	133.06	—	—
无锡市	4 788	1 623	203	—	—	192.89	—
常州市	4 385	1 872	113	—	92.55	—	—
苏州市	8 488	1 650	228	—	419.34	—	—
杭州市	16 596	3 068	345	119.42(仅国家级开发区)	77.98(仅国家级开发区)	—	—

开发区群建设引发的城镇群连片发展尤其体现在沿交通线的各级开发区，以工业用地扩张为主的开发区建设同时在城镇和乡村地带进行，快速扩张中彼此黏合，形成产业轴线和城镇密集带。以苏锡常地带为例，1984—2005 年苏锡常城镇扩展的主要动力是开发区建设，昆山经济技术开发区、苏州工业园、苏州高新区、无锡新区、常熟高新技术开发区首尾相连，工业用地的扩展亦带来了基础设施的共享，促成了苏锡常的连绵一体化发展(图 6-19)。

---

① 马荣华，顾朝林，等. 苏南沿江城镇扩展的空间模式及其测度[J]. 地理学报，2007(6)：1011-1020

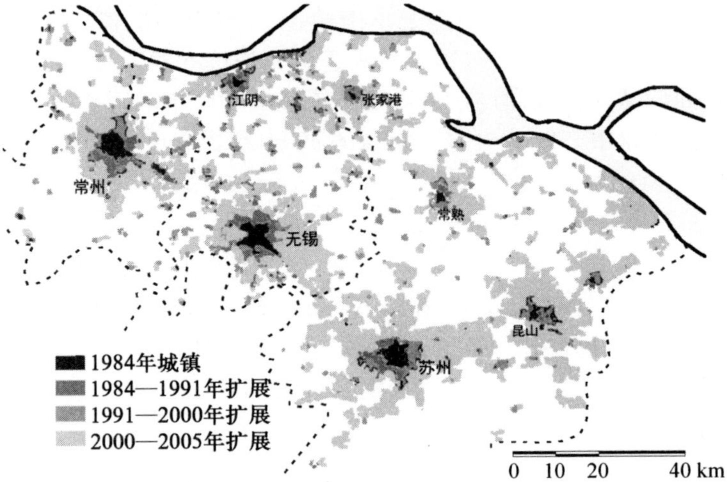

(a)

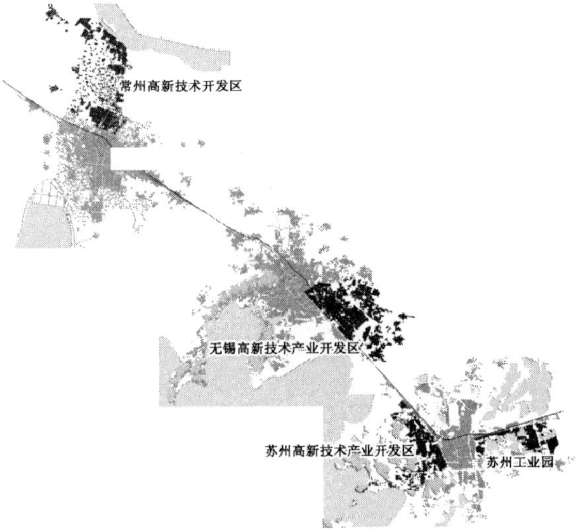

(b)

图 6－19　1984—2005 年苏锡常城镇空间扩展与开发区布局对比

6.6.2　外向型经济：长三角城市群工业经济增长的排头兵

由于其优越的区位条件、优质的劳动力资源（包括由于高校密集带来的高智力人力资源和由于腹地广阔带来的从事劳动密集型行业的普通劳动力两方面）、一定的发展基础（长三角自古就是中国富庶之地），随着各类开发区的成立，继 1990 年代外商投资珠三角之后，长三角成为外商投资又一重点，外商投资领域也由早期的加工制造业逐步拓展到包含农业、交通等基础产业及金融、商务服务业、房地产业、旅游业等第三产业，并且取前者而代之成为中国外资最密集的区域。对比 1995 年和 2007 年两个年份广东省和长三角 16 市外商实际投资额可以清晰地看到这一点。同时，表 6-21 中的相关数据也说明了最近十几年来长三角在工业经济和外向型经济两方面在全国的集聚地位一直在上升。2007 年，仅占全国国土面积 2.33%的长三角 16 市创造了占全国 24.83%的工业总产值，吸引了 29.71%的外商实际投资，其聚集倾向较 1995 年的 23.74%和 23.11%有着明显的提升。

表 6-21　1995—2007 年长三角 16 市工业总产值及利用外资额对比（地级市范畴）

	2007 年（当年价）		1995 年（当年价）	
	工业总产值（万元）	当年实际使用外资额（万美元）	工业总产值（万元）	当年实际使用外资额（万美元）
上海市	222 599 421	791 954	42 551 855	400 517
南京市	57 881 594	196 253	9 441 324	38 478
无锡市	89 398 714	277 177	18 054 100	83 816
常州市	42 539 096	183 481	9 491 172	27 772
苏州市	159 089 177	716 471	24 020 805	217 661
南通市	40 294 186	311 745	7 543 677	29 022
扬州市	25 909 142	87 515	10 592 935	13 581
镇江市	21 447 123	106 354	4 967 521	17 343
泰州市	22 665 886	75 078	—	—
杭州市	83 514 029	280 181	12 629 630	41 998
宁波市	77 890 140	250 518	11 374 120	37 406
嘉兴市	33 381 612	166 228	6 592 924	4 983
湖州市	17 605 167	84 363	4 299 985	3 800
绍兴市	48 690 061	110 476	7 142 100	11 166
舟山市	4 863 550	7 516	650 507	2 322
台州市	27 406 557	31 150	6 405 099	3 696
16 市之和	975 175 455	3 676 460	175 757 754	933 561
全国	3 927 868 202	12 374 430	740 322 265	4 040 461
16 市占全国比重(%)	24.83	29.71	23.74	23.11

长三角开发区群作为长三角外向型制造业发展的主要力量，最直观的表现形式有两方面：其一，在相关数据指标中，长三角开发区群占长三角城市群的比值大；其二，长三角开发区群的相关指标优于城市群的相关指标。

就第一个方面，长三角各省级以上开发区数目较多，由于欠缺包含所有开发区的相关数据。因此以上海和南京开发区群相关指标占上海和南京城市的相关比值进行简要说明。从表 6-22 可见，2008 年，上海开发区群在工业总产值、到位外资金额、企业主营业务收入、利润等各项指标占全市的比重都超过 50%，是上海工业经济增长、外向型经济发展的主导力量。而自 2003—2006 年，南京市省级以上开发区群在吸引外资，促进出口上成果斐然：出口额逐年稳定增长，2005 年出口额达 52.6 亿美元，是 2003 年的三倍多；在全市的出口比例中也增长迅速，2005 年占全市出口额的59.84%。同时，这些重点开发区在促进南京市 GDP 增长以及吸引外资上近些年来一直发挥稳定作用，2005 年开发区实际到账外资 10.4 亿美元，GDP 达 565.6 亿美元，近三年来吸引外资都在南京市总额的 50%以上，在国民生产总值上贡献超过 20%。综合可见，各种开发区群促进了资源的优化集中和有效配置，成为长三角区域城市群增长的新增长点。

表 6－22　2008 年度上海市开发区群主要经济指标占全市比重

指标名称	计量单位	全市		开发区群		占全市比重(%)
		2008 年	增长(%)	2008 年	增长(%)	
工业总产值	亿元	25 638.97	8.10	12 983.03	9.19	50.64
外商投资项目	个	3 748	－10.90	988	－20.64	26.36
吸收合同外资金额	亿美元	171.12	15.10	64.14	14.15	37.48
到位外资金额	亿美元	100.84	27.30	49.87	26.77	49.45
工业企业主营业务收入	亿元	25 359.69	8.30	13 376.98	10.95	52.75
工业企业利润总额	亿元	949.77	－28.90	578.07	－5.81	60.86

就第二个方面，从 2004 年长三角地区国家级开发区群与城市群地均空间效益比较亦可见，在国内生产总值、工业总产值、工业增加值、财政收入、税收收入、利用外资等各项指标上，长三角开发区群均高于城市群的平均水平，是名副其实长三角城市群经济增长的高地（表 6－23）。

表 6－23　长三角国家级开发区群与城市群空间效益比较（2004 年）

名　称	国内生产总值（亿元/km^2）	工业总产值（亿元/km^2）	工业增加值（亿元/km^2）	财政收入（亿元/km^2）	税收收入（亿元/km^2）	合同利用外资（亿美元/km^2）	实际利用外资（亿美元/km^2）
城市群	11.080	55.768	14.115	2.026	1.130	0.320	0.133
开发区群	19.349	74.896	18.469	2.436	2.182	0.450	0.251

注：此表中包括的国家级开发区群指的是长三角国家级高新区和国家级经济技术开发区。

6.6.3　制度性创新：长三角区域一体化协调发展的助推器

自国务院于 2008 年 11 月在《关于进一步推进长江三角洲地区改革开放和经济社会发展的指导意见》中要求长三角地区实现科学发展、和谐发展、率先发展、一体化发展以来（这是中央首次在正式文件中对长三角提出一体化发展的要求），长三角一体化协调发展的呼声愈加高涨。回顾城市领域的长三角概念变迁（表 6－24）可见，长三角的概念经历了一个先增长再回落再增加的发展趋势。当前，普遍意义上的长三角有两个范畴，其一为 16 市组成的“小长三角”，也即本书研究的主要对象，此16城市整体经济水平接近；其二为两省一市组成的“大长三角”，即目前长三角扩容的范围。可以认为，小长三角是大长三角的“硬核”。如果说1986年长三角范围扩大被证明失败的原因是因为当时经济发展条件有限，且地域经济差别过大，那么在今天提出长三角扩容至两省一市、三省一市可谓已经具备一定的基础。当前，长三角区域一体化协调发展面临两个关键问题：第一，小长三角16市，即大长三角的硬核部分如何协调衔接；第二，小长三角16市如何与发展较缓慢的苏北、浙西南地区互动，如何使得长三角真正得以扩容，而不仅仅是一个停留在口号和文件上的建议。而在这两个方面，开发区群通过制度创新对此都贡献良多。

表6-24　长三角概念变迁(1982—2008年)

时间	事件	长三角范围	变化
1982	国家领导人提出“以上海为中心建立长三角经济圈”设想	五市：上海、南京、宁波、苏州、杭州	—
1986	上海经济区办公室和五省一市长、市长联席会议制度	五省一市：上海、江苏、浙江、安徽、福建、江西	范围急速扩大
1992	长江三角洲14城市协作办(委)主任联席会(14市经委发起组织)	14市：上海、无锡、宁波、舟山、苏州、扬州、杭州、绍兴、南京、南通、常州、湖州、嘉兴、镇江	范围缩小至经济水平较为相近的核心圈
1997	长江三角洲城市经济协调会成立	15市：上海、无锡、宁波、舟山、苏州、扬州、泰州、杭州、绍兴、南京、南通、常州、湖州、嘉兴、镇江	加入新成立的泰州
2003	台州加入“长三角俱乐部”	16市：上海、无锡、宁波、舟山、苏州、扬州、泰州、杭州、绍兴、南京、南通、常州、湖州、嘉兴、镇江、台州	加入台州
2008	国务院颁发《国务院关于进一步推进长江三角洲地区改革开放和经济社会发展的指导意见》	两省一市：上海、江苏、浙江全境	加入苏北和浙西南

首先，开发区群的发展促进长三角16市的一体化进程。长三角城市群的一体化发展需要建区域性专业市场，进行园区的整合，缓解现在的竞争局面。而对长三角城市群产业空间主要载体的开发区群进行空间整合和产业整合，则可有效地促进这一目标的实现。事实上，现在各个城市内部对开发区群、工业园区群体进行整合已经在进行之中，上海编制《上海产业园区规划发展研究》，杭州编制《杭州新市区产业布局调整的基础研究》、镇江编制《镇江市开发区发

展规划(2006—2010)》,南京新港开发区以“代管模式”整合周边开发区发展,都是有益的创新尝试。

其次,开发区群的发展可促使长三角从“小长三角”走向“大长三角”、“泛长三角”。开发区群再次做出的制度创新主要体现在开发区的跨区联动发展上,如外高桥—启东园区的共建、苏北苏南开发区的共建、浙江山海协作工程等。开发区的区外扩展,在疏解了原始区块土地瓶颈问题之外,还对外输出了新管理思路、新技术手段,同时也从政府信号上促发长三角区域内企业的联合发展和异地联动,从而促进区内城市间的经济联系,并最终促进长三角城市群的整体扩容。

6.6.4 小结

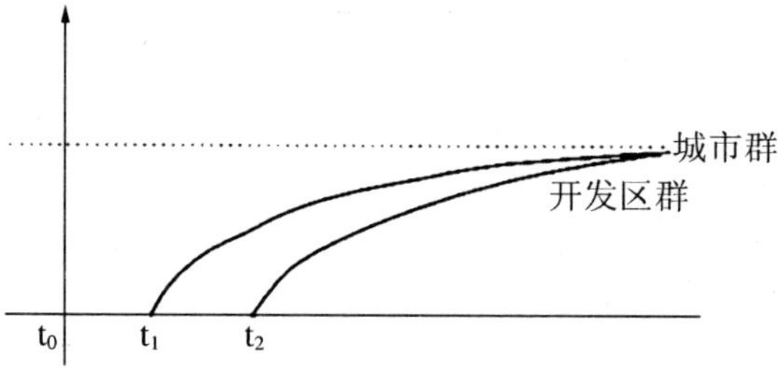

图 6-20 城市群与开发区群发展时间耦合图

本节从空间扩张、经济发展、制度创新三方面简要总结了开发区群建设对长三角城市群的影响。长三角开发区群是长三角城市群空间连绵发展的主导力量,是长三角城市群外向型工业经济发展的排头兵,并通过“开发区跨区联动”等制度创新促进了长三角区域一体化协调发展,促使长三角从行政区经济走向大都市圈经济。图 6-20 显示了长三角开发区群与城市群发展的时间耦合关系,开发区群基于城市群产生,又反过来促进城市群的发展。

6.7 长三角开发区群的发展前景展望

与城市以及城市群不同的是,开发区以及开发区群的出现不是地方经济自然发展规律的结果,而是在国家相关倾斜政策的直接或间接人为导向下形成的。就其属性而言,设立开发区是一项公共政策,开发区群则是公共政策的影响产物。本节试图从公共政策的角度出发,探讨群内开发区未来发展的分异可能性,并据此提出长三角开发区群的未来发展设想。

6.7.1 群内开发区分异发展的条件分析

公共政策最终是要对某一项或一些具体的政策问题形成预期效果,因此,一项公共政策有其特定的生命周期,这一过程包括:政策问题形成和认定、政策制定、政策执行、政策评估和监控以及政策变动和终结五个阶段①。我国开发区政策始于改革开放之初的特殊经济环境,从导向上说是着重以鼓励吸引外

① 张艳.英国企业区建设实践及对我国的借鉴意义[J].现代城市研究,2006(4):40-44

资、发展工业等传统要素驱动型的经济增长，而今，经过二十余年的发展，资本短缺、工业落后等局面已大大缓解，而技术创新的不足则已成为了制约经济增长的主要因素。从开发区的演进过程来看，其政策导向及效用已与新的战略目标不相对称①。同时，一系列政策的出台也使得开发区原有的政策优势逐渐弱化，目前，对开发区群发展将有深远影响的莫过于 2007 年 3 月 16 日十届人大第五次会议通过的新税法“两税合一”②。在笔者实地调研的苏州、南京等地，开发区区内区位政策性优惠差别已经相当之小。

同时，在城市开发区群承担产业集群发展平台任务的过程中，开发区群中的各个开发区更像是城市资源的极化点，在集聚效用和扩散效用综合作用下，一些开发区在对地方经济作出重大贡献的同时也推进了开发区所在地的城市化进程，开发区的边缘逐渐与其所在地或所临近地行政区划重合，功能也与其类似——朝着新区的综合多元方向发展，而逐渐偏离了原先的单一产业区定位，并因此走上从准行政区向行政区转变的道路。除了一些基础设施的供给暂时还不完全到位之外，长三角发展较成熟的很多开发区已与城市原有片区差别微小。

综合以上两点，可以预见开发区群内各类开发区的分化发展、变动与终结是大势所趋。开发区群中的一些功能完备的综合开发区从开发区群体系中退出转而成为优化过的城市体系中的一员，原有的开发区群体系中剩下的则是一些专业性很强的园区，承担高新技术研发、保税等专业任务。这也是开发区群发展走向成熟阶段的必然结果。

6.7.2 群内开发区分异发展的类型

长三角开发区群内开发区的分异发展可主要表现为以下三种类型(图 6 - 21)。

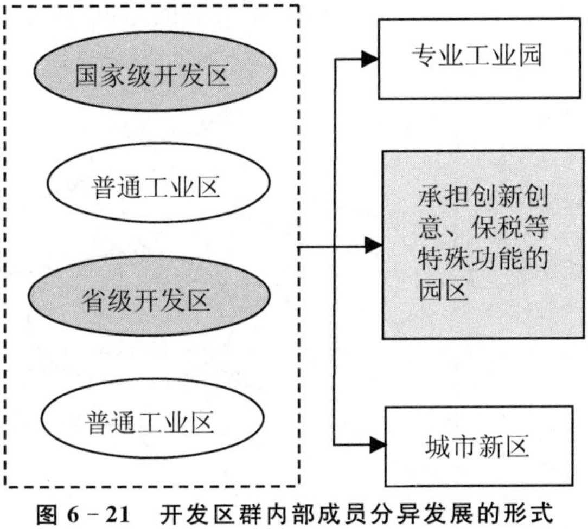

图 6 - 21 开发区群内部成员分异发展的形式

① 张艳，赵民. 论开发区的政策效用与调整[J]. 城市规划，2007(7)：18 - 24

② 关于“两税合一”政策的描述详见前文。

1）承担特殊功能的园区

它的科技成果转化功能相对突出，以承担创新创意功能和出口保税两类功能为主。前者以孵化高新技术企业、发展高新技术工业为己任，利用从公共研究机构、高校到社会的各级科技资源进行成果转化。发展较为成熟、功能较为单一的高新园区即为此类型；后者作为我国和国际接轨的开放度和自由度最大的经济区域，承担“保税仓储、出口加工、转口贸易”三大功能，长三角开发区群内部，典型代表如洋山保税港区等。

2）城市新城类型

以走综合性发展道路为目标，在促进城市边缘地区城市化进程或促进旧城更新改造、腾笼换凤的过程中，从单一经济功能发展到城市功能，从准行政区走向行政区。目前绝大部分省级经济开发区以及部分国家级经济技术开发区即为此类型。在长三角开发区群内部，典型代表如南京江宁经济开发区、苏州高新区、无锡新区、宁波北仑经济开发区等。

3）专业工业园型

借助临港或某项重大产业的优势，选取依托大企业、大项目的发展模式，并且由于产业性质或用地局限的原因，而不适合走新区发展道路。在长三角开发区群内部，典型代表如南京化工园等。

对于群内分异后的结果，应该对承担创新创意、保税等特殊功能的园区仍施以一定政策优惠，而对于专业工业园和行政新区两类园区，则现有优惠政策应该取消。

开发区群内部成员发展的分异，并不是简单地走回到传统体制的老路，而是实现了资源整合，也是对开发区本身基本功能的回归，通过开发区群内部成员的分异发展，可以促使开发区群朝着产业集群的方向发展（图 6－22）。

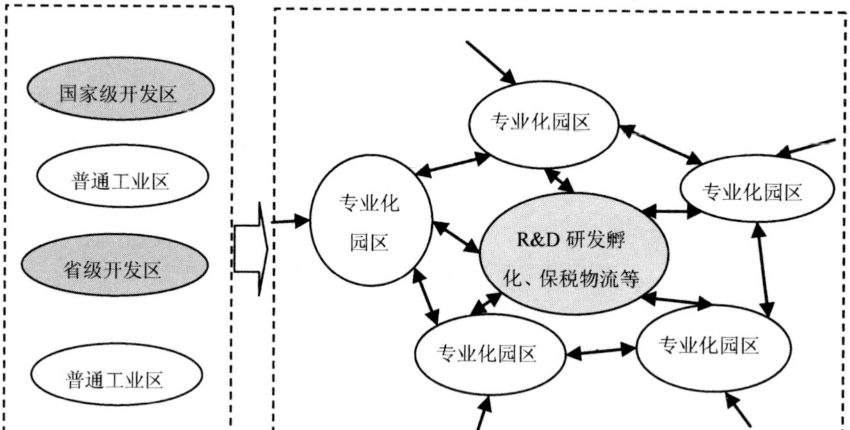

图 6－22　从开发区群走向产业集群

注：笔者根据“张艳，赵民．论开发区的政策效用与调整[J]．城市规划，2007(7)的图 2”改绘。

6.7.3 策略建议

鉴于长三角开发区群内成员分异发展的可能性，为了促进长三角开发区群的可持续发展，提出策略建议如下：

1）完善开发区“退出”机制

对于已经发展相当成熟的定位为城市新城的开发区，应该考虑让其回归到城市正常行政管理体制中。要建立一套完整的经济发展程度的指标衡量体系，界定其已经发展的程度，将其从非常态发展转入城市常态发展。实现城市新城类型开发区的适时转型。

对于有历史遗留问题的开发区，解决“善后”问题。建立完善的开发区考评指标体系，并在退出标准、方式、步骤、程序以及各方利益处置、补偿和保护等方面做出明晰的规定，把依靠政策的清理整顿纳入法律的轨道，建立制度化的开发区生态环境，从根本上遏制盲目设立开发区的现象，使开发区真正“瘦身”。

2）鼓励群内开发区异地建设

鼓励欠发达地区和土地资源稀缺地区突破行政区限制，顺应产业梯度转移趋势，以国家级、省级发展较成熟开发区为主体，充分利用较先进开发区的技术资源、产业资源、管理水平资源优势和本区域内部或中西部欠发达地区开发区的土地、劳动力资源、原材料等资源优势，优势互补，统筹共建开发区。异地开发区建设要做到三点：首先，先进管理机制的输出，提高欠发达地区的软性服务水平，以利于其招商引资和发展当地工业；其次，项目的组团输出，在企业自主选择的基础上，将需要转移的产业和企业有机组织，形成规模化、链条化输出；第三，在联合设立的开发区，要以规划为先，按照产业集聚、用地集中、适合当地社会经济实际发展情况的原则进行项目落地工作，优先保障符合产业政策的重大项目建设用地需要，同时，做好当地农民的征地补偿安置工作。

① 在长三角 16 市内部，着重发展片区有二：其一，主要利用洋口港开发、苏通大桥建成后南通对接上海沿海发展的机遇，促进上海与南通、苏州与南通的开发区异地建设；其二，利用杭州湾跨海大桥建成后的机遇，鼓励宁波（市辖区）与余姚慈溪、上海与嘉兴的开发区异地建设。

② 在长三角两省一市范畴，除上述片区外，着重发展片区亦有二：其一，要着重发展苏南—苏北、上海—苏北的开发区共建，尤其把重心放在江苏沿海开放城市上；其二，要着重发展浙江山海协作工程。

③此外，促进长三角开发区群内部开发区向同属华东片区的安徽、江西等地以及向重庆、四川的中西部进行跨区共建，进行产业转移。

3）健全开发区群统筹发展机制

健全长三角开发区群统筹发展机制，首先要完善现有跨区域合作协调机制，建议在 16 市长江三角洲城市经济协调会的基础上新设“长三角开发区联动发展合作”网络，并且建立 16 市高规格、多层次、较完善的开发区建设领导机构，协同统筹长三角开发区群整体的发展及跨区共建问题；其次，鼓励建立跨行政区的长三角开发区协会，建立产业发展信息共享机制，增进16市开发区之间的交流和合作，促进长三角以开发区群为空间载体的多个产业集群形成；再次，鼓励设立跨行政区的16市相关行业协会、商会和民间组织，充分发挥非政府组织和市场的力量；最后，建议编制以16市或以江浙沪两省一市（与中央文件配套）为空间范畴的“长三角开发区群协调发展规划”及相关配套规划，对长三角开发群进行摸底调查，为开发区群内成员的分异发展创造条件，同时明确区域产业功能分工，统筹基础设施布局，以规范引导政府行为和市场行为。

7 整合集约发展背景下的开发区再开发研究

长三角地区开发区起步早，发展相对成熟。无论从开发区自身发展周期，还是开发区与城市整合的需求以及开发区面临的资源环境约束来讲，都具有推进其再开发的必要性和可能性。本章从论述该区域开发区再开发的必要性出发，提出了明确的开发区再开发的基本条件，研究了开发区再开发的主要类型和模式，并结合具体案例对推进再开发的策略进行了研究。

7.1 长三角开发区再开发概论

7.1.1 开发区再开发的必要性

长三角地区的开发区建设在我国沿海地区起步较早，历经几十年的发展，渐次面临物质环境衰败、产业转型升级和功能需求变化的现实矛盾，长三角开发区是否已经到了再开发的临界点？本书基于上述问题对长三角开发区再开发的必要性进行分析论证，认为开发区有必要在物质环境、产业结构、功能肌理、空间形态等方面根据实际情况和未来需要进行再开发。

1）基于物质环境衰败的再开发要求

长三角地区的开发区起步早，发展至今开发区的物质空间已经出现了一定程度的衰败。厂房设计的使用寿命应在 30 年以上，但从对开发区早期制造业厂房的调研中发现，开发区成立之初，主要发展劳动密集型产业，开发区建筑主要是生产设备、生产工人和生产活动的“外壳”，注重经济适用，建筑质量偏低，在 15～20 年即已经出现了物质性衰败，因此开发区早期建筑在建成大约 20 年会出现一定的物质性再开发。

从表 7 - 1 中可以看出，长三角 90％以上的国家级开发区已开发 15 年以上，约 40％的开发区已开发超过 20 年；而省级开发区已开发超过 15 年的比例则小得多，仅为 58.33％，超过 20 年的更只占 3.47％。可见，国家级开发区已经普遍进入物质性再开发阶段，而省级开发区也逐步迈入这一阶段。因此，基于开发区的综合环境的提升对开发区的物质性改造具有一定的必要性。

表 7 - 1 长三角开发区各开发年限的数量及比例 （个，％）

成立时间	25 年以上	20～24 年	15～19 年	10～14 年	10 年以下	总计
国家级开发区数量及比例	5(16.13)	4(12.90)	19(61.29)	2(6.45)	1(3.23)	31(100)
省级开发区数量及比例	1(0.69)	4(2.78)	79(54.86)	48(33.33)	12(8.33)	144(100)
总计	6(3.43)	8(4.43)	98(56.00)	50(28.57)	13(7.43)	175(100)

2）基于产业升级的再开发要求

长三角开发区正在经历从“制造”向“创造”的产业转型期。长三角是世界制造业基地，以劳动密集型和资本密集型产业为主，但是制造业外延粗放发展方式的弊端逐渐显现，产业的升级改造刻不容缓。近年来，随着战略性新兴产业相继出现，开发区技术和智力密集型产业比重上升并有逐渐占据主导地位的趋势，开发区有必要抓住产业改造升级的战略机遇，推动产业的再开发。

经济周期在一定程度上是产业周期的反映，库涅兹茨提出经济周期为期15～25年，平均长度为20年左右。另外，根据曲建的产业转移理论，全球产业大概20年转移一次①，自20世纪90年代初第三次产业转移从亚洲四小龙转入我国沿海地区以后已经经历了20多年。在我国长三角地区，经济周期和产业转移周期几乎同时起步，这就意味着由于产业转移带来的再开发已经在长三角开发区出现。因此，基于产业提升的开发区再开发出现在开发区设立之后的15～20年，在20年出现高潮，与长三角地区的大部分开发区目前所处的阶段相符。

从空间上看，开发区再开发是追求“质”的提升过程，同时开发区也关注经济总量。当空间受到制约时，就会出现高等级产业引进与低档次产业退出并举，即为产业的再开发。以产业再开发发展较好的上海为例，其土地批租率达到70%左右，即剩余土地为30%左右时，开发区产业再开发发展随即逐步进行。此外，长三角是我国开发区分布最密集的区域而其空间的利用效益偏低。以国家级开发区为例，到2010年底为止，长三角共有国家级经开区和高新区31个，密度远远超出其他区域，但是开发区在空间利用的强度和经济效益都明显低于城区和国外的开发区，因此有必要强化开发区的空间利用强度，并通过产业再开发来提升开发区的综合效益。

3）基于功能需求变化的再开发要求

过去20多年，长三角的城市开发区重点承担了产业经济功能，而忽略了社会功能、生态功能的建设，导致城市和开发区功能空间配置的失序，带来诸如职住分离、功能空间错位、城市交通拥堵等问题，加剧了城市运行的时间成本、经济成本和生态成本。有必要对开发区的功能进行完善，使开发区趋于一般意义的城市功能区，承担较独立的城市功能，优化城市的功能结构。

综上所述，长三角开发区再开发的必要性主要体现在：一是物质环境衰败下的物质空间更新的必要性；二是产业升级下的改造升级的必要性，包括企业自身的升级和产业的“腾笼引凤”；三是功能需求变化下的功能完善的必要性。

7.1.2 开发区再开发的类型

从开发区区位及土地利用状况、再开发功能、再开发目标等角度可对开发

① 第一轮产业转移是20世纪50年代制造业从欧美向日本转移，经过20年，到20世纪七八十年代，日本开始向亚洲的四小龙地区实施产业转移，80年代中期，制造业从亚洲的四小龙开始向我国沿海地区集结，我国的珠三角、长三角和环渤海地区成为全球制造业中心。资料来源：曲建．中国制造业的战略布局调整与城市区域分工[J]．科学决策，2008(3)：12－15

区再开发的类型进行不同划分：

1）按照区位及土地利用状况来划分

随着开发区的不断扩张，开发区的土地利用出现了一定的地段特征，并对应不同的再开发类型：

（1）“实开发”地区的再开发

作为开发区启动区用地，由于城市扩张速度过快，启动区已经成为主城边缘区甚至融入主城，现有的土地利用方式已不适应未来的发展需求，需要进一步调整，如江宁经济技术开发区的启动区。

（2）“虚开发”地区的再开发

早期开发区企业盲目圈地形成“蜂窝”现象，主要为开发区建成区的闲置土地。随着土地稀缺性的凸显，闲置土地的再开发时机逐渐成熟，再开发的重点在于提高用地使用率，如江宁百家湖以南地区。

（3）“伪开发”地区的再开发

由于开发区扩张过快，将周边村镇纳入开发区，而出现“区中镇”与“区中村”，这些乡村地区尚未实现真正的城市化，属于“伪开发”地区，因此需要对其进行类似城市一次开发的再开发，如江宁开发区的殷巷地块（图 7－1）。

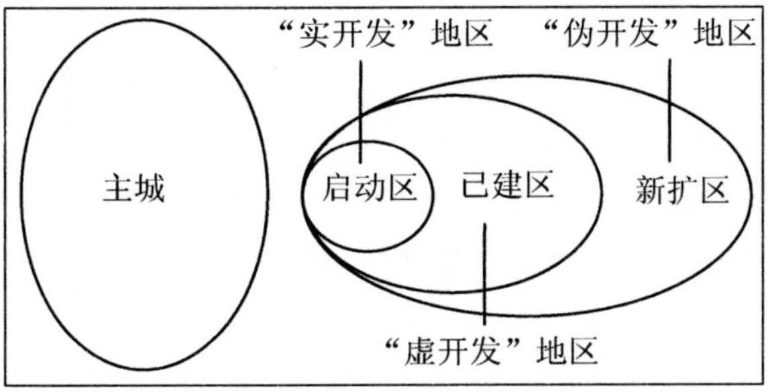

图 7－1　开发区地段与一次开发效果关系

2）按照再开发功能划分

（1）退二优二

指原低层次产业逐渐退出，效益更好的新兴工业进入实现产业优化升级。一般有两种情况，其一是产业门类的更迭，如传统制造业、先进制造业升级为高新技术产业；其二是产业内涵的提升，如从制造向研发升级、向产业链上下游的延伸等。退二优二主要是在开发区中未来仍然作为产业用地的地块上出现，如江宁开发区之前的市投资公司地块转为西门子 IC 设计园。

（2）退二进三

既有工业用地已经不适合继续作为生产用地，而是转换为商业、酒店、文化娱乐业等第三产业用地。退二进三主要是在再开发中为完善开发区综合功能，为开发区提供较完善的生活服务设施。如江宁开发区旺旺公司临双龙大道工业用地正在建设为神旺酒店。

（3）退二进居

即工业用地再开发为居住用地。由于开发区缺少居住用地，导致开发区对主城依赖极大，“职住分离”给城市带来过高的时间、经济、生态成本，因此开发区再开发中对部分不宜作为工业用地的地块开发为居住用地。如江宁开发区双龙大道东侧正在建设的亚鑫花园。

（4）退二进绿

随着开发区从产业功能区向城市功能区转型，人们逐渐意识到要建设符合高新技术或现代服务业等产业结构、休闲空间和生活多元化的城市环境，重点之一是提升已经建成的城市环境。城市再开发不仅能再生城市功能，同时还产生城市新价值的作用，创造美好的城市景观，也是城市再开发的重大任务①。因此，开发区环境景观的再开发也是开发区再开发中的重要一环，长三角核心开发区乡镇工业泛滥，占据了大量的农业空间用地。随着产业升级，工业用地将来可重新“退二进一”，即转为高效农业。部分开发区将一些工业用地改造为公园、绿地等，改善开发区环境。

3）按照再开发目标划分

开发区从工业化空间向城市化空间转型的过程中，需要以城市功能竞争、城市效益提升、城市环境优化和城市支撑系统改善等为目标，推进开发区再开发。

（1）功能型再开发

指完善城市功能进行的再开发，开发区成立时以生产功能为主，生活服务功能、生态功能、社会功能较弱，随着开发区向综合新城转型，需要完善相应的城市功能，随着部分企业的搬迁，其用地再开发为居住、公共服务设施等功能用地，大大完善开发区的城市功能。漕河泾经开区的海悦酒店利用原有的工业厂房改造为集酒店、娱乐、休闲、餐饮于一体的综合性会所，由于原有工业厂房为6层厂房，建筑适合于新的功能用途，对原有厂房进行了外立面的改造，内部进行重新划分，并利用和呈现了原有老厂房的管道设备（图7-2）。另外，在开发区和上海主城交接的桂林路和苍梧路逐渐转型为商业街（图7-3）。

图7-2 漕河泾开发区改造为海悦酒店

① 谷口汎邦.城市再开发[M].马俊，译.北京：中国建筑工业出版社，2003

图 7-3　漕河泾开发区沿街改造

（2）效益型再开发

指开发区为了提升效益进行的再开发，包括优化产业结构和加大建设强度，有助于促进土地的集约利用。上海贝岭电子有限公司用地面积约为3 hm^2，由于公司对技术研发的重视，在靠近宜山路约 4 000 m^2 的地块进行再开发，将生产厂房拆除建科技研发楼，大楼面积约 4 315 m^2，建筑高度约 10 层，大大提升了产业形态和建设强度（图 7-4）。

图 7-4　上海贝岭公司再开发状况

（3）环境型再开发

指再开发中增加公共绿化用地，由于早期工业园区以经济效益为主，对环境的关注较少，开发区要建设成宜人的生产生活区，就必须提升开发区的人居环境和增加公共交往空间，部分用地再开发为公共绿地。

（4）支撑型再开发

指再开发为支撑城市发展的基础设施，主要包括市政基础设施和道路交通设施等。开发区建设初期为了吸引投资，基础设施建设较为完善，后期完善“潜力”不高，但是随着时代的不断变化，对基础设施的要求也在逐渐提升，如漕河泾开发区的“数字园区”建设，是全国少数几个实现公共区域无线覆盖的开发区，使进入开发区的任何人都能够享受无线上网。早期工业用地地块划分较大，道路网密度较低，随着部分工业用地再开发，需要承载的交通量大大增加。道路网密度需要极大细化，增加支路网密度，增加主干路机动车车道数、道路交叉口渠化、道路横断面改造等处理方式①；还需要增加公共机动车停车场，同时

① 陈沧杰，游涛，姜劲松．转型背景下工业型新区控规编制的创新——以《苏州高新区狮山片控制性详细规划》为例[J]．城市规划，2010(3)：93-96

交通的立体开发也是很重要的方式。

7.1.3 开发区再开发影响因素

目前长三角先发展起来的一批开发区，正面临着前所未有的压力和挑战。土地政策从紧、劳动力成本升高、开发区环境要求的提升等，这些压力极大地推动了开发区的再开发。同时，由于利益的分配不均也对再开发具有一定的阻碍作用。

1）开发区再开发动力机制

（1）开发区优惠政策的普化、弱化促使开发区“二次开发”

为了促进开发区的发展，曾经对开发区相继实行了一系列优惠政策来吸引和利用外资，包括财政在一定的年限之内全额返还的财政政策、两免三减半的税收政策和低价甚至零价的土地政策等。但是随着 2001 年中国加入 WTO，国家对开发区“独享”的优惠政策全方位开放而“共享”；开发区的财政优惠政策也在 2002 年到期；同时，2007 年国家出台的工业用地必须“招拍挂”才能出让的通知遏制了低地价招商策略，开发区原来独享的优惠政策由于“普化”而“弱化”。

长三角开发区已经失去了一次开发时的良好政策环境，必须通过二次开发寻求发展新动力。与此形成鲜明对比的是，国家为加快中西部的开发，对其实行了很多优惠政策，《皖江城市带承接产业转移示范区规划》、《中西部等地区国家级经济技术开发区基础设施项目贷款财政贴息资金管理办法》、《促进中部地区崛起规划》等规划和办法都给中、西部地区的开发区发展带来全新的机会，因此，长三角开发区更需要进行自我调整，才能使开发区更加合理发展。

（2）产业升级的“低碳效应”加快开发区再开发的速度

开发区启动之初，企业准入门槛较低，产业类型相对繁杂，没有形成相关的产业集群并且产业能级较低，2001 年我国单位美元 GDP 耗油 0.49 kg，远远高于发达国家和新兴工业化国家，甚至比人均 GDP 与我国相当的国家平均水平高出 1/3（表 7－2），高碳、高能耗的产业发展模式难以为继，应当发展低碳产业。我国开发区产业发展经历了以劳动密集型、资本密集型和技术密集型等几个过程，正在向智力密集型转变，长三角开发区产业面临着升级的压力，产业准入门槛逐渐提升，“招商引资”变为“招商选资”，更加注重产业的门类和效益，加快了再开发的速度，在引进的同时淘汰高能耗、高污染、地均产出低的项目，引进与开发区发展相符合的产业，如上海制定了《上海工业产业导向及布局指南》，产业选择针对性更强。

表 7－2 世界各国主要年份按汇率计算单位 GDP 能耗及国际比较统计(2001 年) (kg)

国家	2001 年	国家	2001 年	国家	2001 年
美国	0.15	韩国	0.27	菲律宾	0.24
日本	0.08	马来西亚	0.35	埃及	0.34
德国	0.13	巴西	0.23	印尼	0.49
发达国家平均	0.12	新兴工业化国家平均	0.31	人均 GDP 与我国相当国家平均	0.36

(3) 区位的改善推动开发区向更高、更综合功能升级

由于开发区与主城的迅速扩张，城市空间已经与开发区空间融为一体，开发区的地理、交通区位已经有了极大的提升，由“孤岛”、“飞地”的区位向城市边缘甚至城市内部的区位转变(图 7-5)，带动了开发区定位的高端化以及功能的综合化。在新的规划中，许多城市均对开发区重新定位为综合性城区，南京将江宁开发区所在的东山规划为城市的副城、苏州工业园区和高新区分别成为苏州一体两翼的东西中心、昆山经济技术开发区规划为昆山东部副中心。

图 7-5　南京、昆山、宁波开发区启动区区位

另外值得关注的是开发区的启动区，改革开放以来，特别是最近 10 年随着城市社会经济发展，城市规模迅速扩张(表 7-3)。南京城市快速扩张使得江宁经济技术开发区开始与南京主城连为一体，开发区的启动区已经成为城市的一部分，已经不适宜作为工业用地，部分地块的再开发已经启动。

表 7-3　主要年份市区建设用地总规模

年份	1980	1990	2000	2005	2007
建设用地总规模(km^2)	120	209	375	575	682

(4) 地价的显著提升推动闲置用地和未开发用地再开发

近年来随着轨道交通在我国大城市的建设，轨道交通站点附近的地块价值急剧上升，TOD 模式开发大大加速了开发区站点附近的再开发。

上海近 5 年来，轨道交通建设速度加快，到目前为止已经有 11 条地铁投入运营，还有正在建设中的线路，上海的轨道交通已经形成“网络”。其中主城至城郊的多条线路经过开发区(图 7-6)，如 5 号线到闵行经开区，2 号线、9 号线东西向连接了漕河泾经开区、张江高新区和主城等，这些线路的建设明显带动了开发区站点周边地区的再开发。

(5) 开发区“节地效应”要求开发区寻求内部发展提升

随着国家宏观调控和土地管理的趋紧，许多开发区已经陷入无地可批的境地，招商引资失去优势，因此开发区为了寻求更好的发展和实现自我提升就必

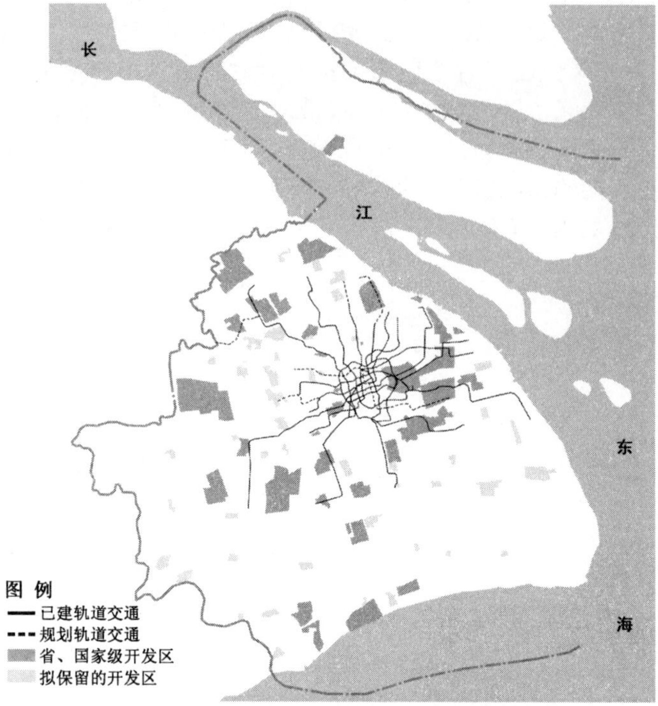

图 7－6　上海开发区与轨道交通联系

须进行内部整合，如盘活闲置土地、产业置换、功能完善等。从宁波 2007 年土地开发情况来看，宁波市的 12 个省级及以上开发区中，已建用地面积超过核准面积 100%的开发区就有 5 个，已建用地面积比例平均达到了 88.55%。

高强度的再开发能够节约大量的土地，具有明显的"节地效应"，并在一定程度上为开发区的土地困局"解围"。

上海的开发区未开发用地已经不足 25%（表 7－4）。全市开发区建成区面积为 204.19 km^2，现状国家级开发区容积率为 0.7，而市级开发区为0.53，以开发区再开发为普通的城市功能区为参考，市级开发区再开发之后的容积率为现状城区建设容积率 1.0①，国家级开发区建设情况好于市级开发区，再开发之后容积率比市级大 0.2 左右，为 1.2。与现有开发模式对比，通过开发区再开发，国家级、市级开发区分别可以节余29.2 km^2、144.8 km^2，共 174.0 km^2，相当于在现有开发区建成区基础上扩大 85.2%的空间容量，"节地效应"极其明显。

---

① 2008 年，上海建成区面积为 886 km^2（数据来自 2009 年中国城市统计年鉴），建筑面积81 121万 m^2（数据来自 2009 年上海统计年鉴）。国家级、市级开发区建成区面积分别为 40.88 km^2、163.31 km^2，综合容积率分别为 0.7、0.53（数据来自上海开发区发展报告 2009），因此建筑面积分别为2 861.2 万 m^2、8 655.4万 m^2。所以，普通城区面积 681.81 km^2、建筑面积 69 604.4 万 m^2，综合容积率为 1.02。

表 7-4 上海开发区土地开发进度 (km²,%)

类别	规划面积	已开发土地面积	已批租用地面积	已建成土地面积	开发程度		
					开发率	批租率	建成率
	(1)	(2)	(3)	(4)	(2)/(1)	(3)/(2)	(4)/(3)
全市	527.47	410.23	276.87	204.19	77.77	67.48	73.77
国家级	81.19	67.92	52.40	40.88	83.66	77.15	78.02
市级	446.28	342.31	224.41	163.31	76.70	65.56	72.77

2) 开发区再开发的阻力因素

(1) 利益分配不均引起的再开发主体不明确

开发区的再开发涉及多方利益,并且各方所得与付出不均衡,因此,各方表现的积极性不一致。首先,园区管委会或开发总公司和企业是再开发中的主导者和主体,其间最大的障碍就是资金的补偿;其次,上级政府与开发总公司,一个是再开发土地"招拍挂"收益的获得者,一个是再开发土地取得的支付者,这种错位也明显阻碍了开发区的再开发;最后,街道与开发区管理机构,分别是开发区商业税收和工业税收的拥有者。这些不同的主体为了追求各自利益所得,从不同的角度对开发区再开发施加力量,阻碍了对园区再开发的主导作用(表 7-5)。

表 7-5 开发区二次开发中各方利益分配情况

	再开发所得利益	再开发所失利益
园区管委会	土地使用权重新配置的经济利益、完成工作考核指标的政治利益、产业结构调整与环境改善的社会利益	支付补偿资金
开发总公司	土地使用权重新配置的经济利益	支付再开发启动资金
淘汰企业	资金补偿	土地使用权的丧失导致其提出高要求:高额补偿、职工安置
改造企业	企业厂房改建、容积率提高、与园区管委会合作所形成的彼此互信的潜在利益	对土地增值的巨大预期使其提出极高的补偿要求
当地政府	产业升级	—
上级政府	就业、经济、民生的提升,产业转型、功能升级、工作绩效上升,土地招拍挂拍卖资金归其所有	土地资金的支付方(开发总公司)和土地资金的受益方(上级政府)存在错位
当地街道	—	追求税收,放任用地性质变更

(2) 补偿标准不适用引起的再开发补偿机制不合理

目前,国家对工业用地拆迁的补偿按成本法评估,价格偏低,被拆迁单位往往难以接受，从而产生城市“拆迁难”，成为影响城市建设和经济发展的瓶颈。由于国家地域宽广，情况各地不一，工业用地补偿很难制定统一的标准，因此，在双方协调过程中价格补偿成为最大的分歧，被淘汰企业对土地价值的认识程度很高，对土地未来价值增值具有巨大预期，园区管理者若以过高的价格回收土地则提高了再开发的门槛，减少了再开发的收益。

（3）企业的微观行为引起的再开发混乱

企业看到了再开发的巨大收益，某些企业自行进行使用性质的转变，企业将其厂房进行改造之后进行出租，如工业转商业，但是这与规划不符，同时企业的这种自主行为没有在再开发的主导者统一调配下进行，重复的再开发会使得开发区陷入另一种形式的低效。

在朱少鹏对漕河泾新兴技术开发区的二次开发调查中发现，这些企业特别是老国有企业如上海金星电视机厂、上海第一仪表厂等，基本上都属于衰落阶段，经济效益不好，而且也不符合漕河泾园区的产业定位，但是由于这些企业有特殊身份，国企的帽子，再加上其盘子太大，使得开发总公司没有办法也没有能力对其实施土地再开发。这些企业为了获取经济利益，也就将其空闲的厂房和仓库出租用来做商业，擅自转变了土地的使用性质，这也使得漕河泾工业园的经营混乱，难以管理①。

7.1.4 开发区再开发作用

开发区再开发在城市和开发区自身发展方面具有不同作用，对开发区自身而言，无疑可以促进开发区的功能转型、产业升级、空间集约以及体制转变等，同时，开发区建成区位置特殊，再开发对优化城市结构具有牵一发而动全身的关键作用。因此，开发区的再开发，有可能创造出中国城市新的精明增长之路②。

1）城市层面的作用——对城市转型的影响

世界上许多其他国家城市发展经验显示，当收入逐渐增长、交通成本逐渐降低到一定程度时，城市则呈现分散发展的趋势③；随着信息时代来临，传统的区位观也发生了一定的改变，一些行业从租金高的城市中心区迁到地租相对较低的城市外围，大都市形态逐渐向多核心分散发展状态演变④。而开发区再开发也是应对这种中心往外扩张的重要手段。

---

① 朱少鹏. 上海市工业园区土地二次开发中各方利益剖析——以漕河泾新兴技术开发区为例[J]. 中国城市研究，2007(9)：116－121

② 王兴平，袁新国. 中国城市再开发概述与开发区再开发案例[C]. 第三届城市再开发专家亚洲国际交流会，2009：103－108

③ 王丹，王士君. 美国“新城市主义”与“精明增长”发展观解读[J]. 国际城市规划，2007(4)：61－66

④ Ivonne Audirac. Information Technology and Urban Form[J]. Journal of Planning Literature，2002，17(2)：28

随着主城和开发区的融合，开发区从位于城郊的产业区逐渐发展成为城市边缘区的综合城区，开发区的这种综合发展趋势要求开发区承担城市功能，另外，开发区面积纷纷扩大甚至成为城市的一个区，在城市层面需要在开发区区域发展一个城市副中心或次级中心，促使城市多级中心体系的形成。

20 世纪 90 年代以前，苏州一直以来都是在老城及其周边发展，1992 年，苏州高新区和苏州工业园区成立，2001 年，吴县市并入苏州市区，相城经济技术开发区也纳入城市空间范畴，城市空间逐步扩张，随着开发区公共服务设施的建设，开发区中心的相继建立，如苏州高新区苏州乐园以东与城市相接的区块逐渐进行再开发，中心的逐步建设使得开发区逐渐由区向城发展，随着正在建设的苏州地铁 1、2 号线的即将通车，城市"T"形的空间结构和"三主两副"的中心体系日趋明朗。

如果说开发区一次开发极大地拉开了城市的空间骨架，而开发区的再开发则是优化了城市的空间结构，使得单中心蔓延模式转化为多中心网络发展模式。

2）开发区层面的作用

（1）推进产业升级

开发区的劳动密集型产业比重较高，高新企业比重较低，随着以生产性服务业为代表的现代服务业在开发区中不断聚集，以研发、高新技术为主的办公企业逐步增多，通过再开发，开发区部分地块从"务工"向"办公"转变，或者是从传统制造业向先进制造业的升级，如闵行经开区的 ABB 有限公司即是通过迁出原有的制造业工厂，然后对土地进行重新建设，这种"腾笼引凤"作法已经成为开发区产业升级的普遍手段。

（2）完善开发区功能

开发区通过再开发可以改变其传统的单一功能，更加符合开发区的综合新城的发展趋向。江宁经济技术开发区的启动区在 2003 年基本上都是工业用地，在《东山新市区总体规划调整（2003—2010）》中，沿秦淮新河规划为居住功能，启动区中双龙大道以西的 9 个工业街区进行"退二进三"（图 7－7），规划为区级商业、商贸中心，与江宁老城中心共同承担江宁区甚至是城市级的商贸服务职能，并且增加了部分医疗、就学等公共服务设施，在远景规划中则将启动区中间地块规划为公共绿地，与南面的九龙湖形成南北向的公共开放空间轴线（图 7－8），现再开发正在有序推进，有助于开发区功能的完善。

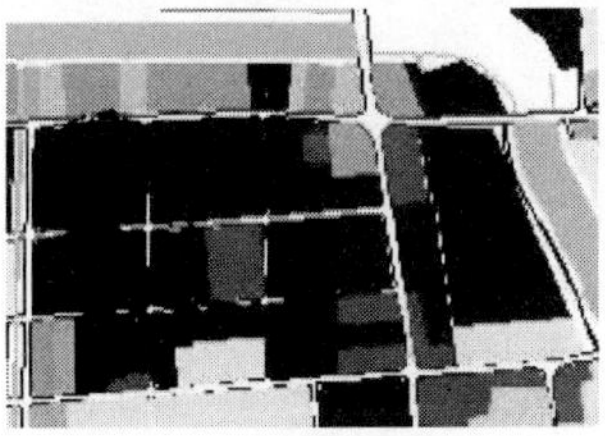

图 7－7　启动区 2003 年现状

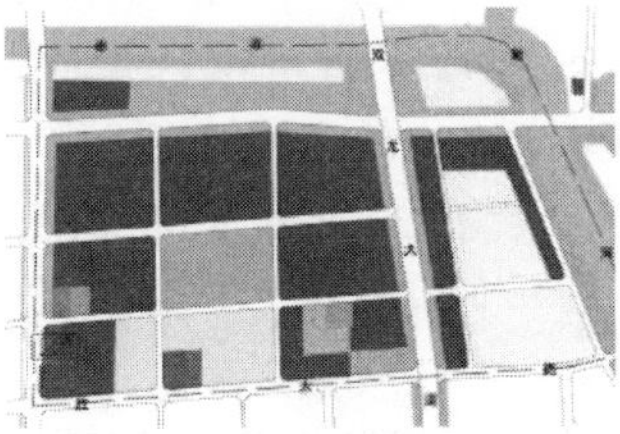

图 7－8　启动区近期建设规划

（3）提升空间集约利用度

提高空间集约利用的两条途径为功能变换之后的高强度建设和用地性质不变的情况下通过厂房加建提升容积率。开发区的空间强度约为 0.6，经过再开发之后的商业、办公用地往往开发强度较高，对开发区土地集约利用具有极大的作用；在用地仍然作为工业用地的情况下，开发区通过“腾笼引凤”和厂房加建也能提升开发区的容积率。如上海地区，通过企业自愿协商，鼓励有条件的企业在原有厂房基础上进行加层、扩建等措施，建筑容积率高的标准厂房，2008 年平均建筑容积率 0.57，比上年提高 0.02 个百分点。

（4）优化景观环境

开发区以建筑厂房为主，标准厂房的体量较大，长度能够达到近 100 m，高度较低，基本为 1～2 层，高度约 6 m，景观环境较单一。通过再开发为商业、居住、办公等用地，景观多样性增强，如萧山经济技术开发区沿市心路两侧经过再开发之后，两侧现多为商业、办公、居住建筑，景观丰富度大为提升。

3）开发区再开发与老城更新的比较

开发区再开发与老城更新两者既有再开发的相似点，又具有各自的特点，两者对城市的功能完善、空间优化、环境提升都具有极大的作用。两者在城市再开发的作用上具有“连通器效应”，彼高此涨，相互拉动。

（1）开发区再开发与老城更新的相似点

首先，两者物质环境表现为不同程度的衰败，物质环境的重塑是旧城更新和开发区再开发的共同着力点和外在表现；其次，旧城和开发区的生态环境都遭到一定程度的破坏，在更新和再开发中需要对生态进行修复以达到城市环境优良的要求；最后，两者都出现功能性衰退，缺乏公共服务设施，再开发需要增加相关的吸引人活动的设施如商业、文化娱乐设施等以及公共开放空间如广场、公园等，以达到现代化、宜人的生活要求。

（2）开发区再开发与老城更新的相异点

首先，历史文化因素的不同，老城更新需要考虑文化要素，保留和保护相应的历史和文化遗存，如文保单位、历史街区或原住居民的就地安置等，从而进行有保留的整治更新，而开发区则是近 20 年的产物，没有历史文化的羁绊，因此开发区建成区的再开发制约因素相对较少，诱发各种矛盾的几率相对较低；其次，土地产权的不同，旧城更新的土地产权多种多样，有私企的用地、国企的用地和个人用地等，土地的征用矛盾多，而开发区的土地产权清晰，再开发的矛盾小；最后，主导者不同，旧城更新最初由政府主导，在实践过程中由于融资方面的失败教训，转向由市场主导，而忽略了政府的行政调节和宏观战略调控作用，也忽视了社会效益，最后到由政府、市场和社区三方合作推动的旧城更新，开发区土地产权清晰，有利于按照市场机制，以政府主导、市场推动的形式进行规范开发。

（3）开发区再开发与老城更新的关系

老城更新与开发区再开发在整体上对城市均具有一定的调整优化作用。

首先在地域空间和功能上，老城更新是城市内部功能的提升，开发区再开发则是城市外围功能的补充，有利于城市功能的重新布局和互补；其次，在中心体系上，老城更新是城市原有中心的强化，而开发区再开发则是城市中心网络的外延，两者有利于城市中心网络垂直体系的建设；最后，在城市空间结构扩展上，老城更新是城市空间的内聚，加强了内城对整个城市的统领能力，而开发区再开发是城市空间结构的分化，拉大了城市骨架。

7.2 长三角开发区功能与产业再开发研究

本节试图通过对长三角开发区的功能转型趋势、再开发的功能发展、产业集聚态势以及产业提升方式四方面的剖析，对其功能与产业再开发进行研究。

7.2.1 开发区的功能转型趋势

开发区成立之初，以产业为导向，是招商引资的窗口，向综合新城转型，使开发区既能生产又能生活，既集聚产业又吸引人气，成为产业经济繁荣、城市功能完备、现代化气息浓郁的新城区①。开发区再开发中对功能的再开发意义重大，不同的功能等级、类型、比例直接决定了再开发中产业、空间的再开发模式。

1）完善公共服务设施，加强社会功能

我国开发区过分重视生产功能的结果是造成其对主城区依赖较大，缺乏就学、医疗、文化娱乐等公共服务设施。事实上，在开发区发展的过程中，已经积累了开发区城市化的相关要素，如资金、土地、人口等要素，开发区是工业化向城市化转化的一种过渡形态。

2007 年，宁波 14 个省级及以上开发区规划面积近 400 km^2，超过主城面积，建成面积达到近 140 km^2，累计基础设施投资达 754 亿元，累计利用外资 100 多亿美元，就业人口超过 60 万，为开发区向城市空间转化奠定了坚实的基础（表 7－6）。

表 7－6 2007 年宁波省级及以上开发区要素积累情况

	已建成面积（km^2）	规划面积（km^2）	累计基础设施投资（亿元）	累计外资利用（亿美元）	就业人员（人）
总计	137.2	383.5	754.41	102.34	627 649

但是开发区的公共服务设施相对主城区仍然存在一定的差距，宁波经济技术开发区已经扩大到北仑区全区，因此其公共服务设施相对一般的开发区已经处于领先优势，但是与宁波中心城仍然存在一定的差距，并有进一步扩大的趋

① 曹干耕．与时俱进，更新理念促进开发区又好又快发展[J]．中国开发区资讯，2008(2)：22－26

势(表 7－7)。

表 7－7　北仑方区与中心城区公共设施用地对照表(2003—2009 年)

片区名称	2003 年			2009 年				
	公共设施面积(hm^2)	人均面积(m^2)	占片区建设用地比例(%)	公共设施面积(hm^2)	相比 2003 年增幅(%)	人均面积(m^2)	相比 2003 年增幅(%)	占片区建设用地比例(%)
北仑片区	204.4	7.9	3.9	493	141	6.6	－16	5
中心城区	1 652.1	10.6	8.9	2 677	62	9.1	－14	10.5

2) 提倡低碳,注重生态功能

环境建设是创造良好环境以吸引市民前来居住和休闲的前提,一方面需要提升绿化景观;另一方面,开发区要大力发展“循环经济”,减少单位 GDP 能耗指标,通过节能减排提升环境效益,将资源的合理开发和节约利用相结合,努力构建绿色开发区,实现资源利用效率最大化和废物产生最小化;使开发区成为环境优美、宜居宜业的场所,这也是开发区实现可持续发展的必然选择。

苏州工业园区的生态功能建设走在全国开发区的前列,其具体做法主要有三点:一是进行产业升级,降低经济能耗;二是增加公共绿化,如金鸡湖周边公共开放空间;三是提倡绿色出行,开发区已经成立了“绿色联盟”,宣传绿色环保和进行无车日“接力活动”。这些都对提升开发区的生态效益起到积极作用。

3) 推进社区建设,完善生活功能

开发区与主城之间的钟摆交通,使得在上下班高峰时间段内城市与开发区交通拥堵。我国开发区已经逐渐意识到纯产业区的弊端,开始逐步重视生活配套设施的建设,促进产业园区向产业社区的转型。但是即使在已经建设较多居住区的开发区中也存在居住空间配置与使用错位的现象①,制约了开发区的可持续发展。应该以社区作为开发区的居住组织模式,发挥社区对居住、服务设施和社会职能组织的灵活优势,以居住社区为单元,配置合理的居住人口、公共服务设施和统一标准的社会服务,积极促进不同群体之间的融合。

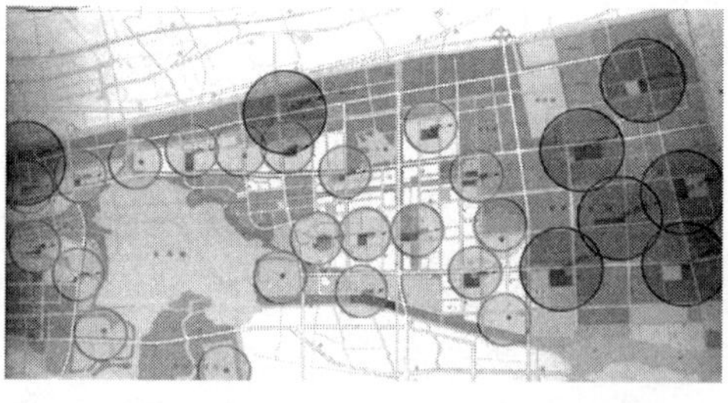

图 7－9　苏州工业园区邻里中心规划图

苏州工业园区为社区居民提供全方位的社会服务,建立了以邻里中心(图 7－9)和社区工作站为依托的新型社区服务管理体系。另外,设置公共开放空间为各个群体之间提供交流的平台。全区共规划 19 个邻里中心和 4 个邻里小中心,每个邻里中心服务半径为 500 m,服

① 王兴平.开发区空间配置与使用的错位现象[J].城市发展研究,2008(2):85－91

务人口约 2.5 万人，包括商店、教育、医疗、超市、餐馆、娱乐等生活服务设施。

4）作为城乡纽带，发挥区域功能

开发区区域功能是决定开发区地位和作用的重要因素，准确的区域定位能把握开发区动态发展趋势；开发区的区域功能构建主要体现在区域性产业体系和重大公共服务设施系统构建方面。开发区是城乡一体化的桥头堡，地处主城向乡村地区的过渡区域，建设区域重大公共服务设施来兼顾城市和乡村的使用要求，促进城乡融合，依托母城，利用所在城市的基础设施资源，带动自身的发展速度，吸引生产要素集聚，促进周边公用设施、房地产、商贸等产业的发展，以及教育、文体、卫生等社会事业的蓬勃发展，完善自身功能的同时为广大乡村地区的社会发展带来新的推动力。开发区产业的发展好坏能够决定地区乃至国家未来科技的竞争力①，因此，开发区的产业功能定位直接关系一个城市甚至区域的产业地位，再开发时要符合当地实际和区域产业发展导向，推动区域产业发展。

7.2.2 开发区再开发的功能发展

1）开发区功能与区位的关系

20 年前我国开发区建设方面的主要教训就是选址离城市很远，10 年前发现这个问题之后开发区的建设都紧贴着老城区②。这样能够降低社会成本，对于开发区发展较早的城市来说，开发区距离主城的空间距离具有较大差异。以宁波为例，1984 年设立的宁波经济技术开发区距离主城大于 20 km，而 1992 年以后设立的开发区往往在城市边缘（图 7－10）。当开发区与主城距离很近时，可以依赖主城的服务设施，而当开发区距离主城距离较远时，开发区则需要具有较强的独立、自我完善能力，需要较综合的功能，距离主城距离与功能综合度存在一定的同方向的比例关系（图 7－11）。

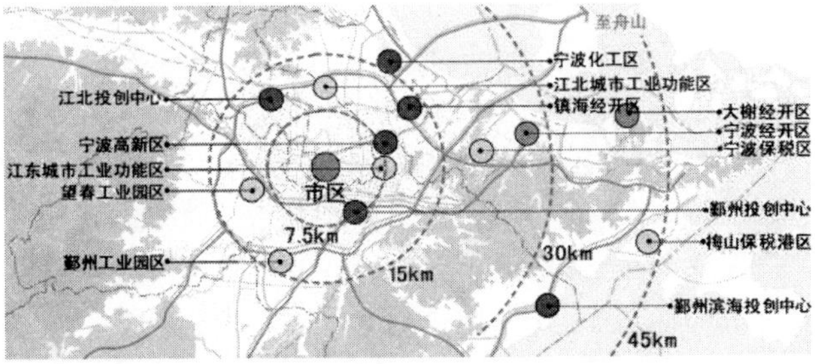

图 7－10 宁波开发区与主城距离

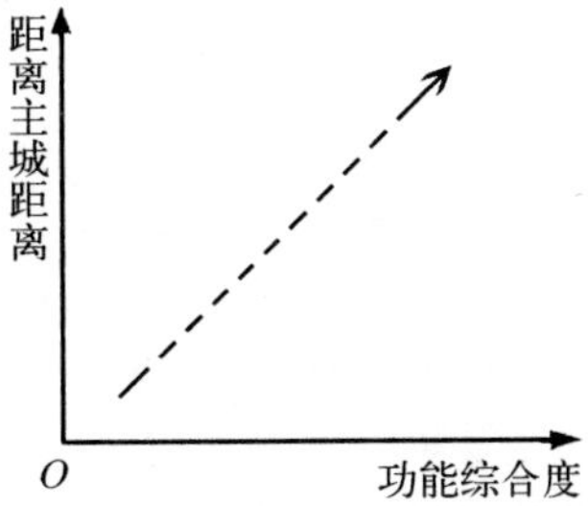

图7－11 距主城距离与功能关系

通过对大城市开发区一定数量的问卷调查和深入访谈，发现绝大多数开发

① 江宏，陈华，等．沿江城市开发区功能定位研究[J]．合作经济与科技，2007(8)：13－14

② 仇保兴．乌鲁木齐市跨越式发展的机遇与对策[J]．城市规划，2010(9)：9－16

区员工的上下班方式为乘坐公司班车和公交车，上下班时间普遍超过 40 min，但希望上班时间能够控制在半小时以内。以 30 min 公交车（车速为 20 km/h）、20 min 公司班车（车速为 30 km/h）计算，即当居住地距离开发区距离大于 10 km 时，开发区应当有自身的居住和配套服务设施。当开发区在城市内部或边缘时，开发区可依托主城的公共服务设施，具有较单一的功能即可，形成纯产业区。而当开发区已经在城市内部时，则不适合继续作为工业用地，可以适当进行退二进三，调整为居住或公共服务设施用地，另外亦可发展都市产业（表 7 - 8）。

表 7 - 8　开发区功能与主城距离的大致关系

距离主城距离	城市内部	边缘区	大于 10 km
再开发功能	都市产业功能或城市功能	生产功能为主、生活功能为辅	综合功能

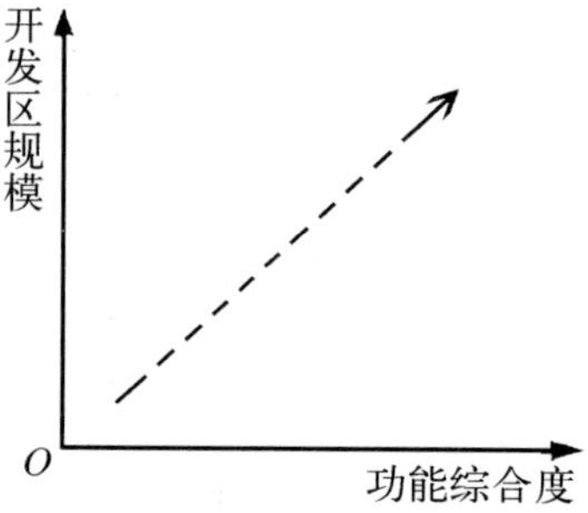

图 7 - 12　自身规模与功能关系

2）开发区功能与自身规模的关系

当开发区较小时，有利于综合效益发挥但不能发挥开发区产业的集聚效益；当开发区自身面积较大时，开发区需要具有较完善的功能，若不完善自身功能，就会遇到诸如现有大部分开发区遇到的功能单一所引起的类似问题，对开发区和主城的进一步发展都不利，开发区自身规模与功能综合度存在一定的同方向的比例关系（图 7 - 12）。

假设开发区自身需要配套较完整的公共服务设施时，考虑到开发区的特殊性，其规模至少达到一个 5 万人社区的人口规模才能发挥公共服务设施的效率，人均建设用地包括两个部分，即人均工业用地和人均非工业用地，人均非工业用地以城市建设标准 62～72 m^2 为参照，由于产业社区仍以产业功能为主，开发区人均非产业用地指标应略低于城市标准，取值 60 m^2；由于开发区单位工业用地承载的就业人数因产业类型不同而存在差异，以宁波现状开发区为例，人均建设用地为 265 m^2，开发区工业用地的比例为 40%～50%，因此人均工业用地为 106～130 m^2，取值 115 m^2，考虑到未来工业用地集约化的要求以及产业升级带来的就业效益，取人均占有工业用地为 80 m^2，因此，开发区人均建设用地为人均非工业用地（60 m^2）＋人均工业用地（80 m^2），总值为 140 m^2。据此推算，当开发区需要建设社区级公共服务设施时，开发区的规模约为 7 km^2。因此，当开发区面积小于 7 km^2 时，开发区适宜发展纯产业区；当开发区面积大于 7 km^2 时，开发区适宜配备社区级或以上的公共服务设施；当开发区人口达到地区级的 20 万人时，则宜发展成为城市新城，人均用地面积以 120 m^2 计算，开发区面积需要大于 24 km^2，反过来推算，当开发区面积达到 24 km^2 时，则适宜发展成为新城，形成完备独立的新城级别的公共服务设施（表 7 - 9）。

表 7-9　开发区功能与自身规模的关系

开发区自身规模	小于 7 km^2	大于 7 km^2 小于 24 km^2	大于 24 km^2
再开发功能	生产功能	社区级综合功能	新城级综合功能

3）开发区空间转型方向判断

综合上述各种分析判断，根据开发区的空间区位、发展规模可将开发区再开发功能归纳为生产功能、城市功能、社区级综合功能和新城级综合功能。功能决定了开发区对大的产业类型的发展策略，如制造业、生产性服务业和生活性服务业等，同时功能的差异又决定了空间利用方式的不同。目前开发区功能主要为生产功能或不完全的综合功能。

根据开发区转型方向可将开发区再开发模式类型分为四种：综合新城型、产业社区型、纯产业区型和城市功能型（表 7-10）。

表 7-10　不同等级空间人口、土地、居住、服务设施配备标准

开发区转型类别	城市新城	产业社区	纯产业区
开发区级别	城市副中心或地区级别	城市社区级别	城市组团级别
人口规模	大于 20 万人	大于 5 万人小于 20 万人	小于 5 万人
土地规模	大于 24 km^2	大于 7 km^2 小于 24 km^2	小于 7 km^2
公共服务设施配备标准	地区级及以上	社区级或以上	基层社区级或以下
居住及其设施	符合城市居住标准	按照社区级或以上	少量居住区、宿舍

通过上面的分析可以看出，不同开发区再开发模式对功能的选择如表 7-11。

表 7-11　不同开发区再开发模式的功能选择

	生产功能	生态功能	生活功能	社会功能
城市功能型	○	◎	◎	●
纯产业区	●	◎	○	○
产业社区	●	●	●	●
综合新城	●	●	●	●

注：●必选、◎可选、○无须选。

7.2.3　开发区产业集聚态势

二战以后，为了有效地利用全球资源，降低制造业成本，跨国公司约每隔 20 年就展开一次全球制造业布局的调整，已经三次重新在全球布局其生产、销售、服务和研发的各个环节。20 多年以来，我国制造业在世界制造业的地位逐渐提升，2006 年，我国在全球制造业份额已达到 8%，总量上超过日本，成为全球第二大制造国，有 172 类产品总量位居世界第一，参与全球产业链的分工，作为世界工厂的地位已经形成①。我国开发区产业属于卫星平台式②，本质上是基地在外部的多工厂企业的分厂设施的集合，关键的投资决策在外部，资金、专门技术、商业服务主要由外部提供，因此工厂或有关活动可能中途转移到其他类似结构的平台，威胁本地区的增长③。当前经济全球化已从制造业全球化进入到服务业全球化，我国沿海地区已经不适合作为全球制造业中心，制造业向我国中西部或其他国家的转移正在悄然进行。

1）区域制造业西进与生产服务业东聚同时存在

“雁阵模型”理论认为一个产业成熟以后就要有接替者，这是因为小国规模很小，一旦形成规模了就必须整体外移。而对于我国来说，就不存在这个问题，沿海搞不下去了，可以到内陆去搞，这是产业转移在中国的一大特点④。中国制造相对于其他国家的优势正在缩小⑤，但是由于中国的快速城市化和大量劳动力需要就业的实际情况、中国在制造业方面的现实优势如世界上最大的开发区群、充足的人力资源、改革开放优惠政策等优越的投资环境决定了中国在相当一段时间内仍大力发展制造业，中国目前仍是国外企业投资的首选地⑥。2006年商务部提出“万商西进”工程，国务院批准《国务院中西部地区承接产业转移的指导意见》、《皖江城市带承接产业转移示范区规划》，都旨在促进我国制造业由长三角转移到广大的中西部。随着富士康一线员工底薪每月2 000元以上，富士康也已经将部分生产功能迁往郑州、武汉等中部城市，表明沿海地区以“人力成本低”为利润的代工型企业利润空间的缩小，“西进”是它们的可行出路。

与制造业“西进”相反，企业的总部或者研发中心作为企业的决策和创新机构，需要更高效的区域服务环境，如资本、技术、人才、信息等资源，对资源极为倚重的生产性服务业明显出现向大城市聚集的趋势，往往迁至东部中心城市，如宁波的雅戈尔、杉杉将企业总部迁往上海。从中国社会科学院研究成果看，2007年区域企业总部搬迁以迁入东部的比重最大，占总比重的60%以上（表7-12）。从面上看，最近十年来出现“总部经济”向中心城市“围拢”的现象，国外跨国公司的区域总部往往落户北京、上海、广州等大城市；从量

---

① 王子先.外部危机下“中国制造”面临的挑战与开放选择[J].中国开发区，2009(7)：8-9

② 按马库森分类，开发区产业类型有四种：马歇尔式、轮轴式、卫星平台式和国家力量依赖型。

③ 深化对开发区城市功能的再认识[EB/OL]. http://business. sohu. com/20071128/n253660469. shtml

④ 王一鸣.经济转型决定未来我国经济发展[EB/OL]. http://www. china-up. com/newsdisplay

⑤ 由于人民币升值、工资水平上升、面临的资源环境问题日益严重、周边国家都对我国形成强大竞争，中国制造同美国相比的成本优势由过去的40%降低到现在的5.5%，并且同印度相比，已经没有优势。资料来源：王子先.外部危机下“中国制造”面临的挑战与开放选择[J].中国开发区，2009(7)：8-9

⑥ 中国目前仍是外国企业投资的首选地[EB/OL]. http://www. cdz. cn/www/NewsInfo. asp?NewsId

上看,2007 年全国生产性服务业的基尼系数已经达到 0.58,大于 2004 年的 0.55①。从现象和统计数据都可看出我国生产性服务业向大城市空间聚集的现象。

表 7-12　2007 年各地区上市公司总部迁移情况

区域	迁入企业总部		迁出企业总部		净迁入数（家）	总迁移量	
	数量(家)	比重(%)	数量(家)	比重(%)		数量(家)	比重(%)
东部地区	54	62.8	36	41.9	18	90	52.3
东北地区	3	3.5	9	10.5	−6	12	7.0
中部地区	11	12.8	11	12.8	0	22	12.8
西部地区	18	20.9	30	34.9	−12	48	27.9
总计	86	100	86	100	0	172	100

可见,长三角地区的产业转移存在制造业迁出和服务业迁入并存的现象。

2) 城市开发区制造业、现代服务业并重

21 世纪将是以信息技术为主的智能文明时代,开发区面临着工业化和信息化的双重挑战和双重机遇。国家提出了"致力于发展高新技术产业"的新要求以优化产业结构、完成高质量的现代工业体系,做大智慧资本特征的高新技术产业提升核心竞争力。开发区再开发过程是开发区产业提升的好时机,应大力发展先进制造业和高新技术产业,其中最重要的是科技水平、自主创新能力的提升。如漕河泾开发区由原来"科技工业开发区"转向"总部经济、研发设计、创新孵化、综合服务"的功能定位,抓住全球服务业转移这个机会,将漕河泾建成"世界办公室"。2005 年,现代服务业收入仅占漕河泾开发区总收入的 11.3%; 2007 年增至 27.7%;2010 年,这一比例已增至 37%,且三产增幅远高于二产②。

昆山经开区提出"重点发展生产性服务业"思路,把吸纳外资的重点从过去侧重于引进工业项目转向注重引进与制造业密切相关的生产型服务业,瞄准物流、金融、咨询、会展、中介服务等行业,提升了服务业在引资中的比重。2006 年,新批服务业项目 48 个,合同外资 3.54 亿元,比上年增加 162%,占比从 14%上升到 38%③。

同时,大城市生产性服务业向城郊扩散。由于生产性服务业是为制造业服

① 郑国.开发区发展与城市空间重构[M].北京:中国建筑工业出版社,2010

② 艾眇.实现第三次跨越的重要标志,漕河泾开发区二三产业融合发展加快转型[N].今日漕河泾,2011-03-14

③ 昆山开发区积极发展生产型服务业[EB/OL].http://www.gyscw.gov.cn/newsfy.asp?articleid=186

务的产业，制造业和生产性服务业两者彼此相互依存，随着开发区带动制造业的郊区化，生产性服务业在城市中心区聚集的同时也向城郊扩散。2009 年，宁波服务业企业集中分布于中心城区（表 7 - 13），海曙、江东是中心城当之无愧的生产性服务业发展的核心区，同时，镇海、北仑等外围地区的生产性服务业的量也正在逐年增加。

表 7 - 13　服务业企业在中心城六区的空间分布情况

区	海曙区	江东区	江北区	鄞州区	镇海区	北仑区	合计
数目（家）	401	278	84	71	11	45	890
比例（%）	45.1	31.2	9.4	8.0	1.2	5.1	100

开发区综合性趋势必须发展生活性服务业，主要为完善公共服务设施以保证设施配套的标准和服务水平。根据再开发的方向不同，开发区公共服务设施也应当按照相关标准设立，再开发之后相关生活服务设施达到表 7 - 14 的相关等级要求。

表 7 - 14　不同开发区再开发模式的生活性服务设施设置等级

开发区转型类别	城市新城	产业社区	纯产业区
公共服务设施配备标准	地区级	社区级	少量生活公共服务设施

开发区再开发对产业的选择应当根据自身的差异进行选择（表 7 - 15）。

表 7 - 15　不同开发区再开发模式的产业选择

	先进制造业	高新技术产业	现代服务业	生活性服务业
城市功能型	○	○	◎	◎
纯产业区	◎	◎	●	○
产业社区	◎	◎	●	●
综合新城	◎	◎	●	●

注：●必选、◎可选、○无须选。

7.2.4　开发区产业提升方式

1）积极制定产业退出机制

针对现有产业问题，应当积极推进产业升级，制定现有低层次、高污染、低效益产业的退出机制，在进行产业迁出的过程中，往往就补偿资金的问题不同利益方产生分歧，目前，国内还没有一个完全可行的产业退出补偿标准。在开发过程中对退出企业进行补偿应当包括 5 个方面①：一是土地使用权回收补

① 企业拆迁赔偿项目[EB/OL]. http://www.dongqianfa.com/Article/yj/qydq/200805/740.htm

偿;二是房产价值赔偿;三是设备设施赔偿;四是停产停业赔偿;五是搬迁奖励赔偿。补偿方式可以采用货币补偿、异地重新建设或两者混合的形式。

除了房产价值补偿有据可循之外,其他的都是通过双方商谈达成协议,开发区再开发迁出企业较多,希望尽量以较少的资金来达到目的;相反,迁出企业对开发区土地升值的预期很高,希望多得到补偿金以用于新厂房的建设、设备的更新和技术的升级等。因此有必要制定一些相应的硬性的规定来促进开发区部分产业的退出。

2) 提高产业准入门槛

随着科技的发展,技术快速升级造成产业的演替周期缩短,给开发区未来产业选择带来了困难。因此,如何避免开发区产业快速被淘汰成为产业再开发必须面临的问题,对于开发区再开发产业的选择,应当符合以下原则:

① 长远原则:长远原则要求产业具有长远发展的可能性,尽量选择处于成长阶段的朝阳产业,不仅具有做大做强的发展前景,还具有引领未来产业发展的潜力。

② 经济原则:经济原则要求产业发展具有较高的附加值,开发区存量空间具有较高的利用效率,保证开发区的经济效益。

③ 集群原则:集群原则要求产业发展具有高度聚集性,产业集群能够充分发挥企业的外部经济性,以获得产业规模经济效应,开发区在此过程中的作用不在于“制造”产业集群,而是发现那些已处于萌芽状态但很有发展潜力的产业集群,然后通过各种政策措施促进集群的地方网络形成①。

④ 协调原则:开发区产业要彼此协调发展,根据自身区位、面积和产业等实际情况来发展相关的制造业、高新技术产业、生产性服务业和生活性服务业。

另外,需要对准入的企业严把土地关,2004 年全国推行经营性用地招拍挂后,我国已经普遍实行了工业用地“招拍挂”,2006 年 8 月,国务院《关于加强土地调控有关问题的通知》(国发〔2006〕31 号)中明确规定:“工业用地必须采用招标拍卖挂牌方式出让,其出让价格不得低于公布的最低价标准。”新加坡开发区多把土地用来自身开发,建设通用标准厂房,然后进行出租,不仅提高了空间的开发强度,也有利于产业升级的顺利进行。因此,开发区再开发过程中工业用地必须采用招拍挂的方式进行,另外,开发区可以自行对工业用地进行开发,保证每年投入市场的土地中一定比例用于开发区建设多层以上的标准通用厂房,对土地和土地上的厂房共同进行租赁,租金实行年租制,若经营不好的企业退出,可避免出现现有再开发过程中的土地回购、设备补偿的经济纠纷,便于产业的提升和转型升级。

以苏州工业园区工业土地实行“招拍挂”为例,经苏州市人民政府授权,园区管理委员会批准,园区国土房产局对位于苏州工业园区编号为苏园国土 2010－G－44 到苏园国土 2010－G－51 的 8 幅国有建设用地使用权实行公开

---

① 龚仰军,宋浩亮,陈歌.对我国开发区二次开发的思考[J].上海管理科学,2006(1):8－10

挂牌出让(表 7－16),出让条件中就明确提出了相关准入要求。

表 7－16　苏园(工)挂告〔2010〕第 010 号挂牌成交信息公示表

Z	地块位置	竞得单位	用途	面积(m^2)	容积率	建筑密度(%)	投资强度(万元/亩)	起报价(万元)
44	浦田路北、朱街西	越海供应链设备制造有限公司	工业用地	40 599.5	0.8～2.0	≥40	≥400	1 366
45	葑亭大道北、临埠街西	苏州工业园区星德胜电机有限公司	工业用地	17 151.0	0.8～2.0	≥40	≥400	577
46	丰和路北、双灯路东	苏州工业园区联顺科技有限公司	工业用地	13 067.4	0.8～2.0	≥40	≥400	736
47	丰和路北、双灯路东	苏州工业园区阳晨封装技术有限公司	工业用地	13 695.9	0.8～2.0	≥40	≥400	461
48	青澄路南,经五路东	亚杰科技有限公司	工业用地	11 999.8	0.8～1.5	15～40	≥1 100	404
49	澄弯路北、经五路东	江苏东方航天校准检测有限公司	工业用地	11 998.2	0.8～1.5	15～40	≥400	404
50	娄阳路北、科峰路东	苏州明鑫环保科技有限公司	工业用地	15 225.5	2.0～2.5	20～40	≥400	512
51	长阳街东、麦克维尔北	东曜药业有限公司	工业用地	49 849.0	0.8～2.0	≥40	≥400	1 677

目前工业用地使用费用一次性支付的方式存在一定的弊端,不能应对以后的市场和经济变化,所以工业用地招拍挂应当为取得土地的部分特定年限的使用权,这个使用权到期后,今后一定年限内的价格应当根据市场供求、政策、土地供应情况进行调整。

7.3　长三角开发区建成区空间再开发研究

7.3.1　开发区空间转型途径

开发区空间转型包括开发区建成区已建用地的重新开发、也包括建成区未建用地的填充式开发和新扩充地块的开发。

1) 开发区建成区已建用地再开发

"再利用"意味着"已利用",表明被开发土地已经有一定的城市功能,由于经济、社会、生态、环境等原因，某一特定地块现有功能不再适合新的发展要求而产生的再开发。

2）开发区建成区填充式开发

填充式开发主要指建成区内部空地的重新利用，主要有以下三种主要的形式：

① 灰色场地：指不能开发的地块，如河道蓝线、绿线等以内的不能开发的用地，现状为自然状态。再开发可以将灰色空间开发为公共开放空间，如江宁经济技术开发区秦淮新河沿河绿道的建设（图 7－13）。

② 闲置土地：由于开发区在成立之初的准入门槛低，开发区以土地招商的政策导致很多企业“圈地”，开发区闲置用地过多，以荒地和大面积的绿地等形式存在，再开发中必须进行重新利用（图 7－14）。

③ 战略性保留用地：是开发区规划的服务用地或商业用地，但是现阶段还没有开发的条件，土地以“荒地”的形式存在。如昆山经济技术开发区正在建设的前进路两侧的用地即是上阶段战略性保留的用地，如今打造城市东部副中心，建设区域公共设施服务带的条件已经成熟（图 7－15）。

图 7－13　沿河灰色土地

图 7－14　土地闲置现象

图 7－15　战略性再开发

图 7－16　新用地开发现象

3）新扩充地块的重新开发

开发区改变空间结构的另一个途径是扩大开发区范围新增加用地，建设开发区的居住、公共服务设施或者高新技术企业，从而使开发区空间结构转型（图 7－16）。

昆山经济技术开发区从 1985 年县开发区在县城的东侧起步，启动区块 3.75 km^2，到 1986 年 10 月，开发区面积达到 6.18 km^2，1989 年 9 月，又适逢昆山撤县设市，开发区面临新的机遇和挑战。1992 年被授予省级开发区，面积扩大到 20 km^2。1992 年 8 月，开发区成为国家级开发区，并提出“完善配套功能，建筑城市新区”的口号，现开发区面积已经扩大到92.67km^2，走出了一条开发区发展的“昆山之路”。在新一轮昆山总体规划中，开发区被定位为城市的东部副中心(图 7－17)。

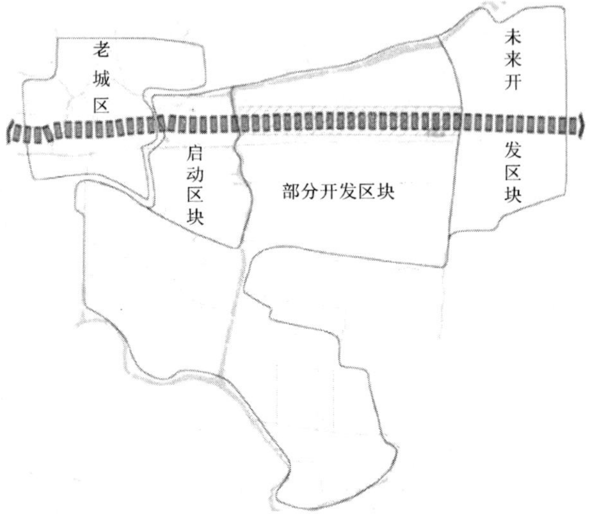

图 7－17　昆山开发区的区块划分

昆山经开区启动区距离老城仅一水之隔，已经融入主城区，成为城市空间结构中“一心”的重要组成部分，昆山市委市政府、市文化中心都已经进驻启动区内，长江路以东大部分地块都已经再开发为居住用地。开发区升级为国家级开发区后，提出了建设新城区的目标，并规划了相应的服务发展轴线和中心，规划的办公、商业、金融等服务功能由于开发区还处于要素的聚集阶段而后开发，如今随着城市中心的跳跃式发展，开发区由工业化往城市化的建设，这些地块的开发已经成熟，因此，沿主要轴线前进路两侧启动区块以东、以南部分的填充式开发逐渐启动。再往东面则是已经纳入开发区范围还没有充分开发的蓬朗镇，在原镇区的居住和生活服务设施基础上规划为生活服务中心，促进整个开发区空间的转型。

7.3.2　开发区空间形态再开发

空间是功能的外在表象，根据开发区再开发功能的不同，开发区再开发的空间形态在宏观、中观和微观层面上表现为不同的形态。

1) 宏观空间结构的逐步形成

在宏观层面，针对开发区空间结构均质、扁平的现状问题，再开发应当突出开发区自身空间结构的构建。本书以宁波开发区再开发为例进行分析。

(1) 综合新城：完整独立的空间结构

总体上看，宁波经济技术开发区呈北港南城、工业与居住条块混杂的格局，横向又分为东、中、西三片，差异较大。西片是开发区的启动区，沿甬江发展，居住用地较少；中片区近年发展迅速，中心片区是北仑区主要生活、办公、生产的核心区，是未来最有可能发展成为中心的片区；东片区开发量较小，工业用地布局分散，且规模较小。

未来开发区再开发包括三个方面：一是西边启动区块的“退二进三”，启动区产业能级较低，物质环境较差，再开发的迫切性最高；二是临港产业带的升级，临港重工业为宁波的主导产业，临港产业自身的升级刻不容缓；三是中片中心区的形成，北仑区需要按照独立新城建设，面临的首要问题是新城中心的确立，中片区条件最好，但是和工业的混合性也很高，还需要腾出部分工业用地建设学校、商业购物、文化娱乐等公共服务设施。

（2）产业社区：较完整的空间体系

宁波高新区现状工业主要集中在开发区启动区和梅墟街道两个区块，其余地段主要为城中村或其他零散的小工业地块，空间结构零散。经过部分地块的再开发，开发区强化了中心区的建设，对启动区块进行了“退二进居”的改造，对梅墟街道工业进行了“退二优二”的产业升级，以及对其他开发不完全区块的再开发使得开发区的形成“一心、一轴、三区、多个功能单元”的空间结构。

（3）纯产业区：强化空间效益

纯产业区由于面积较小，公共服务设施依赖周边的城市或城市外围的镇区，其发展方向仍然为产业用地，空间结构仍是扁平的，宁波望春工业园区再开发后仍然是纯产业用地，在再开发过程中，主要的形式是“腾笼引凤”式的“退二优二”，逐渐形成产业集群。

（4）城市功能型空间：融入城市

城市功能型空间是在再开发过程中逐渐淘汰工业功能而作为城市生活用地的一部分，“退二进三”为城市的一部分。宁波江东城市工业功能区现状已经完全被城市发展所包围，开发区土地已经不适宜作为工业用地存在，由于地价的迅速上升，开发区被再开发为南面的居住用地和北面的公共服务设施用地（图 7－18）。

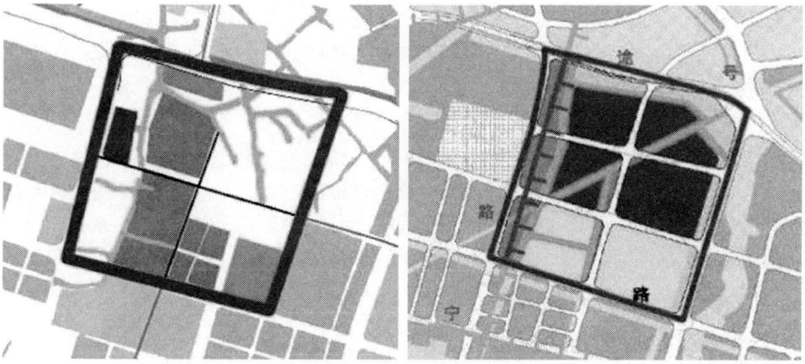

图 7－18　江东城市工业区用地现状、规划图

综合来看，根据开发区再开发模式，确定开发区的空间结构、整合方式和策略如表 7 - 17。

表 7 - 17　开发区宏观空间结构整合方式及策略

	空间整合方式	空间发展策略
城市新城	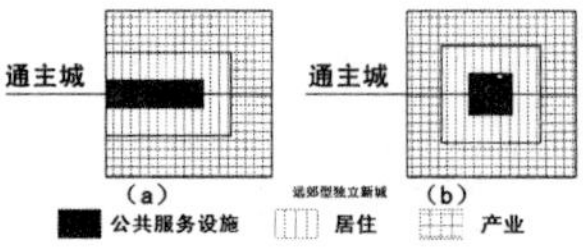 远郊独立新城	开发区位于主城远郊，面积较大，开发区需要向新城方向转型，开发区“独立”于主城，具有自身完善的公共服务设施、相应比例的居住和产业用地，开发区空间呈现“U”形层状结构：开发区与主城有至少一条主要的通道，沿通道两侧为公共服务设施用地，中层为居住用地，最外层为产业用地
产业社区	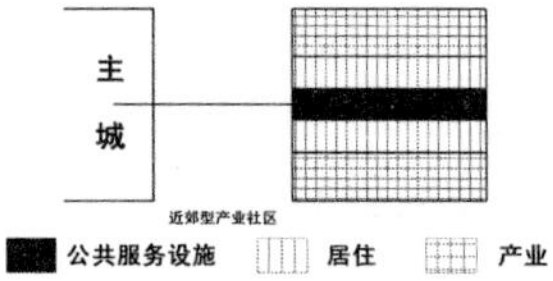 近郊型城市功能区	开发区处于城市近郊，面积较大，由于开发区距主城还有一定距离，开发区需要建设自身社区级的生活及其服务设施，开发区空间呈现层状结构：开发区与主城有至少一条主要的通道，中心沿通道两侧为公共服务设施用地，中层为居住用地，最外层为产业用地
	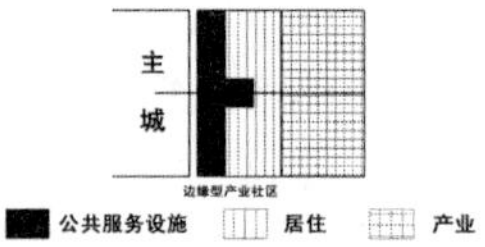 边缘型城市功能区	由于开发区处于城市边缘且自身面积较大，开发区部分依托城市公共服务设施，同时自身需要建设社区级的生活及其服务设施，开发区空间呈圈层状结构：开发区与主城通道较多，与城市接壤的圈层为公共服务设施用地，中圈层为居住用地，最外圈层为产业用地
纯产业区	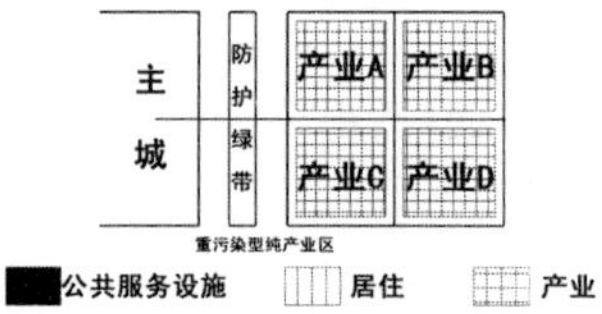 重工业型开发区	开发区处于城市或镇区边缘，功能用地较单一，如化工园区。因此，其环境使得其未配备生活及其服务设施用地，而是依托周边的城市边缘或者镇区配置。若为镇区配置，则镇区的服务能级需要达到相应的标准，否则需要进行功能的完善与升级。这类开发区由于环境影响大，其周边需要设置防护绿化带
	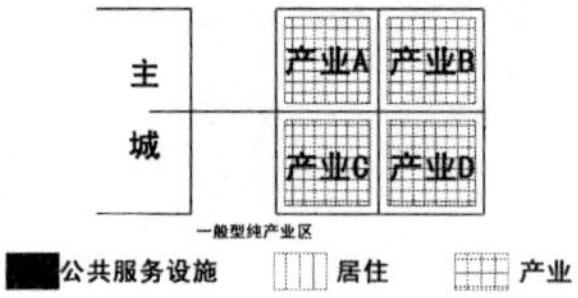 一般专业性开发区	开发区处于城市或镇区边缘，面积较小，功能用地较单一，如出口加工区。因此，其不配备生活及其服务设施用地，而是依托周边的城市边缘或者镇区配置。同理，若为镇区配置，则镇区的服务能级需要达到相应的标准，否则需要进行功能的完善与升级

2）中观道路肌理的调整

开发区主要为产业用地，不同企业的投资能力需要开发区地块要能适合不同企业不同面积的开发，街道尺度较大，因此再开发过程中为了适应新的功能，需对道路进行一定的调整。

（1）再开发中道路变化情况

改建：改建包括平面和立体两种方式，一种是平面改建，包括道路宽度、线型的走向变化，即通过改建从而改变原有道路的形态和位置，如拓展现有道路宽度以适应地块的高强度开发；另一种是建设立体交通，形成地下、地面、地上多层次交通，以适应开发区大幅度提升的交通流需求，如江宁经济技术开发区双龙大道的再开发。

加建：加密道路使得再开发之后的道路网络更加系统、细化以适应新的要求。如江宁经济技术开发区的启动区块部分再开发已经不再作为工业用地，而是作为商业、娱乐、办公用地，建设强度也随之增加，为了与再开发功能及副中心定位匹配，需要将原有距离约 400 m 的街区进行细化，加建道路之后道路之间的距离约为 200 m（图 7－19）。

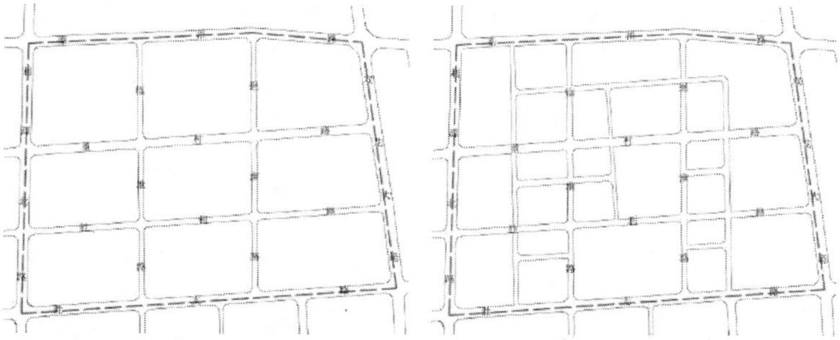

图 7－19　江宁经济技术开发区启动区部分再开发前后道路对比

重组：顾名思义，原有街区和道路支线不够完整，需要进行重新组合以形成新的系统。如宁波高新区启动区，现有的支路系统相对零散，作为居住社区需要比较完整的社区内部道路，因此，再开发过程中需要将现有的支路进行串联使得支路之间能够相互通达（图 7－20）。

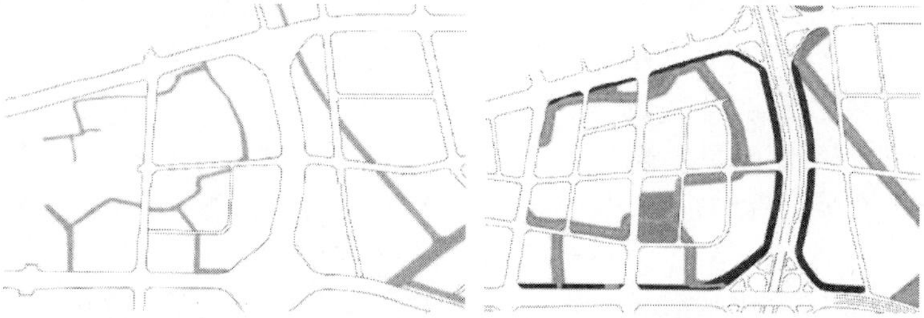

图 7－20　宁波高新区启动区部分再开发前后道路对比

（2）中观层面确立街区的细化原则

针对工业企业场地大小需求不一的情况，有必要对开发区的道路及地块开发模式进行适当引导。结合现状开发区工业地块道路间距 400 m 左右的实际情况，进一步再划分为 4 个 200 m 见方的地块。然后开发区对企业投资计划进行批地评估，对于规模小于一个 200 m 见方地块的企业不单独划拨土地，而是采取开发区自建厂房然后对厂房进行出租，对于符合划地的企业供地方式，可按照200 m×200 m(a)、400 m×200 m(b)、400 m×400 m(c)、600 m×400 m(d)等顺序选择（图 7－21）。

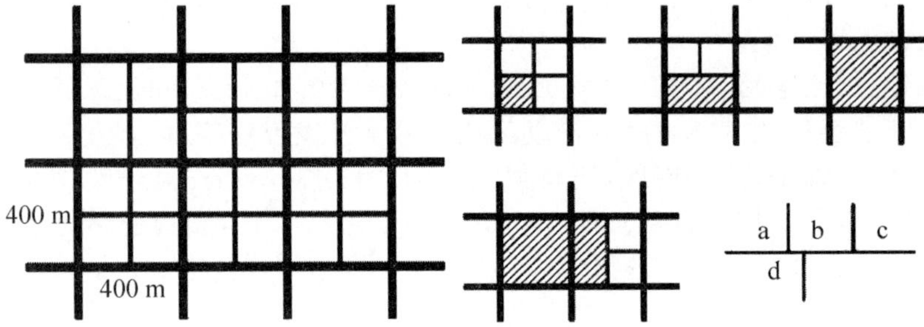

图 7－21　地块的划分方式

另外，对于不符合独立供地条件的企业，可以采取标准厂房的形式进行租房发展。可以细分为两种方式：一种为制造业，开发区建设标准厂房（可多层建设）供较小企业租用；另一种为办公性质的企业，开发区建设办公大楼进行租赁（其土地划分方式依图 7－21 所示）。

3）微观空间景观的重塑

（1）再开发中微观空间景观变化情况

开发区建设过程中往往忽视其景观环境的塑造，而当开发区部分地块由制造业用地向研发、居住和公共服务设施用地转化之后，必须提升环境景观，改善原有开发区空间景观较单一的形象，形成新的景观轴线和节点。环境和景观两个方面相互作用，环境塑造包括增加道路绿化、公共绿地，同时还要美化水环境等；景观提升则包括塑造城市界面和节点景观。萧山经开区市北区块与萧山新区接壤，通过对与主城联系的主要道路市心路的再开发，其空间景观从低矮厂房为界面的园区景观转变为以科研、金融、商贸等为界面的城市空间景观。

（2）微观层面建筑改造的协调化

建筑肌理不仅仅是平面中的密度，还有建筑的布局方式和体量等。与其他地区建筑比较可以看出，开发区建筑的布局方式比较板正、单一，建筑体量较大。有的厂房面宽甚至达 100 m 余，进深也很大。

针对目前厂房建筑肌理缺乏变化的现状，有必要对建筑布局方式进行丰富，减少由于机械排列产生的无效空间，可在其两端增加仓储用房等配套空间以创造积极的围合空间（图 7－22）。对于工业建筑的再开发，考虑到开发区欠缺老工业遗产的文化底蕴和历史积淀，开发区的建筑可结合现代工业建筑的形式与其生产功能匹配。

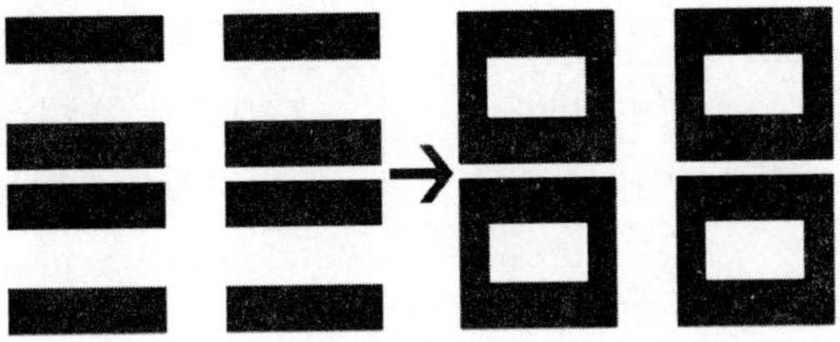

图 7-22　工业建筑布局方式调整

（3）微观空间景观的美化

我国开发区之间没有根据自己的特色形成独特的景观，“千区一面”的状况越来越严重，应当形成富有地域特色的城区景观，包括：

形成完整的空间轴线和节点：开发区空间节点普遍比较缺乏，再开发过程中应注意形成空间的轴线和标志性节点，有利于城市空间景观的优化（图 7-23）。

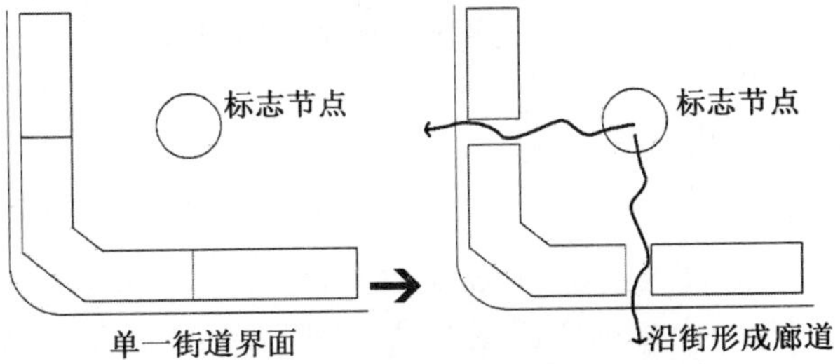

图 7-23　再开发过程中空间景观的形成

形成丰富的街道界面景观：开发区现有街道界面是开发区产业、功能的外在表现之一，对街道界面的改观需要结合街道功能的变化，近年来随着 2.5 产业（介于二、三产业之间的产业）的不断出现，用地性质缺乏弹性的弊端逐步显现，矛盾越来越多。因此，有必要细化开发区工业用地类型，针对性地控制开发强度和高度，改善空间肌理和立面形象（图 7-24，表 7-18）。

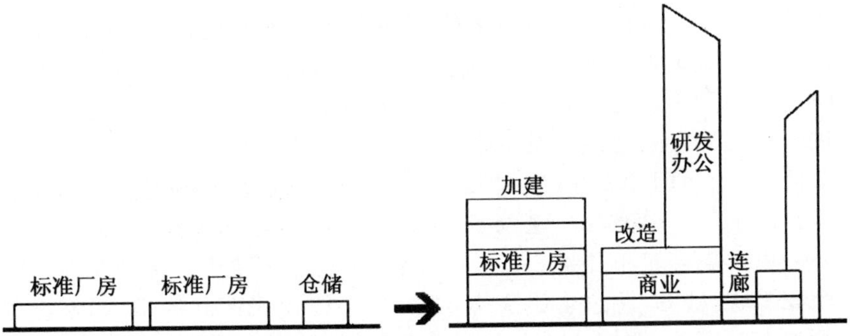

图 7-24　再开发过程中街道界面的形成

表 7-18 开发区工业用地类型细化与开发强度控制表

用地编号	用地类型	开发控制标准
M	工业生产用地	按照普通工业用地开发建设标准
M(C6)	生产研发用地	按照研发用地开发建设标准
M(R)	企业单身宿舍用地	按照工业用地开发建设标准
M(W)	企业仓储用地	按照仓储用地开发建设标准

形成再开发功能的立面效果：开发区再开发对新功能的适应立面改造主要表现在两个方面：一方面是改变建筑的材料已达到功能需求和装饰效果；另一方面是改变立面形式，使得建筑立面更加丰富(图 7-25)。

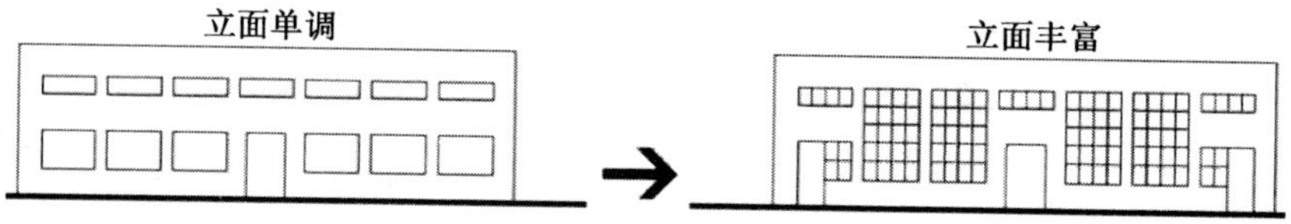

图 7-25 再开发过程中立面变化

7.3.3 开发区产业建筑再利用

1) 建筑功能的混合

为了提升开发区的空间利用效率，必须提高土地的混合使用，开发区再开发过程中建筑功能的混合利用在退二进三和退二优二两种形式中应当存在差异：① 退二进三。再开发后作为非生产功能建筑，居住、办公和商业服务等建筑采用混合建设模式，不仅可以缩短工作、居住、消费之间的距离，节约时间、经济成本，也大大提升了街区的活力度，减少了由于严格功能分区所带来的呆板，增加了城市空间的多样性。② 退二优二。对于再开发之后仍然作为产业功能的建筑，工业生产、科技研发、仓储、宿舍及食堂也应当进行适当比例的混合，在一定程度上解决了职工的服务、居住，也方便了企业的内部研发、生产、运输的一体化。同时，促进多个项目共同使用。

木渎金桥开发区位于历史悠久的江南著名古镇木渎镇，占地 5 km^2，13 年来已入驻了 1 000 多家中小企业，但产业定位不明晰，企业类型庞杂，2010 年 9 月 29 日启动开发金桥汽车零部件产业园建设，占地 2 300 亩，进行产业的“二次引进”，但是开发区已经没有剩余土地，未开发净地已几乎为零，土地、厂房都已有项目、企业使用和入驻，在国家对开发区土地政策趋紧的情况下，开发区只有大力回购土地、厂房资源，建设多层、耐承重的高层高容积率新型厂房，厂房有外环道可供集装箱车开到二三层，这种厂房适用于机电一体化企业。汽车零部件产业园成立即有两家企业签约入驻，与以往模式不同的是，两家企业都不占用新的土地资源，他们分别租用旧厂房和拆旧建新的厂房，从而以“零地”招商突破了土地资源瓶颈的制约，这种模式是典型的开发区空间集约发展之路。

2）建筑形式的混合

开发区产业建筑改造主要有三种形式：第一类是彻底改造类。即是在原有工业企业搬迁之后，原有工业厂房不适合新的功能和形态，推倒重建新的建筑，新建筑与原有建筑基本上没有任何联系，如正在建设的漕河泾开发区中改建莲花路 1733 号地块二期厂房工程。第二类为部分改造类。对建筑进行部分改造，或加建、改建，加建需要关注新老建筑的匹配，改建有立面改建、内部空间改建以及景观环境的改建，如上海漕河泾新兴技术开发区桂林路、田林路交叉口西部角的商场是在原有工业建筑的基础上进行部分立面改造和内部空间的重新划分。第三类为基本不改造类。建筑的现状条件较好，当新的产业或功能进驻时，无论是场地、建筑形式和内部空间都符合新的要求，因此，基本不需要对建筑进行改建、加建或新建等活动，如许多开发区的标准招租厂房就属于这一类建筑，当老的企业迁出之后，新的企业迁入就可以直接投入生产。

对开发区再开发而言，应当追求集约发展，尽量利用原有建筑及场地，对其进行改造再利用，既可以节省成本，也能够缩短再开发时间，使企业能够尽快投入生产，鼓励在原有基础上进行加建、加层等方式实现新老建筑形式的结合。南京高新区招商研发楼扩建工程在南京春晖科技实业有限公司的空地上进行加建，并与原有食堂连为一体，新老融合，是开发区建筑合理再开发的典型例子。

3）强适应性的设计策略

产业建筑设计既要符合当前生产功能，未来再利用也可以作为制造业厂房继续存在，或可以作为服务业的空间，因此产业建筑的设计必须具有较强的适应性，能够作为多种类型功能的空间载体。首先，应当具有大的内部空间，能够适应当前的生产以及未来的综合需求，生产设备对空间的要求较高，往往需要较大的内部空间来容纳不同类型的生产设备，因此大的内部空间不仅表现在面积上，还表现在层高上，这就是为什么标准厂房是大体量、大层高的建筑，而当作为其他的服务空间时，内部的大空间可以在平面和纵向上进行再分割，增加改造的灵活性；其次，具有丰富的立面效果，工业建筑在改造过程中往往因为其立面较呆板，为了适应新的功能要求，往往改变其外在形式，增加了改造力度，因此丰富的立面具有较强的适应性，在将来升级、再利用过程中可以减少对立面的改造；最后，符合未来发展趋势，如较先进建筑材料的使用、建筑节能的运用。

4）高标准的建造策略

由于产业的更新速度较快，在产业建筑的使用寿命内往往会作为多种使用功能而存在，要使得产业建筑适应长时间的改造，其建筑条件必须良好，因此，在施工建造过程中必须具有高工程质量，其中最重要的是建筑材料，材料是建筑寿命长的前提和保证，选用质量好、耐久性好的建材，能够减少材料的更换周期，延长改造的时间；其次是施工质量，保证结构坚固；最后是相关的专业验收。只有这样，才能做到建筑质量的安全、可靠，能够在长期的改造过程中提供较好的建筑物质条件保障。

7.4 江宁经济技术开发区再开发研究

江宁经济技术开发区出现的一些再开发现象以及未来的发展趋势在长三角范围内先发开发区中具有一定的典型性。从再开发的方向上看，江宁经济技术开发区属于向综合新城发展模式。

7.4.1 江宁经济技术开发区发展概述

1992 年从一个江宁县办自费的工业区到 2010 年升级为国家级开发区，南京江宁经济技术开发区已经成为集科研、工业、贸易、服务、教育、居住以及休闲为一体的综合城区。随着南京城市和开发区的快速发展，开发区也面临着新的发展形势，其再开发成为重要议题。

1）江宁经济技术开发区发展历程

（1）江宁经济技术开发区在南京城市规划中的地位变化

南京城市总体规划（1981—2000）：这一时期开发区所在的东山还是江宁县的城关镇，处于城市“圈层式城镇群体结构”的第三圈层。第三圈层有沿江 3 个卫星城、3 个县城和两浦地区，3 个县城中东山镇以农机、轻纺工业为主，并确定工业向外围发展的趋势。

南京城市总体规划（1991—2010）：东山作为南京都市圈的南部地区，还不是南京城区的组成部分，而是作为都市圈 12 个外围城镇之一，东山作为江宁的政治、经济、文化中心，是南京都市圈南部的吸引中心。此阶段中心城市的工业用地由 33.4 km^2 下降到 31.4 km^2 左右，主城内一般不再新增工业用地，保留的工业以内涵发展为主，工业用地向外围发展。1992 年，江宁开发区成立。

南京城市总体规划（2000—2010）即城市总体规划（1991—2010）调整：南京城镇发展的空间框架初步拉开，主城外围依托开发区的东山、新尧、浦口等外围城镇快速发展。外围城镇建设用地由 70 km^2 增长到100 km^2 左右，东山已经融入了南京都市发展区，与仙西、江北成为三个新市区。南京主城工业用地迅速下降，外围工业园区迅速发展，四大主要工业园区已经初步形成，江宁开发区是唯一位于主城南部的开发区，也是面积最大的开发区。

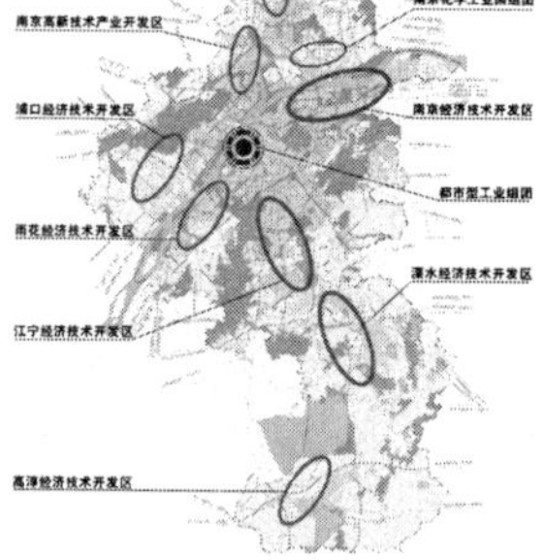

图 7－26 开发区分布图

南京城市总体规划（2010—2020）：2000 年以来，城市发展逐步跳出老城，“一城三区”战略已经初见成效，逐步成为城市发展的重心，南京市域 2020 年形成“主城—副城—新城—新市镇—村庄”的五级市域城乡空间体系，主城区的工业用地进一步减少，只留下部分都市型工业组团，外围包括江宁开发区在内的九大工业组团得到了迅速发展（图 7－26），外围工业用地占外围建设用地近三分之一的面积。东山副城已经初步发展成为一个集教育科研、知识创新和高新技术产业基地为一体的花园式新市区。

（2）江宁经济技术开发区发展的三个阶段

从江宁开发区的发展经历可以看出（图 7－27）①，江宁开发区经过启动起步期、扩张发展期之后已经进入了成熟转型期。

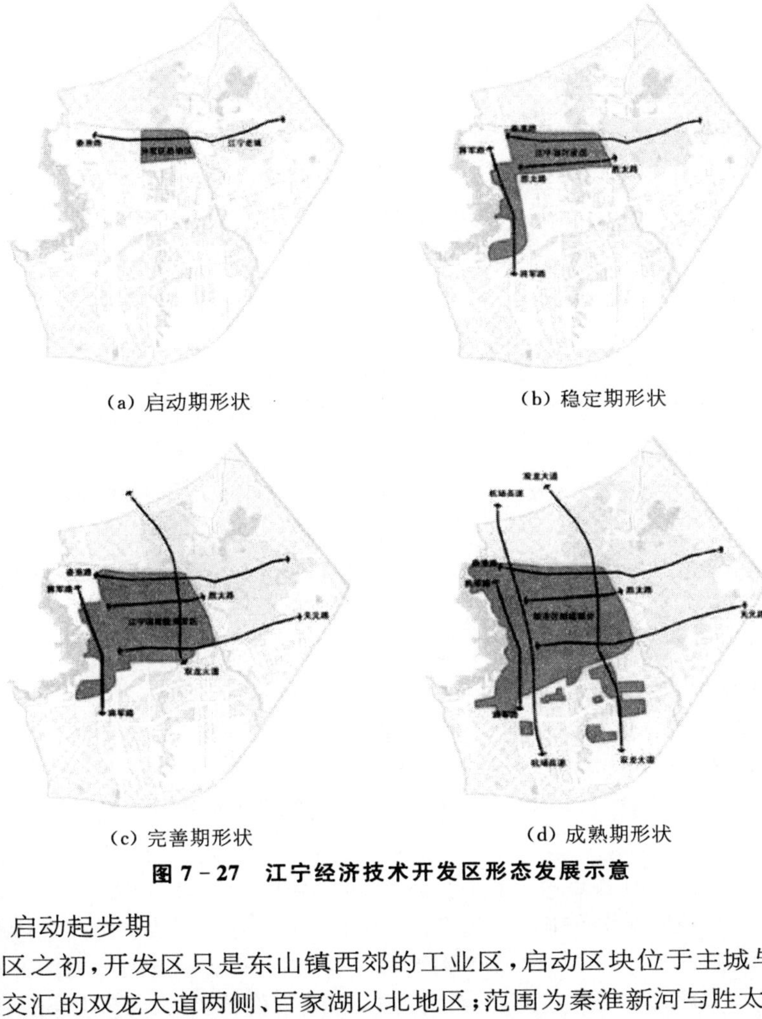

(a) 启动期形状　　(b) 稳定期形状

(c) 完善期形状　　(d) 成熟期形状

图 7－27　江宁经济技术开发区形态发展示意

① 启动起步期

建区之初，开发区只是东山镇西郊的工业区，启动区块位于主城与江宁交通轴线交汇的双龙大道两侧、百家湖以北地区；范围为秦淮新河与胜太路、利源北路围合的区域，规划面积约 2.15 km^2，建设用地面积 154.99 hm^2，其中工业用地面积 74.65 hm^2，占建设用地面积的比例达到48.16％，对东山镇生活服务设施的依赖较大（表 7－19，图 7－27a）。

---

① 袁新国. 江宁经济技术开发区启动区再开发初探[J]. 现代城市研究，2010(12)：29－34

表 7-19 1992 年启动区规划用地计算表

用地名称	面积(hm^2)	用地比例(%)	用地名称	面积(hm^2)	用地比例(%)
居住用地	6.05	3.44	市政用地	2.16	1.23
公共设施用地	35.76	20.33	道路广场用地	36.37	20.67
工业用地	74.65	42.44	公共绿地	20.90	11.88
建设用地	175.89	100.00	—	—	—

② 扩张发展期

1992 年至 1997 年，开发区是江宁县城主要的产业集聚区，其内部轴线开始发育和延伸——在秦淮路轴线的南面发展起第二条横向轴线——胜太路轴线，在开发区西面发展起将军路纵向轴线(图 7-27b)。1997 年开发区被国家科委批准为国家级高新技术产业开发区，江宁经济技术开发区成为南京市重要的产业区。

1998 年至 2002 年，第二条与县城衔接的轴线(天元路轴线)形成，纵向轴线双龙大道加强了开发区与主城的联系，开发区沿双龙大道两侧纵向发展，将秦淮路、天元路两条东西向的发展轴线联系起来，百家湖环湖地带初步形成(图 7-27c)。2002 年经江苏省委、省政府批准赋予其国家级开发区经济审批权限，开发区获得了更高的发展平台。此时开发区范围已经扩展近 26 km^2，开发区主要围绕着百家湖发展，已建设用地面积 1 441.14 hm^2，空地面积达 847.64 hm^2，分别占总用地面积比重为 55.61%和 32.71%。

③ 成熟转型期

2003 年以后，开发区进入开发的成熟期，其产业特色与空间架构逐步形成，开发区内部填充的同时，跨牛首山河南扩，九龙湖片区启动，百家湖—九龙湖轴线初具规模。这一阶段西面的机场高速轴线形成，将军路轴线弱化，形成了三横三纵的空间格局(图 7-27d)，此时开发区的范围也已经扩充至 70 km^2。

江宁经济技术开发区 2003 年时规划的用地已经出让完成而进入转型期，开发区在寻求空间扩张的同时，也在进行内部的整合，并对开发区进行了重新定位，开发区所在地区从新城向副城转变。在《东山新市区总体规划调整(2003—2010)》中，将开发区的启动区定位为南京的商业、商贸副中心，并将部分重要地段的产业用地规划置换为三产、居住、公共绿化等用地(图 7-28)。

2) 江宁经济技术开发区发展面临的新形势

(1) 东山从“新市区”到“副城”的调整

在新版的南京总体规划(2010—2020)中将东山由“新市区”调整为“副城”，由“区”到“城”的调整，目的是通过提升副城综合服务功能，增强对周边的辐射能力，分担主城压力。

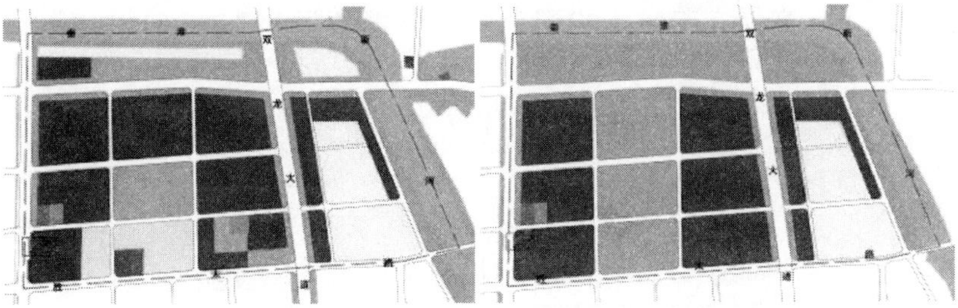

图 7-28　江宁开发区启动区块近期与远期规划

(2) 开发区与南京主城一体化加速

开发区与南京主城交通联系从一般公路到高快速道路，再到如今的轨道交通呈多样化趋势，在南京总体规划中，经过开发区的地铁就有 3 条(1 号、3 号、6 号线)，其中地铁 1 号线已经通车，大大加强了开发区与主城及周边地区的联系，特别是与主城的联系，功能、经济、基础设施上形成一定的互补。

(3) 开发区功能综合化、高端化趋势

江宁经开区从强调“产业职能”到强调“综合职能”，需要增强自我完善能力，不断补充其他城市功能，如居住、金融、商贸、文化、教育、科研等，来吸引更多的居住人口，支撑未来的可持续发展。同时，作为东山副城的重要组成部分，需要发挥区域性功能，与周边的街道在人口、产业、社会、经济等方面互相配合。

(4) 开发区空间格局的多样化趋势

开发区自启动期的工业区到后来以百家湖为中心的集部分居住、教育科研一体的工业区再到如今的以百家湖、九龙湖为轴线的“准综合区”以及未来规划的以居住、服务为主的功能区域，空间从单一逐渐走向多样。

(5) 产业平台不断上升趋势

开发区通过提升项目承载力和产业支撑力，不断提升开发区产业平台，将不符合开发区未来导向的产业、低效产业逐步进行转移，促进产业升级。

3) 江宁经济技术开发区现状面临的问题及再开发的必要性

开发区过去的发展属于重产业拓展、轻城市功能培育的纯园区增长模式，作为规划的综合新城，其再开发的必要性表现在：

(1) 功能等级提升不明显，再开发有利于城市功能档次提升

江宁已经有近百万人口，但是江宁的中心并不明确，中心的层次较低，集聚性较弱。从 2003 年到 2010 年东山的商业金融用地的分析可以看出(图 7-29)，增长的“目的性”不明确，高品质的中心集聚区还没有形成。

然而，未来城市的副中心或地区的中心地区目前还是工业用地，即预期的中心地段的土地都被工业所占据，再开发对提升江宁地区的地位和档次都具有重要的战略意义，具有迫切的必要性。

(2) 服务水平低下，再开发有利于完善公共服务设施

经开区“三为主”策略下开发区重产业轻服务，工业用地所占比重过大导致

其用地结构失衡，需要完善自身的配套体系以提升服务能力。2009 年，区内的教育、医疗设施全面落后于主城区，教育设施密度甚至落后于郊区和郊县（表 7－20），社会功能的完善的要求使开发区再开发成为必要。

图 7－29　2003—2010 年东山商业金融用地分布

表 7－20　2009 年江宁经济技术开发区与各区县教育设施、医疗设施密度比较

	小学与中学（处/100 km^2）	医疗设施（处/100 km^2）		小学与中学（处/100 km^2）	医疗设施（处/100 km^2）
主城区	39.58	36.94	两个郊县	6.44	2.13
三个郊区	4.99	3.40	江宁经开区	3.50	9.10

（3）产业能级有待于提升，再开发有利于产业升级

开发区成立之初，进驻的企业主要以劳动密集型企业和资本密集型企业为主，而技术密集型企业偏少。以 2003 年为例，启动区中双龙大道以西的 9 个工业街区共进驻工业项目 41 家，各类企业数目及所占比例见表 7－21。进驻企业以劳力、资本密集型为主的现实与高新技术产业开发区的产业导向还有一定的差距，要实现“江苏省电子信息产业基地”的定位，具有产业升级和重组的必要性。

表 7－21　2003 年各种类型企业数目及所占比重

资源密集程度分类	劳动密集型	资本密集型	技术密集型
数目(比例)	12(29.27%)	27(65.85%)	2(4.88%)

随着开发区地铁的通车，地铁沿线地块区位显著改善，迅速带动了沿线地价和业态的提升。根据 TOD 模式经验，站点周边 500 m 范围内往往发展商业、金融等高附加值的产业，而地铁 1 号线南延线沿线工业用地比重过高（表 7－22），随着未来轨道交通 3、6 号线的逐步建设，会全面带动开发区产业的升级和重构，特别是地铁沿线和站点附近的地块产业升级势在必行。

表 7－22　1 号线开发区内站点 500 m 范围内工业用地情况　(hm^2)

站点	工业用地	站点	工业用地	站点	工业用地	站点	工业用地
河定桥	—	胜太路	15.47	百家湖	34.14	小龙湾	13.39

(4) 开发强度不高,再开发有利于空间集约利用

开发区土地利用粗放、利用率过低。首先,仍有大量空地,如启动区闲置面积仍有 12.25 hm²;其次,厂房普遍为一至两层建筑,建筑容积率偏低,启动区中六个工业地块平均容积率仅为 0.47;再者,用地效益偏低,地均投入、产出均远远低于国外先进开发区,集约内涵发展促使开发区再开发。

(5) 环境建设品质不高,再开发有利于城市环境景观的提升

开发区自然资源丰富,将军山、牛首山、秦淮新河、百家湖和九龙湖等镶嵌其中,但开发区建设并没有围绕这些自然资源打造优美的城市环境,如秦淮新河沿岸居住用地建设侵占了沿河绿地,开发区公共休闲功能没有得到充分体现。开发区要建成一个环境优美、宜居的现代化新城区,应充分利用这些优美的自然资源,打造广场和公共绿地等休闲空间。

7.4.2 江宁经济技术开发区再开发情况

1) 江宁经济技术开发区再开发模式界定

江宁经济技术开发区是未来东山副城的重要组成部分,承担副城的大部分中心职能,其再开发模式为综合新城模式。其中,百家湖片区是开发区现状再开发的主体,也是未来开发区再开发的主要区域,开发区 2003 年进入转型期,再开发主要在启动区的十几个地块上,但是从规划和未来发展趋势看,开发区再开发相对集中于百家湖片区。本书将百家湖片区 2020 年规划的土地利用范围作为再开发的研究范围(图 7-30),北起秦淮新河、南至牛首山河、西起机场高速、东至秦淮河,总面积为 14.81 km²(表 7-23)。

图 7-30 2020 年江宁开发区百家湖片区土地利用规划图

表 7-23　百家湖片区 2003 年、2010 年(现状)、2020 年(规划)用地计算表

年份	2003		2010		2020	
用地名称	面积(hm^2)	占可建设用地比例(%)	面积(hm^2)	占可建设用地比例(%)	面积(hm^2)	占可建设用地比例(%)
居住用地	313.6	23.45	392.3	29.33	467.7	34.97
公共设施用地	59.1	4.42	149.9	11.21	184.1	13.77
工业用地	417.8	31.24	323.6	24.20	208.6	15.60
市政用地	23.6	1.76	29.4	2.20	31.2	2.33
仓储用地	—	—	—	—	0.7	0.05
道路广场用地	136.6	10.21	210.8	15.76	273.9	20.48
对外交通用地	—	—	—	—	0.7	0.05
绿地	173.8	13.00	127.5	9.54	170.5	12.75
空地	212.9	15.92	103.9	7.77	—	—
可建设用地	1 337.4	100	1 337.4	100	1 337.4	100
水域用地	144.3	—	144.3	—	144.3	—

2）江宁经济技术开发区再开发类型

(1）从地段及一次开发效果看

① 实开发地区再开发：启动区由于逐渐融入主城，现有工业产业逐步退出，进而商业、金融、办公、行政、就学、文化娱乐等服务用地和居住用地及其生活服务用地逐步增加(图 7-31)。

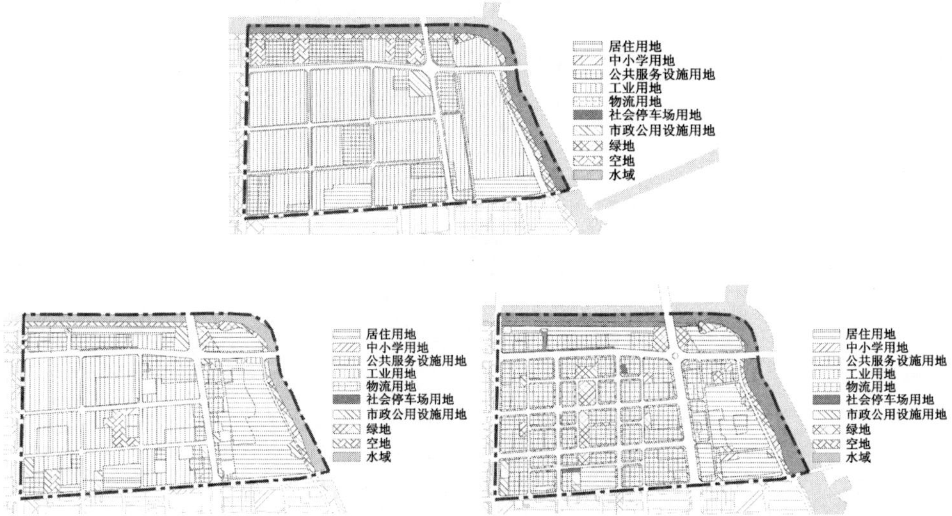

图 7-31　三个时期启动区内功能再开发情况

② 虚开发地区再开发：启动区内空地的面积由 2003 年的 212.9 hm^2 减少到 2010 年的 103.9 hm^2，2003 年，空地主要分布在机场高速的东面，到 2010 年机场高速的三个大地块开发基本完毕，只有小部分地块仍然没有得到开发(图 7-32)。再开发方向主要为居住用地、工业用地、公共服务设施用地和市政设施用地。

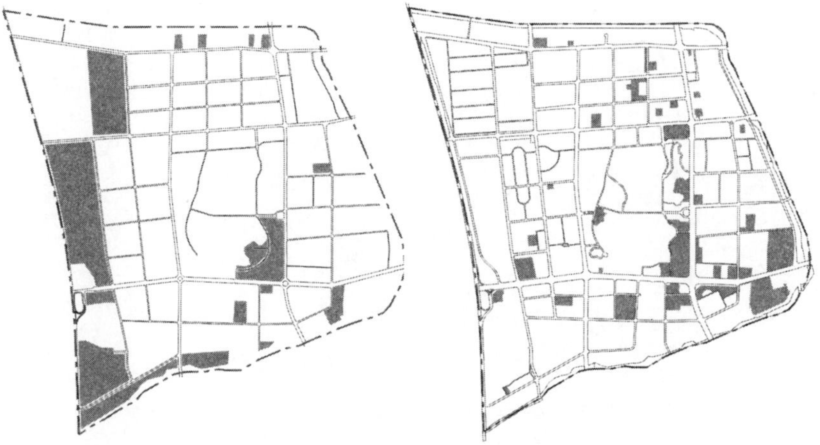

图 7-32　2003 年、2010 年研究范围内虚开发地区再开发情况

③ 伪开发地区再开发：开发区启动区东北部靠近秦淮新河地区的"城中村"直到 2009 年才更新为居住用地。

(2) 从再开发方向来看

① 退二进三：从 2003 年到 2010 年，开发区"退二进三"的地块主要在开发区的启动区，工业用地从 2003 年的 417.8 hm^2 到 2010 年的 323.6 hm^2，减少了 94.4 hm^2，其中再开发为公共服务设施用地 34.4 hm^2，占工业用地减少量的 36.5%；从 2010 年到 2020 年，工业用地将继续减少，到 2020 年仅为 208.6 hm^2，减少量为 115.0 hm^2，在减少的工业用地中，转化为公共服务设施用地 107.7 hm^2，主要为启动区块和百家湖南面的地块(图 7-33)。

② 退二优二：工业用地面积从 2003 年的 417.8 hm^2 到 2020 年的 208.6 hm^2，减少量超过 50%，但是仍然保留近 2 km^2 工业用地，主要分布在百家湖的西北角、东面和西南面，但是在这个过程中，产业类型不断更新，如西北角近 1 km^2 逐渐形成汽车及零部件制造基地。

③ 退二进绿：从 2003 年到 2010 年，工业用地改造为公园的地区很少，仅有一处，位于百家湖的西面，面积约 0.4 hm^2，相当于一处小区级公共绿地。由于居住区增加以及启动区再开发为商业、商贸和娱乐用地，生活性绿地和城市商业商贸副中心区的公共绿地也随之增加，由工业用地再开发而来的公共绿地共有 19.8 hm^2，其中生活性绿地 10.1 hm^2，商业、商贸副中心的公共绿地 9.7 hm^2。

图 7－33　三个时期研究范围内退二进三情况

④ 退二改居：从 2003 年到 2010 年，工业用地再开发为居住用地的面积为 24.7 hm^2，主要分布在百家湖西面和启动区的东北角，到 2020 年，退二改居的力度较大，共有 100.7 hm^2，主要为百家湖的东面和西面以及启动区块的东北面。

（3）从再开发作用来看

① 功能型再开发：居住用地和公共服务用地从 2003 年的 372.7 hm^2 增长到 2020 年的 651.8 hm^2，占可建设用地比重从 2003 年的 27.87％增加到 2020 年的 48.74％，主要集中在启动区、百家湖西和南部地区，空间上由百家湖四周零散分布到围绕百家湖集中，启动区形成市级商业商贸副中心（图 7－34）。

图 7－34　三个时期研究范围内居住、公共服务设施分布

② 效益型再开发：从产业性质来看，与“退二优二”相似。

③ 环境型再开发：绿地面积从 2003 年 173.8 hm^2 到 2010 年的 127.5 hm^2 再到 2020 年的 170.5 hm^2，占可建设用地比例从 13.00％到 9.54％再到 2020 年的 12.75％，2003 年沿河主要为未利用的自然草地，绿地面积“虚高”。由于早期对环境的关注较少，公共开放空间较少，仅有百家湖周边少数公共绿地，随着人居环境要求提升，到 2020 年，生态绿地的系统性已经初步建立，基于自然资源构建的沿河绿地、沿湖绿地，基于交通设施构建的沿路绿地、基础设施构建的防护绿地以及基于生产、生活构建的公园、广场的公共开放空间正在形成（图 7－35）。

图 7-35　三个时期研究范围内公共绿地分布

④ 支撑型再开发：市政基础设施用地面积从 2003 年的 23.6 hm^2 到 2010 年的 29.4 hm^2 增加到 2020 年的 31.2 hm^2，占据可建设用地的比例从 2003 年的1.76% 到 2010 年的 2.22%增加到 2020 年的 2.33%，这跟开发区初期的“筑巢引凤”的发展策略有关，开发区基础设施建设较为完善，后期完善“潜力”不高。

道路交通再开发则主要是细化路网，增加静态交通设施，公共停车场从 2003 年没有停车场到 2010 年的百家湖西面增加一个 2 000 m^2 公共停车场再到 2020 年规划了 4 处约 8 500 m^2 的公共停车场；道路用地面积从 2003 年的

136.6 hm^2 到 2010 年的 210.8 hm^2 增加到 2020 年的 273.9 hm^2，占可建设用地的比例从 10.21% 到 15.76% 再到 20.48%；道路网长度从 54.92 km 到 81.78 km 再到 93.04 km，道路网密度从 3.71 km/km^2 到 5.52 km/km^2 再到 6.28 km/km^2，已经高于《城市道路交通规划设计规范》(GB50220—1995) 城市道路网密度5.4 km/km^2 的下限(图 7 - 36)。

图 7 - 36　三个时期研究范围内道路、静态交通设施分布

部分工业用地改造为生活用地和商业、商贸、娱乐用地后，需承载交通大大增加，道路网密度亟须提升，同时增加公共机动车停车场。

3）江宁经济技术开发区再开发作用

① 升级产业：研究范围内产业现状以机械、食品、服装等二产为主，通过再开发，形成以汽车及其零部件的主导产业，三产以高端商贸、商务、科技研发为主的产业结构；开发区的再开发不仅促进自身的产业升级和重新聚集，也促进区域产业集群的形成，如研究范围内启动区位于秦淮路上原宝色钛业从江宁经济技术开发区搬迁至滨江开发区，促进了滨江开发区相关产业的集群发展（表 7－24）。

表 7－24　研究范围内再开发对产业升级情况

	启动区	启动区西北地区	百家湖东地区	百家湖西南地区
现状产业（2010 年）	一、二类工业	二类工业	三类工业	三类工业
规划产业（2010 年）	第三产业	一类工业	一、二类工业	一、二类工业

② 完善功能：开发区现状主要为生产功能和居住功能，服务功能、社会功能和生态功能缺失，通过启动区再开发增加商业、商贸、办公、文化、娱乐、医疗、就学等生活和生产服务设施，大大提升了开发区的服务功能；通过百家湖周边的社区及相关服务设施的建设，以社区为单位强化社区的社会保障来提升开发区的社会功能；以及通过百家湖、秦淮河沿岸公共绿地的构建、启动区公共开放空间的建设、荒地的绿化改造以及生产区节能减排来提升生态功能。

③ 优化利用空间：随着开发区启动区再开发逐步推进，在宏观、中观和微观层面优化了空间结构。在整个城市层面，江宁开发区启动区在新的规划中定位为未来城市的商贸副中心，随着再开发的推进，使得城市从原有老城的单中心向多中心转化，拉大了城市中心骨架，促使城市中心网的形成，优化了城市空间。在东山副城层面，原来东山镇区一直都是东山副城的政治经济和文化中心，随着启动区再开发的推进，东山副城双核格局逐步形成。从开发区启动区本身空间看，开发强度明显提升。再开发完善了城市中心网络，并且优化了自身空间结构。

④ 美化环境景观：随着公共开放空间的建设，再开发中“退二进绿”使得自然景观环境随之上升，同时，随着启动区的“退二进三”、百家湖西北地块“退二优二”、百家湖周边“退二改居”的进行，物质空间景观也大大提升，空间肌理、空间形象、空间界面等均有所改善。因此，开发区的再开发会提升未来新城中心区的环境景观。

⑤ 健全基础设施：再开发的功能完善带来的交通方式的变化，需要综合交通体系的多元化发展，地铁 1 号线南延线、河定桥高架的建设和路网的细化、公共停车场的建设等，共同构建了立体、多元的交通方式；此外，开发区建设初期虽然市政基础设施的建设相对完备，但再开发对基础设施仍有一定的提升和完善。

4）江宁经济技术开发区再开发时序分析

开发区启动区再开发是一个持续的过程，受不同因素影响时序不一。从再开发影响因素可以看出再开发时序与改造难度、交通可达性、区位等因素存在直接关系(表 7 - 25)。一般而言,再开发条件较成熟的地块率先启动。

表 7 - 25　开发区再开发时序影响因素分析

一级影响因素	改造难度	交通可达	区位
二级影响因素	用地性质、物质环境、建筑年代、产业周期、地价	周边道路等级、周边交通方式	地理位置、距离中心区的距离

双龙大道是联系开发区与主城的几条主要主干道之一,交通可达性好,通过对正在进行开发的 11 个再开发项目分布可以看出,其中 9 个项目分布在双龙大道两侧(图 7 - 37);随着两侧土地价格上升,市场开发推动力增强;先期进入启动区的产业能级较低、开发时间较长、物质环境较衰败,地块改造难度相对较低。

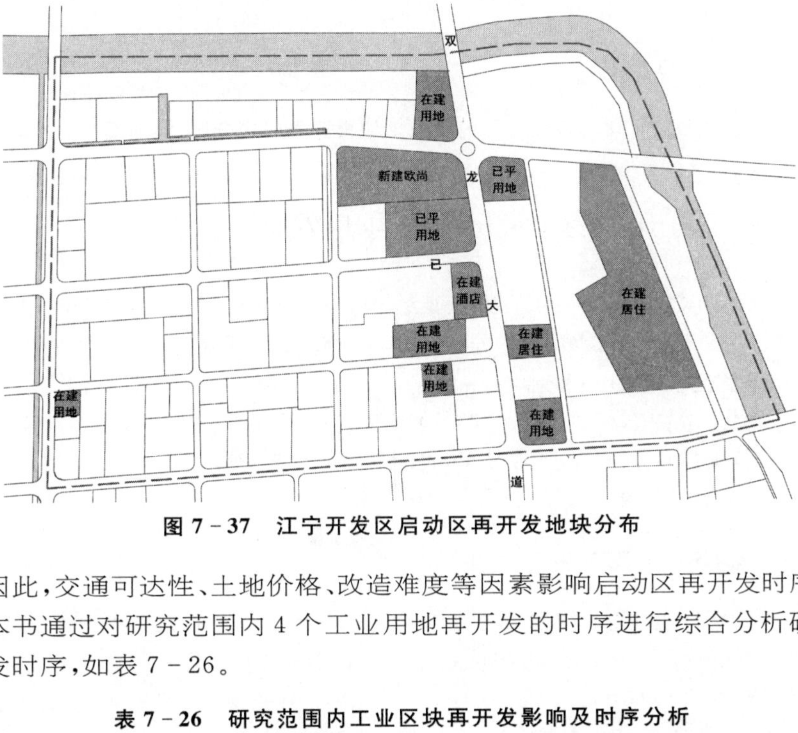

图 7 - 37　江宁开发区启动区再开发地块分布

因此,交通可达性、土地价格、改造难度等因素影响启动区再开发时序。

本书通过对研究范围内 4 个工业用地再开发的时序进行综合分析确定其再开发时序,如表 7 - 26。

表 7 - 26　研究范围内工业区块再开发影响及时序分析

区块	积极因素	消极因素	分期
百家湖西北区	宁溧高速,临秦淮河	建设时间短、远百家湖	四期
启动区	区位好,地铁,产业更新,物质环境老化,规划未来为中心,濒临百家湖	部分企业拒绝搬迁	一期
百家湖东区	区位与未来中心杨家圩仅一河之隔,地铁,产业更新,濒临百家湖	物质环境相对较好	二期
百家湖西南区	宁溧高速,濒临百家湖	物质环境相对较好	三期

可见，启动区和百家湖东区的两个区块应当率先启动再开发，特别是双龙大道两侧地铁 1 号线南延线河定桥站、胜太路站、百家湖站和天元中路站附近的工业地块，由于其良好的区位和交通可达性应率先启动再开发(图 7-38)。

图 7-38 研究范围内工业地块再开发时序分区、分期图

7.5 长三角开发区内部镇村再开发研究

随着开发区功能的转换以及产业结构的不断升级，开发区内部村镇作为我国开发区助推工业化和城市化进程中的特有现象，面临越来越多的问题。同时，由于开发区在建设过程中存在预见性上的局限性并容易受到各类突发因素的影响，且"区中镇"①和"区中村"②的再开发在改造成本、方法、周期以及复杂程度等方面相对比较特殊，涉及的主体较为广泛，更加大了解决该类问题的难度。

7.5.1 "区中镇"的再开发

"区中镇"作为开发区内部功能的特定空间载体，主要是由乡镇(或街道)的老集镇发展而来，是开发区的组成部分，且具有一定的服务和辐射范围。该类地区再开发在开发区的理论研究方面正逐渐趋于成熟，并已有部分实践。

1)"区中镇"再开发的意义

开发区要继续承担我国经济增长极的角色，走集约型、创新型和内涵式的转型道路势在必行，推进"区中镇"的再开发正是实现开发区原有资源有效整合，进而体现开发区更新和转型道路的一个重要方面。

---

① 朱凯. 开发区内部村镇改造的效益分析[D]. [学士学位论文]. 南京：东南大学，2009

② 章建豪，王兴平. 边缘型开发区内部村落空间整合的可行性模式探讨[C]. 中国城市经济学学科建设委员会 2007 年年会论文，2007

“区中镇”的再开发不仅需要考虑到各种宏观因素对参与主体的影响，而且要注意微观因素和参与主体自身的一些特点，实现宏观和微观双视角分析的有效结合。通过对改造中参与主体的利益、改造方式、需要考虑的因素以及未来的解决方案等问题进行探讨发现，有效调和“区中镇”再开发的过程中各参与方之间的矛盾，提高改造效率，是完善开发区功能体系和组织开发区空间布局的重要方面。

2）“区中镇”再开发的主要问题及影响

改造前的“区中镇”经济运行模式较为单一，收入水平不高，建设布局杂乱无章，与周边地区的互动多体现在本区居民到周边消费场所流动消费的现象。“区中镇”再开发通过改善居民生活和生产的硬环境，增强了对外部各类资源的吸引力，从而加强了与周边地区的互动，同时自身的经济运行情况也得到了改善。外部各类资源的注入使得地区经济更加繁荣，居民收入也因此得到提高，是促进经济发展的长久之计。

“区中镇”主要作为镇级单元的生活和消费空间，相对村级（或社区级）层面具有更高的独立性，其再开发核心在于效益。根据效益涉及的范围可以将其分为狭义的效益和广义的效益，狭义的效益通常指经济方面的效益，即再开发给各类主体带来的直接经济收益；广义的效益则是在狭义概念中增添社会方面的“收益”。“区中镇”的再开发涉及效益的具体内涵较为综合，故界定为广义的效益。

“区中镇”再开发作为开发区再开发中较为普遍但矛盾较多的一种现象，本书选取了南京江宁经济技术开发区作为调研对象。该开发区位于南京南部的江宁区，距离市中心 7 km，创办于 1992 年 6 月，1993 年被批准为省级开发区，2010 年被国务院批准升级为国家级开发区。该区的殷巷是原乡镇驻地，通过在该地段发放问卷开展调研，进一步印证了上述对于“区中镇”再开发效益的界定。

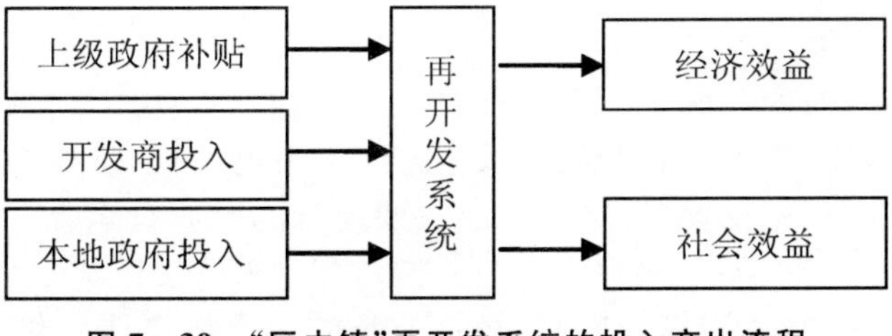

图 7－39 “区中镇”再开发系统的投入产出流程

“区中镇”再开发涉及的主体包括政府、居民和开发商。整个“区中镇”再开发系统的投入产出流程如图 7－39 所示。

现时期的“区中镇”改造就两类效益而言，获益主体情况分别为：经济效益获益主体主要为开发商、政府和居民，而社会效益获益主体主要为政府和居民。

3）“区中镇”再开发效益的理论分析

基于经济和社会效益导向，构建“区中镇”再开发的理论分析模型如下：

(1) 经济效益

对于政府这一参与主体,“区中镇”再开发为其带来的收支平衡是运作的关键,即:

$$\Delta Y_g = Y_g - K - A - G$$

其中,Y_g 是政府为开发商出让用地所得的费用(C_0+G_0),上级政府的补贴 Y_0 与和本级政府预算支出中的拆迁款项 Y'_0,即 $Y_g=(C_0+G_0)+Y_0+Y'_0$;K 是政府整治土地的费用;A 为政府支付给居民的拆迁补偿费用;G 是政府提供的公共服务设施;ΔY_g 是政府的结余。

令 $\Delta Y_g=0$,则

$$A = Y_g - K - G$$

政府与居民之间的经济效益之间的关联关系为:

$$\sum_{i=1}^{n} r_i = A = Y_g - K - G\ ,$$

r_i 为政府支付给单个居民的拆迁补偿费用,$i=1,2,3,\cdots,n$。

居民与开发商之间的经济效益之间的关联关系为:

$$a = \sum_{i=1}^{n} h_i\ ,i = 1,2,3,\cdots,n$$

其中,h_i 为单个居民的住房面积,a 为改造后的原来居民的住房面积总和。

在以居民原有住房面积为基准补给居民的前提下,开发商通过建筑面积的增加及销售收入的提高获得利润,进而提高其推动“区中镇”再开发的积极性。

在实际运作过程中,三类主体因“区中镇”再开发带来了经济效益可以通过设计不同的运行机制进行一定程度的协调。

(2) 社会效益

在就业引导方面,“区中镇”的空间形态和功能现状极大限制了资本利用的效率,且在对人流、物流以及商流的吸引方面竞争力欠缺,从业人员多以出租或租赁经营的方式实现在该地区的就业,主要经营的行业有职业中介、零件修配、低档服饰、餐饮理发、类似小店铺式的杂货经营。再开发落实之后,空间形态的优化、环境及公共服务质量的提高、商业业态的丰富等均会对增强该地区对就业人员的承载和吸纳能力、要素集聚能力产生积极的影响。

在空间利用方面,“区中镇”改造前存在的乱搭乱建现象是一种对土地资源的无序占用,而且就这种占用状态而言,由于缺乏整体的统筹,居民以个人利益为中心在有限土地上进行“开发”,极易导致“公地悲剧”,从而得不到“集体理性”的结果。改造之后的“区中镇”在既有运作模式上进行更加科学的引导调整,加之配套的有关组织或单位负责进行安排和管理,提高土地利用效率的同时也会改善居民的生活环境和状态。

4）"区中镇"再开发的运作模式总结

基于以上理论模式，根据"区中镇"再开发推动主体的不同，"区中镇"再开发可以总结为三种运作模式。

第一种是以政府为主体推动的再开发。政府如何发挥主导作用，可以根据拆迁的运作过程不同进一步划分，一种方式是政府负责居民的调节，保障制度的制定等各类民事方面的问题，同时负责对拆迁后的用地进行平整，开发商仅在此过程中承担购买土地、建造以及出售房屋等与自己投资行为直接相关的任务，这种情况下，由于政府承担的任务较多，往往会向开发商征收一定数额或比例的费用；另一种方式是政府与开发商之间以某种合约的形式实现二者之间的分工，政府负责开发商与居民之间的协调，促使二者就再开发问题达成一致，由开发商自行负责拆迁、平整和建设等方面的问题，这种情况下，政府还往往会要求开发商对再开发地区的公共服务设施等按照相关的规定进行配套。

第二种是以开发商为主体推动的再开发。通过开发商推动是一种市场化程度较高的运作模式。该类模式中开发商会对地块进行估价，在确定其现有价值以及升值潜力等方面的情况后，进行投资。在这种运行方式中，与开发商的主动性形成对比的是，在排除政府的资金提供者角色之后，政府还存在促进经济的发展、增加当地税收和活跃消费氛围等方面的动机，这就使其在与开发商进行博弈时较为被动，极易造成再开发实际由开发商主导的现象，加之开发区的各种优惠政策和措施，开发商的主动地位更得到加强。

第三种是居民自主招商进行的再开发，在实施过程中也需要政府进行有效的监督，同时对当地居民的能力和素质有着较高的要求，需要确保其有能力胜任这种自主经营的改造方式。就目前已经实施的再开发而言，该类运作模式尚未普及，且运作机制尚待健全。

7.5.2 "区中村"的再开发

所谓"区中村"，是指在急剧城市化过程中那些原来位于城市边缘开发区内部的农村，由于城市开发区的建设及扩张，农村土地被纳入到开发区范围内，产业结构和村民就业结构已经基本非农化，但原农村居住区域、人员和社会关系等在开发区建设过程中就地保留下来，仍然沿用传统村庄的社会管理体制来管理的特殊村落。几乎所有城市的开发区都存在这个问题。在沿海经济较发达、城市扩张较快的区域，"区中村"的再开发问题相对更为突出，为此，以常州天宁开发区（图 7－40、图 7－41）为例，对"区中村"的再开发进行阐述，涉及再开发意义、主要问题、评价模型和改造模式等内容。

1）"区中村"再开发的意义

"区中村"转型是城市化发展的迫切需要。目前天宁开发区内部村落这种城市化水平滞后于工业化的现象是经济结构调整中的一个普遍问题，它制约了常州该地区工业化和市场化的发展进程及开发区自身的发展。

图 7-40　常州天宁开发区区位图

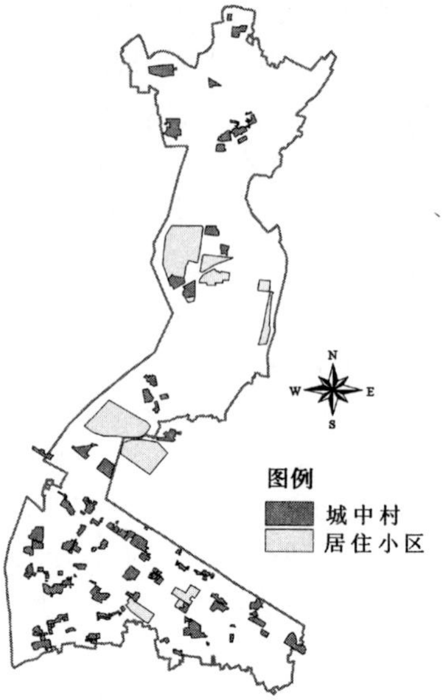

图 7-41　常州天宁开发区内部居住空间分布

“区中村”的再开发有利于营造一个经济发展的良好环境，充分利用稀缺的土地资源，有效提升城市品位，改善村民的居住条件，提高村民的生活水平和质量。对于天宁开发区而言，“区中村”是其发展、合并及壮大过程中产生的社会问题，它的存在不利于改善投资环境和开发区形象，也与建设现代化高质量的开发区的目标不符。

2）“区中村”再开发的主要问题

由天宁开发区的现状调查情况观之，“区中村”再开发主要存在以下问题：

（1）建设档次低

“区中村”的建筑主要是在 1985 年至 1998 年之间建造的，建筑质量参差不齐，同时又缺乏统一的规划和严格的管理，建设布局零乱；公共空间严重不足，在“区中村”基本没有绿地和公共活动场所；环境污染较重，由于受到开发区内企业固体废弃物及污水排放的影响，“区中村”整体环境欠佳。

（2）建筑密度大

天宁开发区内共有“区中村”42 个，由于这些村落在地理位置上的优越性，在其融入城市的过程中，由于房屋出租等利益驱动，村民们开始大量违章翻建、搭建，见缝插针，一切为了出租，结果建造了大量的“贴面楼”、“握手楼”，其建筑密度大大超标。

（3）基础设施差

大部分“城中村”用地平面不规整，布局缺乏规划，道路与门庭后院混淆，通达性差，多不符合消防通道要求，内部缺乏成片的集中绿地，布局一般都比较混乱，无法满足社区基本功能要求。同时随着单位面积的人口负荷大幅度提高，市政设施愈加不堪重负。

3）“区中村”再开发的评价模型

分析影响天宁开发区“区中村”空间整合的各项因素，构建“区中村”空间整合的评价模型(图 7－42)，运用系统工程中层次分析法对其空间整合的影响因素进行权重赋值，然后进行筛选、分析及评价。

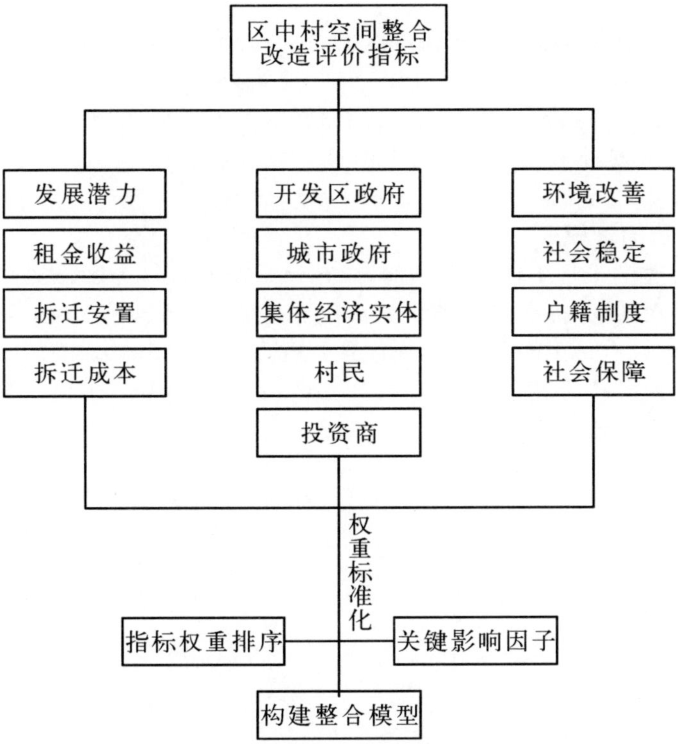

图 7－42　“区中村”空间整合及改造评价指标体系

由评价结论可知，开发区政府、城市政府、投资商、拆迁成本及环境改善是影响“区中村”空间整合及改造的主要因素。因此，“区中村”需要基于这些主要影响因素来建立其再开发模式。

4）“区中村”再开发的模式

天宁开发区内部村落再开发模式的形成涉及组织形式和空间形式两个方面。其中，在组织形式方面，天宁区可采取“政府引导、市场运作的整合改造”和“集体自主整合改造”两种再开发模式，其出发点和具体内涵与“区中镇”再开发的运作模式具有一定的相似性。

在空间形式方面，天宁区内部村落的再开发模式主要分为三类，分别为全面改造、整合改造和保留治理，具体内涵如下：

(1) 全面改造模式

全面改造模式就是对开发区内村庄整体拆除，用地重新规划，把村庄空间形态变成开发区产业空间或者居住空间形态。这种模式对大多数开发区内部村落的改造是适宜的,因为多数区中村的保留价值基本已经失去,推倒重建无疑是主要的选择。这种模式主要优点是改造彻底,能完全满足城市总体规划及开发区规划的要求,缺点是受到房地产市场容量的限制,改造规模过大,市场就难以消化商品房的供给增量,最终危害房地产市场的健康发展。

(2) 整合改造模式

整合改造模式是按城市居住小区的物业管理要求,适当调整开发区内村庄布局结构,拆建结合,完善配套设施、美化建筑外观,最终融入城市及开发区。这种模式较适于布局比较合理、建筑质量较好的村庄所采用。其优点是能避免大拆大建,改造成本较低,也有利于营造开发区特色,缺点是仍保留着集体土地,不利于开发区管理。

(3) 保留治理模式

保留治理模式是不作布局调整,只在市政配套设施方面作进一步完善,纳入开发区管网系统,提高环境质量。其优点是成本最低,见效最快,有利于塑造开发区特色;缺点是可能会对城市规划实施造成一定影响。目前,开发区内部的村落空间大多较为破败,无法作整体保留;只有近几年开发的少量安置小区,可以进行保留整治。

主要参考文献

·中文文献·

[1] 鲍克. 中国开发区研究[M]. 北京:人民出版社,2002

[2] 曹敏娜,王兴平. 高新技术产业开发区的功能定位研究[J]. 人文地理,2003 (2): 37 - 41

[3] 陈沧杰,游涛,姜劲松. 转型背景下工业型新区控规编制的创新——以《苏州高新区狮山片控制性详细规划》为例[J]. 城市规划,2010(3):93 - 96

[4] 陈家祥,王兴平. 南京高新区高新技术企业的空间扩散研究[J]. 城市规划,2007 (7):32 - 38

[5] 陈家祥. 国家高新区功能异化偏离与回归提升的研究[D]. [博士学位论文]. 南京: 南京大学,2007

[6] 陈建军. 长三角地区的产业同构与产业定位[J]. 中国工业经济,2004(2):19 - 261

[7] 陈建明. 中国开发区建设:理论与实践[D]. [博士学位论文]. 上海:复旦大学,1998

[8] 陈娟. 上海张江高科技园区区位环境及产业发展研究[D]. [硕士学位论文]. 上海: 上海师范大学,2004

[9] 陈弋. 开发区公共服务设施体系研究[D]. [硕士学位论文]. 杭州:浙江大学,2009

[10] 仇保兴. 乌鲁木齐市跨越式发展的机遇与对策[J]. 城市规划,2010(9):9 - 16

[11] 丁洪建. 开发区的用地布局与规模研究——以杭州市开发区为例[D]. [硕士学位论文]. 杭州:浙江大学,2004

[12] 冯晓星. 应对经济全球化的挑战——苏州、无锡、常州经济技术开发区的比较研究[D]. [硕士学位论文]. 上海:同济大学,2002

[13] 高鸿业. 西方经济学(宏观部分)[M]. 4 版. 北京:中国人民大学出版社,2007

[14] 龚仰军,宋浩亮,陈歌. 对我国开发区二次开发的思考[J]. 上海管理科学,2006 (1):8 - 10

[15] 谷口汎邦. 城市再开发[M]. 马俊,译. 北京:中国建筑工业出版社,2003

[16] 顾朝林. 中国高技术产业与园区[M]. 北京:中信出版社,1998

[17] 何书金,苏光全. 开发区闲置土地成因机制及类型划分[J]. 资源科学,2001(9): 17 - 22

[18] 洪燕. 开发区生命周期的研究——从制度演进的视角[D]. [博士学位论文]. 上海: 复旦大学,2006

[19] 胡幸. 我国开发区用地功能结构特征及优化研究——以长三角典型区域为例[D]. [硕士学位论文]. 南京:东南大学,2007

[20] 卡斯特尔(Castells M),霍尔(Hall P). 世界高技术园区:21 世纪的产业综合体[M]. 李鹏飞,等,译;王缉慈,译审. 北京:北京理工大学出版社,1998

[21] 李冬生. 大城市老工业区工业用地的调整与更新——上海市杨浦区改造实例

[M]. 上海:同济大学出版社,2005
[22] 李国武. 中国省级开发区的区位分布、增长历程及产业定位研究[J]. 城市发展研究,2009(5):1-6
[23] 李郇. 新型城区——广州经济技术开发区与高新技术开发区建设探讨[J]. 热带地理,2001(1):11-16
[24] 李俊莉,王慧,郑国. 开发区建设对中国城市发展影响作用的聚类分析评价[J]. 人文地理,2006 (4):39-43
[25] 李娜,陈雯,祥振坤. 江苏省沿江开发区制造业空间分工初探[J]. 中国科学院研究生院学报,2007(1):51-57
[26] 厉无畏,王振. 中国开发区的理论与实践[M]. 上海:上海财经大学出版社,2004
[27] 梁运斌,邹勇. 关于我国开发区的初步研究[J]. 城市规划,1993(4):27-30
[28] 刘敏,刘蓉. 科技工业园区的新发展:软件园及其规划建设[M]. 北京:中国建筑工业出版社,2003
[29] 刘伟奇. 长三角国家级开发区与城市的空间效益比较研究[D]. [硕士学位论文]. 南京:东南大学,2008
[30] 龙花楼,蔡运龙,万军. 开发区土地利用的可持续性评价[J]. 地理学报,2000(6):719-728
[31] 卢新海,等. 开发区发展与土地利用[M]. 北京:中国财政经济出版社,2005
[32] 芦咏梅. 高新技术产业开发区的规划建设[J]. 城市规划,1993(4):31-34
[33] 陆晓芳,赵树宽. 流动性生产要素区域竞争力影响因素研究[J]. 工业技术研究,2002(5):87-88
[34] 栾峰,何丹,王忆云. 先发地区开发区的局部地段转型发展调查研究——以常州高新技术产业园区为例[J]. 城市规划学刊,2007(5):109-113
[35] 罗红,孟伟,冉圣宏. 生态工业园区——理论与实证[M]. 北京:化学工业出版社,2004
[36] 马荣华,顾朝林,等. 苏南沿江城镇扩展的空间模式及其测度[J]. 地理学报,2007(6):1011-1020
[37] 蒙吉军. 中国开发区土地利用优化配置的机制[D]. [博士学位论文]. 北京:北京大学,1999
[38] 尼格尔·泰勒. 1945 年后西方城市规划理论的流变[M]. 李白玉,陈贞,译. 北京:中国建筑工业出版社,2006
[39] 皮黔生,王恺. 走出孤岛——中国经济技术开发区概论[M]. 北京:生活·读书·新知三联书店,2004
[40] 沈剑荣. 转型期城市土地利用研究——以南京市为例[D]. [博士学位论文]. 南京:南京大学,2004
[41] 石忆邵,黄银池. 开发区土地集约利用研究——以上海开发区为例[J]. 现代城市研究,2011(5):13-19
[42] 石忆邵,厉双燕. 长三角工业园区土地利用的问题与对策[J]. 城市规划汇刊,2004(4):27-30
[43] 孙施文. 现行政府管理体制对城市规划作用的影响[J]. 城市规划学刊,2007(5):

32－39

［44］万军．长三角地区跨国公司投资的资本效应［J］．国际经贸探索，2007，31（1）：47－50

［45］汪德根，陈田，王昊．旅游业提升开发区城市化质量的路径及机理分析——以苏州工业园区为例［J］．人文地理，2011（1）：123－128

［46］王宏伟，袁中金，侯爱敏．城市化的开发区模式研究［J］．地域研究与开发，2004（2）：9－12

［47］王慧．开发区与城市相互关系的内在机理及空间效应［J］．城市规划，2003（3）：20－25

［48］王缉慈，等．超越集群［M］．北京：科学出版社，2010

［49］王缉慈．创新的空间：企业集群与区域发展［M］．北京：北京大学出版社，2001

［50］王霞．东南沿海城市开发区空间区位及形态构成研究［D］．［博士学位论文］．上海：同济大学，1997

［51］王兴平，崔功豪．中国城市开发区的空间规模与效益研究［J］．城市规划，2003（9）：6－12

［52］王兴平，许景．中国城市开发区群的发展与演化——以南京市为例［J］．城市规划，2008（3）：25－32

［53］王兴平．中国城市新产业空间：发展机制与空间组织［M］．北京：科学出版社，2005

［54］王兴平．中国开发区空间配置与使用的错位现象研究——以南京国家级开发区为例［J］．城市发展研究，2008（2）：85－91

［55］魏后凯．大都市区新型产业分工与冲突管理——基于产业链分工的视角［J］．中国工业经济，2007（2）：29－33

［56］魏守华，王缉慈，赵雅沁．产业集群：新兴区域经济发展理论［J］．经济经纬，2002（2）：18－21

［57］吴燕．高科技园区规模和空间效益研究［D］．［硕士学位论文］．上海：同济大学，2005

［58］吴煜．开发区发展与城市空间演化研究［D］．［硕士学位论文］．南京：南京大学，2003

［59］谢晖，王兴平，章建豪．基于效益分析的节约型城市规划方法探讨［J］．规划师，2007（6）：15－20

［60］谢晖．基于公共产品视角的开发区与城市整合机制研究——以长三角地区为例．［D］．［硕士学位论文］．南京：东南大学，2010

［61］熊国平．城市形态的新探索——90 年代以来中国城市形态演变研究［D］．［博士学位论文］．南京：南京大学，2005

［62］熊国平．当代中国城市形态演变［M］．北京：中国建筑工业出版社，2006

［63］许景，王兴平．长三角开发区群的空间结构及产业分工［J］．城市规划学刊，2010（4）：28－35

［64］许景．长三角区域开发区群发展研究——空间组织与动力机制［D］．［硕士学位论文］．南京：东南大学，2010

［65］阎川．开发区蔓延：成因与控制［D］．［博士学位论文］．南京：南京大学，2004

[66] 杨开忠,邓静.中关村科技园区空间布局研究[J].城市规划汇刊,2001(1):26 - 30

[67] 袁新国.长三角开发区建成区再开发模式研究[D].[硕士学位论文].南京:东南大学,2011

[68] 袁新国.江宁经济技术开发区启动区再开发初探[J].现代城市研究,2010(12):29 - 34

[69] 翟文侠,黄贤金,张强,等.基于层次分析的城市开发区土地集约利用研究——以江苏省为例[J].南京大学学报(自然科学版),2006(1):96 - 102

[70] 仉培宏,韩增林.开发区城市化效应的作用机制与空间模式——以大连市为例[J].资源开发与市场,2012(5):446 - 448

[71] 张弘.长江三角洲开发区的城市化进程及其城市规划作用机制[D].[博士学位论文].上海:同济大学,2001

[72] 张京祥,等.体制转型与中国城市空间重构[M].南京:东南大学出版社,2007

[73] 张京祥.城镇群体空间组合[M]. 南京:东南大学出版社,2000

[74] 张祥建,郭岚,徐晋.长江三角洲城市群的空间特征、发展障碍与对策[J].上海交通大学学报(哲学社会科学版),2003,34(6):57 - 62

[75] 张晓平.跨国公司在开发区的投资模式及区域影响[J].地理研究,2005(7):631 - 639

[76] 张艳,赵民.论开发区的政策效用与调整[J].城市规划,2007(7):18 - 24

[77] 张艳.超越规模之争——论开发区的空间发展与转型[J].城市规划,2009(11):51 - 57

[78] 张艳.开发区空间拓展和城市空间重构——苏锡常的实证分析与讨论[J].城市规划学刊,2007(1):49 - 54

[79] 章建豪.企业视角的开发区与城市功能互动研究——以南京为例[D].[硕士学位论文].南京:东南大学,2009

[80] 郑国.开发区发展与城市空间重构[M].北京:中国建筑工业出版社,2010

[81] 郑国.开发区职住分离问题及解决措施——以北京经济技术开发区为例[J].城市问题,2007(3):12 - 15

[82] 周干峙.关于经济特区和沿海经济技术开发区的规划问题[J].城市规划,1985(5):3 - 6

[83] 周国华,朱翔,罗文章.论长株潭城市群开发区群体一体化发展[J].城市规划汇刊,2001(3):47 - 50

[84] 朱凯.开发区内部村镇改造的效益分析[D].[学士学位论文].南京:东南大学,2009

[85] 朱文晖.走向竞合——珠三角与长三角经济发展比较[M].北京:清华大学出版社,2003

[86] 朱喜钢.城市空间集中与分散论[M].北京:中国建筑工业出版社,2002

· 外文文献 ·

[1] Albert N L, John T S. The Growth of Research Triangle Park[J]. Small Business

Economics, 2002(20):167 - 175.

[2] Audra J. Potts Carr. Choctaw Eco-Industrial Park: an Ecological Approach to Industrial land-use Planning and Design[J]. Landscape and Urban Planning, 1998(42):239 - 257

[3] Bennis Wai Yip So. Reassessment of the State Role in the Development of High-Tech Industry: a Case Study of Taiwan's Hsinchu Science Park[J]. East Asia, 2006, 23(2): 61 - 86.

[4] Massey D, Wield D. Science Parks: A Concept in Science, Society, and 'Space' (a Realist Tale)[J]. Environment and Planning D, 1991(10):411 - 422

[5] Geetha V. Technology Parks in a Developing Country: the Case of India[J]. Journal of Technology Transfer, 2008(33):285 - 299

[6] Haiyan Zhang, Keishiro H, Helmut Y. Comparative Analysis of Socio-economic and Environmental Performances for Chinese EIPs: Case Studies in Baotou, Suzhou and Shanghai[J]. Sustainability Science, 2009(4):263 - 279

[7] Hans Löfsten, Peter Lindelöf. Science Parks and the Growth of New Technology-based Firms-Academic-Industry Links, Innovation and Markets[J]. Research Policy, 2002 (31):859 - 876

[8] Ivonne Audirac. Information Technology and Urban Form[J]. Journal of Planning Literature,2002,17(2)

[9] Massey D, Quintas P, Wield D. High Tech Fantasies: Science Parks in Society[J]. Science and Space, 1992(5):21 - 28

[10] Monck CSP, Porter RB, Quintas P, et al. Science Parks and the Growth of High Technology Firms[J]. Croom Helm, 1988(8):30 - 38

[11] Richard S,David D. Science Parks: Actors or Reactors? Canadian Science Parks in Their Urban Context[J]. Environment and Planning A,2000(32):1065 - 1082

[12] Susan M W. Chinese Industrial and Science Parks: Bridging the Gap[J]. The Professional Geographer,2002,54(3):349 - 364

[13] Yiannis L B, Dimitri C M, Nikos C V. Science Park, a High tech Fantasy: an Analysis of the Science Parks of Greece[J]. Technovation, 2002(22):123 - 128

图片来源

图 1 - 1 源自：笔者自绘

图 1 - 2 源自：洪燕. 开发区生命周期的研究——从制度演进的视角[D]. [博士学位论文]. 上海：复旦大学，2006

图 1 - 3 源自：王兴平. 中国城市新产业空间——发展机制与空间组织[M]. 北京：科学出版社，2005

图 1 - 4、图 1 - 5 源自：刘伟奇. 长三角国家级开发区与城市的空间效益比较研究[D]. [硕士学位论文]. 南京：东南大学，2008

图 1 - 6 源自：笔者根据问卷调查结果统计而得

图 1 - 7 至图 1 - 13 源自：笔者自绘

图 2 - 1 源自：依据常州市规划院提供的历年规划文本中现状图汇总绘制而成

图 2 - 2 源自：笔者根据南京高新区历版总体规划整理绘制而得

图 2 - 3 源自：笔者根据调研资料整理绘制而得

图 2 - 4 至图 2 - 6 源自：笔者自绘

图 2 - 7 源自：笔者根据《南京工业产业布局规划》自绘而成

图 2 - 8 源自：根据常州市、无锡市规划院提供的用地现状图绘制而成

图 2 - 9 源自：笔者自绘

图 2 - 10 源自：昆山市城市总体规划(2002—2020)，笔者改绘

图 2 - 11 源自：南京江苏软件园控制性详细规划

图 2 - 12 至图 2 - 14 源自：Google Earth

图 2 - 15 源自：2002 年和 2006 年蠡园开发区规划文本

图 2 - 16 源自：2006 年常州市东南开发区规划调整文本

图 2 - 17 源自：2006 年无锡新区分区规划文本

图 2 - 18 源自：2003 年苏州工业园区中新合作区规划调整文本

图 2 - 19、图 2 - 20 源自：根据东南大学开发区调研问卷统计数据绘制而成

图 2 - 21、图 2 - 22 源自：笔者拍摄或自制

图 3 - 1 源自：长三角地区各类开发区分布图刘伟奇. 长三角国家级开发区与城市的空间效益比较研究[D]. [硕士学位论文]. 南京：东南大学，2008

图 3 - 2 源自：笔者利用 SPSS 软件生成

图 3 - 3 源自：http://www.cadz.org，中国开发区审核公告目录(2006 年)，笔者整理

图 3 - 4 源自：常州市天宁经济开发区概念规划. 常州市规划设计院，东南大学城市规划设计研究院，2007

图 3 - 5 源自：参考《南京市城市总体规划(2007—2020)》，笔者改绘

图 3 - 6 源自:《南京市城市总体规划(2007—2020)》

图 3 - 7 源自:笔者参考“南京市区城市结构示意图”整理绘制

图 3 - 8 源自:笔者自绘

图 3 - 9 源自:朱喜钢. 城市空间集中与分散论[M]. 北京:中国建筑工业出版社,2002,笔者在此基础上调整

图 3 - 10、图 3 - 11 源自:笔者自绘

图 3 - 12 源自:笔者根据各开发区统计年报整理

图 3 - 13 源自:笔者自绘

图 3 - 14 源自:笔者根据南京市人民政府办公厅[2006]第 12 号文件《关于确定市级重点工业功能区及配套协作区近期规划建设范围的会议纪要》绘制

图 3 - 15 源自:笔者根据各开发区统计年报整理

图 3 - 16 源自:笔者利用 SPSS 软件生成

图 3 - 17 源自:南京市开发区建设发展情况统计表;南京统计年鉴,2006,笔者整理

图 3 - 18 源自:陈家祥,王兴平. 南京高新区高新技术企业的空间扩散研究[J]. 城市规划,2007(7),笔者在此基础上重绘

图 4 - 1 至图 4 - 4 源自:笔者自绘

图 4 - 5 源自:根据南京统计年鉴相关数据绘制

图 4 - 6 源自:根据现状调研及访谈结果绘制

图 4 - 7、图 4 - 8 源自:根据 google 地图绘制

图 4 - 9 源自:根据调研及相关资料绘制

图 4 - 10、图 4 - 11 源自:根据 google 地图绘制

图 4 - 12、图 4 - 13 源自:笔者自绘

图 4 - 14 源自:东南大学无线谷规划方案与筹建进展汇报 PPT

图 4 - 15、图 4 - 16 源自:根据 google 地图绘制

图 4 - 17 源自:根据现状调研及访谈结果绘制

图 4 - 18 至图 4 - 21 源自:根据 google 地图绘制

图 4 - 22、图 4 - 23 源自:根据 google 地图绘制

图 4 - 24、图 4 - 25 源自:王洁如,于晓淦,贾晨. 南京市开发区居住与配套设施发展调研[R]. 南京:东南大学,2006

图 4 - 26 源自:根据 google 地图绘制

图 4 - 27 源自:吴靖梅,张佳,宋若蔚. 开发区连接主城区的公共交通系统调研分析[R]. 南京:东南大学,2006

图 4 - 28 源自:根据 google 地图绘制

图 4 - 29 源自:笔者自绘

图 4 - 30 源自:根据 google 地图绘制

图 4 - 31、图 4 - 32 源自:笔者自绘

图 5 - 1 源自:笔者自绘

图 5 - 2 至图 5 - 5 源自:笔者依托 ArcGIS 平台评价得到

图 5 - 6 源自：笔者根据构建的开发区外延整合评价体系计算得到

图 5 - 7 源自：笔者根据 SPSS 聚类分析得到

图 5 - 8 源自：笔者总结

图 5 - 9 源自：笔者根据长三角地区典型开发区用地现状计算的内构整合程度结果绘制

图 5 - 10 至图 5 - 17 源自：笔者自绘

图 5 - 18 源自：苏州工业园区中新合作区规划调整

图 5 - 19 源自：笔者自绘

图 5 - 20 源自：江宁开发区总体规划

图 5 - 21 源自：笔者自绘

图 5 - 22 源自：参考《南京市城市总体规划(2007—2020)》、行政区划范围、江宁开发区和江宁科学园规划管理边界绘制

图 5 - 23 源自：根据江宁区教育局相关资料绘制

图 5 - 24 源自：根据《南京市"十一五"卫生事业发展规划》绘制

图 5 - 25 至图 5 - 35 源自：笔者依托 ArcGIS 分析平台绘制

图 5 - 36 至图 5 - 40 源自：笔者根据问卷调研结果绘制

图 5 - 41、图 5 - 42 源自：笔者自绘

图 6 - 1、图 6 - 2 源自：根据《中国开发区审核公告目录(2006 年版)》整理绘制

图 6 - 3 源自：笔者自绘

图 6 - 4 源自：《上海市近期建设规划》

图 6 - 5、图 6 - 6 源自：笔者自绘

图 6 - 7 源自：刘伟奇. 长三角地区国家级开发区与城市的空间效益比较研究[D]. [硕士学位论文]. 南京：东南大学，2007

图 6 - 8 源自：笔者自绘

图 6 - 9 源自：《常熟市城市总体规划 2009—2030》产业发展与布局研究专题

图 6 - 10 源自：根据张晓平. 跨国公司在开发区的投资模式及区域影响[J]. 地理研究，2005(7)：631 - 639. 图 3 重绘

图 6 - 11 源自：根据苏政发[2006]119 号档《江苏省政府关于支持南北挂钩共建苏北开发区政策措施的通知》及江苏省苏北发展协调小组办公室的《无锡市南北挂钩共建开发区的现状分析及措施建议》中相关信息整理

图 6 - 12 源自：上海张江国家自主创新示范区官网，http://www.shhitech.gov.cn

图 6 - 13 源自：根据张晓平. 跨国公司在开发区的投资模式及区域影响[J]. 地理研究 2005(7)：631 - 639. 相关信息及笔者本人在常熟实地调研的结果绘制

图 6 - 14、图 6 - 15 源自：笔者自绘

图 6 - 16 源自：根据杜邦(中国)网站提供的信息整理绘制

图 6 - 17 源自：笔者自绘

图 6 - 18 源自：《1996 中国城市统计年鉴》、《2008 中国城市统计年鉴》

图 6 - 19 源自：(a)图"马荣华，顾朝林，等. 苏南沿江城镇扩展的空间模式及其测度[J]. 地理学报，2007(6)：1011 - 1020"论文中图 2；(b)图根据刘伟奇. 长三角地区国家级开发区与城市的空间效益比较研究[D]. [硕士学位论文]. 南京：东南大学，2007. 插图 32 改绘

图 6 - 20、图 6 - 21 源自:笔者自绘

图 6 - 22 源自:笔者根据张艳,赵民.论开发区的政策效用与调整[J].城市规划,2007(7).图 2 改绘

图 7 - 1 至图 7 - 4 源自:笔者拍摄

图 7 - 5 源自:笔者自绘

图 7 - 6 源自:根据上海市域轨道交通规划图和上海市各类开发区位置示意图叠合绘制而成,资料分别来自上海市规划和国土资源管理局和上海市房屋土地资源管理局

图 7 - 7、图 7 - 8 源自:东山新市区总体规划、江宁百家湖九龙湖轴线城市设计

图 7 - 9 源自:苏州工业园区第二、三区总体规划,1995

图 7 - 10 至图 7 - 12 源自:笔者自绘

图 7 - 13 至图 7 - 17 源自:笔者拍摄

图 7 - 18 源自:城市总体规划(2004—2020),宁波规划局

图 7 - 19 至图 7 - 25 源自:笔者拍摄或自制

图 7 - 26 源自:南京历版总体规划,南京规划局

图 7 - 27 源自:笔者自绘

图 7 - 28 源自:东山新市区总体规划,南京规划局

图 7 - 29 源自:笔者自绘

图 7 - 30 源自:南京市江宁区规划局

图 7 - 31 源自:2020 年的情况根据 2020 年土地利用规划图整理

图 7 - 32、图 7 - 33 源自:2003 年的情况根据 2003 年土地利用现状图整理

图 7 - 34 至图 7 - 36 源自:2010 年的情况根据 2010 年土地利用现状图整理

图 7 - 37 至图 7 - 42 源自:笔者自绘

表格来源

表 1 - 1 源自：宁波工业（产业）园区整合优化策略研究，2010

表 1 - 2 源自：笔者根据各开发区网站公布信息整理而得

表 1 - 3 源自：笔者根据相关资料整理而得

表 1 - 4 源自：根据国家发改委、国土资源部、建设部公布的《中国开发区审核公告目录（2006 年版）》整理，同时根据中国开发区网 2012 年最新数据，笔者在整理基础上核准重整

表 1 - 5 源自：中国开发区网，笔者在整理基础上核准重整

表 1 - 6 源自：笔者自互联网搜集整理

表 1 - 7 源自：网络及相关文件，笔者整理

表 1 - 8 源自：笔者根据《中国统计年鉴》（2011）数据整理而得

表 1 - 9 源自：南京各开发区网站，笔者整理

表 1 - 10 源自：刘伟奇. 长三角国家级开发区与城市的空间效益比较研究[D]. [硕士学位论文]. 南京：东南大学，2008

表 1 - 11、表 1 - 12 源自：赵言文，施毅超，等. 长江三角洲地区耕地现状分析[J]. 江苏农业科学，2007(4)：245 - 249

表 1 - 13 源自：宁波市对外贸易合作局

表 1 - 14 源自：中国开发区网，笔者整理

表 1 - 15 源自：笔者利用 Google Earth 实际测量而得，开发区与主城之间的距离定义为开发区管委会所在地到城市中心区所在地的距离

表 1 - 16 源自：笔者根据相关网络资料整理而得

表 1 - 17 源自：笔者整理

表 1 - 18 源自：笔者据《上海市城市总体规划(1999—2020)》、《中国开发区审核公告目录（2006 年）》，整理

表 1 - 19 源自：笔者整理

表 2 - 1、表 2 - 2 源自：胡幸. 我国开发区用地功能结构特征及优化研究——以长三角典型区域为例[D]. [硕士学位论文]. 南京：东南大学，2007

表 2 - 3 源自：顾朝林，赵令勋. 中国高技术产业与园区[M]. 北京：中信出版社，1998：164

表 2 - 4 源自：韩国大田广域市政府网站

表 2 - 5 源自：各开发区规划文本中用地平衡表，部分数据引自王兴平. 中国城市新产业空间：发展机制与空间组织[M]. 北京：科学出版社，2005

表 2 - 6 源自：常州市各开发区规划文本中用地平衡表

表 2 - 7 源自：苏州工业园区二三区规划调整（纲要）. 江苏省城乡规划设计研究院[R]，2000

表 2-8 源自:南京新港开发区调研与 2006 年滨江化工区未利用土地控制性详细规划

表 2-9 源自:石楠. 城市中心区与新建区规划[M]. 北京:中国建筑工业出版社,2003

表 2-10、表 2-11 源自:笔者根据各开发区规划 CAD 图整理而得

表 2-12 源自:2004 年常州市总体规划、东南开发区、高新区规划文本

表 2-13 源自:王兴平. 中国城市新产业空间:发展机制与空间组织[M]. 北京:科学出版社,2005:63

表 2-14 源自:熊国平. 城市形态的新探索——1990 年代以来中国城市形态演变研究[D]. [博士学位论文]. 南京:南京大学,2005

表 2-15 源自:在前文表格基础上整理而得

表 2-16 源自:笔者整理

表 2-17 源自:灌云县总体规划(2010—2030)

表 2-18 源自:2002 年和 2006 年蠡园开发区规划文本

表 2-19 源自:2006 年东南开发区规划文本

表 2-20 源自:2000 年、2002 年、2005 年无锡新城规划文本

表 2-21 源自:2002 年苏州工业园中新合作区规划调整文本

表 2-22、表 2-23 源自:笔者整理

表 2-24 源自:根据前文表格数据整理而得

表 2-25 源自:美国查宾和凯瑟尔(Chapin and Kaiser,1979)

表 2-26 源自:2011 年版城市用地分类与规划建设用地标准

表 2-27 源自:顾朝林. 中国高技术产业与园区[M]. 北京:中信出版社,1998:182-189

表 2-28、表 2-29 源自:根据前文表格数据整理而得

表 2-30 源自:笔者整理

表 3-1 源自:根据国土资源部课题组相关研究成果整理而得

表 3-2 源自:在前文表格基础上自行整理

表 3-3 源自:笔者整理

表 3-4 源自:中国火炬计划统计资料,2004; http://www.cadz.org;长三角各市统计年鉴,2005,笔者整理

表 3-5、表 3-6 源自:http://www.cadz.org;长三角各市统计年鉴,2005,笔者整理

表 3-7 源自:石小玉,殷际英. 区域科技发展与经济增长关系研究[J]. 世界经济统计研究,2004(4)

表 3-8 源自:石忆邵,厉双燕. 长三角工业园区土地利用的问题与对策[J]. 城市规划汇刊,2004(4):27-30

表 3-9 源自:各城市国民经济与社会发展"十一五"规划纲要,笔者整理

表 3-10 源自:http://www.cadz.org,中国开发区审核公告目录(2006 年),笔者整理

表 3-11 源自:佘之祥. 长江三角洲水土资源与区域发展[M]. 合肥:中国科技大学出版社,1997

表 3-12 源自:沈剑荣. 转型期城市土地利用研究——以南京市为例[D]. [博士学位论文]. 南京:南京大学,2004

表 3-13 源自:该项目资料为"拆迁安置情况""建设投产情况月报表",2002-12

表 3 - 14 源自:笔者根据相关政策文件整理

表 3 - 15 源自:中国开发区审核公告目录(2006 年)以及各开发区网站,笔者整理

表 3 - 16 源自:南京高新区管委会;南京统计年鉴,1992—1995

表 3 - 17 源自:南京市对外贸易经济合作局,2003;南京统计年鉴,1996—2000

表 3 - 18 源自:关于确定市级重点工业功能区及配套协作区近期规划建设范围的会议纪要. 南京市人民政府办公厅,2006

表 3 - 19、表 3 - 20 源自:笔者根据计算结果自行整理

表 3 - 21 源自:南京市开发区建设发展情况统计表;南京统计年鉴,2006,笔者整理

表 3 - 22 源自:南京市开发区建设发展情况统计表;http://www.cadz.org,笔者整理

表 3 - 23 源自:新竹科学园区数据依据台湾新竹科学园区管理局网站数据整理;南京高新区数据据南京市高新区管委会提供数据整理,其中南京高新区的单位面积销售额为产品销售收入,就业人数为上报国家科技部火炬中心的上报数

表 3 - 24、表 3 - 25 源自:王兴平,许景. 中国城市开发区群的发展与演化——以南京为例[J]. 城市规划,2008(3):25 - 32. 笔者调整

表 3 - 26 源自:江苏省沿江地区"十一五"产业空间布局规划,2007. 笔者整理

表 3 - 27 源自:熊国平. 当代中国城市形态演变[M]. 北京:中国建筑工业出版社,2006:233

表 3 - 28 源自:张艳. 开发区空间拓展与城市空间重构[J]. 城市规划学刊,2007(1):52

表 3 - 29 源自:常州高新技术产业开发区未利用土地控制性详细规划. 常州市城市规划设计研究院,2005

表 3 - 30 源自:周敦友. 技术创新使节约、集约利用土地的重要途径[J]. 地政,2006(12):48

表 4 - 1 源自:根据开发区相关资料整理

表 4 - 2 源自:根据江宁统计年鉴 2008 相关数据绘制

表 4 - 3、表 4 - 4 源自:根据江宁统计年鉴 2007、江宁年鉴 2007 相关数据绘制

表 4 - 5 源自:根据江宁统计年鉴 2008 整理

表 4 - 6 源自:江宁统计年鉴,2005—2008

表 4 - 7 源自:2008 江宁科学园招商手册

表 4 - 8 源自:根据开发区科技创业服务中心提供资料整理

表 4 - 9 源自:根据开发区科技创业服务中心提供资料及网络资源整理

表 4 - 10 源自:根据相关资料绘制

表 4 - 11 至表 4 - 13 源自:根据浦口年鉴 2007 相关数据绘制

表 4 - 14 源自:根据聚隆官方网页相关信息整理

表 4 - 15 源自:南京高新区创业中心提供

表 4 - 16 至表 4 - 21 源自:笔者根据问卷调研结果整理

表 4 - 22 源自:根据《开发区连接主城区的公共交通系统调研分析》中相关表格绘制整理

表 4 - 23 至表 4 - 28 源自:笔者根据问卷调研结果整理

表 5 - 1 源自:笔者构建

表 5－2 源自：笔者整理计算

表 5－3 源自：笔者构建

表 5－4 源自：笔者根据构建指标计算

表 5－5 源自：笔者整理

表 5－6 源自：① 各相关城市规划局及开发区管委会；② 上海产业园区规划发展研究，上海市城市规划设计研究院，2006；③ 王兴平．中国城市新产业空间——发展机制与空间组织[M]．北京：科学出版社，2005；④ 胡幸．我国开发区用地功能结构研究——以长三角典型区域为例[D]．[硕士学位论文]．南京：东南大学，2007

表 5－7、表 5－8 源自：笔者整理归类

表 5－9 源自：上海产业园区规划发展研究，上海市城市规划设计研究院

表 5－10、表 5－11 源自：根据东南大学生城市规划专业 2003 级开发区问卷调查整理

表 5－12 源自：胡幸．我国开发区用地功能结构特征及优化研究——以长三角典型区域为例[D]．[硕士学位论文]．南京：东南大学，2007

表 5－13 源自：笔者整理

表 5－14 源自：根据《南京市城市总体规划（2007—2020）》、《南京通志·工业篇（经济技术开发区卷）》整理

表 5－15 源自：笔者依托 ArcGIS 分析工具评价而得

表 5－16 源自：笔者根据不同土地利用类型的行进成本经验值设置

表 5－17 至表 5－20 源自：笔者依托 ArcGIS 分析工具评价而得

表 5－21 源自：笔者根据问卷调研结果整理

表 5－22 源自：各楼盘物业管理处，笔者整理

表 5－23 至表 5－30 源自：笔者整理或总结

表 5－31 至表 5－34 源自：参考相关标准配置

表 6－1 源自：笔者整理总结

表 6－2 源自：全国数据为笔者在国家发展改革委中国经济导报、北京世经未来投资咨询有限公司《2008 年开发区行业风险分析报告》基础上修正而得，长三角数据由笔者整理

表 6－3 源自：根据国家发改委、国土资源部、建设部公布的《中国开发区审核公告目录（2006 年版）》整理，根据开发区发展的实际情况予以修正

表 6－4 源自：城市数据来源《中国城市统计年鉴 2008》，长三角开发区数据笔者统计

表 6－5 源自：笔者运用计量经济学软件 EVIEWS 5.1 计算而得

表 6－6 源自：笔者整理

表 6－7 源自：根据魏后凯．大都市区新型产业分工与冲突管理——基于产业链分工的视角[J]．中国工业经济，2007(2)：31．绘制

表 6－8、表 6－9 源自：根据《中国开发区审核公告目录（2006 年版）》整理

表 6－10 源自：《常熟市城市总体规划 2009—2030》产业发展与布局研究专题

表 6－11 源自：根据上海张江高新技术产业开发区官网数据整理

表 6－12、表 6－13 源自：笔者整理总结

表 6－14 源自：江苏省苏北发展协调小组办公室，截至 2008 年 9 月

表 6－15 源自：上海市城市规划设计研究院《上海产业园区规划发展研究》

表 6－16 源自：上海市经委开发区统计手册 2006 年；根据上海市城市规划设计研究院

编制的《上海产业园区规划发展研究》中数据资料整合

表 6－17 源自：http://www.chinatorch.gov.cn/kaifaquxihui/kfqxh.htm；《中国经济特区开发区年鉴 1999》；《上海浦东新区统计年鉴 1999》；《开发区协会信息 1999》；周向红，谢守红.长江三角洲开发区的产业结构分析与评价[J].上海经济研究，2002(3)：64

表 6－18 源自：根据 LG 电子(中国)网站整理

表 6－19 源自：笔者整理

表 6－20 源自：城市源自《中国城市统计年鉴 2008》；上海市开发区资料来自《2009 上海市开发区统计手册》；南京市开发区资料已开发区面积源自笔者 2007 年对南京省级以上开发区调研汇总；其他开发区资料分别来自《无锡统计年鉴 2008》、《苏州统计年鉴 2008》、《杭州统计年鉴 2008》，均为 2007 年数据

表 6－21 源自：《1996 中国城市统计年鉴》、《2008 中国城市统计年鉴》

表 6－22 源自：《2009 上海市开发区统计手册》，上海市经济和信息化委员会、上海市统计局、上海市开发区协会编制

表 6－23 源自：根据开发区各项指标比较而得

表 6－24 源自：笔者整理

表 7－1 源自：笔者整理

表 7－2 源自：《中国发展报告 2005》

表 7－3 源自：笔者整理

表 7－4 源自：上海市经济和信息化委员会.2009 上海开发区发展报告[M].上海：上海科学技术文献出版社，2009：4.

表 7－5 源自：笔者根据朱少鹏.上海市工业园区土地二次开发中各方利益剖析——以漕河泾新兴技术开发区为例[J].中国城市研究，2007(9).进行总结

表 7－6 源自：2007 年宁波外经贸白皮书

表 7－7 源自：宁波总规实施评估总报告

表 7－8 至表 7－11 源自：笔者整理总结

表 7－12 源自：中国上市公司总部迁移的区位决定(一)，见 http://www.china.com.cn/economic/txt/20091222/content_19112249.htm

表 7－13 源自：华东师范大学中国现代城市研究中心.宁波中心城现代服务业空间布局研究[R]，2010

表 7－14、表 7－15 源自：笔者整理总结

表 7－16 源自：苏州工业园区，见 http://www.sipac.gov.cn/ggxx/201007/t20100716_68025.html

表 7－17、表 7－18 源自：笔者整理总结

表 7－19 源自：根据启动区规划图计算

表 7－20 源自：根据 Google 资料整理

表 7－21 源自：根据江宁开发区国土局规划管理科资料整理

表 7－22 源自：笔者整理计算

表 7－23 源自：根据相关规划整理，南京规划局

表 7－24 源自：笔者根据现状和规划图而得

表 7－25、表 7－26 源自：笔者总结

后记

我在职业生涯之初就与开发区结下了不解之缘。

1992 年 7 月我离开母校南京大学回到故乡陕西，开始了作为城市规划专业技术工作者的职业生涯。当时恰逢小平同志南巡讲话发表不久，建设开发区的热潮也由沿海波及西北内陆。清楚地记得，我报到后领到的第一个任务就是参加陕西省铜川经济技术开发区的规划。此后至今整整 20 年，虽然完成过大大小小超过 100 项各类城乡规划设计项目，但是开发区规划依然是我最为关注的规划类型之一。

不过，从学术角度研究开发区，我的积累之路并不算长。1999 年，就读研究生期间，我跟随恩师南京大学崔功豪教授进行的南京高新区发展战略的研究，让我对开发区的认识跳出了单纯的规划视野，开始从理论角度关注开发区。而 10 年前的 2002 年，作为主力参加崔先生主持的国家自然科学基金课题——《新城市空间形成、演变与整合》，并以中国城市新产业空间为研究对象，完成博士学位论文，大致奠定和开启了我系统地研究开发区的学术之路。2005 年，我获得国家自然科学青年基金资助，对开发区与城市的空间整合和规划调控进行研究。此后至今的 7 年间，我和我指导的研究生形成了密切合作的研究团队，对长三角开发区进行了持续研究，并完成了多个开发区规划成果，点滴积累，形成了这本著作。

回溯学术源流，首先需要感谢的是恩师崔功豪教授，他不仅引导我走上了开发区研究之路，并在我走上新的工作岗位以后，不断给予鼓励、指导，在我学术和人生遇到迷茫、困惑时给予拨云见日般的提点。其次需要感谢的是东南大学建筑学院院长王建国教授，对于我所从事的学科方向始终从战略高度予以关注和指导，并在具体事务层面给予有力支持，多次为我打开事业困局，解开思想、学术困惑，坚定了我在新的岗位持续发展、开拓前进的决心。

作为一项团队合作研究成果，回首 7 年来的研究历程，研究团队成员们和谐共处、辛勤工作的场景历历在目。我先后指导的 5 届研究生胡幸、刘伟奇、章建豪、谢晖、许景、袁新国等均以开发区为题完成了硕士学位论文，并构成了本书的主体内容和重要章节，作为本书重要的共同作者，没有他们的辛苦付出，就没有这项成果的问世。现在他们均已走上新的工作岗位，我衷心感谢大家并祝愿他们在新的岗位取得新的成绩。在书稿后期整合统稿过程中，研究生李迎成、朱秋诗、张一凡和朱凯协助承担了大量的校订、补充和整理工作，在此一并致谢。

在这项科研项目开展期间，我们的足迹遍及长三角核心区主要的省级以上开发区、部分市县和村镇工业园区，以及主要的中心城市。调研所到之处，各地相关政府部门和开发区管委会领导、有关科研和设计机构的同行和专家、各方面学术同道和朋友，均给予了热情帮助和指点，为我们解决各种问题和困难提供了丰富的资料和观点。上海市国土规划局胡俊博士、上海市青浦区史家明副区长、宁波市规划局郑声轩副局长、苏州工业园区李盛处长、常州市规划局李青副局长、扬州市邗江区规划局冯洋总工等，南京、扬州、镇江、苏州、无锡、宁波等城市有关开发区管委会，江苏省城市规划设计研究院院长邹军博士、南京浦口新城指挥部副指挥长陈家祥博士、常州市规划设计院严玲副院长、宁波市城乡规划研究中心鲍维科主任和该中心所有同仁、杭州市城市规划编研中心发展研究部张楠楠部长、镇江市规划设计院史健洁主任等，还有更多我们难以忘怀的朋友以及发放问卷期间给予支持的广大市民，他们的力量和智慧，是这项研究得以完成的重要源泉。

作为国家自然科学基金（编号 50508009 和 50178071）资助的研究成果，本书所汇集的研究内容历时较长，期间开发区的发展情况也多有变化，我们虽然对于部分资料进行了更新，但是考虑到相关研究本身的完整性和内在逻辑，对于部分研究资料保留了研究当时的状态，特此说明。

回望多年来的开发区研究之路，了解越多，困惑与疑问越多，对于“开发区”这一当代特色城市发展模式的研究兴趣也就越浓烈。成书仓促，不当之处敬请批评指正。

东南大学建筑学院　王兴平

2013 年 2 月 22 日于中大院东二楼